Bo Hanus

# Solar-Dachanlagen

**FRANZIS**
*DO IT YOURSELF*

IM HAUS BAND 10

Bo Hanus

# Solar-Dachanlagen

## selbst planen und installieren

### Leicht gemacht, Geld und Ärger gespart!

Mit 114 farbigen Abbildungen

**Bibliografische Information der Deutschen Bibliothek**

Die Deutsche Bibliothek verzeichnet diese Publikation in der Deutschen Nationalbibliografie;
detaillierte Daten sind im Internet über **http://dnb.ddb.de** abrufbar.

## Wichtiger Hinweis

Alle Angaben in diesem Buch wurden vom Autor mit größter Sorgfalt erarbeitet bzw. zusammengestellt und unter Einschaltung wirksamer Kontrollmaßnahmen reproduziert. Trotzdem sind Fehler nicht ganz auszuschließen. Der Verlag und der Autor sehen sich deshalb gezwungen, darauf hinzuweisen, dass sie weder eine Garantie noch die juristische Verantwortung oder irgendeine Haftung für Folgen, die auf fehlerhafte Angaben zurückgehen, übernehmen können. Für die Mitteilung etwaiger Fehler sind Verlag und Autor jederzeit dankbar.

Internetadressen oder Versionsnummern stellen den bei Redaktionsschluss verfügbaren Informationsstand dar. Verlag und Autor übernehmen keinerlei Verantwortung oder Haftung für Veränderungen, die sich aus nicht von ihnen zu vertretenden Umständen ergeben.

Evtl. beigefügte oder zum Download angebotene Dateien und Informationen dienen ausschließlich der nicht gewerblichen Nutzung. Eine gewerbliche Nutzung ist nur mit Zustimmung des Lizenzinhabers möglich.

**Satz:** PC-DTP-Satz u. Info. GmbH
**art & design:** www.ideehoch2.de
**Druck:** Legoprint S.p.A., Lavis (Italia)
Printed in Italy

**ISBN** 3-7723-**4146-5**

# Vorwort

Wir haben uns fest vorgenommen, Ihnen mit diesem Buch das themenbezogene praxisorientierte Wissen so zu vermitteln, dass Sie alles leicht verstehen können. Es spielt dabei keine Rolle, ob Sie über ein gewisses Fachwissen bereits verfügen oder nicht.

Da hier die Eigenheiten der Technik mit den Eigenheiten der Natur im Gleichgewicht stehen, wird vor allem von Ihrem Gefühl für die Natur und ihre Launen abhängen, wie Sie das hier erworbene Wissen für Ihre eventuellen Planungsüberlegungen nutzen.

Die Grundfunktion der Solaranlagen ist sehr einfach. Das sonnenabhängige Verhalten der Bausteine ist ebenfalls unkompliziert. Da jedoch in die Funktionsweise immer auch die Natur „dazwischen funkt", muss man sich bei diesem Thema auf Konfrontationen einstimmen, die ansonsten in der Technik nicht vorkommen. Sie werden daher beim Lesen dieses Buches etwas Geduld aufbringen müssen, wenn Sie daran interessiert sind, die ganze Problematik so richtig in den Griff zu bekommen.

Sie dürfen davon ausgehen, dass wir bei der Verfassung dieses Buches einen sehr großen Wert auf Objektivität und auch auf eine faire Beschreibung aller Schwachstellen dieser Systeme gelegt haben. So können Sie sich selber ein eigenes Bild über die Funktion und „Energieausbeute" dieser Systeme machen und brauchen sich nicht an fraglichen Informationen zu orientieren, die oft verkaufsfördernd aufgemotzt sind oder bei denen die Euphorie über das Fachwissen dominiert.

Viel Spaß beim Lesen und viel Erfolg beim eventuellen Selbstbau wünschen Ihnen

**Bo Hanus** und seine Co-Autorin (& Ehefrau) **Hannelore Hanus-Walther**

# Inhaltsverzeichnis

**1 Die Sonne als Energiespender** 8

**2 Solarelektrische Anlagen (Fotovoltaik-Anlagen)** 11
2.1 Tipps zur richtigen Planung 17

**3 Solarthermische Anlagen** 21

**4 Solarelektrische Dachmodule** 35
4.1 Mechanischer Aufbau der Module 41
4.3 Technische Parameter handelsüblicher Module 45
4.4 Die wichtigsten Unterschiede in der mechanischen Ausführung 48
4.5 Die besten Module für Ihr Vorhaben 50
4.6 Beschattungs-Unempfindlichkeit 53
4.7 So können Sie Solarmodule testen 61
4.8 Schutzdioden (Schottky-Dioden) 66

**5 Aufstellung und Montage der Solarzellenmodule** 69
5.1 Optimale Ausrichtung der Module 71
5.2 Integration der Module im Dach 75
5.3 Flachdach-Solaranlagen 82
5.5 Jahreszeitbezogene Verstellung des Neigungswinkels 85

**6 Der Wechseltrichter (Inverter)** 89
6.1 Wahl des Wechselrichters 93
6.2 Die elektrischen Leiter 99
6.3 Kontrolle der Netzeinspeisung 101

**7 Solarzellen – Grundbausteine der Fotovoltaik** 103
7.1 Wie funktioniert eine Solarzelle? 105
7.2 Welche Solarzellen sind gut? 106
7.3 Wichtige technische Daten einer Solarzelle 108
7.4 Licht-/Leistungsverhältnis der Solarzellen 112
7.5 Temperaturabhängigkeit der Solarzellen 114

**8 Berechnung des Jahresertrags** 117

**9 Erhöhung des Ertrags bei bestehenden Fotovoltaik-Anlagen** 123

6

# 1 Die Sonne als Energiespender

# 1 Die Sonne als Energiespender

Alles, was auf unserem Planeten lebt, wächst und gedeiht, macht sich naturbedingt die Sonnenenergie zu Nutze. Sie hält unsere Mutter Erde warm und erwärmt unsere Lebensräume, ohne dass wir dafür etwas tun müssen – vorausgesetzt wir geben uns mit diesen Energie-spenden zufrieden.

Zu den herkömmlichen Vorrich-tungen, die eine zusätzliche Nut-zung der Sonnenenergie ermög-lichen, gehören Gewächshäuser und Frühbeete. Zu den „moderne-ren" Vorrichtungen dieser Art ge-hören Solaranlagen. Bei aufwendi-

**Abb. 1.1 –** Bei solarelektrischen (fotovoltaischen) Anlagen wird die Sonnenenergie in elektrische Energie umgewan-delt (Foto Siemens)

geren Solaranlagen ist jedoch das Preis/Leistungs-Ver-hältnis nicht mehr so leicht kalkulierbar wie bei der An-schaffung eines Gewächshauses oder Frühbeetes. Die Investition in eine Solaranlage sollte daher gut durch-dacht, durchgerechnet und individuell richtig geplant werden.

**Abb. 1.2 –** Bei solarthermischen Anlagen wärmt die Sonne im Dachkollektor ein „Wärmeträgermedium" auf, das mit Hilfe von isolierten Rohrleitungen in eine zusätzli-che Heizspirale in den Warmwasser-Behälter geleitet wird. Dort wird die gespeicherte Wärme an das Wasser abgege-ben und dieses somit aufgewärmt (Foto AEG)

Gute Vorkenntnisse auf dem Gebiet der Solartechnik sind in diesem Fall sehr wichtig. Sowohl für eine optimale Planung als auch für einen eventuellen Selbstbau bzw. Selbstbau-Anteil.

Fundierte Vorinformationen dürften Ihnen viele Kosten und Enttäuschungen ersparen, denn nur Sie selber können maßgerechte Planungsüberlegungen treffen, die Ihrem Bedarf und Ihren Erwartungen optimal entsprechen. Ansichten oder Tipps eines Außenstehenden können Sie sich zwar auch anhören, aber grundsätzlich nur mit einer gesunden Portion Vorbehalt. Sie wissen ja: Einer, der als Unternehmer an Ihr Geld kommen will, oder der als „stolzer Solaranlagen-Besitzer" sein Image nicht in Frage stellen möchte, wird

**Abb. 1.3 –** Beispiel einer kombinierten Solaranlage: auf dem oberen Teil des Daches befindet sich eine Reihe von zehn solarthermischen Kollektoren, links und rechts unten am Dach sind Fotovoltaik-Module angebracht

**Abb. 1.4 –** Was man hat, das hat man, könnte hier der stolze Besitzer dieser Fotovoltaik-Dachanlage sagen, die aus 72 Solarzellenmodulen besteht (Foto AEG)

# 1 Die Sonne als Energiespender

Sie kaum unvoreingenommen über diverse Schwachstellen solcher Systeme aufklären.

Die ersten Planungsüberlegungen fangen oft mit der Frage an, ob eine solarelektrische (fotovoltaische) oder eine solarthermische Anlage errichtet werden sollte bzw. ob eine Kombination von beiden Systemen zu erwägen sei.

**Abb. 1.5 –** Fotovoltaik-Dachanlagen können – wie hier in Berlin-Kreuzberg – auch auf den Dächern von größeren Häuserblöcken errichtet werden (Foto Siemens)

# 2 Solarelektrische Anlagen (Fotovoltaik-Anlagen)

Fotovoltaik-Anlagen können wahlweise als *netzgekoppelt* oder als *netzunabhängig* ausgelegt werden. Eine Fotovoltaik-Anlage (Hausanlage) muss nicht unbedingt netzgekoppelt sein. Der Solarstrom kann völlig unabhängig vom Netzstrom im Haus oder im Garten genutzt werden.

**Netzgekoppelte Fotovoltaik-Anlagen** sind so konzipiert, dass die Solarzellen (Solarzellen-Module)

**Abb. 2.1 –** In der Landwirtschaft kann mit Hilfe von Solarzellen auch an Standorten Strom erzeugt werden, die über keinen Netzanschluss verfügen

# 2 Solarelektrische Anlagen (Fotovoltaik-Anlagen)

ihren Gleichstrom nach *Abb. 2.3* über einen speziellen Wechselrichter in das öffentliche Netz liefern. Ein zusätzlicher Stromzähler registriert die Energie, die in das elektrische Netz geliefert (eingespeist) wird, und der „Netzbetreiber" wird dann zum Abnehmer der solarelektrisch erzeugten „Kilowattstunden". Diese werden gegenwärtig für ein Vielfaches des Preises eingekauft, den der private „Lieferant" in der „Gegenrichtung" für den vom Netz bezogenen elektrischen Strom (für die vom Netz bezogenen Kilowattstunden) zahlt.

**Netzunabhängige Fotovoltaik-Anlagen** können z. B. für die Stromversorgung von Ferienhäusern, Gartenhäusern oder abgelegenen Garagen dienen, die über keinen Netzanschluss verfügen.

Der „Hausherr" kann dabei selber entscheiden, ob er sich mit einer Solar-Gleichspannung von 12 Volt oder 24 Volt zufrieden gibt oder ob er mit Hilfe eines einfacheren Wech-

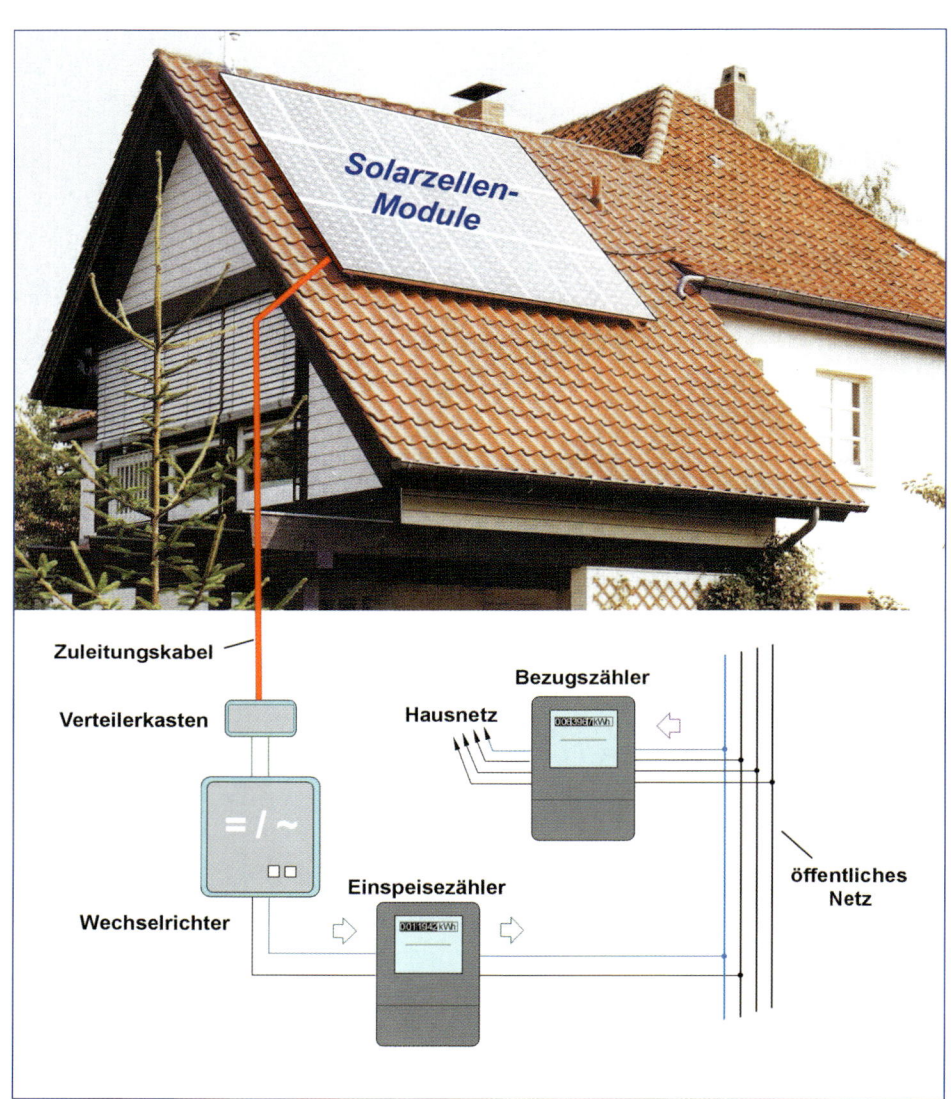

**Abb. 2.2** – Solarzellen, die am Dach eines Hauses installiert sind, das über einen Netzanschluss verfügt, liefern ihre elektrische Energie nicht an „ihr" Haus, sondern speisen sie über separate „Einspeise-Stromzähler" in das öffentliche elektrische Netz (gegen eine hohe Vergütung) ein

selrichters die Solarspannung in eine Wechselspannung (von z. B. 230 Volt) umwandelt. Die Solarenergie wird bei diesen Anlagen nach *Abb. 2.3* in größeren 12 Volt- oder 24 Volt-Batterien (Solarbatterien oder Autobatterien) gespeichert, da für diese Spannung eine große Auswahl an handelsüblichen elektrischen Verbrauchern erhältlich ist.

Die Solarzellen (Solarmodule) liefern nur den Ladestrom für die Batterien (Akkumulatoren) und haben eine ähnliche Funktion, wie die „Lichtmaschine" in einem Kraftfahrzeug. Auch das ganze Prinzip einer netzunabhängigen Fotovoltaik-Anlage ist identisch mit der Stromversorgung eines Kraftfahrzeuges. Bis auf den in *Abb. 2.3* eingezeichneten *Tiefentladeschutz*, der bei Anwendung von Blei-Akkus unerlässlich ist. Er schaltet die Stromzufuhr zu den Verbrauchern automatisch ab, sobald die Akkuspannung unter eine Schwelle sinkt, bei der der Akku durch eine zu tiefe Entladung vernichtet würde.

Wird eine unregelmäßige (wetterabhängige) Stromversorgung in Kauf genommen, kann ein Energie-Zwischenspeicher entfallen und der elektrische Verbraucher wird direkt an das Solarzellen-Modul – bzw. an eine größere Solarzellen-Fläche – nach *Abb. 2.5 / 2.6* angeschlossen. Eine solche

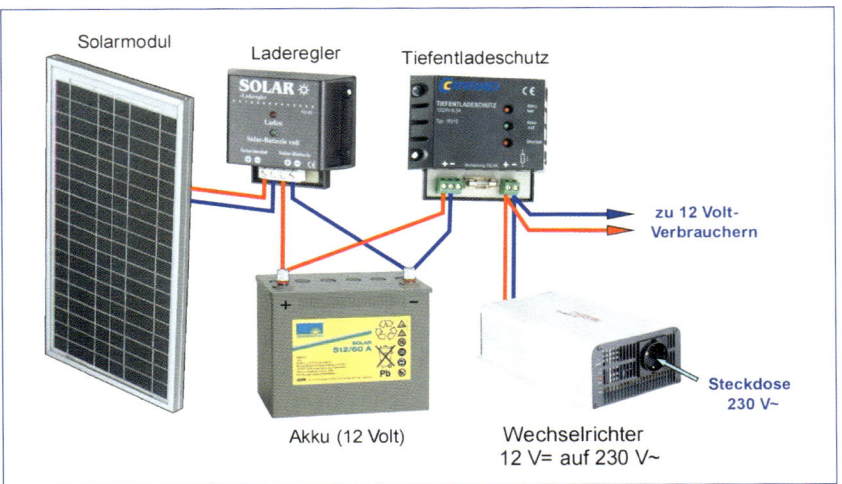

**Abb. 2.3 –** Prinzipschaltung einer netzunabhängigen Fotovoltaik-Anlage, bei der die Solarenergie in einem 12-Volt-Akku gespeichert wird und wahlweise als 12-Volt-Gleichspannung direkt oder 230-Volt-Wechselspannung über einen zusätzlichen Wechselrichter bezogen werden kann

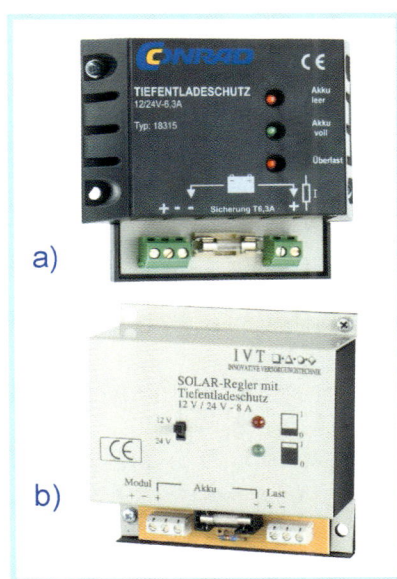

**Abb. 2.4 –** Tiefentladeschutz-Geräte sind wahlweise als separate Fertigbausteine nach Abb. **a)** erhältlich, meist aber bereits in handelsüblichen Ladereglern nach Abb. **b)** integriert

Lösung eignet sich z. B. für den Betrieb von Pumpen oder Klimaanlagen. Die Solar-Nennspannung muss in dem Fall auf die Betriebsspannung der angeschlossenen Verbraucher abgestimmt sein.

Bei größeren Objekten, die über keinen Netzanschluss verfügen, wird es besonders in den Monaten Dezember und Januar mit der Kontinuität der Energieversorgung kritisch. So mancher Dezember oder Januar kann zwar sehr sonnig sein, aber es kann auch mehrere Wochen nacheinander ein trübes Wetter herrschen, bei dem dann – bei größerem Energiebedarf – entweder entsprechend großzügig dimensionierte Batterien als Energiespeicher oder zusätzliche Stromquellen (Windgeneratoren, Dieselaggregate) die Durststrecke überbrücken helfen.

Falls Sie an näheren Informationen zu *netzunabhängigen* Fotovoltaik-Anlagen und kleinen Windgeneratoren interessiert sind, empfehlen wir Ihnen die Bücher **„Wie nutze ich Solarenergie in Haus und Garten"** und **„Wie nutze ich Windenergie in Haus und Garten"** (ebenfalls von Bo Hanus / Franzis Verlag).

Solarmodul
18,7 Volt
11 Watt

Solarpumpe

Pumpenmotor: 17 Volt / 10 Watt

**Abb. 2.5 –** Im einfachsten Fall kann der Solarstrom zu einem direkten Antrieb von z. B. Springbrunnenpumpen, Pumpen für die Weiherbelüftung, Ventilatoren und anderen Verbrauchern verwendet werden, bei denen ein sonnenscheinabhängiger Betrieb in Kauf genommen wird

Solarmodul

Ventilator

**Abb. 2.6 –** Der Ventilator eines Gewächshauses kann direkt von einem Solarmodul betrieben werden

Bei Häusern, die an das öffentliche elektrische Netz angeschlossen sind, werden größere Fotovoltaik-Dachanlagen üblicherweise als *netzgekoppelt* ausgelegt. Ausnahmen gibt es nur dann, wenn die Solarenergie für ganz besondere Zwecke netzunabhängig genutzt wird.

Eine **netzgekoppelte Fotovoltaik-Anlage** besteht im Prinzip nur aus zwei Funktionsteilen: Aus den Solarmodulen am Dach und aus einem – oder auch mehreren – Wechselrichtern für die Netzeinspeisung. Zwischen die Solarmodule und den Wechselrichter wird zwar oft ein kleiner Verteiler-

**Abb. 2.7 –** Praktisches Beispiel einer netzunabhängigen Fotovoltaik-Anlage ohne Zwischenspeicher: An die Solarzellen sind hier die Pumpen der Weiherbelüftung angeschlossen (Foto Siemens)

Solarmodul

**Abb. 2.8 –** Solarmodul an einer Garage

**Abb. 2.9 –** Solarmodule sollten  nur an Hausdächern angebracht werden, die optimal zum Süden ausgerichtet sind (Foto AEG)

kasten angeschlossen, aber der gehört eher zu der Verkabelung und fungiert als Gehäuse für Klemmen der Durchverbindungen.

Der ebenfalls benötigte *Einspeisezähler* wird oft vom Stromlieferanten zur Verfügung gestellt (vermietet) und bildet somit keinen Bestandteil der eigentlichen Investition.

**Abb. 2.10 –** Wenn das Dach des Wohnhauses nicht optimal zum Süden ausgerichtet ist, können die Solarmodule alternativ auch auf das Dach eines Nebengebäudes (eines Carports oder einer Garage) angebracht werden (Foto AEG)

# 2.1 Tipps zur richtigen Planung

Das ganze System der netzgekoppelten Solaranlagen sieht auf den ersten Blick wie ein sehr lukratives Geschäft aus. Fairnesshalber ist jedoch darauf hinzuweisen, dass die eigentlichen Errichtungs- und eventuelle Unterhaltskosten einer solarelektrischen Anlage ziemlich hoch sind. Sie können zwar zu einem großen Teil bzw. ganz zurückverdient werden, aber das ist dann meistens auch alles.

Auch wenn so eine Anlage 20 Jahre lang ohne zu viele zusätzliche Wartungskosten intakt funktioniert, sollten Sie sich von niemandem einreden lassen, dass sie als Investition irgendwann eine eindrucksvolle Rendite abwirft. Eine netzgekoppelte solarelektrische Anlage ist daher als Investition nur dann erwägenswert, wenn einfach

**Abb. 2.11 –** Solarzellen-Module am Dach eines Gewächshauses können die automatisch geregelte Stromversorgung aller Vorrichtungen (Lüfter, Pumpen, Beleuchtung, Beschattung) bewältigen, aber benötigen zusätzliche Batterien als Energie Zwischenspeicher

der Spaß am Mitmachen bzw. beim Selbstbau auch noch der Aspekt der Herausforderung im Vordergrund stehen.

Ein solches Vorhaben sollte bereits im Planungsstadium sehr gut durchdacht, durchgerechnet und mit beteiligten Familienmitgliedern gründlich besprochen werden. Dieses Buch wird Ihnen dabei ausführlich behilflich sein. Wir werden Sie hier fachkompetent über die Aufgaben und Funktionsweisen einzelner Bauteile aufklären und Sie ehrlich auch über die Schwachstellen und Nachteile eines solchen Systems ins Bild setzen. Kalkulieren Sie bitte alles gut durch, denn nur Sie selbst können ausreichend objektiv beurteilen, inwieweit der Reiz einer solchen „Herausforderung" die kostspielige Investition rechtfertigt.

**Abb. 2.12 –** Kleinere Solarzellen-Module werden vor allem für netzunabhängige Stromversorgung angewendet

## 2.1 Tipps zur richtigen Planung

Fachlich orientierte Informationen und Tipps, die Sie in diesem Büchlein finden, ermöglichen Ihnen, sich die erforderlichen Bausteine einer solchen Solaranlage optimal zusammenzustellen. Danach können Sie bei mehreren Anbietern die Preise der benötigten Solarmodule, des Wechselrichters und des Montagezubehörs anfragen bzw. vereinbaren.

Schwierige – oder für Sie zu riskante – Arbeiten an einem höheren Dach oder die Netzankopplung des Wechselrichters werden Sie wahrscheinlich auch beim Selbstbau lieber Handwerkern überlassen, die über die erforderliche Erfahrung und technische Ausstattung verfügen. Auch das kann zu einem ziemlich teuren Spaß werden und daher sollten Sie bereits auch die damit verbundenen Kostenvoranschläge rechtzeitig in die ersten Planungsschritte einbeziehen. Zu den Ausgaben, die auf Sie zukommen könnten, gehört auch die Behe-

bung der Schäden, die evtl. ein Kran oder andere Baufahrzeuge in Ihrem Garten anrichten, falls dieser bereits angelegt ist.

Bliebe noch kurz darauf hinzuweisen, dass sich *netzgekoppelte* Anlagen sowie auch der damit verbundene Aufwand im Prinzip nur dann einigermaßen lohnen, wenn die Leistung (Nennleistung) der Solarzellen bei wenigstens ca. 1000 Watt (1 Kilowatt) liegt. Das ergibt umgerechnet eine Solarmodulen-Fläche von etwa 7,5 bis 10 m² (je nach der Type der angewendeten Module).

Netzgekoppelte Anlagen benötigen einen speziellen (teuren) *Netzeinspeise-Wechselrichter*, der die Solar-Gleichspannung in eine *netzsynchronisierte* Wechselspannung umwandelt, die exakt „netzidentisch" ist. Das braucht aber den Betreiber (bzw. den Errichter) einer solchen Anlage nicht zu kümmern, denn der Wechselrichter arbeitet vollautomatisch. Die Solarspannung schaltet der Wechselrichter – abhängig von der momentanen Solarspannung – automatisch in das öffentliche Netz zu, solange er von den Solarzellen eine ausreichend hohe Spannung erhält, und wieder ab, wenn die Solarspannung unter ein „verwertbares" Minimum sinkt.

Der in *Abb. 2.2* eingezeichnete „Einspeise-Stromzähler" registriert dabei die Energie, die in das elektrische Netz ge-

---

### So rechnen Sie sich die Leistung eines Solarmoduls in Watt pro Quadratmeter (m²) Modulen-Fläche aus:

**Beispiel A:** Die Fläche des hier eingezeichneten Moduls (Breite mal Länge in Metern) beträgt genau **0,974 m²** (also fast 1 m²).

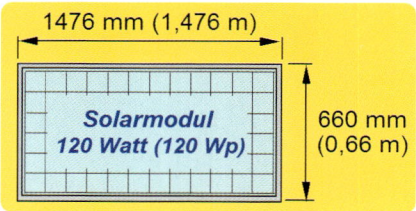

1476 mm (1,476 m)

Solarmodul
120 Watt (120 Wp)

660 mm
(0,66 m)

Die maximale Leistung dieses Solarmoduls liegt somit ungefähr bei 120 Watt pro m². Ganz genau beträgt sie 123 Watt pro m², denn 1 (m²) : 0,974 (m²) = 1,02669 und 120 Wp x 1,02669 = **123,2 Watt (Wp)** (pro m² Modulen-Fläche).

**Beispiel B:** in einem Katalog wird die Fläche eines 85 Watt- (85 Wp-) Solarmoduls mit Abmessungen von 1477 x 660 mm angegeben. Das Modul wird als "Besonders preiswert und leistungsstark" angepriesen. Ist dem so?

Das rechnen wir leicht nach: die Modulen-Fläche (1,477 x 0,660 m) beträgt 0,975 m² - also fast 1 m². Die max. Modulen-Nennleistung liegt somit ungefähr bei **85 Watt pro m²** Mathematisch genau beträgt die Modulen-Nennleistung **87,18 Watt pro m²** (87,18 Wp pro m²), denn 1 : 0,975 = 1,0256 und 1,0256 x 85 (Wp) = 87,18 Watt pro m².

## Kilowatt und Kilowattstunden – kennen Sie sich da aus?

Ihr Stromlieferant berechnet Ihnen den bezogenen elektrischen Strom als *Kilowattstunden (kWh)*. Mit der Umrechnung der Watt in Kilowatt ist es ähnlich, wie mit der Umrechnung von Metern in Kilometer: tausend Meter = 1 Kilometer, tausend Watt = 1 Kilowatt.

Wenn einer Ihrer elektrischen „Verbraucher" (darunter z. B. eine elektrische Kochplatte) eine Stunde lang 1000 Watt verbraucht, ergibt es eine Kilowattstunde (abgekürzt 1 kWh). Ihr Stromzähler zählt – ähnlich wie ihr Wasserzähler – diese Kilowattstunden und Sie können sich auch jederzeit am Zählerstand darüber erkundigen, wie es z. B. mit dem Energieverbrauch pro Tag steht. In der letzten Stromlieferanten-Jahresabrechnung können Sie sich anschauen, wieviel Kilowattstunden (kWh) Sie im vergangenen Jahr verbraucht haben und was Sie eine Kilowattstunde kostete.

Wie lange es dauert, bevor eine Kilowattstunde in Ihrem Haushalt verbraucht wird, können Sie sich leicht ausrechnen: Eine eingeschaltete 100 Watt-Glühbirne verbraucht eine Kilowattstunde erst nach 10 Stunden (100 Watt x 10 Stunden = 1000 Wattstunden = 1 Kilowattstunde). Eine kleine 2000 Watt-Waschmaschine verbraucht eine Kilowattstunde innerhalb von einer halben Stunde (2000 Watt x 0,5 Stunden = 1000 Wattstunden). Eine 25 Watt-Glühbirne leuchtet 40 Stunden lang, bevor sie eine Kilowattstunde (1 kWh) verbraucht, denn 25 Watt x 40 Stunden = 1000 Wattstunden.

Die meisten Haushaltsgeräte sind (an der Unter- oder Rückseite) mit einem Typenschild versehen, an dem der Leistungsverbrauch in Watt angegeben ist. Abgesehen davon wird der Leistungsverbrauch auch in den technischen Daten der Gebrauchsanweisung aufgeführt.

Eine **1 m² große Solarzellenfläche** kann bei den meisten Solarmodulen an einem sonnigen Tag eine elektrische Leistung zwischen ca. 100 und 140 Watt liefern – was jedoch von den Leerräumen zwischen den einzelnen Solarzellen und zwischen den Modulen abhängt. Zudem darf die tatsächliche Leistung eines jeden Moduls durch die sogenannte „Herstellungsstreuung" (Abweichungen in den Zellen-Parametern) im Rahmen von ± 5% (bei manchen Herstellern sogar um ± 10%) von der angegebenen Nennleistung abweichen. Da dürfen wir also einfachheitshalber gleich mit einem Minus von mindestens 5% rechnen. Bis zu etwa 7 bis 10% der Solarenergie gehen letztendlich auch noch im Wechselrichter verloren (siehe hierzu Kapitel 6).

**Um** von einer Modul-Dachfläche unter optimalen Bedingungen **eine** „brauchbare" **Nennleistung** von **1 kW** (1000 Watt) **zu erhalten**, muss diese – abhängig von der Modulen-Type – **etwa 7,5 m² bis 10 m² groß** sein. In dem Fall liefert die Fotovoltaik-Anlage pro Stunde eine Kilowattstunde (1 kWh) ins Netz. An einem sonnigen Sommertag kann somit eine solche fotovoltaische Anlage eine elektrische Ausbeute von ca. 12 bis 15 kWh aufbringen. Während der kälteren Jahreszeit sinkt auch an sonnigen Tagen die Ausbeute bis um die Hälfte.

## 2.1 Tipps zur richtigen Planung

liefert (eingespeist) wird und der „Netzbetreiber" wird dann zum Abnehmer der solarelektrisch erzeugten „Kilowattstunden".

Der „Solarstrom", der ins öffentliche Netz geliefert wird, ist selbstverständlich keinesfalls besser und keinesfalls anders als der elektrische Strom, der auf andere Weise erzeugt wird.

Moderne *kristalline* Solarzellen weisen hervorragende Leistungen auf. Sie haben sich in der Raumfahrttechnik, bei den Satelliten und auch bei normalen Solaranlagen ausgezeichnet bewährt. Es handelt sich dabei keinesfalls um irgendwelche Versuchskaninchen, sondern um ausgereifte Produkte, deren technische Parameter sich in den letzten 15 Jahren nur geringfügig in kleineren Schritten verbessern ließen.

Dass in den nächsten Jahren Solarzellen auf den Markt kommen, deren Preis/Leistungsverhältnis eindrucksvolle Überraschungen bringen könnte, ist ziemlich unwahrscheinlich. Im Grunde genommen dürfte man hier auch weiterhin nur mit Entwicklungen in bescheidenem Umfang rechnen.

Manche Berichterstatter versuchen gegenwärtig Hoffnungen zu wecken, dass in der Zukunft die Herstellungspreise der Solarzellen rapide sinken könnten. Derartige Überlegungen basieren zum großen Teil auf Illusionen.

Man darf nicht die Tatsache übersehen, dass inzwischen ohnehin die meisten Solarzellen in fernöstlichen Billiglohnländern hergestellt werden. Auch in den heutigen Billiglohnländern steigen langsam aber sicher die Löhne und die Währungskurse. Eine preiswertere Herstellungstechnologie muss daher in der Zukunft nicht unbedingt auch wesentlich niedrigere Preise zufolge haben. Man sollte sich hier also besser nicht an fragliche Erwartungen klammern.

Zudem ist der Preis einer kahlen Solarzelle für die ganze Solaranlage bei weitem nicht ausschlaggebend preisbestimmend. Besonders dann nicht, wenn dazu noch hohe Herstellungskosten der Solarmodule und weiterer Bausteine (wie auch die Installationskosten) kommen. Wer also gezielt abwarten möchte, bis eventuell die Preise der Solarzellen sinken, setzt höchstwahrscheinlich auf das falsche Pferd.

Der heutige Solaranlagenpreis kann sich jedoch in vielen Fällen schon dadurch zurückverdienen lassen, dass die Kosten für einen teuren Netzanschluss entfallen, wenn stattdessen nur Solarstrom als selbstständige Energiequelle eingesetzt wird. Dies gilt allerdings nur für kleinere „netzunabhängige" Fotovoltaik-Anlagen.

So kann beispielsweise an einer etwas abseits vom Haus stehenden Garage der heutige Preis einer Selbstbau-Solaranlage niedriger sein als ein zusätzlicher Netzanschluss, der von einer Elektrofirma angelegt wird. Wegen so eines Netzanschlusses wird womöglich eine Wand im Hausinneren in Mitleidenschaft gezogen, die danach neu verputzt und gestrichen werden muss.

Ähnlich ist es mit Leitungen, die durch bereits angelegte Gärten oder Parkanlagen führen müssten. Auch hier ist der Solarstrom eine sympathische Alternative, bei der zusätzlich die gefährliche Netzspannung durch eine absolut unbedenklich niedrige Solar-Niederspannung ersetzt wird. Das dürfte besonders bei elektrischen Verbrauchern willkommen sein, die – wie z. B. eine Springbrunnenpumpe – direkt im Wasser stehen oder die bei der Wechselspannung von 230 V einem komplizierteren Vorschriftenzwang unterliegen. Eine niedrigere Solarspannung von z. B. bis zu 24 V ist dagegen absolut unbedenklich, unterliegt keinem gesetzlichen Vorschriftenzwang und kann sozusagen beliebig laienhaft ausgeführt werden (vorausgesetzt, sie verursacht keinen Brand).

Wo sich die ganze Solaranlage bereits durch die Einsparung der Installationskosten für einen Netzanschluss zurückverdienen lässt, ist der Solarstrom in den nächsten 20 bis 25 Jahren eigentlich völlig gratis.

# 3 Solarthermische Anlagen

**Abb. 3.1 –** Kleinere thermische Solarkollektoren am Hausdach werden als einzelne Module auf eine beliebige Art und Weise auf dem Dach zusammengestellt und meist zum Aufwärmen von Trinkwasser im Warmwasserbehälter genutzt (Foto Sunset-Energietechnik)

Solarthermische Anlagen nutzen die Sonnenwärme zum direkten Aufwärmen von Wasser, Luft oder anderen Flüssigkeiten und Gasen. Dazu werden üblicherweise Sonnenkollektoren angewendet, die als Dachkollektoren, Fassadenkollektoren oder auch freistehend installiert sind.

Sonnenkollektoren haben viel Ähnlichkeit mit einem Radiator der Zentralheizung. Die Funktionsweise

# 3 Solarthermische Anlagen

ist hier jedoch umgekehrt: Dem Radiator einer Zentralheizung wird heißes Wasser zugeführt, das die „Rippen" des Radiators aufwärmt. Diese geben die Wärme weiter an die umliegende Luft ab. Bei einem Sonnenkollektor werden dagegen seine „Rippen" (Absorber) von der Sonne erwärmt, diese geben die Wärme an ein „Wärmeträgermedium" weiter, das irgendwo irgendetwas aufwärmen kann. In den meisten Fällen wird das Brauchwasser im Warmwasser-Speicher nach *Abb. 3.2 bis 3.5* aufgewärmt.

Traditionell wird bei einer Öl- oder Gas-Zentralheizung das Brauchwasser im Warmwasserbehälter nach

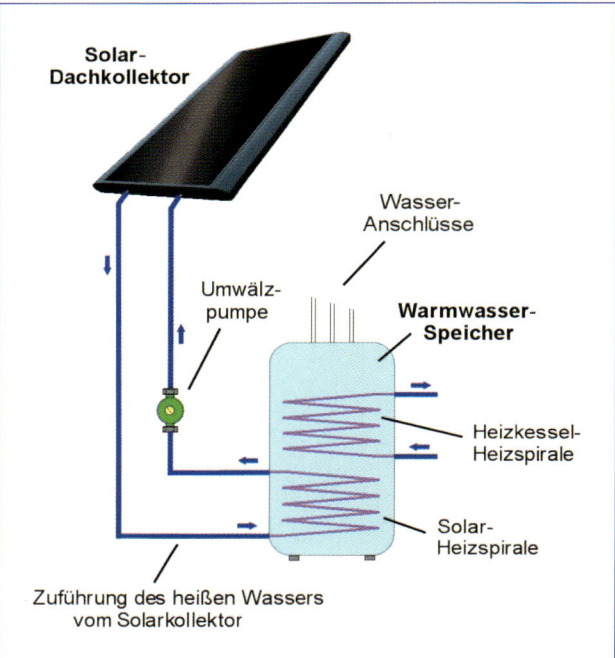

**Abb. 3.2** – Das Prinzip einer solarthermischen Anlage für das Aufwärmen des Wassers im Warmwasserspeicher ist einfach: Eine Umlaufpumpe (Umwälzpumpe) pumpt zirkulierend das Wasser aus der Solar-Heizspirale des Warmwasserspeichers in einen Dachkollektor, in dem die Sonne das Wasser aufwärmt

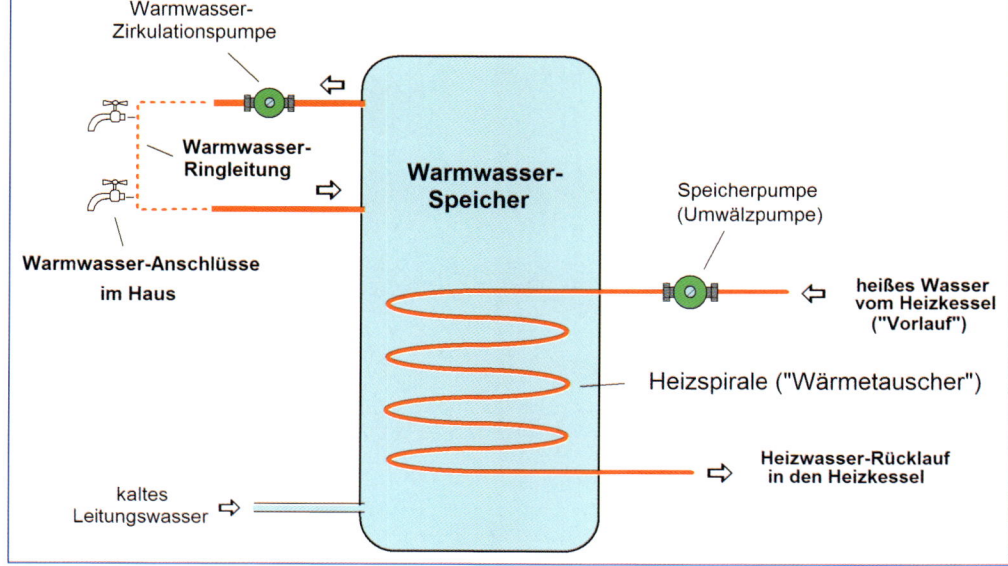

**Abb. 3.3** – Die Funktion eines herkömmlichen Warmwasser-Speichers ist sehr einfach: Das Wasser wird hier – ähnlich wie in einem elektrischen Wasserkocher – mittels einer Heizspirale erwärmt, durch die das heiße Wasser (Heizwasser) aus einem Öl- oder Gas-Heizkessel umlaufend gepumpt wird

dem Prinzip in *Abb. 3.2/3.4* mittels einer Wärmespirale (Wärmetauschers) aufgeheizt: Durch diese „Heißwasser-Spirale" fließt dasselbe heiße Wasser durch, dass auch in den Kreislauf der Radiatoren oder der Fußbodenheizung über eine *Heizkreispumpe (Umwälzpumpe)* hineingepumpt wird.

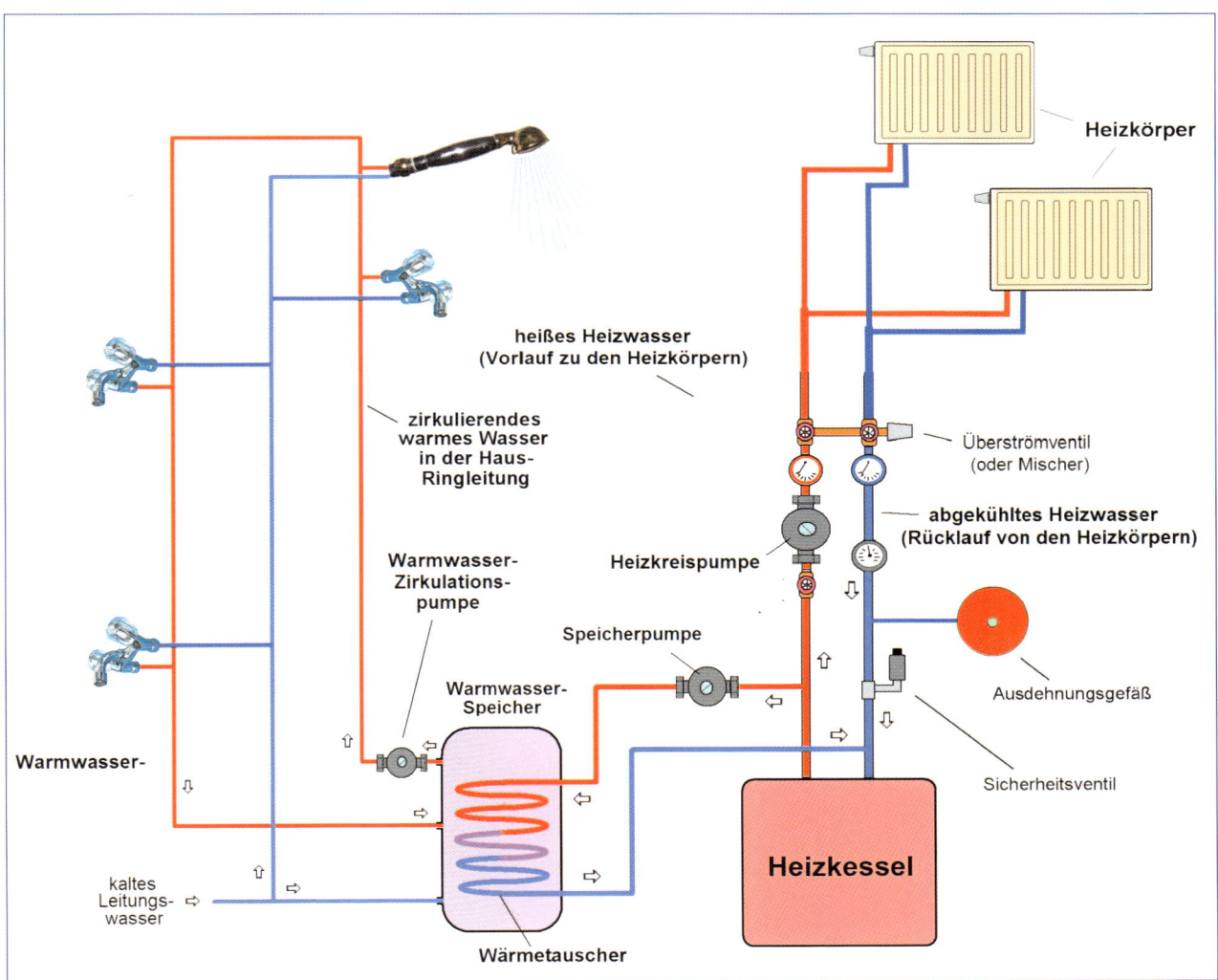

heißes Heizwasser
(Vorlauf zu den Heizkörpern)

Heizkörper

zirkulierendes
warmes Wasser
in der Haus-
Ringleitung

Überströmventil
(oder Mischer)

Warmwasser-
Zirkulations-
pumpe

Heizkreispumpe

abgekühltes Heizwasser
(Rücklauf von den Heizkörpern)

Speicherpumpe

Warmwasser-
Speicher

Ausdehnungsgefäß

Warmwasser-

Sicherheitsventil

kaltes
Leitungs-
wasser

**Heizkessel**

**Wärmetauscher**

**Abb. 3.4 –** Gut zu wissen: auch die ganze Öl- oder Gasheizungs-Anlage eines Einfamilien-Hauses besteht nur aus wenigen Bausteinen, deren Funktion diese bildliche Darstellung erläutert

# 3 Solarthermische Anlagen

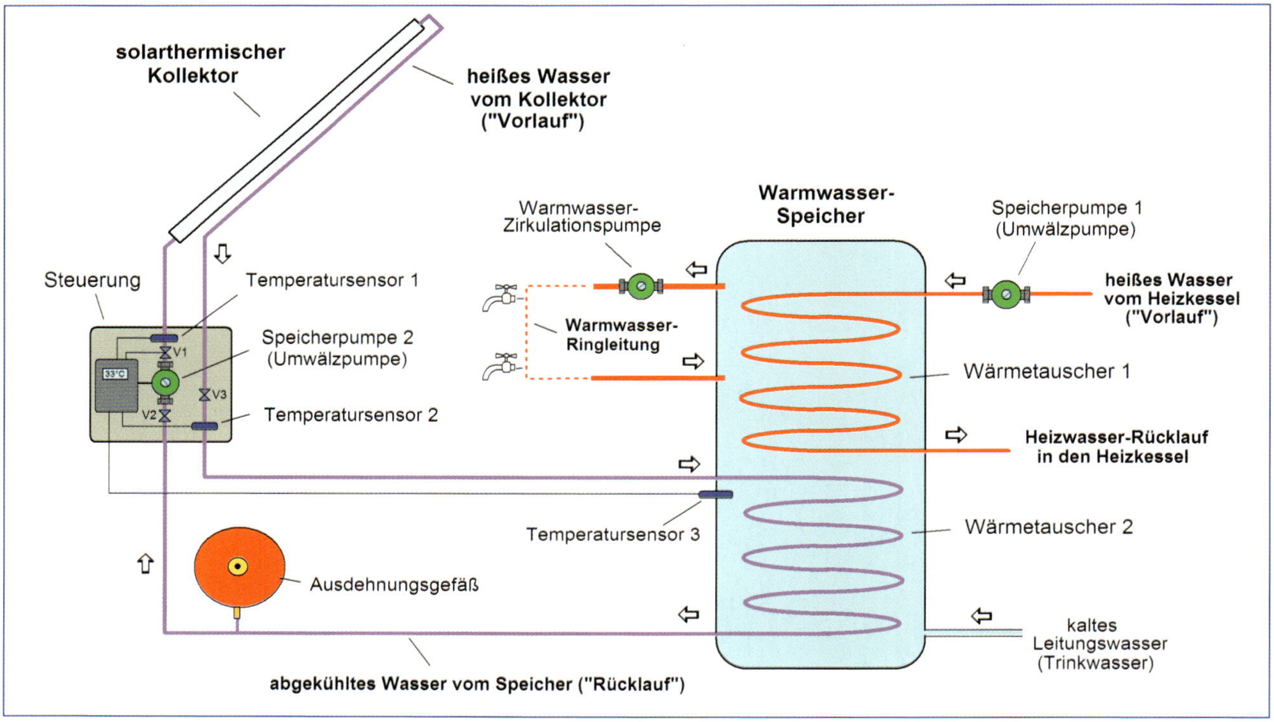

solarthermischer
Kollektor

heißes Wasser
vom Kollektor
("Vorlauf")

Warmwasser-
Zirkulationspumpe

Warmwasser-
Speicher

Speicherpumpe 1
(Umwälzpumpe)

Steuerung

Temperatursensor 1

heißes Wasser
vom Heizkessel
("Vorlauf")

Speicherpumpe 2
(Umwälzpumpe)

V1

Warmwasser-
Ringleitung

Wärmetauscher 1

33°C

V3

V2

Temperatursensor 2

Heizwasser-Rücklauf
in den Heizkessel

Temperatursensor 3

Wärmetauscher 2

Ausdehnungsgefäß

kaltes
Leitungswasser
(Trinkwasser)

abgekühltes Wasser vom Speicher ("Rücklauf")

**Abb. 3.5 –** Eine solarthermische Anlage benötigt eine eigene elektronische Steuerung mit Zubehör, zu dem auch eine zusätzliche Umwälzpumpe (Speicherpumpe 2) gehört

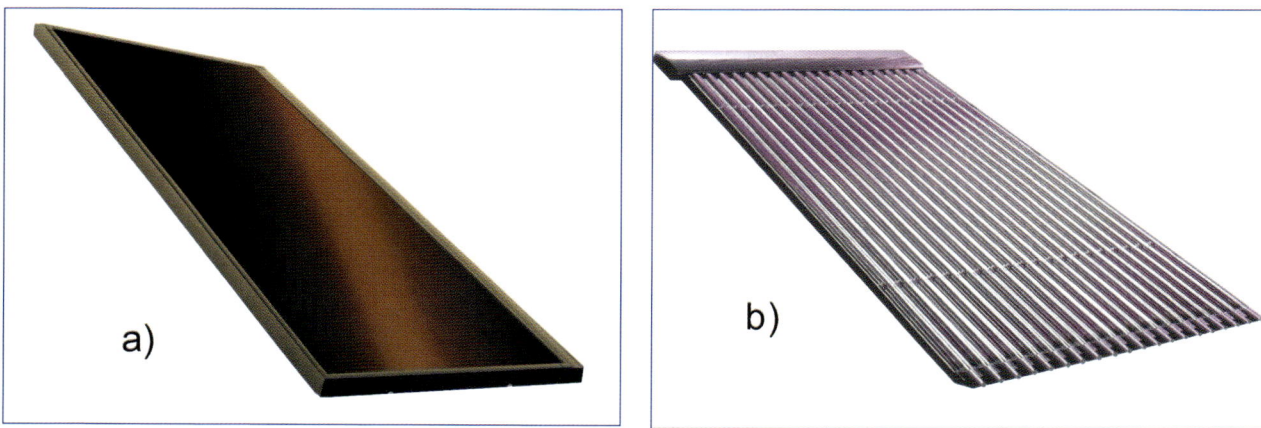

a)

b)

**Abb. 3.6 –** Solarthermische Kollektoren sind üblicherweise in zwei Ausführungen erhältlich: **a)** als Flachkollektoren; **b)** als Röhrenkollektoren

# 3.1 Tipps zur richtigen Planung

Wird eine solarthermische Anlage installiert, benötigt der Warmwasser-Speicher eine zweite Wärmespirale (Wärmetauscher 2), die in *Abb. 3.5* im Warmwasserspeicher *unten* eingezeichnet ist. Durch diesen Wärmetauscher zirkuliert an sonnigen Tagen das im Dachkollektor aufgewärmte Wasser oder eine andere Flüssigkeit, die technisch elegant als *Wärmeträgermedium* bezeichnet wird. Für den Umlauf sorgt eine kleine Umwälzpumpe. Eine zusätzliche Elektronik steuert dann automatisch das ganze thermische System so, dass – soweit möglich – die Sonnenwärme für das Aufwärmen des Wassers im Wasserbehälter genutzt wird.

Der Begriff „soweit möglich" bezieht sich dabei nicht nur auf die jeweiligen Wetterbedingungen, sondern auch auf den jeweiligen tatsächlichen Bedarf. Darunter ist zu verstehen, dass die solarthermische Anlage das Wasser im Warmwasserbehälter nur in dem Umfang

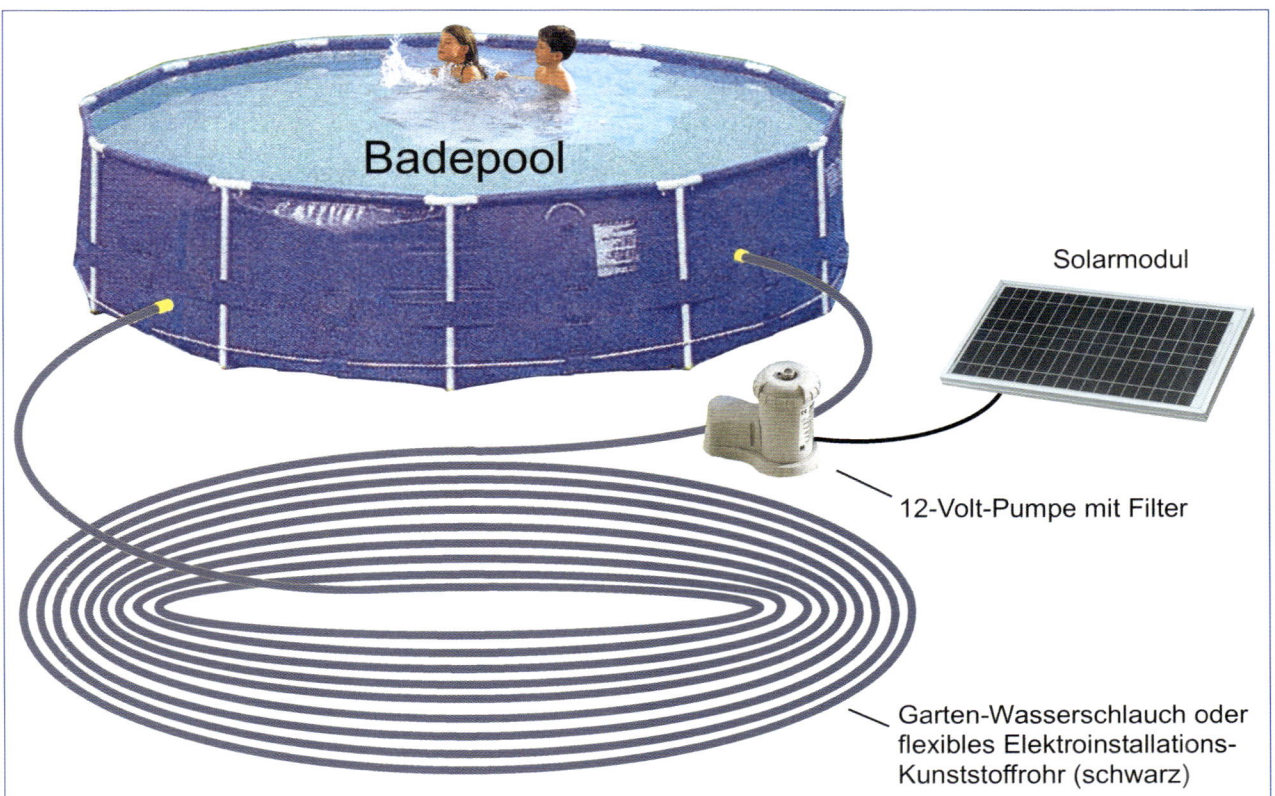

**Abb. 3.7** – Badepools und Planschbecken erfreuen sich zunehmender Beliebtheit, sind sehr preiswert geworden und das Badewasser kann kostengünstig mit Hilfe eines einfachen „Sonnenkollektors" Marke Eigenbau auch an etwas kühleren Tagen aufgewärmt werden

aufwärmen kann, der sich jeweils aus dem „Nachholbedarf" ergibt.

Das eigentliche Prinzip ist auf den ersten Blick leicht zu durchschauen, aber eben nur das Prinzip als solches. In Wirklichkeit hat das ganze System sehr viele Schwachstellen, die im Allgemeinen „diskret" verschwiegen werden und über die man bereits im Planungsstadium in Bilde sein sollte:

Das Problem fängt damit an, dass sich bei solarthermischen Anlagen – im Gegensatz zu den fotovoltaischen Anlagen – die Energie nicht mit Hilfe eines einfachen und preiswerten Elektrokabels zum Verbraucher bringen lässt. Sie muss zu ihm mit wärmeisolierten Rohren geleitet werden. Wenn es sich dann um das Aufwärmen von Brauchwasser (bzw. Trinkwasser) handelt, dessen Behälter im Keller neben einem Ölheizkessel steht, wird die Installation der Leitungsrohre zu einer kostspieligen Angelegenheit.

Wesentlich einfacher und kostengünstiger lässt sich die Solarthermik im privaten Bereich zum Aufwärmen von Badewasser im Gartenpool oder Planschbecken (Abb. 3.7) benutzen. Schon deshalb, weil sich hier die Nachfrage (nach Baden im Freien) mit dem Angebot (an Sonnenenergie) optimal deckt.

In den letzten Jahren hat es einige sehr warme Sommer gegeben, die sich möglicherweise in der Zukunft wiederholen könnten. Ein kleines Planschbecken im Garten dürfte dann die Lebensqualität steigern. Eine einfache solarthermische Selbstbau-Anlage kann zum Aufwärmen des Poolwassers wirkungsvoll beitragen. Als ein preiswerter Solarkollektor kann dabei entweder ein Gartenschlauch (in dunkler Farbe) oder ein flexibles schwarzes Elektroinstallations-Kunststoffrohr angewendet werden, was nach *Abb. 3.7* spiralförmig einfach auf den Boden gelegt werden kann. Um eine ausreichende Wärmeleistung zu erhalten, sollte jedoch diese Spirale aus einem etwa 100 Meter langem Schlauch oder Installationsrohr bestehen – was probeweise auf die Größe des Planschbeckens und die herrschenden Wetterbedingungen abgestimmt werden kann.

Wenn Sie zu diesem Zweck ein Elektroinstallations-Kunststoffrohr (bevorzugt mit einem Durchmesser von 16 mm) verwenden, können die Verbindungen mit den dazu gehörenden Verbindungsmuffen mit einem Bau- oder Fugensilikon „wasserdicht" verleimt werden.

Die in Abb. 3.7 eingezeichnete Pumpe ist oft als Filterpumpe oder als aufwändigere „Sandfilteranlage" mit dem Becken erhältlich und kann wahlweise (je nach der Ausführung) von einem Solarmodul, von einem Akku (Autobatterie) oder aus der Steckdose (230 V~) betrieben werden. Anstelle einer Filterpumpe eignet sich auch eine Springbrunnenpumpe oder eine beliebige kleine Umwälzpumpe für die erforderliche Umwälzung des Becken-Wassers.

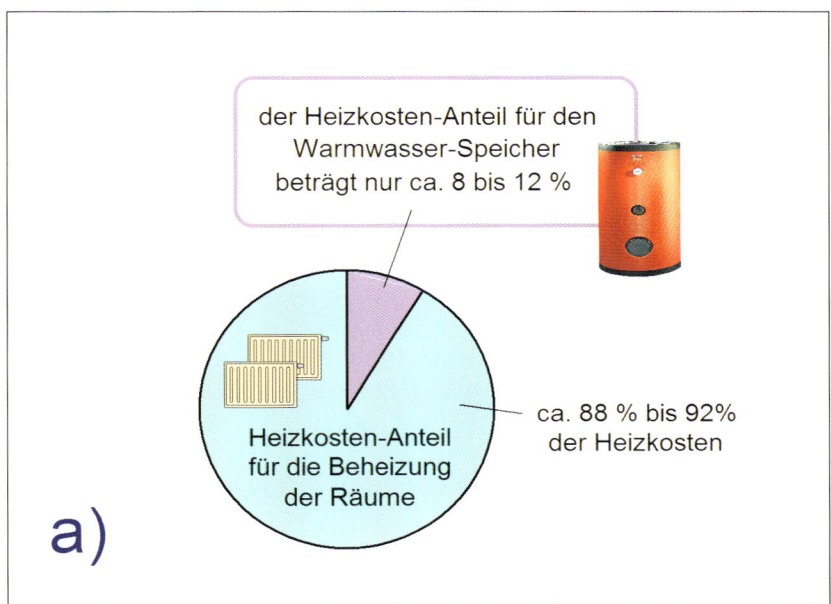

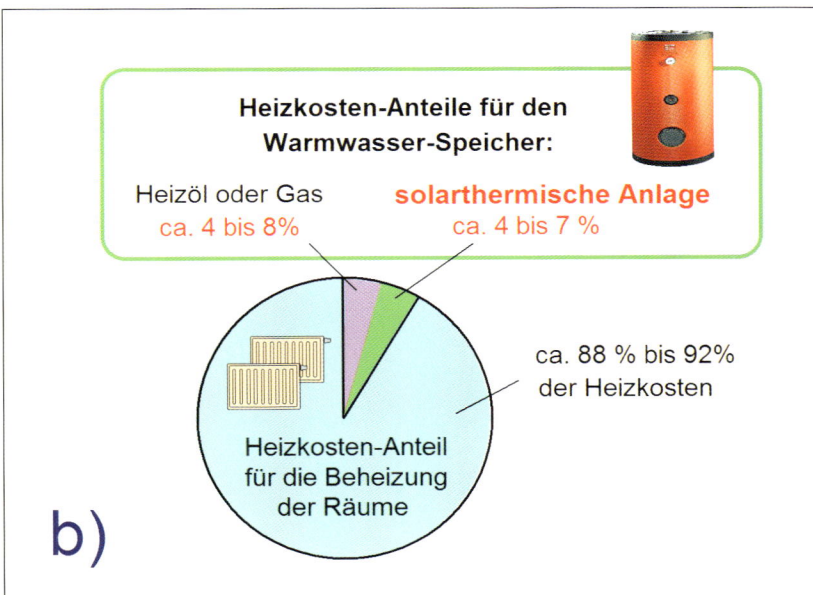

Ansonsten sollte fairnesshalber darauf hingewiesen werden, dass die eigentliche Wasseraufwärmung mit Hilfe der Gas- oder Ölzentralheizung bei weitem nicht so energiefressend ist, wie es manche Solartechnik-Anbieter ihren Kunden gerne schmackhaft machen möchten (siehe hierzu Abb. 3.8).

Die vorgesehene Energieeinsparung kann „projektbezogen" am einfachsten ermittelt werden, wenn während der Sommermonate der Gas- oder Ölverbrauch für das Aufwärmen des Wassers notiert und in Kosten umgerechnet wird. Ein evtl. Einsatz von Solarkollektoren, die hier (bei etwas Glück) etwa 50 % bis 60 % der benötigten Energie für das Aufwärmen des Brauchwassers einsparen könnten, lässt sich danach anhand von konkreten Zahlen „projektbezogen" realistischer bewerten und mit dem Kostenaufwand vergleichen.

An sich ist bei einer gängigen solarthermischen Dachanlage die Einsparung von „nicht regenerativen" Brennstoffen bedauerlicher-

**Abb. 3.8** – Wenig bekannt, aber leider wahr: der Beitrag einer solarthermischen Anlage zur Senkung der Heizkosten ist in Wirklichkeit nur relativ gering

# 3.1 Tipps zur richtigen Planung

weise ziemlich gering, denn die Öl- oder Gas-Zentralheizung eines Einfamilienhauses verbraucht durchschnittlich nur etwa 8 % bis 12 % des Brennstoffes für das eigentliche Aufwärmen des Brauchwassers. Der restliche Brennstoffverbrauch entfällt üblicherweise auf das Beheizen des Hauses. Individuell kann natürlich der Warmwasserverbrauch von diesen Angaben ziemlich abweichen.

Im „Landesdurchschnitt" darf nüchtern kalkuliert werden, dass auch ein optimal dimensionierter Sonnenkollektor nur eine Einsparung von etwa 4 % bis 6 % des gesamten Öl- oder Gasverbrauches der Zentralheizungsanlage erbringt.

Das sind jedoch alles nur rein informative Angaben, die nicht unbedingt überall zutreffen müssen. Individuelle Lebensgewohnheiten oder Wetterbedingungen können sehr unterschiedliche Ergebnisse aufweisen.

Eine Familie, die z. B. während der wärmsten Jahreszeit einige Wochen im Urlaub verbleibt und ihr eigenes Haus nicht bewohnt, wird verständlicherweise proportional etwas weniger von der Solarthermik profitieren, denn diese ist gerade während des Sommers am ergiebigsten.

Ähnlich ist es mit der Frage der Badegewohnheit. Wer überwiegend abends oder sehr früh am Morgen badet oder duscht, dessen Wasser wird gleich anschließend vom Öl- oder Gas-Heizkessel auf den „Soll-Wert" aufgewärmt. Dies lässt sich schwierig umgehen. Das solarthermische System kommt somit erst nur dann wieder zum Zug, wenn im Laufe des Tages das Wasser

im Warmwasserbehälter kühler wird und das sonnige Wetter ein Nachwärmen erlaubt. Hier kann es in der Praxis oft vorkommen, dass der wirkliche energetische Beitrag einer solarthermischen Anlage quasi nur tröpfchenweise zu dem tatsächlichen Aufwärmen des Brauchwassers (Trinkwassers) beiträgt.

Eine solche Behauptung ist erklärungsbedürftig, aber zum Glück leicht nachvollziehbar: In einem *konventionellen* Warmwasserbehälter (Warmwasserspeicher) einer Öl- oder Gas-Zentralheizung wird nach *Abb. 3.4* das Wasser von einer „Heizspirale" (Wärmetauscher) aufgewärmt. Diese Heizspirale funktioniert im Prinzip ähnlich wie die Heizspirale eines elektrischen Wasserkochers. Allerdings mit dem Unterschied, dass sie als eine Hohlspirale nur vom durchlaufenden heißen Heizkessel-Wasser des Heizsystems aufgeheizt wird. Eine elektrische *Umwälzpumpe* (Speicherpumpe) pumpt das heiße Wasser aus dem Heizkessel „umlaufend" jeweils automatisch solange durch, bis das Wasser im Warmwasserbehälter die eingestellte Temperatur erreicht. Während dieses Vorgangs kühlt das Wasser im Heizkessel ab. Der Heizkessel hat aber auch einen internen Thermostat, der den Kessel jeweils „startet", wenn das „Heizwasser" unter das eingestellte Niveau abkühlt und wieder abschaltet, wenn sich das Wasser im Kessel auf das voreingestellte Maximum aufgewärmt hat.

Aus *Abb. 3.4* geht hervor, dass eine zweite *Pumpe* (Heizkreispumpe) für die Heizungsradiatoren des Hauses zuständig ist. Beide Pumpen arbeiten unabhängig voneinander. Die Speicherpumpe schaltet der *Warmwasser-Thermostat* jeweils nur für die Dauer des Aufwärmens bzw. Nachwärmens ein. Die Heizkreispumpe für die Zentralheizungs-Radiatoren (bzw. für die Fußbodenheizung) läuft dagegen während der ganzen Heizperiode ununterbrochen, bleibt jedoch abgeschaltet, wenn der Heizkessel auf „Sommerbetrieb" umgeschaltet wird.

Während der Heizperiode versorgt der Zentralheizungs-Heizkessel das ganze Heizsystem – darunter sowohl die Heizradiatoren bzw. die Fußbodenheizung als auch die Heizspirale im Warmwasserbehälter mit heißem Wasser, das z. B. auf einer fest eingestellten Temperatur von 65 °C gehalten wird (der Hausbesitzer kann nach eigenem Ermessen diese Temperatur auch höher einstellen bzw. verstellen).

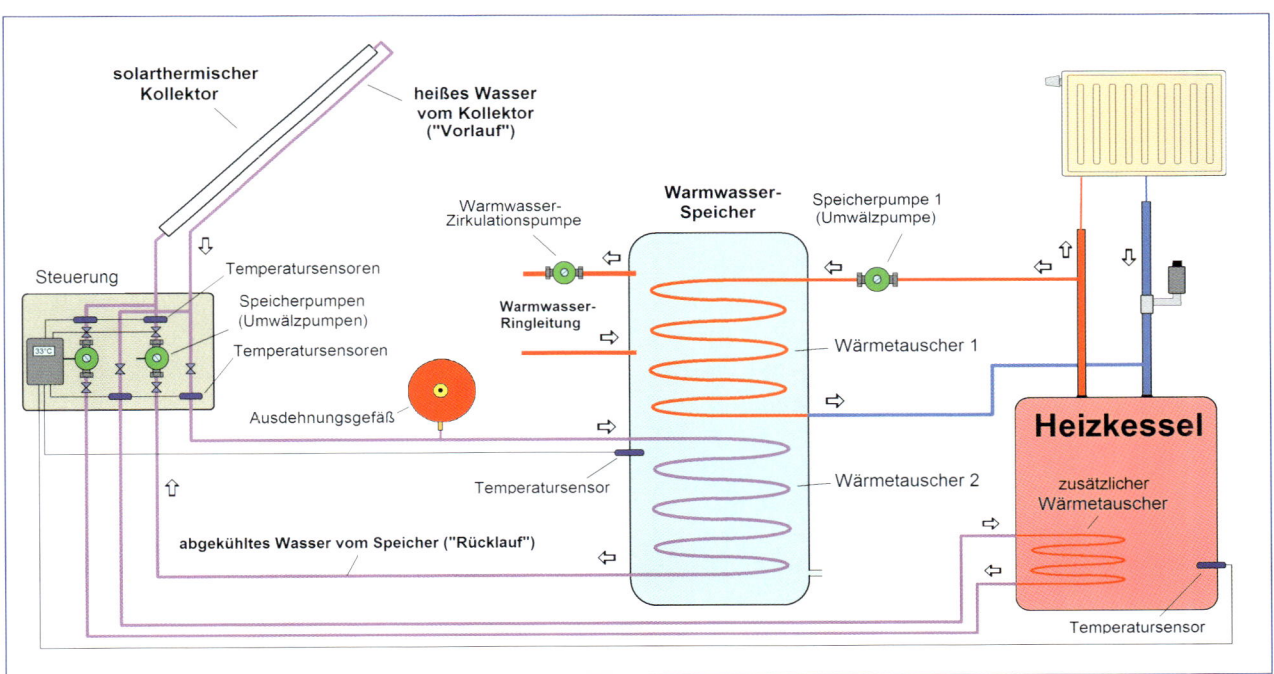

**Abb. 3.9 –** Einige solarthermische Anlagen sind auch noch für die Unterstützung der Wassererwärmung im Heizkessel ausgelegt, aber der tatsächliche Beitrag einer solchen Lösung zur Brennstoffeinsparung ist leider nur sehr gering

# 3.1 Tipps zur richtigen Planung

Außerhalb der Heizperiode arbeitet derselbe Heizkessel nur für das kontinuierliche Aufwärmen des Wassers im Warmwasserspeicher. Dies ohne Rücksicht darauf, ob der Warmwasserspeicher eventuell über eine zweite solarthermische Heizspirale verfügt oder nicht.

Einige Warmwasserspeicher verfügen auch bei herkömmlichen Zentralheizungs-Systemen über einen Heizstab der während der Sommermonate rein elektrisch das Brauchwasser warm hält. Er funktioniert auf dieselbe Art wie die elektrische Heizspirale eines Wasserkochers und bietet den Vorteil, dass man während der wärmeren Jahreszeit den Öl- oder Gasheizkessel ganz abstellen kann. Diese Lösung wird jedoch in der Praxis nur selten angewendet, obwohl sie auch ihre Vorteile hat.

Womit aber auch das Wasser während der wärmeren Jahreszeit aufgewärmt wird, eine reine solarthermische Anlage kommt ohne eine zweite „Wärmequelle" nicht aus. Die ganze Automatik der Warmwasseraufbereitung ist dabei verständlicherweise so konzipiert, dass sie die Temperatur des warmen Wassers quasi *unter allen Umständen* immer auf dem eingestellten Niveau (von z. B. 65 °C) hält.

Der Warmwasserspeicher ist fest an die Wasserleitungszufuhr *(nach Abb. 3.3 bis 3.5)* angeschlossen. In dem Moment, wenn an der oberen Seite des Speichers das warme Wasser abgenommen wird, füllt sich der Speicher unten vom *Kaltwasserzulauf* automatisch mit kaltem Leitungswasser nach. Dadurch kühlt das Wasser im Warmwasser-Speicher entsprechend ab, wird jedoch

– wie bereits erläutert – ständig automatisch laufend nachgewärmt.

Wird z. B. abends die Badewanne mit warmen Wasser eingelassen, füllt sich – diesem „Aderlass" zufolge – das Wasser im Speicher mit kaltem Leitungswasser „laufend" nach, kühlt dadurch zunehmend ab und der Öl- oder Gasheizkessel muss prompt anspringen, um das Wasser schnellstens wieder aufzuwärmen. Dass zu diesem Zeitpunkt auch eine solarthermische Dachanlage nicht mehr zum Zuge kommt, ist logisch, denn die Sonne ist entweder ganz weg oder steht schon derartig tief, dass ihre Solarenergie zum Nachwärmen des Wassers nicht mehr ausreicht.

Dass zu diesem Zeitpunkt der Heizkessel also sowieso einspringen muss, hat seine Richtigkeit und seine Logik, denn aus einem ordentlichen Warmwasserhahn soll ja in einem Haushalt jederzeit warmes Wasser fließen. Wer bereits Erfahrung mit solchen kleinen „hauseigenen" Zentralheizungsanlagen hat, dem ist zudem auch bekannt, dass das Wasser in einem Warmwasserspeicher nicht ewig heiß bleibt und auch dann kontinuierlich abkühlt, wenn kein warmes Wasser bezogen wird.

Ein guter Warmwasserspeicher ist zwar ordentlich wärmeisoliert, womit sich die Wärmeverluste in zumutbaren Grenzen halten. Die eigentliche Wärmeisolierung kann allerdings auch keine Wunder vollbringen. Vor allem nicht in Kellern, deren Mauern aus kalten Betonsteinen bestehen. In solchen Kellern ist es oft so

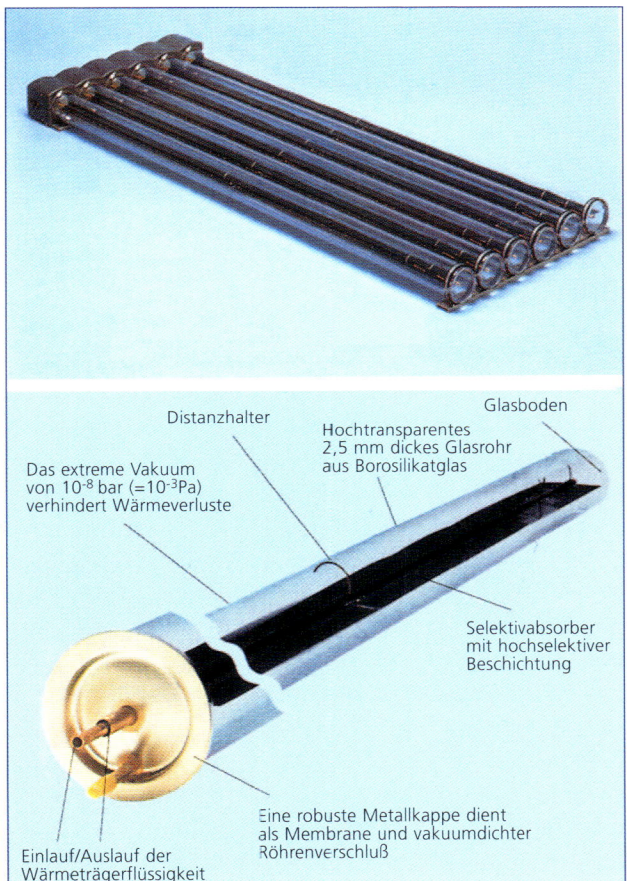

Distanzhalter

Glasboden

Hochtransparentes
2,5 mm dickes Glasrohr
aus Borosilikatglas

Das extreme Vakuum
von 10⁻⁸ bar (=10⁻³Pa)
verhindert Wärmeverluste

Selektivabsorber
mit hochselektiver
Beschichtung

Eine robuste Metallkappe dient
als Membrane und vakuumdichter
Röhrenverschluß

Einlauf/Auslauf der
Wärmeträgerflüssigkeit

**Abb. 3.10** – Ausführungsbeispiel eines Hochleistungs-Vakuum-Röhrenkollektors: Ein solcher kostspieliger – und technisch sehr eindrucksvoller – Kollektor kann vor allem während der kalten Wintermonate etwa doppelt so viel wie ein Flachkollektor zum Aufwärmen des Brauchwassers beitragen. Der Pferdefuß liegt jedoch darin, dass dadurch z. B. während der kältesten Jahreszeit leider nur etwa 3 bis 4 Euro pro Monat und tatsächlich nur ca. 150 bis 200 Euro jährlich insgesamt an Gas- oder Heizöl-Kosten eingespart werden können (ausgehend von Heizstoffpreisen im Dezember 2006 und einem durchschnittlichen Warmwasser-Verbrauch in einem Einfamilien-Haus)

kalt wie in den Kellern alter Burgen, und der Warmwasserspeicher, der in so einem Keller steht, hat es physikalisch bedingt nicht gerade leicht, die Temperatur des aufgewärmten Wassers gegen die umgebende kalte Luft ewig lange aufrecht zu erhalten.

Abgesehen davon wartet das heiße Wasser im Warmwasserspeicher nicht unbeweglich auf einen gelegentlichen Abruf, sondern wird durch eine (dritte) Warmwasser-Zirkulationspumpe ständig durch alle Warmwasser-Leitungen im Haus gepumpt. Diese Lösung ist erforderlich, da man andernfalls sehr lange warten müsste, bis nach dem Aufdrehen eines Warmwasserhahns aus der Leitung warmes Wasser herausströmt (sonst käme erst lange nur kaltes Wasser heraus).

Wichtig zu wissen: Das warme Wasser zirkuliert „Tag und Nacht" durch alle Warmwasserleitungen des Hauses ähnlich wie das Blut in unserem Körper. Dass sich dabei das warme Wasser auch in gut wärmeisolierten Leitungen laufend abkühlt, ist technisch unvermeidlich.

Viele gewerbliche Anbieter behaupten zwar, dass gerade *ihre* Warmwasserbehälter quasi wie Thermosflaschen funktionieren. Das muss man eigentlich nicht einmal bestreiten, denn in vielen handelsüblichen Thermosflaschen kühlt ein heißes Getränk bereits nach etwa 8 Stunden aus. Das ist zwar kein ausgesprochen technisch eleganter Vergleich, aber immerhin ein richtungsweisendes Indiz für diejenigen, die sich manchmal mit Behauptungen zufrieden geben, die bestenfalls nur als eine „modifizierte" Wahrheit klassifiziert werden dürften.

Ein gut isolierter Warmwasserspeicher kann unter günstigen Umständen einen soliden Teil der aufgefangenen Solarenergie erfolgreich nutzen. Fairnesshalber ist jedoch darauf hinzuweisen, dass sich solche „günstigen Umstände" nur bedingt vorprogrammieren lassen.

# 3.1 Tipps zur richtigen Planung

Was darunter zu verstehen wäre, dürfte man sich an folgendem Beispiel „durchspielen":

An einem Nachmittag wurde das Wasser im Warmwasserspeicher auf das eingestellte Maximum aufgewärmt. Vor und nach dem Abendessen wird etwas warmes Wasser für das Händewaschen und eventuell auch für das Geschirrspülen oder Putzen verbraucht. Später am Abend bzw. am nächsten Morgen wird gebadet oder geduscht. Das verbrauchte warme Wasser wird im Warmwasserspeicher durch kaltes Leitungswasser *(vom Kaltwasserzulauf nach Abb. 3.5)* automatisch nachgefüllt. Dadurch kühlt das Wasser im Speicher vor allem im Winter ziemlich schnell ab, da das Leitungswasser eiskalt ist. Wenn zu diesem Zeitpunkt das solarthermische Dachmodul nicht unmittelbar einspringen kann (oder „noch nicht" einspringen kann), schaltet der Speicher-Thermostat den Öl- oder Gasheizkessel sowie auch die Speicherpumpe *(Abb. 3.9)* ein, um das Wasser nachzuwärmen. Falls der Heizkessel gerade in Betrieb ist, wird zusätzlich nur die Speicherpumpe 1 eingeschaltet.

Sobald danach die Sonne kräftig genug ist, um mit ihren Strahlen das solarthermische Modul aufzuheizen, ist unter diesen Umständen das Wasser im Warmwasserspeicher bereits ausreichend warm (bzw. heiß), da es gleich nach dem abendlichen oder morgendlichen Baden oder Duschen vom Öl- oder Gasheizkessel aufgewärmt wurde.

Die Preisfrage lautet dann: Auf welche Weise kann man an solchen Tagen tagsüber das „bestehende" warme Wasser sinnvoll verbrauchen, um der thermischen Solaranlage die Chance zu geben, dass sie auch ihren Beitrag zum Aufwärmen des Wassers leistet?

Hypothetisch ließe sich zwar in dieser Hinsicht die Anwendung von warmem Wasser etwas „umorganisieren". Um die solarthermische Anlage optimal nutzen zu können, müsste man beispielsweise an sonnigen Tagen den Verbrauch von warmem Wasser schwerpunktmäßig nur auf den Vormittag oder frühen Nachmittag verschieben. Damit bekäme zumindest an sonnigen Tagen die Sonne noch genügend Zeit, ihren Beitrag zum Aufwärmen des Wassers zu leisten. Das wäre allerdings ein ziemlich brutaler Eingriff in die Lebensgewohnheiten, die sich dann der Solartechnik unterordnen müssten. Dies wäre kaum im Sinne eines Menschen, der durch die Nutzung der Solarenergie der Natur näher kommen möchte. Hier wäre genau das Gegenteil erreicht: Der Mensch müsste sich von der Technik und ihren Macken manipulieren lassen.

Alle diese Überlegungen weisen objektiv auf die Schwachstellen hin, die jeder einzelne „Interessent" nüchtern bis zum Ende durchdenken und mit allen beteiligten Familienmitgliedern auch gut überdenken und in die Planungsüberlegungen einbeziehen sollte.

Leider handelt es sich bei solchen solarthermischen Anlagen um eine schwer nachvollziehbare Solarenergie-Verwertung, da es keine zuverlässigen, universal anwendbaren Daten gibt, die genau auf die individuelle Situation einer Familie zutreffen könnten. Die Benutzer einer solchen Anlage haben auch im Nachhinein kaum eine technisch fundierte Übersicht über die genauere Größenordnung der Leistung, die die solarthermischen Kollektoren zum Energieverbrauch tatsächlich beisteuern (was als ein großes Glück für viele Errichter oder Befürworter dieser Systeme bezeichnet werden dürfte, denn sie können dann der Dichtung Vorrang vor der Wahrheit geben).

Wesentlich einfacher ist es mit der Bewertung einer solarthermischen Anlage nur dann, wenn diese völlig selbstständig und unabhängig von anderen Energiequellen arbeitet – oder wenn sich die zusätzlichen Energiequellen nicht automatisch, sondern ausschließlich manuell einschalten lassen. Dafür kommen eigentlich nur Anlagen in Frage, die *nicht* mit einem Zentralheizungs-Heizkessel verbunden sind, sowie Schwimmbäder, Warmwasserbereitung im Ferienhaus usw.

Moderne Sonnenkollektoren sind inzwischen derartig ausgetüftelt, dass bereits relativ wenig Sonnenwärme ausreicht, um das „Wärmeträgermedium" aufwärmen zu können. Dennoch kann dieses System verständlicherweise keinen kontinuierlichen Wärmenachschub aufrecht erhalten. Nachts, früh am Morgen, am Abend oder während sonnenarmer Tage – an denen es besonders im Winter nicht mangelt – muss also der Öl- oder Gasheizkessel bedarfsbezogen einspringen.

Wie bereits angesprochen wurde, ist für die Arbeitsteilung zwischen dem Heizkessel und der solarthermischen Dachanlage eine elektronische Steuerung zuständig, die als Umwälzpumpen-Steuerung fungiert. Sie schaltet dann u. a. die Umwälzpumpe des solarthermischen Systems ab, sobald die Temperatur des „Wärmeträger-Mediums" in den Dachkollektoren niedriger wird als die Temperatur des Wassers im Warmwasserbehälter (andernfalls würde das warme Wasser nicht aufgewärmt, sondern gekühlt).

Als „Wärmeträgermedium" kann unter Umständen nur ganz normales Wasser benutzt werden. Bei Sonnenkollektoren, die üblicherweise das ganze Jahr in Betrieb bleiben, wird jedoch eine frostsichere Flüssigkeit benötigt. Im einfachsten Fall kann es sich bloß um Wasser mit etwas Frostschutzmittel handeln, das auch im Kühlsystem unserer Autos verwendet wird. Manche Hersteller präferieren andere Flüssigkeiten oder primär sogar Gase, die sich im Vergleich zum Wasser etwas schneller aufwärmen (sie heizen erst sekundär eine Wärmeflüssigkeit auf). So wird ein höherer Wirkungsgrad erreicht.

Wir haben darauf hingewiesen, dass Sonnenkollektoren auch direkt das Schwimmbadwasser aufwärmen können, wenn eine Umlaufpumpe die benötigte Zirkulation besorgt. Zu diesem Zweck gibt es u. a. spezielle dehnbare Kunststoffkollektoren und Kunststoffleitungen, in denen auch normales Wasser einfrieren darf, ohne dass es Beschädigungen zur Folge hat.

Es gibt auch Sonnenkollektoren, in denen direkt nur Luft aufgeheizt wird, die dann ins Haus als „Warmluftheizung" hineingeblasen wird oder die nach Bedarf irgendetwas aufwärmt, entfeuchtet, lüftet usw. Andere Kollektoren arbeiten z. B. auch mit Methanol, das unter Vakuum in Glasrohre gefüllt wird. Es verdampft mit Hilfe von zusätzlichen wärmeleitenden, metallischen Absorbern schon ab 25 °C und wärmt auf eine etwas aufwendige Weise über einen Alu-Wärmeblock das Wasser im Speicher oder im Schwimmbad auf.

Thermische Solarsysteme erreichen theoretisch einen wesentlich höheren Wirkungsgrad als fotovoltaische Systeme. Demgegenüber geben sie sich – im Vergleich zu den fotovoltaischen Solarzellen – nicht nur mit dem Licht als solchem zufrieden, sondern benötigen in der Regel auch eine gewisse „Portion" an echter Sonnenwärme. Das reduziert wiederum ihren Jahres-Wirkungsgrad.

Der Selbstbau von solarthermischen Anlagen hat sich vor allem in einigen Teilen Österreichs zu einer Art „Sportdisziplin" entwickelt, die auch gut organisiert und betreut wird. Einem Einsteiger fehlt es dann weder an praktischen Ratschlägen noch an Bezugsquellen für speziellere Bauteile, Vorrichtungen oder Hilfsmitteln, die das Arbeiten am Dach erleichtern und absichern.

In Deutschland und in der Schweiz gibt es eine vergleichbar organisierte oder von Vereinen betreute Selbstbau-Initiative nicht. Ein Einsteiger muss sich ziemlich schwer durch die Problematik durchbeißen und oft eine Kompromisslösung finden, bei der er zum Beispiel einen Teil der erforderlichen Arbeiten selber ausführt und den Rest erfahrenen Handwerkern überlässt, die sich für so eine Zusammenarbeit kooperativ zeigen.

„Da haben wir den Salat", würden Sie sich vielleicht jetzt denken. Und Sie haben Recht! Die moderne Technik kann uns das Leben sehr erleichtern – was sie auch tatsächlich tut, insofern sie nicht von Stümpern entwickelt ist, was leider auch viel zu oft vorkommt. Es wäre aber ein falscher Weg, wenn man sich freiwillig sein Haus mit Vorrichtungen ausstattet, die das Leben komplizieren oder die die Bewohner auf irgendeine Weise manipulieren und somit versklaven.

Die Technik sollte uns so dienen, wie es uns passt. Und wenn ihr das nicht gelingt – oder *noch nicht* gelingen kann, lässt man besser die Finger davon. Ganz gewiss von einer solarthermischen Anlage, die bei etwas Glück jährlich um die 150 bis 200 Euro an Öl- oder Gaskosten einsparen kann.

Somit dürfte eine solche Investition nüchtern nur mit der Investition in ein Hobby verglichen werden: Nur der Spaß an der Sache könnte hier ausschlaggebend sein, denn was Spaß macht, hat in unserem Leben sicherlich eine Berechtigung, die nicht verteidigt zu werden braucht – solange sie anderen Menschen keinen Schaden zufügt.

Diese Überlegungen beziehen sich jedoch vor allem auf aufwendigere solarthermische Anlagen, die speziell für das Aufwärmen von Trinkwasser vorgesehen sind. Als wesentlich „selbstbau- und anwendungsfreundlicher" dürfte dagegen eine solarthermische Anlage in Betracht gezogen werden, die zum Aufwärmen des Wassers in einem kleinen Garten-Pool oder Planschbecken dient. Sie kann vor allem dort sehr einfach im Selbstbau angelegt werden, wo ein Garagen-Flachdach oder ein anderes niedrigeres Dach zur Verfügung steht, denn wer nicht gerade in einem Zirkus groß geworden ist, der wird sich mit der Arbeit an einem höheren Dach nicht unbedingt anfreunden können.

Für Selbstbau-Projekte dieser Art können beliebige handelsübliche solarthermische Kollektoren bzw. Dachkollektoren verwendet werden, die zu diesem Zweck auch als Bausätze erhältlich sind

# 4   Solarelektrische Dachmodule

**Abb. 4.1 –** Ausführungsbeispiele einiger der handelsüblichen Solarmodule

Im Gegensatz zu *solarthermischen* Dachmodulen, die im Prinzip *nicht* auf das Heizsystem abgestimmt zu werden brauchen, müssen *solarelektrische* Dachmodule *(Solarzellen-Module)* vor allem die erforderliche *Spannung* und *Leistung* liefern können. Die Prioritäten der Anforderungen hängen dabei davon ab, ob eine solche Anlage *netzunabhängig* oder *netzgekoppelt* arbeiten soll.

Bei *netzunabhängigen* Solaranlagen fungieren die Dachmodule in der Regel nur als „Ladestrom-Energie-quellen", die einfach auf die erforderliche Ladespan-nung und den erforderlichen Ladestrom der angewen-

# 4  Solarelektrische Dachmodule

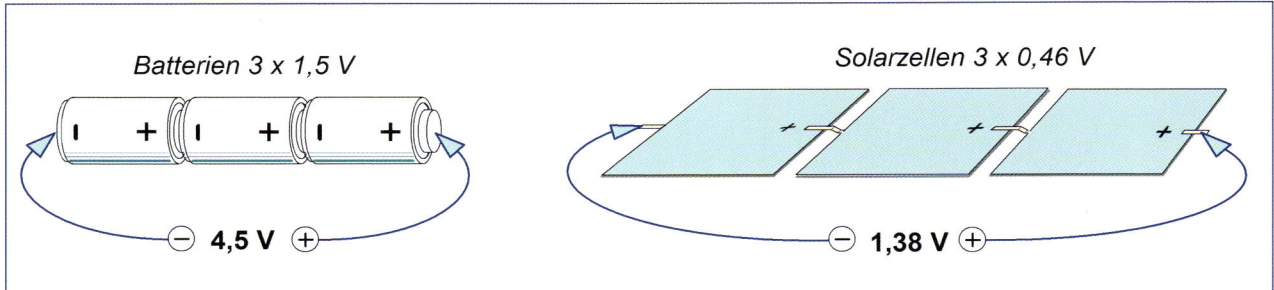

Batterien 3 x 1,5 V

⊖ 4,5 V ⊕

Solarzellen 3 x 0,46 V

⊖ 1,38 V ⊕

**Abb. 4.2 –** Einzelne Solarzellen können – ähnlich wie Batterien – zu beliebig langen Ketten verschaltet werden, um erforderlich hohe Ausgangsspannungen bei Solarmodulen zu erzielen: Die Spannungen einzelner Zellen addieren sich zu einer Ausgangsspannung, die als *Nennspannung* des Moduls bezeichnet wird

deten Anlagen-Batterie abgestimmt werden müssen. Mit den Planungsgrundlagen ist es in dem Fall ziemlich einfach: Wenn die Batteriespannung (Akkuspannung) 12 Volt beträgt, wird ein Solarmodul verwendet, dessen *Nennspannung* zwischen ca. 17,5 und 20 Volt liegt. Der *Nennstrom* des Moduls, der bei netzunabhängigen Anlagen als Ladestrom der Batterie angewendet wird, darf dann (bei Bleiakkus) 10 % der Akku-Kapazität nicht übersteigen, darf aber beliebig niedriger sein.

Bei einem zu niedrigen Ladestrom dauert dann zwar das Nachladen der Batterie entspechend länger, aber das kann unter Umständen in Kauf genommen werden. Andernfalls muss die Kapazität der Anlagen-Batterie angemessen hoch sein, um längere Lade-Durststrecken (regnerische Tage) zu über-

brücken. Der Ladestrom – und somit auch die Nennleistung – der angewendeten Solarmodule muss selbstverständlich auf die Kapazität der Batterie entsprechend abgestimmt werden.

Bei der Planung einer solchen *netzunabhängigen* Fotovoltaik-Anlage kommt es also nur darauf an, dass die Batterie groß genug ist, um den Energiebedarf des „Objektes" zumutbar ausreichend decken zu können, und dass die Solarmodule das Nachladen der Batterie bewältigen. Bei solchen Anlagen können sowohl die Kapazität der Batterie (durch paralleles Verschalten mehrerer Batterien) als auch der Solar-Ladestrom (durch paralleles Verschalten mehrerer Module) meist problemlos auch im Nachhinein erhöht werden. Planungsfehler lassen sich somit leicht beheben.

An dieser Stelle wäre jedoch da-

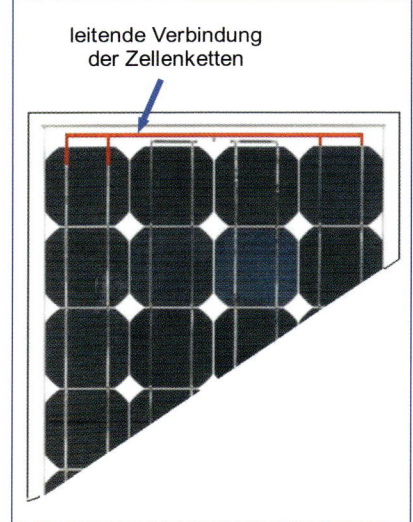

leitende Verbindung der Zellenketten

**Abb. 4.3 –** Die einzelnen Solarzellen sind in kristallinen Solarmodulen gut sichtbar (Foto Siemens)

rauf hinzuweisen, dass eine *netzunabhängige* Fotovoltaik-Anlage eine ausreichend kontinuierliche Stromversorgung im „Alleingang" nur bei kleineren Objekten bewältigen kann, bei denen der Energieverbrauch gering ist bzw. bei denen Stromversorgungs-Lücken in Kauf genommen werden. Andernfalls lassen sich wetterbedingte „Durststrecken" nur mit Hilfe zusätzlicher alternativer Generatoren – darunter Windgeneratoren, Dieselaggregate u. ä. – überbrücken (für nähere Informationen dürften wir Ihnen die Bücher „**Wie nutze ich Solarenergie in Haus und Garten ?**" und „**Wie nutze ich Windenergie in Haus und Garten ?**" – beides ebenfalls von Bo Hanus/ Franzis Verlag empfehlen).

Bei *netzgekoppelten* Solaranlagen spielt der Aspekt eventueller „wetterbedingter Durststrecken" keine Rolle, denn die Solarenergie wird hier unabhängig vom eigenen Strombedarf einfach automatisch ins öffentliche Netz „hineingestopft" (eingespeist), sobald – und solange – sie vorhanden ist. An sich eine prima Sache, denn wer kann ansonsten seine Ware einfach jederzeit und in jeder Menge an einen Abnehmer für einen Festpreis liefern?

Zweckorientiert geht es bei netzgekoppelten Fotovoltaik-Anlagen deutlich nur darum, dass die Jahresausbeute so hoch wie nur möglich ist. Um dies zu erzielen, müssen jedoch die Solarmodule optimal auf den angewendeten *Einspeise-Wechselrichter* abgestimmt sein.

Das ist im Prinzip kein Problem, denn es geht vor allem nur darum, dass hier die Solar-Nennspannung möglichst nahe unterhalb des Eingangsspannungs-Maximums des Wechselrichters liegt. Dass dabei die Gesamtleistung der Solarmodule nicht höher sein darf, als der angewendete (oder vorgesehene) Wechselrichter verkraftet, dürfte als eine selbstverständliche Vorbedingung mitberücksichtigt werden.

Für die ersten Planungsüberlegungen sind dann eigentlich nur zwei Faktoren bestimmend: Der vorhandene Platz am Dach und der finanzielle Spielraum, den

man für diese Investition opfern kann.

Von dem zur Verfügung stehenden Platz am Dach hängt verständlicherweise die maximale Solarzellenfläche ab, die mit Solarmodulen belegt werden kann.

Moderne kristalline Solarmodule liefern (typenabhängig) unter optimalen Bedingungen eine Nennleistung von bis zu etwa 140 Watt pro m². Eine Modulenfläche von ca. 7,5 m² bis 10 m² kann somit unter optimalen Bedingungen (bei ausreichend intensiver Sonnenbestrahlung) eine elektrische Leistung von 1000 Watt (= 1 kW) an den Wechselrichter liefern. Ein „guter" Wechselrichter (mit einem Wirkungsgrad von 93 bis 94 %) speist dann unter diesen Umständen in das öffentliche Netz eine elektrische Leistung von ca. 930 bis 940 Watt ein (die restlichen 60 bis 70 Watt verbraucht er intern für die Umwandlung der Solar-Gleichspannung in die netzidentische Wechselspannung).

Die Frage des finanziellen Spielraumes, den Sie für diesen Zweck erübrigen können, wird dann üblicherweise in einen optimalen Einklang mit der Planung der Modulenfläche gebracht. Die Kosten für die eigentlichen „Bausteine" einer **1.000 Watt**-Fotovoltaik-Anlage bewegen sich gegenwärtig zwischen etwa 10.000 und 13.000 Euro. Davon entfallen ca. 7.000 bis 9.000 Euro auf die eigentlichen Solarmodule, der Rest auf den Wechselrichter und auf das Montagezubehör (Näheres wird noch später genauer erläutert).

Die eigentliche Dachmontage kann zwar bei niedrigeren Dächern in Eigenleistung vorgenommen werden, aber bei höheren Dächern wird sie zu einer ziemlich kostspieligen Angelegenheit, da eine Eigenleistung zu einem zu gefährlichen Abenteuer werden könnte. In dem Fall müssen die Montagearbeiten an einen Handwerksbetrieb vergeben werden, der sich an die gültigen Unfallverhütungs-Vorschriften (der Bau-Berufsgenossenschaft) halten muss. Ab 3 Meter Höhe sind

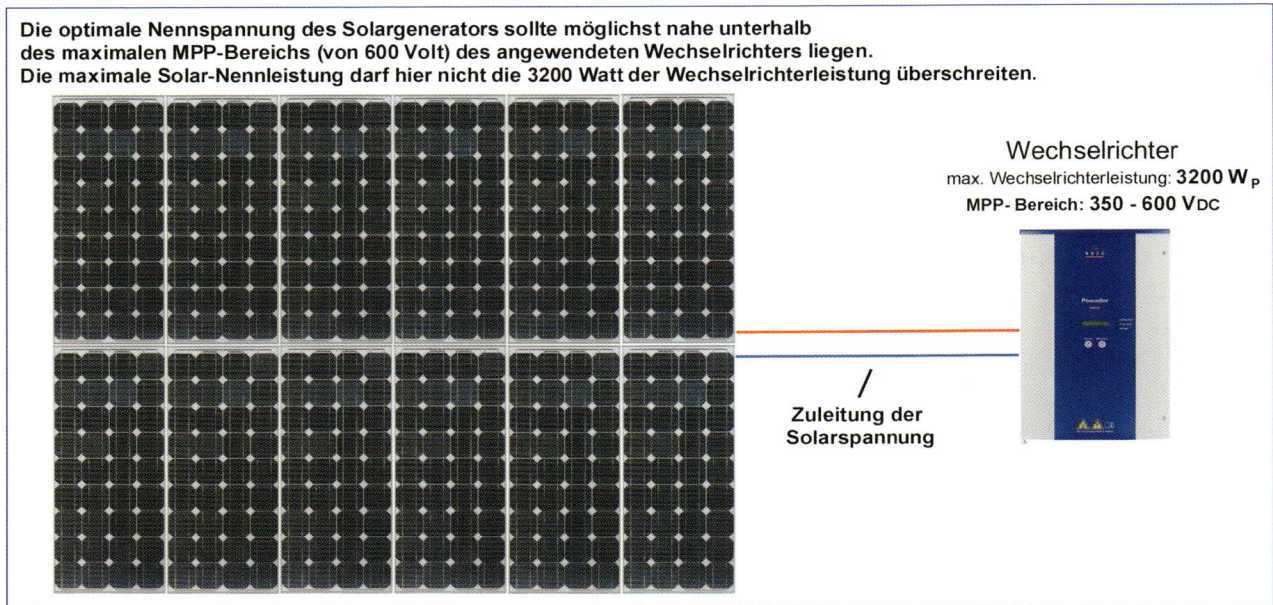

Die optimale Nennspannung des Solargenerators sollte möglichst nahe unterhalb des maximalen MPP-Bereichs (von 600 Volt) des angewendeten Wechselrichters liegen. Die maximale Solar-Nennleistung darf hier nicht die 3200 Watt der Wechselrichterleistung überschreiten.

Wechselrichter
max. Wechselrichterleistung: **3200 W**$_P$
**MPP- Bereich: 350 - 600 V**DC

Zuleitung der
Solarspannung

**Abb. 4.4 –** Zu den ersten Planungsüberlegungen gehört auch die Abstimmung der Ausgangs-Nennspannung des Solargenerators auf die Eingangsspannung des angewendeten Wechselrichters

Gerüste mit Fangeinrichtungen oder Sicherungsgeschirre vorgeschrieben, zudem ist ein Baukran erforderlich usw.

Diese Vorinformation hat zwar im technischen Sinne keinen direkten Einfluss auf die Wahl der Dachmodule, muss jedoch bei den Planungsüberlegungen mitberücksichtigt werden.

Der Preis eines Wechselrichters steigt mit seiner Leistung (die in kW bzw. in „VA" angegeben wird). Daher sollte die Leistung des Wechselrichters nicht unnötig höher sein als die maximale Leistung der vorgesehenen Solarmodule. Das gilt natürlich auch umgekehrt: Hat man einen preisgünstigen Wechselrichter ins Auge gefasst, stellt man sich die Solarzellenfläche aus Modulen zusammen, die eine gute Anpassung der Gesamtleistung auf den Wechselrichter ermöglichen.

### Hinweis

Im Zusammenhang mit solchen Planungsüberlegungen sollten Sie sich rechtzeitig über die jeweiligen staatlichen Zuschüsse informieren, die oft gewissen Schwankungen unterliegen und nicht unbedingt automatisch „abrufbereit" zur Verfügung stehen. Zudem werden gegenwärtig in den meisten Bundesländern als „zuschusstauglich" bestenfalls nur Fotovoltaik-Anlagen mit einer Leistung von 1 kW aufwärts akzeptiert. Erkundigen Sie sich aber genauer darüber, ob die für Sie zuständige Behörde immer noch die Nennleistung der eigentlichen Solarmodule als Berechnungsgrundlage anerkennt und nicht die evtl. Ausgangsleistung des Wechselrichters als die eigentliche Anlagenleistung bewertet.

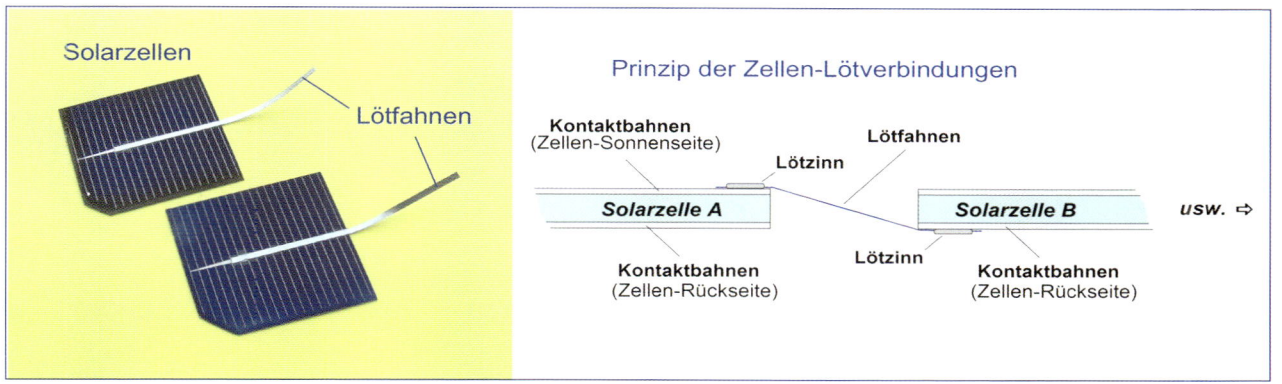

**Abb. 4.5 –** Einzelne Solarzellen werden oft bereits bei der Herstellung mit leitenden Verbindungs-Lötfahnen versehen, mit denen sie bei dem Modulen-Hersteller zu Zellen-Ketten verlötet werden

Dasselbe gilt auch für die *Ausgangsspannung (Nennspannung)* der Solarzellenfläche: Sie sollte möglichst nahe an der Obergrenze der *Eingangsspannung* des ausgewählten Wechselrichters liegen (siehe hierzu auch Kapitel 6).

Bei Fotovoltaik-Anlagen wird in der Regel eine viel höhere Solarspannung benötigt, als eine einzige Solarzelle liefern kann. Deshalb werden Solarzellen wie Kettenglieder in langen Zellenreihen nach *Abb. 4.2 und 4.8* in den Modulen angeordnet. Von außen kann man zwar die einzelnen Solarzellen gut sehen – wie z. B. *Abb. 4.3* zeigt –, nicht aber die

eigentlichen Durchverbindungen. Wie solche Durchverbindungen verlaufen, ist jedoch für den Anwender nicht von Bedeutung, denn bei jedem der angebotenen Module sind die benötigten technischen Daten aufgeführt.

Die einzelnen Solarzellen sind in den Modulen nach Abb. 4.6 zwischen zwei Glas- oder Kunststoff-

scheiben eingegossen (einlaminiert) und eingerahmt. So entstehen die handelsüblichen Solarzellenmodule nach *Abb. 4.1 und 4.3*.

Die gängigen Solarzellenmodule (die oft nur als *Solarmodule* bezeichnet werden) sind nur für relativ niedrige Spannungen ausgelegt. Bei solarelektrischen netzgekoppelten Anlagen (Fotovoltaik-Anlagen)

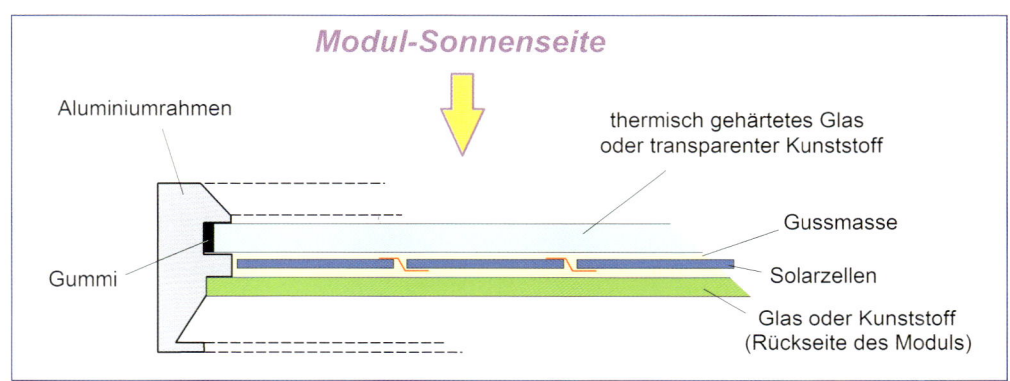

**Abb. 4.6 –** Ausführungsbeispiel eines Solarmoduls im Schnitt (als Teil)

# 4    Solarelektrische Dachmodule

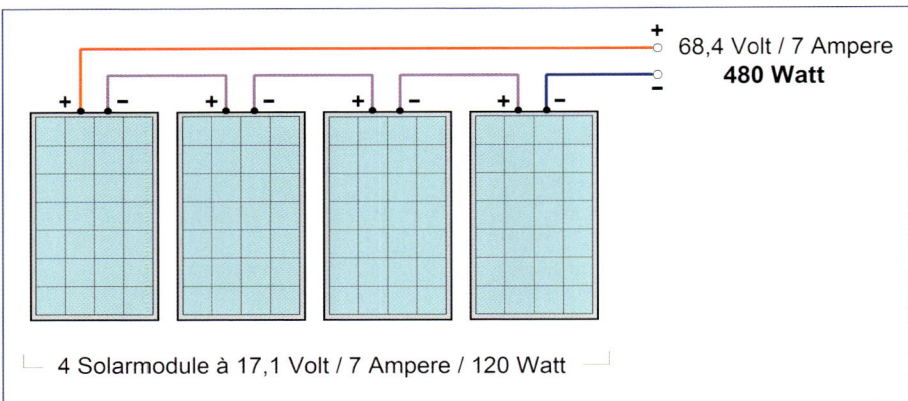

**4 Solarmodule à 17,1 Volt / 7 Ampere / 120 Watt**

68,4 Volt / 7 Ampere
**480 Watt**

**Abb. 4.7 –** Für serielle Verschaltung sollten grundsätzlich nur Solarmodule derselben Marke und derselben technischen Zellenparameter verwendet werden (Ausnahmen kommen nur für Versuchs-Schaltungen in Frage)

Nennstrom dieser Zellen – der typenabhängig (gegenwärtig) etwa zwischen 2,8 A und 7 A liegt – bestimmt dann oft den Nennstrom des ganzen Moduls. In manchen größeren Modulen werden zwei oder mehrere Kettenreihen parallel *(nach Abb. 4.8)* verschaltet. Hier ist dann logischerweise auch der Modulen-Nennstrom doppelt bzw. vielfach höher als der Nennstrom der angewendeten Einzelzellen.

wird üblicherweise eine viel höhere Solarspannung benötigt, als ein einzelnes Solarmodul liefern kann. Daher werden mehrere Solarmodule in Reihen nach *Abb. 4.7* geschaltet, um die Ausgangsspannung – die sich in dem Fall addiert – auf die erforderliche Spannung zu erhöhen, die der vorgesehene Wechselrichter als „Eingangsspannung" braucht *(siehe hierzu Kapitel 6)*.

Solarzellenmodule werden in der Regel serienmäßig hergestellt. Jeder Hersteller bestimmt dabei nach eigenem Ermessen die technischen Parameter, die optische Konfiguration und die mechanische Ausführung seiner Module.

Bei großen Solarzellenmodulen werden *ganze* (nicht zerschnittene) Solarzellen in Reihe geschaltet. Der

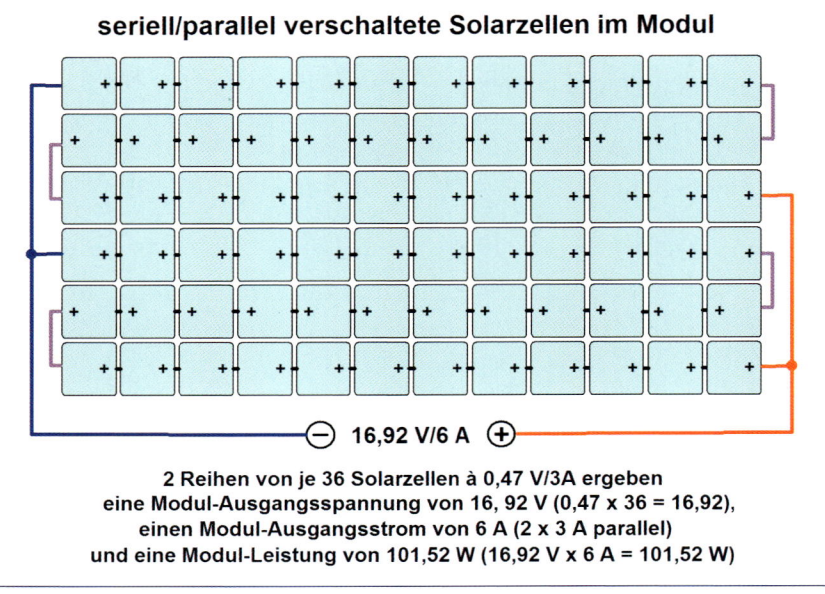

**seriell/parallel verschaltete Solarzellen im Modul**

⊖ **16,92 V/6 A** ⊕

**2 Reihen von je 36 Solarzellen à 0,47 V/3A ergeben eine Modul-Ausgangsspannung von 16, 92 V (0,47 x 36 = 16,92), einen Modul-Ausgangsstrom von 6 A (2 x 3 A parallel) und eine Modul-Leistung von 101,52 W (16,92 V x 6 A = 101,52 W)**

**Abb. 4.8 –** Zwei – oder auch mehrere – Zellenketten gleicher Parameter, können bei Bedarf parallel verschaltet werden, um den Modulen-Nennstrom und somit auch die Modulen-Nennleistung zu verdoppeln bzw. bei mehr als bei zwei Zellenketten (Zellenreihen) zu vervielfachen

# 4.1 Mechanischer Aufbau der Module

Die meisten kristallinen Solarzellenmodule haben eine große Ähnlichkeit mit verglasten und eingerahmten Bildern. An der „Sonnenseite" befindet sich nach Abb. 4.6 eine thermisch gehärtete Glasscheibe (manchmal nur eine Kunststoffscheibe), die Hinterwand der Module besteht meistens aus Kunststoff (gelegentlich auch aus Glas) und cer Rahmen ist aus Metall oder aus strapazierfähigem Kunststoff gefertigt – soweit das Modul überhaupt mit einem Rahmen versehen ist.

Die Solarzellen sind in eine spezielle Gussmasse eingebettet. Sie fungiert einerseits als wärmeleitendes Medium, anderseits – an der Sonnenseite – als Schutz gegen Kondensbildung (die Glasscheibe würde sich sonst von innen beschlagen).

Bei flexiblen (biegsamen) Solarzellen-Modulen sind die Solarzellen nur zwischen zwei Kunststoff-Folien einla-

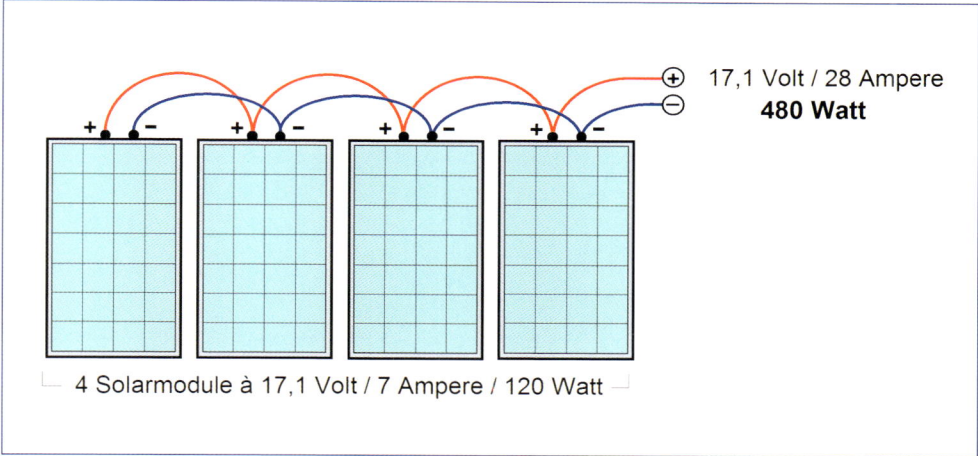

4 Solarmodule à 17,1 Volt / 7 Ampere / 120 Watt

17,1 Volt / 28 Ampere
**480 Watt**

**Abb. 4.9 –** Ähnlich wie Zellenketten können auch Solarmodule (gleicher Typen und Parameter) parallel verschaltet werden, um eine höhere Leistung zu erhalten

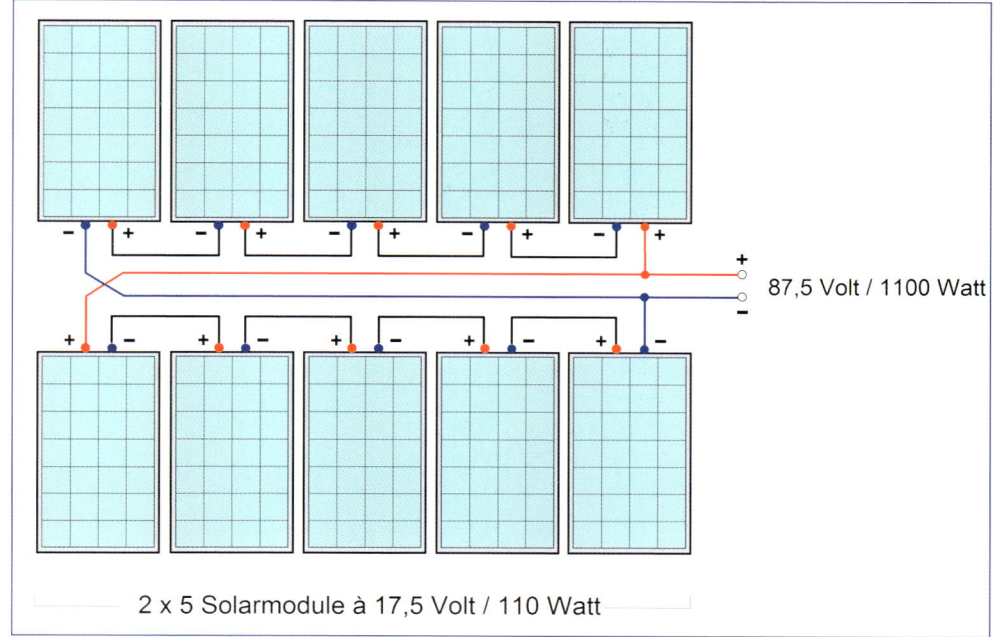

2 x 5 Solarmodule à 17,5 Volt / 110 Watt

87,5 Volt / 1100 Watt

**Abb. 4.10 –** Um sowohl eine höhere Leistung als auch eine höhere Ausgangsspannung einer Solarzellenfläche zu erhalten, werden einzelne Module seriell-parallel verschaltet

## 4.1 Mechanischer Aufbau der Module

miniert. Solche Module *(Abb. 4.12)* haben keinen Rahmen und können vollflächig z. B. auf rundförmige Dächer von Gebäuden sowie auch auf Dächer von Camping-Fahrzeugen oder Bussen aufgeklebt werden.

Bei amorphen Solarzellenmodulen wird – im Gegensatz zu kristallinen Modulen – die Solarzellenfläche nicht aus einzelnen Zellen zusammengelötet, sondern als eine kompakte und beliebig große Fläche auf die Rückseite einer Glas- oder Kunststoffplatte (bzw. Kunststoff-Folie) aufgedampft. Der Unterschied zu einem kristallinen Solarzellenmodul ist leicht dadurch erkennbar, dass es hier keine sichtbaren Einzelzellen gibt und dass die ganze Solarfläche eine perfekte geometrische Einheit bildet (wie gedruckt). *Abb. 4.13* zeigt amorphe (Dünnschicht) Solarzellenmodule.

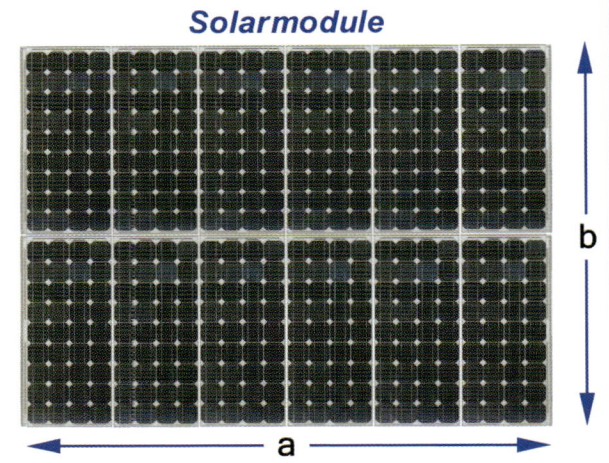

**Solarmodule**

**b**

**a**

*Eine Solarmodulen-Fläche (a x b) muss bei Anwendung von monokristallinen oder multikristallinen Solarzellen etwa 7,5 m² bis 10 m² groß sein, um an den Wechselrichter eine elektrische „maximale Leistung" von 1.000 Watt (1 Kilowatt) liefern zu können.*

**Abb. 4.11 –** Bei größeren Solar-Dachanlagen bleibt es im Ermessen des Errichters, wieviele Solarmodulen-Reihen er seriell-parallel verschaltet, um die erforderliche Ausgangsleistung und Ausgangsspannung zu erhalten

**Abb. 4.12 –** Biegsame Solarzellen-Module können oft bis zu einem Radius von etwas 1,5 m auf leicht gewölbte Flächen aufgeleimt werden

# 4.2 Einteilung der Module nach Zellenart

Gegenwärtig führt der Handel drei Zellenarten: monokristalline, polykristalline (multikristalline) und amorphe (Dünnschicht-) Zellen. Die herkömmlichen amorphen (Dünnschicht-) Zellen eignen sich überwiegend nur für den Einsatz in kleineren kurzlebigen oder experimentellen Produkten. Für Außenanlagen bzw. Dachanlagen, bei denen eine längere Lebensdauer erwünscht ist, sollten daher bevorzugt nur Module mit kristallinen Solarzellen angewendet werden.

So bleiben gegenwärtig nur noch zwei zellenartbezogene Modulentypen übrig: monokristalline und polykristalline (multikristalline) Module. Näheres über den technologischen Unterschied dieser zwei Zellenarten finden Sie im Kapitel 7.

Wichtig: Den Wirkungsgrad einer Solarzelle können Sie problemlos selbst ausrechnen, wenn sie die in technischen Daten angegebene Nennleistung der Zelle auf ihre Fläche umrechnen und dieses

mit den laut internationalen Testbedingungen aufgeführten 1000 Watt/m$^2$ (= 10 Watt/dm$^2$ bzw. 0,1 Watt/cm$^2$) vergleichen.

Das sind Bedingungen, die in Deutschland überwiegend nur an sonnigen Sommertagen vorzufinden sind. Allerdings kann es auch während der Wintermonate um die Mittagszeit sonnige Tage geben, an denen die Sonneneinstrahlung nur geringfügig unterhalb der Testbedingungen liegt.

Ob nun so ein Solarzellenmodul mit monokristallinen oder multikristallinen Zellen bestückt ist, spielt im Prinzip keine allzu bedeutende Rolle, soweit es mit dem Preis/Leistungsverhältnis stimmt. Nur in Ausnahmefällen, bei denen es sehr wichtig ist, dass flächensparend ein Maximum an Leistung erreicht wird, dürften monokristalline Solarzellenmodule vor polykristallinen Modulen Vorrang bekommen. Allerdings nur dann, wenn sie tatsächlich auch eine angemessen höhere Leistung pro Quadratmeter Fläche aufbringen – was keinesfalls als selbstverständlich angenommen werden darf.

Der eigentliche Umwandlungswirkungsgrad stellt nicht unbedingt eine Garantie dafür dar, dass ein Modul mit *monokristallinen* Zellen auch tatsächlich eine höhere Leistung erbringt, als ein Modul mit *polykristallinen* Zellen.

Die modernsten handelsüblichen Solarzellen weisen herstellerabhängig gegenwärtig (weltweit) folgenden -Wirkungsgrad auf:

a) monokristalline Solarzellen: ca. 13 bis 16%
b) polykristalline Solarzellen: ca. 10,6 bis 15%
c) amorphe Silizium-Dünnschichtzellen: ca. 3 bis 8%

Bei Solarzellen – wie auch bei Solarzellenmodulen – basieren alle technischen Angaben auf folgenden internationalen Standard-Testbedingungen:

Sonneneinstrahlung E = 1000 W/m$^2$ (oder auch 100 mW/cm$^2$)

Zellentemperatur Tc = 25 °C

Spektralverteilung AM = 1,5

Da sich die Wirkungsgrad-Bereiche beider Zellenarten überschneiden, kann unter Umständen ein polykristallines Modul denselben Wirkungsgrad haben wie ein monokristallines Modul – was zudem auch noch von der Flächennutzung im Modul abhängt. So ist z. B. schon der Abstand zwischen einzelnen Zellen herstellerbezogen unterschiedlich. Dazu kommt noch der Zwischenraum zwischen den Zellen und dem Rahmen und letztendlich auch noch die Breite des Rahmens.

**43**

## Beispiel

Eine Solarzelle von 100 x 100 mm hat eine Fläche von 1 dm$^2$. Bei einem Wirkungsgrad von 14% sollte sie (unter Testbedingungen) 1,4 Watt/dm$^2$ liefern können.

## 4.2  Einteilung der Module nach Zellenart

Im Grunde genommen geht es daher nur um die Frage, welchen Umwandlungswirkungsgrad die ganze Modulenfläche samt Rahmen hat. Das ist ja für die eigentliche Flächennutzung bestimmend – soweit dieser Aspekt bei dem vorgesehenen Projekt überhaupt von Bedeutung ist.

In dem Fall wird beim Vergleich des Flächen/Leistungs-Verhältnisses die vom Hersteller angegebene Modulen-Nennleistung in die ganze Modulenfläche verrechnet.

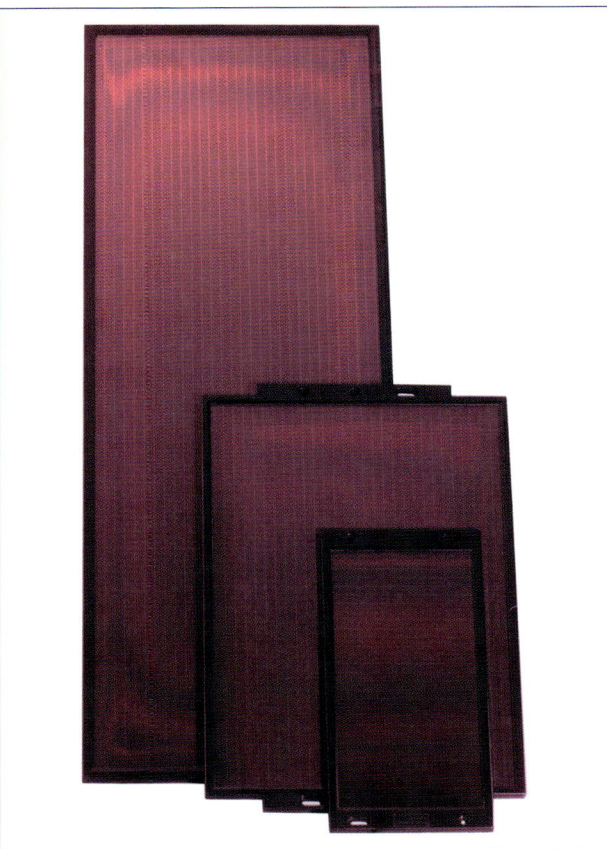

**Abb. 4.13 –** Amorphe Solarmodule unterscheiden sich von kristallinen Modulen optisch durch eine kompakte Solarfläche, an der keine kleineren Einzelzellen erkennbar sind

### Beispiel A

Ein Solarzellenmodul hat eine Nennleistung von 120 Watt (120 Wp) und Abmessungen von 1476 mm x 660 mm x 35 mm (die 35 mm beziehen sich auf die „Dicke" des Moduls und sind daher für die Flächenberechnung nicht relevant).

Wir erleichtern uns das Berechnen der **Modulen-Leistung pro m²** dadurch, dass wir statt mit Millimetern gleich mit Metern rechnen werden:

$1,476$ m **x** $0,660$ m $= 0,974$ m²

Die $0,974$ m² können wir einfachheitshalber auf einen vollen Quadratmeter aufrunden und somit davon ausgehen, dass in diesem Fall bei der Planung von einer Modulenleistung von „**120 Watt pro Quadratmeter** Solarfläche" ausgegangen werden kann (bei Anwendung *dieser* Module).

### Beispiel B

Ein Solarzellenmodul hat eine Nennleistung von 170 Watt (170 Wp) und Abmessungen von 1580 mm x 800 mm. Wir erleichtern uns auch hier das Berechnen der **Modulen-Leistung pro m²** dadurch, dass wir statt mit Millimetern gleich mit Metern rechnen werden:

$1,58$ m **x** $0,8$ m $= 1,264$ m²

Die Modulenleistung von 170 W pro $1,265$ m² Fläche rechnen wir uns nun auf eine Leistung pro Quadratmeter um:

$1$ m² : $1,264$ m² $= 0,791$

$0,791$ x $170$ Watt $= \underline{\textbf{134,5 Watt pro m}^2}$

### Bemerkung

Eine solche rechnerische Ermittlung der Modulenleistung pro Quadratmeter ermöglicht Ihnen einen schnellen Preis-/Leistungs-Vergleich diverser Module.

# 4.3 Technische Parameter handelsüblicher Module

Die elektrischen Daten handelsüblicher Solarzellen-module sind identisch mit den Daten der Solarzellen, die im Zusammenhang mit den „kahlen" Einzelzellen in Kapitel 8 noch detaillierter erläutert werden:

a) Nennspannung (Spannung bei max. Leistung) in Volt

b) Nennstrom (Strom bei max. Leistung) in Ampere

c) Nennleistung (max. Leistung) in Watt

d) Leerlaufspannung in Volt

e) Kurzschluss-Strom in Ampere

f) Umwandlungs-Wirkungsgrad in %

Weiterhin werden bei den Modulen die Abmessungen, das Gewicht und evtl. andere spezielle technische Eigenschaften (Meerwasserresistenz, Unempfindlichkeit gegen schweren Hagel usw.) angegeben.

| Solarmodul AP 1206 | |
|---|---|
| Max. Leistung | 120 Wp |
| Nennspannung | 16,9 V |
| Nennstrom | 7,1 A |
| Leerlaufspannung | 21,0 V |
| Kurzschluss-Strom | 7,7 A |
| Gewicht | 11,9 kg |
| Abmessungen (L x B x H) | 1476 x 660 x 35 mm |

**Tabelle 4.1 –** Auf diese Weise werden die technischen Parameter der Solarmodule in Katalogen und Prospekten aufgeführt

Die Herstellerangaben der Zellenparameter beziehen sich auf diese technischen **Maximumwerte**, die oft (bzw. teilweise) auch als „**Nennwerte**" bezeichnet werden. Manche Hersteller und Anbieter benutzen

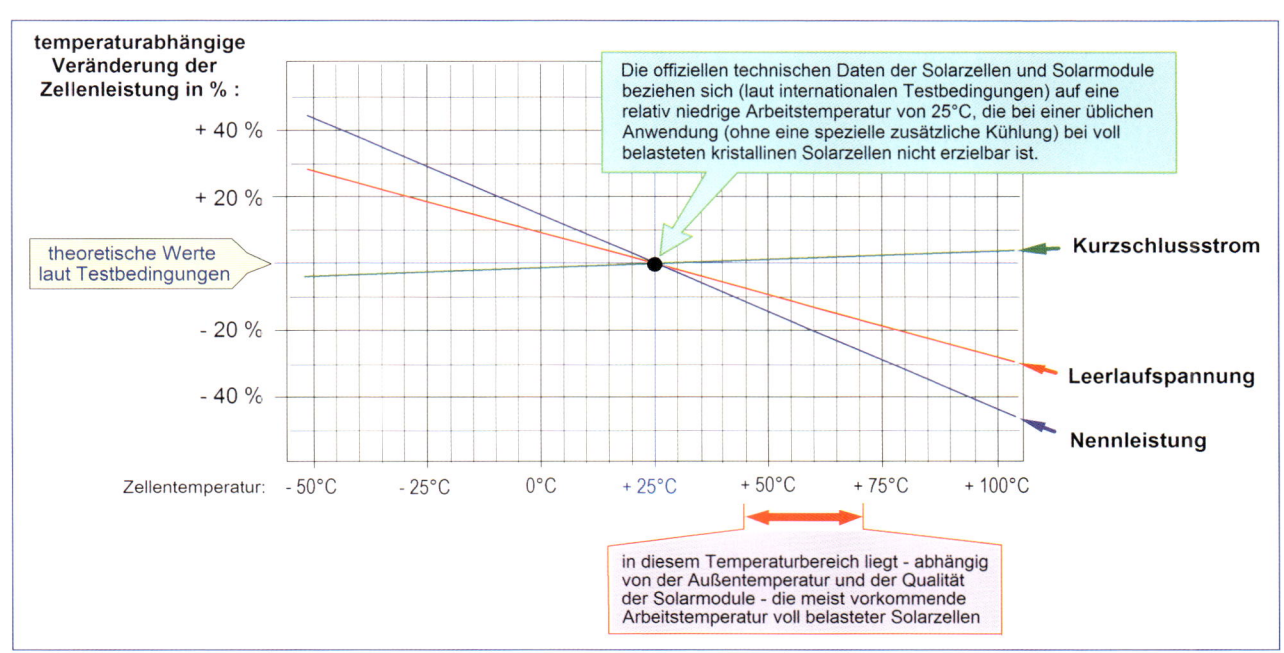

temperaturabhängige Veränderung der Zellenleistung in % :

+ 40 %
+ 20 %
- 20 %
- 40 %

theoretische Werte laut Testbedingungen

Die offiziellen technischen Daten der Solarzellen und Solarmodule beziehen sich (laut internationalen Testbedingungen) auf eine relativ niedrige Arbeitstemperatur von 25°C, die bei einer üblichen Anwendung (ohne eine spezielle zusätzliche Kühlung) bei voll belasteten kristallinen Solarzellen nicht erzielbar ist.

Kurzschlussstrom

Leerlaufspannung

Nennleistung

Zellentemperatur: - 50°C   - 25°C   0°C   + 25°C   + 50°C   + 75°C   + 100°C

in diesem Temperaturbereich liegt - abhängig von der Außentemperatur und der Qualität der Solarmodule - die meist vorkommende Arbeitstemperatur voll belasteter Solarzellen

## 4.3 Technische Parameter handelsüblicher Module

auch noch die Bezeichnung „**Max. Leistung**", „**Max. Spannung**" oder „**Max. Strom**". Alle diese Bezeichnungen haben dieselbe Bedeutung und basieren auf Messungen, die also _nur unter optimalen Bedingungen (unter den vorher aufgeführten internationalen Standard-Testbedingungen)_ erreicht werden.

Eine gehobene Aufmerksamkeit verdienen bei der Modulen-Wahl die Nennspannung und Nennleistung, denn sie sind nicht nur von der jeweiligen Bestrahlung der fotovoltaischen Zellenfläche, sondern auch noch von der jeweiligen Betriebstemperatur abhängig.

Die Abhängigkeit der Modulenspannung und Modulenleistung von der Sonnenbestrahlung kann am einfachsten mit Hilfe von _Abb. 4.14_ verdeutlicht werden,

bei der die „sonnenabhängige" Leistung einer Solar-Fontainenpumpe bildlich dargestellt ist: Bei kräftigem Sonnenschein liefert das Solarmodul die volle Spannung und volle Leistung. Mit sinkender Sonnenbestrahlung (bzw. leicht bewölktem Himmel) sinkt auch die Modulen-Spannung und Modulen-Leistung. Bei stärker bewölktem Himmel liefert das Modul nur eine zu niedrige (unbrauchbare) Spannung und Leistung. Das Modul selbst kann keine elektrische Energie speichern. In dem Moment, wenn die Bestrahlung der Zellenfläche des Moduls verringert wird, verringert sich dementsprechend auch die vom Modul gelieferte Spannung und Leistung. Wird das Modul gar nicht mehr bestrahlt, stellt es sich sozusagen tot.

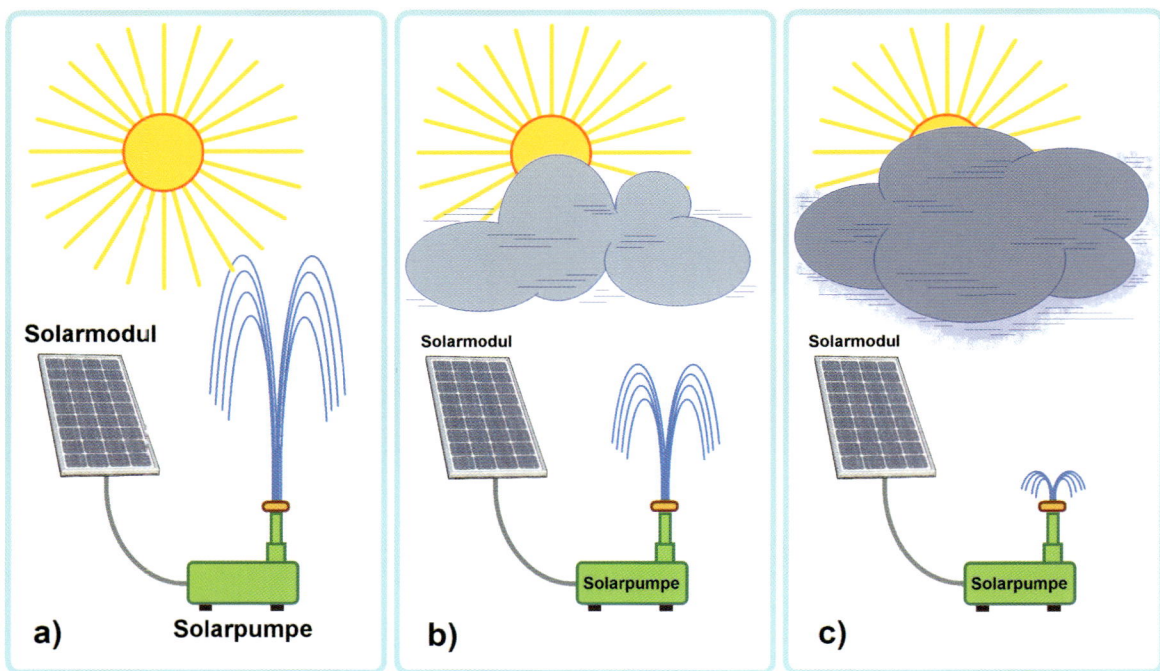

**Abb. 4.14 –** Die jeweilige elektrische Leistung und Spannung eines jeden Solarzellen-Moduls hängt von der momentanen Sonnenbestrahlung ab

Die jeweilige Leistung und Spannung der kristallinen Solarzellen hängt zudem auch noch von ihrer Temperatur ab. Erhöht sich die Temperatur eines Solarmoduls von den (laut Testbedingungen vorgesehenen) 25 °C z. B. (um + 30 °C) auf 55 °C, sinkt die solarelektrische Modulen-Leistung um ca. 15 %. Sinkt dagegen die Temperatur der Zellen (um – 30 °C) auf -5 °C, steigt die Modulen-Leistung um ca. 15 % – siehe hierzu auch die grafische Darstellung auf Seite 45.

Diese Eigenschaft der Solarzellen erscheint auf den ersten Blick vielleicht als nur geringfügig bedeutend, aber der Schein trübt. Wenn während der warmen Jahreszeit die Solarmodule mit einem Wechselrichter verbunden und somit voll belastet sind, heizen sie sich von der Sonne und von dem durchfließenden elektrischen Strom ziemlich oft auf eine „Arbeitstemperatur" von z. B. 55 °C auf. Dies hat bei einer 1000-Watt-Solaranlage einen Leistungsverlust von stolzen 150 Watt zufolge. Von den restlichen 850 Watt gehen dann weitere 55 bis 60 Watt im Wechselrichter verloren und die ins öffentliche Netz „durchverkaufte" Leistung beträgt dann *nicht* die oft fälschlich angepriesenen 1000 Watt, sondern *nur* 790 bis 795 Watt – wozu auch die Streuung der Zellenparameter beiträgt. Sie wird in den Datenblättern mit ± 5 % oder mit ± 10 % (herstellerabhängig) angegeben.

Das unsympathische Dilemma besteht darin, dass bei dieser Stromgewinnung gerade an warmen Sommertagen die Sonne ihre Energie großzügig spendet und an kühlen Wintertagen wiederum die Intensität der Zellen-Bestrahlung nicht ausreicht, um aus den kühleren Solarzellen die volle Leistung herauszuholen. Zudem wärmen sich voll belastete Solarzellen auch bei Minustemperaturen ziemlich auf, wodurch sich der theoretische Vorteil auf eine höhere energetische Ausbeute nur geringfügig – oft aber gar nicht – auswirkt.

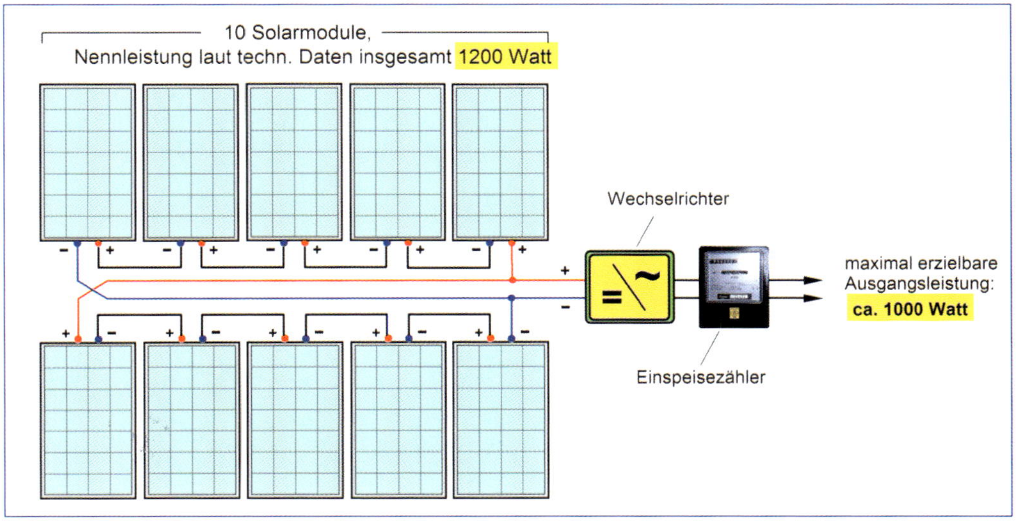

Somit kommt eigentlich der „Betreiber" einer Fotovoltaik-Anlage nur selten in den Genuss, aus einer Solarzellenfläche mehr als bestenfalls etwa 78 bis 80 % der offiziellen Nennleistung herauszuholen. Gut zu wissen! Diese Tatsache sollte bei der Dimensionierung einer Fotovoltaik-Anlage und bei der Berechnung der Rendite berücksichtigt werden.

10 Solarmodule, Nennleistung laut techn. Daten insgesamt 1200 Watt

Wechselrichter

maximal erzielbare Ausgangsleistung: ca. 1000 Watt

Einspeisezähler

**Abb. 4.15** – Die tatsächliche elektrische Leistung einer netzgekoppelten Fotovoltaik-Anlage, die in das öffentliche Netz eingespeist (durchverkauft) werden kann, liegt oft auch unter optimalen Bedingungen nur bei etwa 80 % der Summe der offiziellen Nennleistung aller Solarmodule

## 4.4 Die wichtigsten Unterschiede in der mechanischen Ausführung

Abgesehen von den amorphen Dünnschicht-Modulen, die für Dachanlagen bzw. Außenanlagen nur bedingt geeignet sind, ist bei der Wahl von kristallinen Modulen auf folgende mechanische Eigenschaften zu achten:

● Anwendungsbezogene **Robustheit** der Ausführung: Module,

die mit ausreichend dickem (3 bis 4 mm) thermisch gehärteten Glas – statt mit Kunststoff – geschützt sind, verkratzen nicht so leicht und ihre Lichtdurchlässigkeit bleibt sehr lange erhalten.

● Einige Modulen-Hersteller geben bei den technischen Daten ihrer Solarmodule auch die **Unempfindlichkeit gegen**

**Hagelschlag** an und konkretisieren es oft mit dem maximal „zumutbaren" Durchmesser der Hagelkörner (z. B. in der Form von ⌀ 25 mm) und der maximal „zumutbaren" „Fluggeschwindigkeit" der Hagelkörner (z. B. als 23 m/s). Diese beiden Werte stellen objektiv ausreichende „Erfahrungswer-

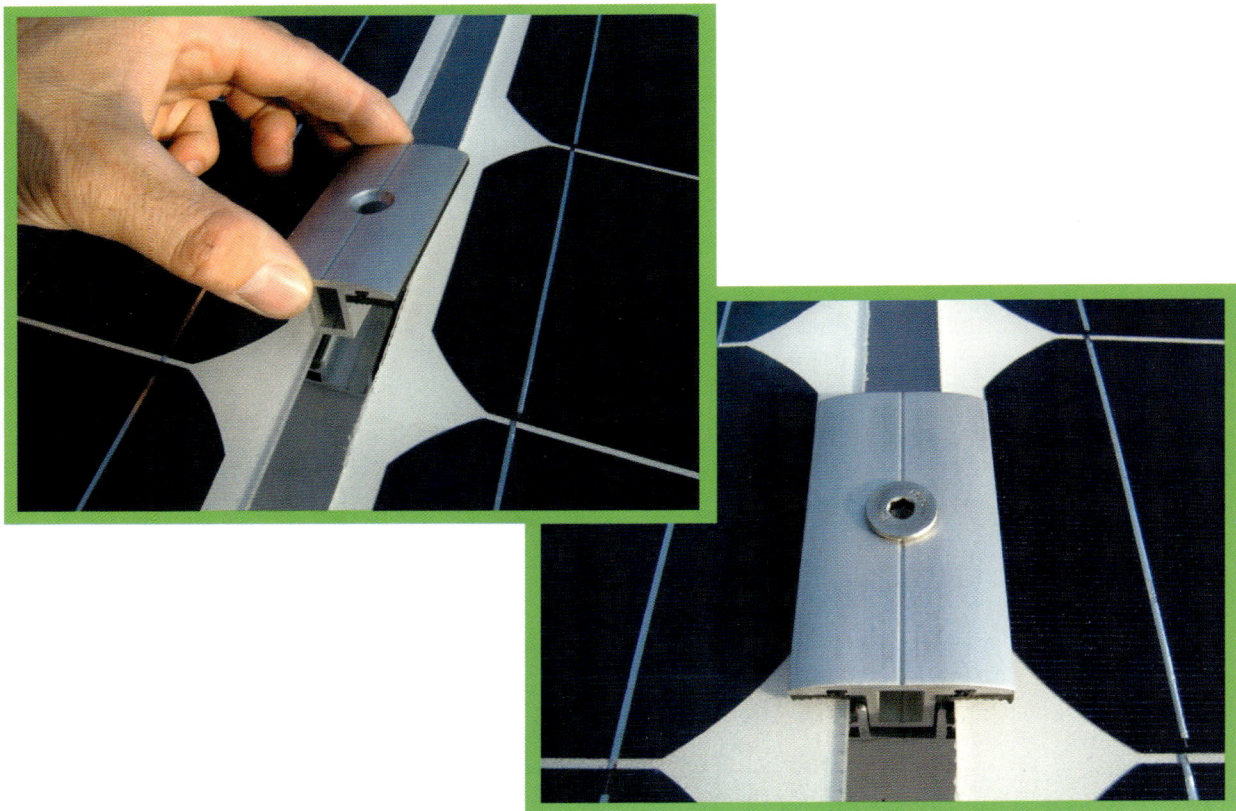

**Abb. 4.16** – Spezielle Modulklemmen erleichtern sowohl die Montage und das Auswechseln der Solarmodule (Foto Schletter GmbH)

te" dar, die in Kombination mit einer angemessenen Portion Glück das Risiko einer Vernichtung des Moduls durch Hagel sehr verringern.

● **Montagefreundlichkeit:** Ein massiver Modulen-Metallrahmen ermöglicht oft eine selbsttragende Montage (ohne eine aufwändige zusätzliche Unterkonstruktion). Zudem gibt es auch spezielle Dachmodule, die sich sogar zu einer wasserundurchlässigen Dachhaut zusammenmontieren lassen und somit die Aufgabe der Dachziegel übernehmen (was jedoch oft zu kostspielig wird und daher nicht unbedingt erforderlich ist).

● **Rostfreier Modulenrahmen** und ebenfalls rostfreies Montagezubehör. Verzinktes Eisen bzw. verzinkte Montageteile aus „Stahl" sollten bei dieser Anwendung nicht unbedingt als rostfrei betrachtet werden, da sie erfahrungsgemäß nach einigen Jahren zu rosten anfangen und somit einen zusätzlichen Aufwand an Unterhalt beanspruchen (was an einem höheren Dach kompliziert werden kann). Dabei darf man sich nicht damit trösten lassen, dass es am Dach nichts ausmacht, wenn da eine Schraube etwas einrostet. Es kann leicht vorkommen, dass eines der Solarzellenmodule z. B. durch Hagel, Unwetter oder durch einen internen Defekt ver-

nichtet wird und ausgewechselt werden muss (was eventuell voraussetzt, dass auch etliche weitere Module vorübergehend demontiert werden). Eingerostete Schrauben können dann so eine Reparatur sehr komplizieren.

● Die **Auswechslung** einzelner Module sollte möglichst einfach sein. Manche der speziellen Module – darunter z. B. auch diverse Module, die als „Dachziegel-Ersatz" ausgelegt sind – lassen sich zwar sehr leicht montieren, aber wehe, wenn man später eines der Module aus der Mitte der Solarfläche demontieren will. Da muss oft mindestens ein Viertel der Modulenfläche auseinandergenommen werden, um ein defektes Modul in der Mitte ersetzen oder reparieren zu können.

Für den Selbstbau sollte man zudem bevorzugt nach Modulen Ausschau halten, deren Gewicht nicht so hoch ist, dass sie nur mit einem großen Kran auf dem Dach angebracht werden können. Hier sollten bereits im Planungsstadium sowohl die Höhe des Daches als auch andere Gegebenheiten, die einen Selbstbau komplizieren könnten, in die Planungsüberlegungen gut durchdacht einbezogen werden.

# 4.5 Die besten Module für Ihr Vorhaben

Bei der Suche nach der günstigsten Modulen-Type verdient die größte Aufmerksamkeit die **Modulen-Nennspannung**, denn diese sollte – wie bereits erwähnt wurde – auf die optimale Eingangsspannung des angewendeten Wechselrichters abgestimmt werden. Da ein einziges Modul nicht die erforderliche Spannung erzeugen kann, müssen sich die angewendeten Module zu Ketten (seriell) zusammenstellen lassen, die möglichst nahe an der erforderlichen Eingangsspannungs-Höchstgrenze des Wechselrichters liegen (siehe hierzu Kapitel 6).

Neben der optimalen **Nennspannung** muss die aus Modulen zusammengestellte Solarzellen-Fläche auch die erforderliche **Nennleistung** aufbringen können, die den Wechselrichter angemessen auslastet. Dies ist zwar nicht technisch bedingt, denn der Wechselrichter darf für eine beliebig höhere Leistung ausgelegt sein, als die fotovoltaische Dachanlage liefern (oder „vorerst liefern") kann. Ein überproportional leistungsstarker Wechselrichter ist jedoch unnötig teuer und hätte daher als Investition nur dann eine Berechtigung, wenn eine spätere Ausbreitung der Solarzellenfläche geplant ist.

Ein Außenmodul sollte bevorzugt mit einer Glas- und nicht mit einer Kunststoffscheibe geschützt sein. Kunststoff ist kratzempfindlich und man rechnet daher bei Modulen mit Kunststoffscheiben mit nur einer offiziellen „minimalen Lebenserwartung" von 10 Jahren – gegenüber ca. 20 bis 25 Jahren bei verglasten Modulen.

Ähnlich wie bei allen Fensterscheiben hängt auch hier von der „gebietsbezogenen" Luftverschmutzung ab, innerhalb welcher Zeitspanne sich die Modulenscheiben mit einem grauen Film überziehen, der sich als „Sonnenschutz" auswirkt. Neben rauchenden Schornsteinen und verschmutztem Regen trägt zu der Bildung eines solchen Sonnenschutz-Films auch Blütenstaub, natürlicher Staub und Vogelkot bei. Gehärtete Glasscheiben werden erfahrungsgemäß vom Regen wesentlich besser saubergehalten als Kunststoffscheiben, in die sich der Schmutz schneller und kräftiger hineinfrisst.

Die Anschlussklemmen der Module sollten sichtbar Messingschrauben haben und nicht nur galvanisierte Stahlschrauben. Es ist ärgerlich, wenn sonst nach einigen Jahren die Anschlussklemmen verrostet sind und das Anschlusskabel bei Bedarf nicht leicht demontierbar ist. Auch alle weitere Montageteile aus Metall sollten – wie bereits an anderer Stelle erwähnt wurde – bevorzugt aus rostfreiem Stahl oder aus nicht rostenden Metallen erstellt sein (verzinktes Eisen rostet oft nach kurzer Zeit durch).

Zu achten ist beim Kauf auch darauf, dass die angebotenen Solarzellenmodule vollständig spezifiziert sind. Wenn zu viele technische Daten fehlen, kann es sich um fragliche Module (alte Restposten) oder um einen fraglichen Anbieter (kein Service) handeln.

Die geringsten Zugeständnisse sollte man bei der **Modulen-Nennspannung** machen. Wenn hier die vorgesehene Spannungsreserve nicht zur Verfügung

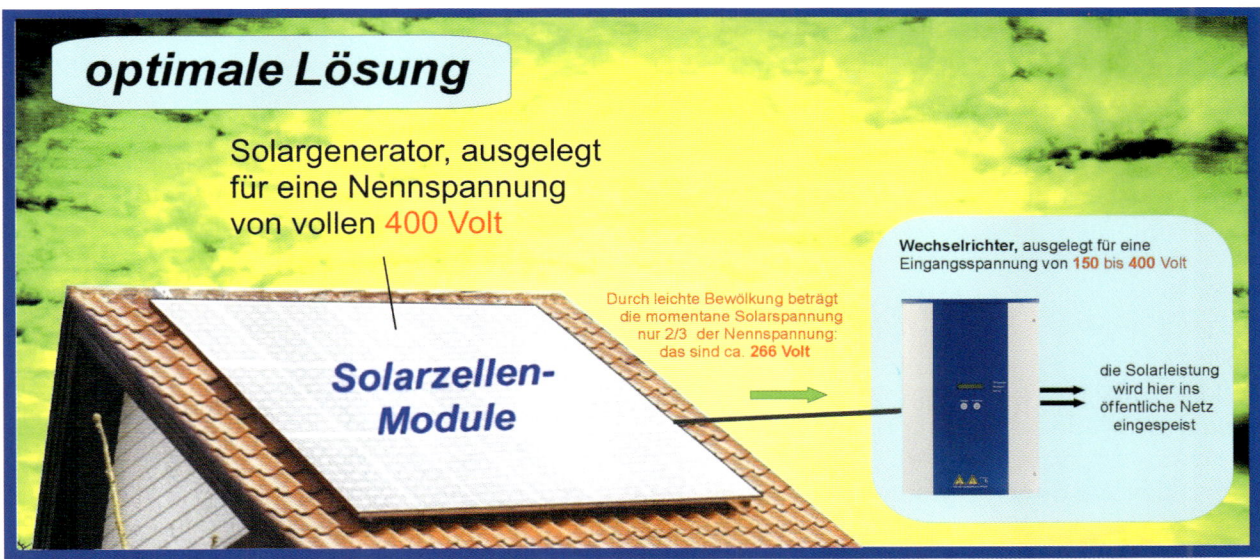

**optimale Lösung**

Solargenerator, ausgelegt
für eine Nennspannung
von vollen 400 Volt

Durch leichte Bewölkung beträgt
die momentane Solarspannung
nur 2/3 der Nennspannung:
das sind ca. 266 Volt

Solarzellen-
Module

Wechselrichter, ausgelegt für eine
Eingangsspannung von 150 bis 400 Volt

die Solarleistung
wird hier ins
öffentliche Netz
eingespeist

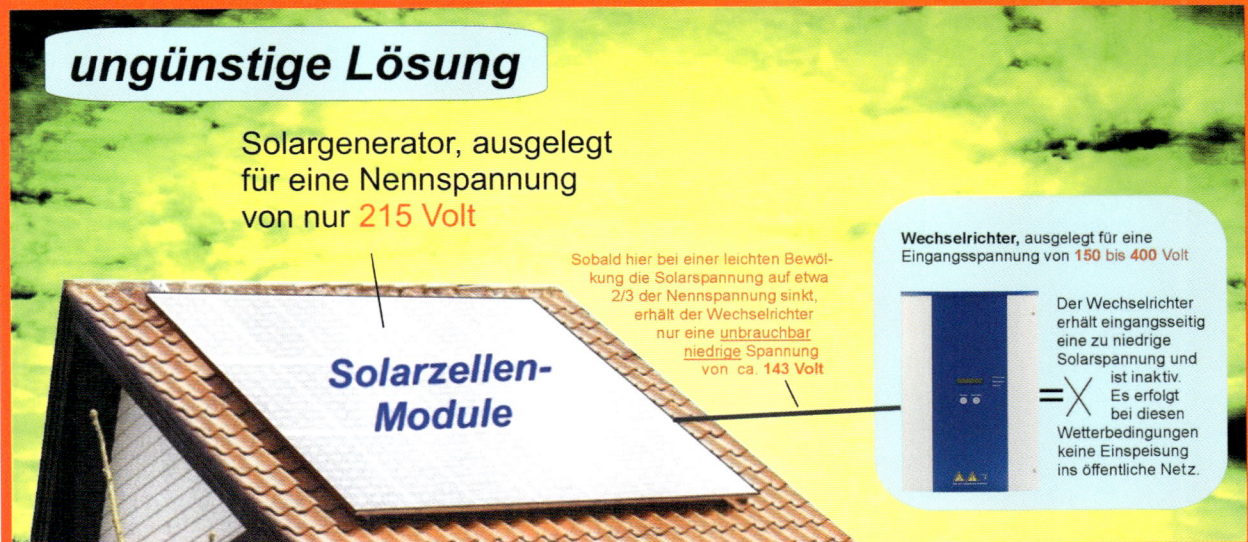

**ungünstige Lösung**

Solargenerator, ausgelegt
für eine Nennspannung
von nur 215 Volt

Sobald hier bei einer leichten Bewölkung die Solarspannung auf etwa
2/3 der Nennspannung sinkt,
erhält der Wechselrichter
nur eine unbrauchbar
niedrige Spannung
von ca. 143 Volt

Solarzellen-
Module

Wechselrichter, ausgelegt für eine
Eingangsspannung von 150 bis 400 Volt

Der Wechselrichter
erhält eingangsseitig
eine zu niedrige
Solarspannung und
ist inaktiv.
Es erfolgt
bei diesen
Wetterbedingungen
keine Einspeisung
ins öffentliche Netz.

51

**Abb. 4.17** – Die Nennspannung des Solargenerators sollte nach Möglichkeit nahe an der Höchstgrenze des Wechselrichters liegen, damit der Wechselrichter auch bei einem etwas bewölkten Himmel noch eine brauchbar hohe Solarspannung erhält, die er ins öffentliche Netz einspeisen kann

steht, helfen alle anderen Parameter gar nichts. Ein Solarzellenmodul soll ja in den meisten Fällen auch noch unter etwas ungünstigeren Wetterbedingungen elektrische Energie liefern. Die Ansprüche können zwar projektbezogen unterschiedlich sein, aber es wird nur selten ausreichen, dass so ein Modul ausschließlich an sonnigen Sommertagen seine Aufgabe „zumutbar" erfüllt.

Die Nennspannung einzelner Module sollte daher bevorzugt so gewählt werden, dass sie in einer Reihenschaltung (Serienschaltung) möglichst genau bis an die Obergrenze der zulässigen Eingangsspannung des angewendeten Wechselrichters reicht. Dadurch wird auch bei etwas weniger Sonnenschein der Wechselrichter das erforderliche **Eingangsspannungs-Minimum** erhalten, das er noch verwerten kann (darauf kommen wir im Kapitel 6 detaillierter zurück).

Dass die Modulen-Leistung als zweiter wichtiger Parameter ebenfalls für die Modulenwahl bestimmend ist, versteht sich von selbst, denn die erzielbare maximale Solarleistung sollte – soweit möglich – auf die Leistung des angewendeten Wechselrichters abgestimmt sein. Dies ist zwar nicht technisch erforderlich, aber es ist Geldverschwendung, wenn die Leistung des angewendeten Wechselrichters nicht angemessen voll genutzt wird. Es sei denn, man installiert vorerst nur einen Teil der vorgesehenen Solarzellenfläche und plant einen späteren Ausbau ein (siehe auch hierzu Kapitel 6).

Alle weiteren wichtigen Parameter und Eigenheiten wurden bereits an anderen Stellen angesprochen.

Für ein Dachanlagen-Projekt ist jedenfalls von größter Bedeutung, dass Solarmodule ausfindig gemacht werden, die sich zu Sektionen zusammenstellen lassen, deren *Nennspannung* (Ausgangsspannung) und *Nennleistung* optimal auf den angewendeten Wechselrichter angepasst wird.

Bei der Wahl der optimalen Modulentype ist auch die **Lebenserwartung** und evtl. die **Beschattungs-Unempfindlichkeit** mitzuberücksichtigen.

Die *Lebenserwartung* eines Solarzellen-Dachmoduls hängt – wie bereits angesprochen – vor allem von der Zellentype und von der Qualität des Solarmoduls ab. Wir haben bereits an anderer Stelle erwähnt, dass für langlebigere Fotovoltaik-Anlagen *kristalline* Solarzellen vor Dünnschicht-Zellen Vorrang verdienen und dass eine thermisch gehärtete Glasscheibe als Zellen-Abdeckung des Moduls vor einer preiswerteren Kunststoffscheibe präferiert werden dürfte. Viele Modulenhersteller geben bei thermisch gehärteten Glasscheiben eine „garantierte Lebensdauer von 20 Jahren", bei Kunststoffscheiben dagegen nur von 10 bis 15 Jahren an.

Das ist allerdings nur Theorie. In letzter Zeit häufen sich Kundenbeschwerden über die mangelnde Qualität mancher Solarmodule. Zu den nicht selten vorkommenden Defekten gehören schlecht verlötete Verbindung (Lötfahnen) zwischen einzelnen Solarzellen (siehe hierzu Abb. 3.3), die sich nach einiger Zeit (manchmal erst nach einigen Jahren) lösen. Geschieht dies bei einem Solarmodul, in dem z. B. zwei Zellenketten parallel angeordnet sind, kann es länger dauern, bevor ein solcher Defekt wahrgenommen wird, da eine der Zellenreihen intakt bleibt. Das Solarmodul liefert dann zwar nur die Hälfte der Nennleistung, aber das fällt bei größeren Solarzellenflächen nicht unbedingt gleich auf. Abhilfe bieten gute schriftliche Bestellungen und/oder Verträge, in denen u. a. spezifiziert wird, dass die Module technisch sowie auch optisch einwandfrei sind.

Die Beschattungs-Unempfindlichkeit der Zellen stellt eine Eigenschaft dar, die gründlicher erklärt werden sollte:

# 4.6 Beschattungs-Unempfindlichkeit

Unter dem Begriff „Beschattungs-Unempfindlichkeit" verstehen wir vor allem die Unempfindlichkeit des Moduls bei Beschattung einer oder einiger seiner Solarzellen. Sobald ein Viertel oder ein Drittel der Fläche *einer* der Solarzellen beschattet wird, sinkt ihre Nennspannung und Nennleistung üblicherweise unter ein „technisch zumutbares" Niveau und sie wirkt sich auf den *durch sie* durchfließenden elektrischen Strom – den die restlichen Solarzellen erzeugen – als ein Hindernis aus.

Da eine jede Kette jeweils nur so kräftig ist wie ihr schwächstes Glied, wirkt sich eine derartige Beschattung einer einzigen Solarzelle im Modul nach Abb. 4.18 auf die ganze Leistung des Solarmoduls sowie auch auf die Ausgangsleistung aller Module aus, die in Reihe mit diesem Modul verschaltet sind.

Einfach formuliert stellt sich unter solchen Umständen die ganze Modulenkette sozusagen wie nicht existent – wie das Beispiel in *Abb. 4.19* zeigt.

**Abb. 4.18** – Durch eine Zellenkette fließt nur ein Strom, der von der schwächsten Zelle der Kette bestimmt wird.

Es wurde bereits an anderen Stellen darauf hingewiesen, dass sich die herkömmlichen amorphen Dünnschicht-Solarmodule für langlebigere Anwendungen nicht eignen. Einige Hersteller haben inzwischen die Modulen-Dünnschichttechnik technologisch verbessert und geben bei ihren Modulen einen Wirkungsgrad von 8 % und eine Lebensdauer von ca. 20 Jahren an.

Die Herstellungskosten sind bei diesen Modulen wesentlich niedriger, als bei kristallinen Modulen und somit könnte die Anwendung dieser Dünnschicht-Module für so manches Selbstbau-Vorhaben ihre Berechtigung haben. Vorausgesetzt, dass sich dadurch die Anlagenkosten merkbar drücken lassen und dass die Installation eigenhändig – und somit preiswert – gehandhabt werden kann. Andernfalls kann eine gewerblich durchgeführte Installation der ganzen Fotovoltaik-Anlage derartig viel Geld verschlingen, dass man nicht unbedingt gerade durch die Anwendung von Dünnschicht-Solarmodulen zu sparen versuchen sollte.

Manchmal können jedoch andere Gründe die Anwendung von Dünnschicht-Modulen befürworten. So bietet z. B. *Thyssen-Solartec* ein Dach- und Fassadensystem an, bei dem die Dünnschicht-Solarfolie direkt auf verzinkten und kunststoffbeschichteten Stahlblech-Dachelementen auflaminiert ist. Solche Elemente können vor allem z. B. bei landwirtschaftlichen Gebäuden direkt anstelle von Dachziegeln bzw. von Trapezblech-Dachabdeckungen eingesetzt werden. Der niedrigere Wirkungsgrad dieser Dünnschicht-Module muss nicht unbedingt als ein Handicap betrachtet werden, wenn die Dachfläche groß genug ist.

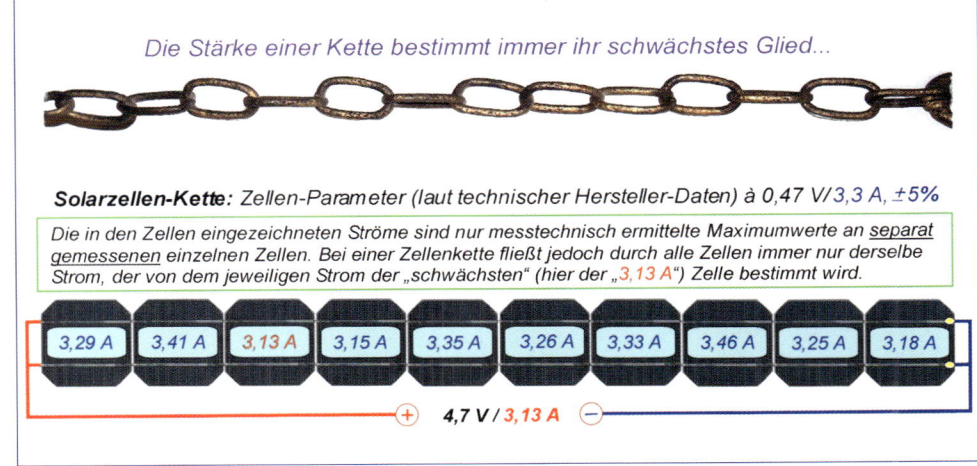

*Die Stärke einer Kette bestimmt immer ihr schwächstes Glied...*

**Solarzellen-Kette:** *Zellen-Parameter (laut technischer Hersteller-Daten) à 0,47 V/3,3 A, ±5%*

*Die in den Zellen eingezeichneten Ströme sind nur messtechnisch ermittelte Maximumwerte an separat gemessenen einzelnen Zellen. Bei einer Zellenkette fließt jedoch durch alle Zellen immer nur derselbe Strom, der von dem jeweiligen Strom der „schwächsten" (hier der „3,13 A") Zelle bestimmt wird.*

| 3,29 A | 3,41 A | 3,13 A | 3,15 A | 3,35 A | 3,26 A | 3,33 A | 3,46 A | 3,25 A | 3,18 A |

(+) **4,7 V / 3,13 A** (–)

# 4.6 Beschattungs-Unempfindlichkeit

Der Grund, weshalb so eine teilbeschattete Modulenkette ihren Beitrag zu der Energieausbeute nicht mehr leisten kann, ist anhand der *Abb. 4.19* einfach zu erläutern: Sobald – oder so lange – die Spannung an der Kathode (rechts) der **Schottky-Diode B** höher ist als die

Spannung an ihrer Anode, ist die Diode gesperrt. Das gilt für alle Dioden. In unserem Beispiel beträgt die Spannung an der Anode der **Schottky-Diode B** (an ihrer linken Seite) nur ca. 52,5 Volt. Ihre Kathode ist jedoch an einer gemeinsamen Zuleitung zum Wechselrichter

angeschlossen, dem von den anderen zwei Modulenketten eine Spannung von 70 Volt zugeführt wird.

Das Ganze ist eine physikalisch bedingte Sachlage und es spielt auch keine Rolle, ob in dem Moment die anderen (in unserem Bei-

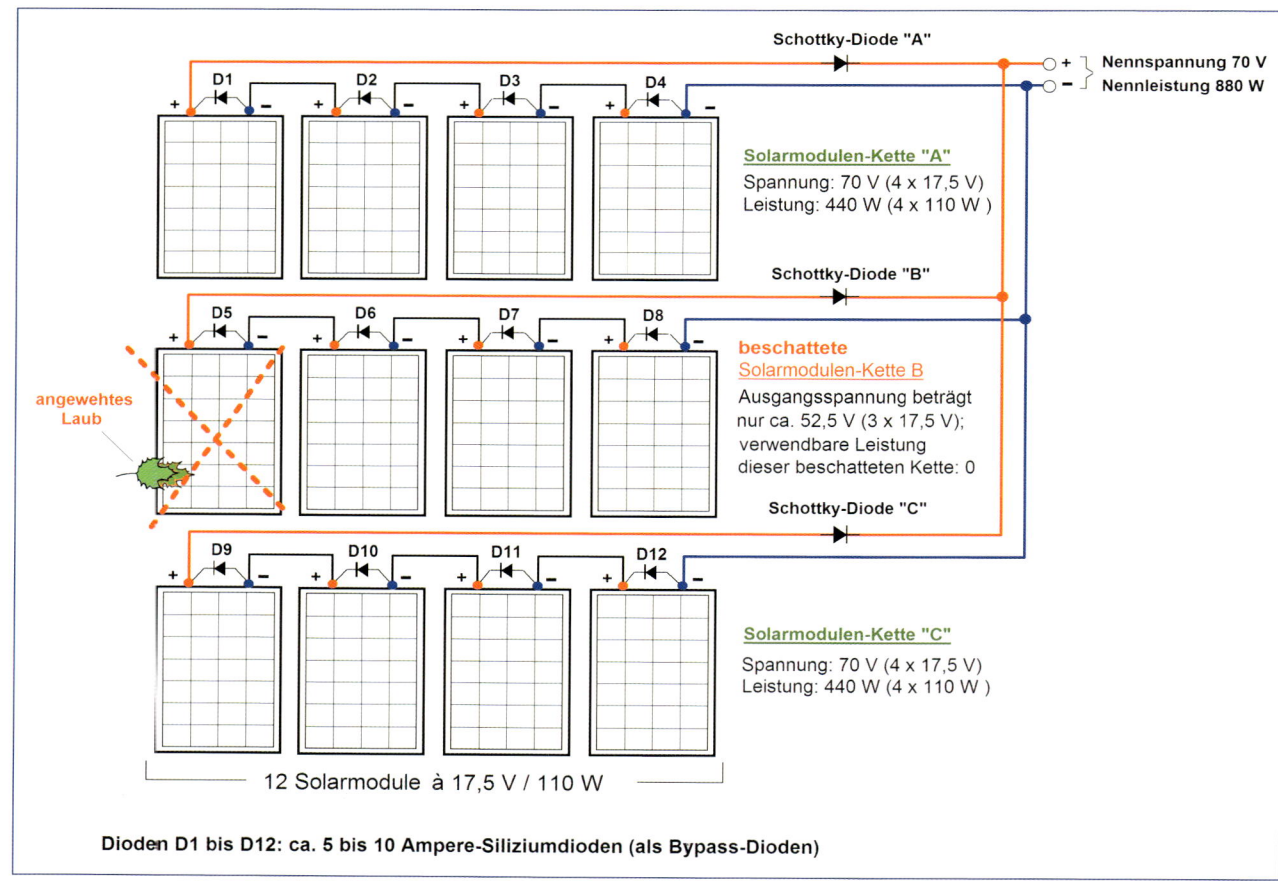

**Abb. 4.19 –** Wenn eine einzige Solarzelle in einem Solarmodul beschattet wird, kann sie die ganze Modulenreihe „elektrisch verstopfen" und außer Dienst setzen

spiel die restlichen zwei) Modulenketten ihre volle Nennspannung oder – bei einem bewölkten Himmel – nur eine niedrigere Spannung aufbringen, denn es geht allein um das Verhältnis der Spannungen der einzelnen Modulenreihen zueinander.

Dieser Aspekt spielt auch dann eine wichtige Rolle, wenn eine – oder auch mehrere – der Solarzellen nur relativ wenig beschattet bzw. verschmutzt sind oder wenn die Ausgangsspannungen der einzelnen Modulenketten zu große Unterschiede aufweisen, obwohl diese nicht beschattet sind. Die Modulenkette mit der höchsten Ausgangsspannung dominiert dann als „Haupt-Stromlieferant" und dämpft dabei – einfach formuliert – die tatsächlich gelieferte Leistung der restlichen Modulenketten.

In der Praxis kommt es meistens nur bei niedrig installierten Solarzellenmodulen vor, dass sie von einem Baum oder einem Gebäude täglich eine gewisse Zeit lang beschattet werden. Es gibt beschattungsunempfindliche Solarzellenmodule, in denen sogenannte **Bypass-Dioden** integriert sind. Sie können – wie z. B. bei einigen der *Sharp-Zellen* – entweder direkt im Silizium jeder Solarzelle individuell „eingeätzt" oder zusätzlich neben den Zellen im Modul nach *Abb. 4.20* eingelötet werden.

Bei der letzteren Lösungsweise geben sich die meisten Hersteller damit zufrieden, dass sie mit den zusätzlich eingelöteten Bypass-Dioden jeweils mehrere Solarzellen nach *Abb. 4.20b* überbrücken.

Je weniger Solarzellen des Moduls jeweils so eine Bypass-Diode überbrückt, um so höher wird die Restleistung und Restspannung des Moduls, wenn z. B. nur eine oder zwei seiner Solarzellen beschattet werden. Aus dieser Sicht ist eine Lösung nach *Abb. 4.20a* theoretisch günstiger (aber aufwendiger) als eine Lösung nach *Abb. 4.20b*.

In der Praxis ist es herstellungstechnisch schwierig, im Modul zwischen den Solarzellen zu viele der relativ dicken Bypass-Dioden zusätzlich einzulöten. Dieser Umstand entfällt zwar, wenn die Bypass-Dioden direkt in das Silizium jeder der Zellen eingeätzt werden. Das verteuert aber wiederum die Herstellung und bringt nur bei den Modulen Vorteile, bei denen standortbezogen eine Beschattung häufig vorkommt.

Daher geben sich die meisten Modulenhersteller damit zufrieden, dass sie im Modul jeweils nur längere Zellensektionen nach *Abb. 4.20b* mit einer gemeinsamen Bypass-Diode überbrücken. In den Daten-

blättern der Module wird dann die Anordnung solcher Bypass-Dioden oft mit den gängigen Schaltzeichen der Solarmodule nach *Abb. 4.20c* skizziert. Diese Schaltzeichen werden einheitlich sowohl für einzelne Solarzellen als auch für Solarmodule oder Modulen-Sektionen angewendet. Aus so einem Zeichensymbol geht also nicht hervor, wieviele Solarzellen es konkret darstellt und wie diese Zellen verschaltet sind. Daher haben wir in diesem Buch einer bildlichen Darstellung der Module oder – wenn es der Sache dienlich war – auch der zeichnerisch einzeln dargestellten Solarzellen Vorrang gegeben.

Nun zurück zu der Problematik der Zellenbeschattung und der Anwendung von Bypass-Dioden: Sie erfüllen im Prinzip zwei unterschiedliche Funktionen:

**a)** Schutz des Moduls vor Vernichtung
**b)** Erhaltung der Funktion auch bei einer Teilbeschattung

Wenn eine Bypass-Diode ein ganzes Modul *nach Abb. 4.19* überbrückt (kurzschließt), schützt sie es zwar vor Vernichtung, aber bringt es dabei sozusagen aus dem Spiel.

Das angesprochene Risiko der Vernichtung eines Solarmoduls infolge länger andauernder Beschat-

**55**

tung verdient eine kurze Erklärung:

Wird eine der Modulen-Solarzellen länger beschattet, verhält sie sich quasi wie ein verstopftes Wasserrohr. Die anderen Zellen der Kette versuchen dennoch ihren Nennstrom durch diese „Verstopfung" durchzudrücken – vorausgesetzt, dass am Kettenausgang eine entsprechende Belastung vorhanden ist. Falls die Zelle derartig stark beschattet wird, dass ihr Kurzschluss-Strom niedriger ist als der jeweilige Nennstrom der restlichen Zellen in der Kette, kann dies unter Umständen (bei intensiverem Sonnenschein) zufolge haben, dass sich die Zelle umpolt. Sie stellt somit der treibenden Spannung der restlichen Zellen ihre Sperrspannung entgegen. Dadurch heizt sie sich überproportional auf und kann gegebenenfalls die Vergussmasse im Modul derartig aufwärmen bzw. „anbraten", dass sich diese verfärbt oder dass sie sogar Blasen bildet. Beides hat zufolge, dass die Lichtdurchlässigkeit der Vergussmasse abnimmt, wodurch die betroffene Zelle neben der Beschattung auch noch diesem zusätzlichen Han-

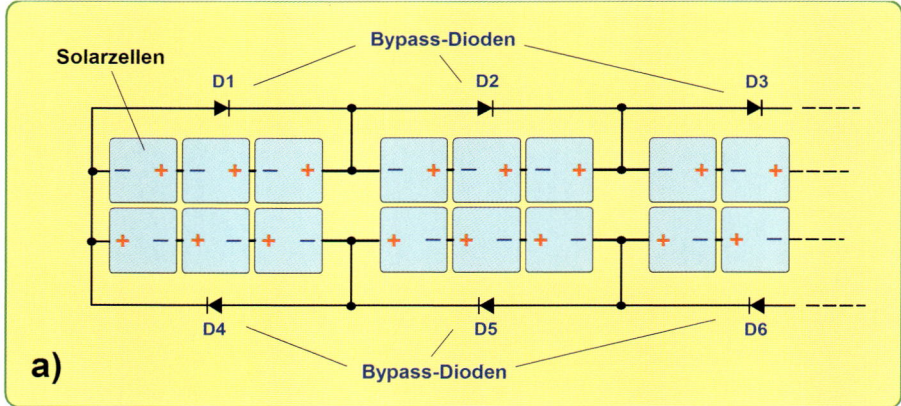

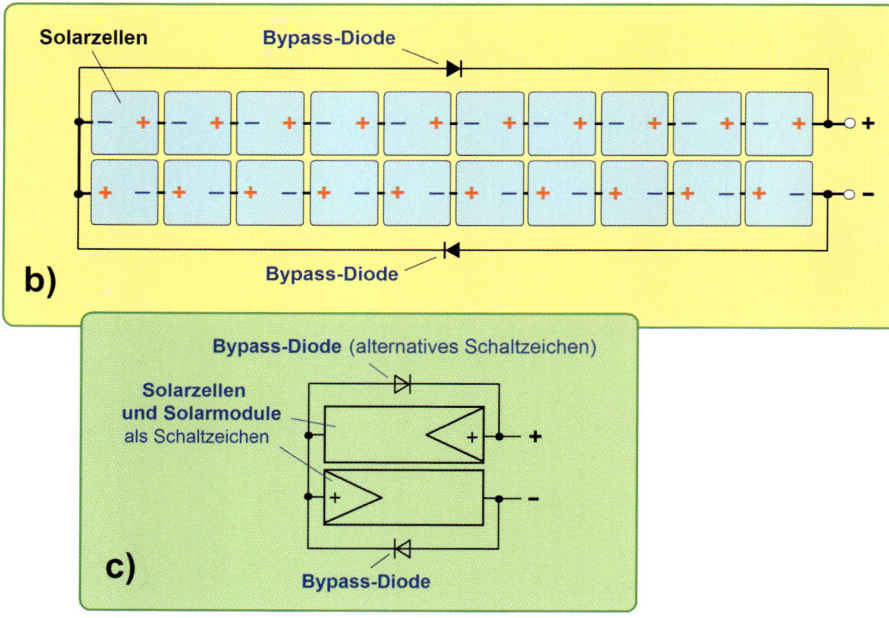

**Abb. 4.20 –** Anordnungsbeispiele von zusätzlichen Bypass-Dioden im Solarmodul: **a)** je weniger Zellen mit einer Bypass-Diode überbrückt werden, desto geringer ist der Leistungsverlust des Moduls bei einer Teilbeschattung; **b)** in den meisten handelsüblichen Solarmodulen werden jeweils nur längere Zellenreihen mit einer Bypass-Diode überbrückt; **c)** die vorhergehende Schaltung wird in den Datenblättern der Modulenhersteller gewöhnlich mit diesen Schaltzeichen dargestellt

dicap ausgesetzt wird. Soweit das Modul weiterhin während der Sommerhitze von der Sonne voll bestrahlt wird, führt dies zu weiterem Aufwärmen der Zelle usw.

Wenn sich die Zellen-Vergussmasse einmal verfärbt bzw. sie auch noch durch zusätzliche Blasen lichtundurchlässiger wird, handelt es sich um einen irreparablen Schaden am ganzen Modul, denn die betroffene Solarzelle wird nie mehr ihren ursprünglichen vollen Nennstrom liefern können. Laut des bereits angesprochenen Prinzips des schwächsten Gliedes einer Kette wird dann diese invalide Solarzelle die Obergrenze des Modulen-Nenn-

stroms bestimmen. Dass durch dieses Manko gleichzeitig auch die Spannung der „verdunkelten" Zelle unter den ursprünglichen Nennwert sinkt, wäre dabei an sich nicht so kritisch, denn das alleine hätte nur einen geringfügigen Einfluss auf die „Ausgangsspannung" des Moduls.

Von der Anzahl der Bypassdioden hängt ab, welche Funktion sie erfüllen. Wenn ein Solarmodul nur eines der Glieder einer längeren *selbstständigen Modulen-Kette* nach *Abb. 4.21* darstellt, kann auch bei Beschattung eines der Module noch die Leistung und Spannung der restlichen Module für das Vorhaben

brauchbar sein. Eine solarbetriebene Pumpe würde in dem Fall (etwas schwächer) weiterpumpen, ein optimal dimensionierter Wechselrichter wird dann die ihm zugeführte verringerte Leistung noch in Netzspannung umwandeln können, wenn an seinem Eingang <u>nur diese einzige Modulen-Kette</u> angeschlossen ist usw.

Wenn jedoch mehrere Modulen-Ketten – wie in *Abb. 4.22* – an einem gemeinsamen Wechselrichter parallel betrieben werden, kann eine einzige beschattete Solarzelle ihre ganze Modulen-Kette „verstopfen" und außer Betrieb setzen. So fungieren beispielsweise bei ei-

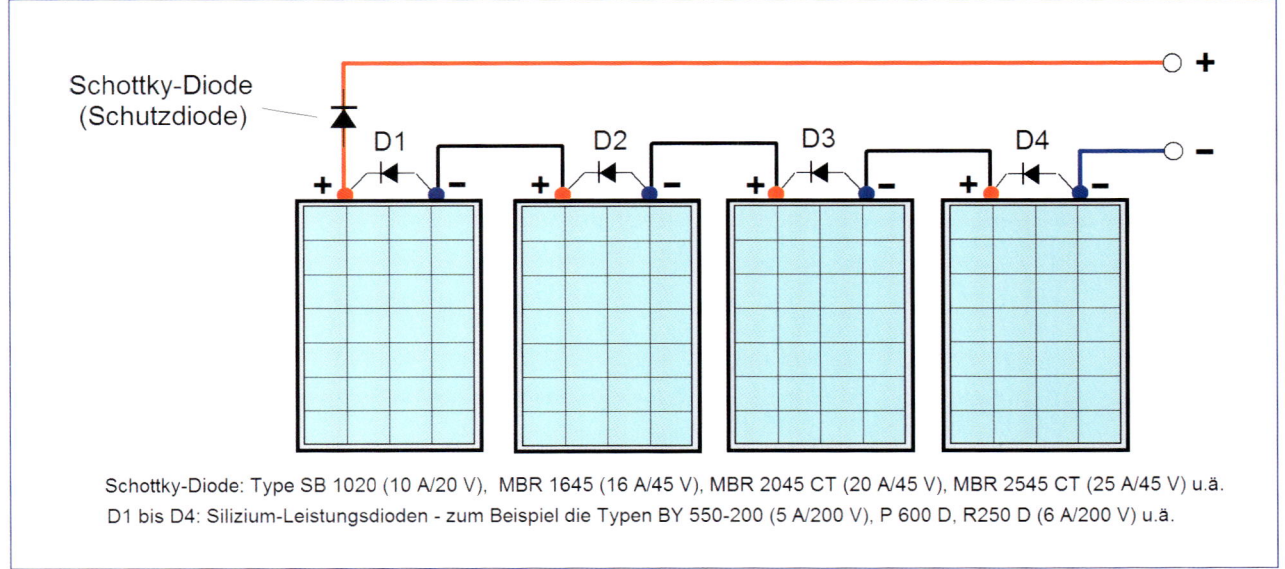

Schottky-Diode: Type SB 1020 (10 A/20 V), MBR 1645 (16 A/45 V), MBR 2045 CT (20 A/45 V), MBR 2545 CT (25 A/45 V) u.ä.
D1 bis D4: Silizium-Leistungsdioden - zum Beispiel die Typen BY 550-200 (5 A/200 V), P 600 D, R250 D (6 A/200 V) u.ä.

**Abb. 4.21** – Eine Modulen-Kette mit Bypass-Dioden und mit einer Ausgangs-Schutzdiode (Schottky-Diode)

# 4.6 Beschattungs-Unempfindlichkeit

ner Modulen-Konfiguration nach *Abb. 4.22* die Bypass-Dioden **D5** und **D9** der beschatteten Module nur als ein Schutz des Moduls vor eventueller Vernichtung – aber nur um den Preis, dass sie notfalls das ganze Modul quasi kurzschließen und somit außer Betrieb setzen.

Als Notfall wirkt sich eine Beschattung aus, die stark genug ist, um zumindest eine der Modulenzellen elektrisch zu sperren und somit die ganze Zellenreihe außer Betrieb zu setzen. In dem Beispiel nach *Abb. 4.22* hat so eine Modulen-Beschattung der Ketten **B** und **C** zufolge,

dass die Ausgangsspannung dieser beiden Ketten unter optimalen Bedingungen nicht mehr die ursprünglichen 70 V, sondern jeweils nur 52,5 V beträgt. Auch wenn die Sonne etwas schwächer scheint, bleibt hier die Ausgangsspannung dieser zwei Modulen-Ketten um $1/4$ niedriger als die Ausgangsspannung der Modulen-Kette **A,** denn die Modulen-Ketten verhalten sich hier in dieser Hinsicht ähnlich wie z. B. zu Ketten verschaltete Batterien (wird eine von vier Batterien einer Kette kurzgeschlossen oder mit einer Diode über-

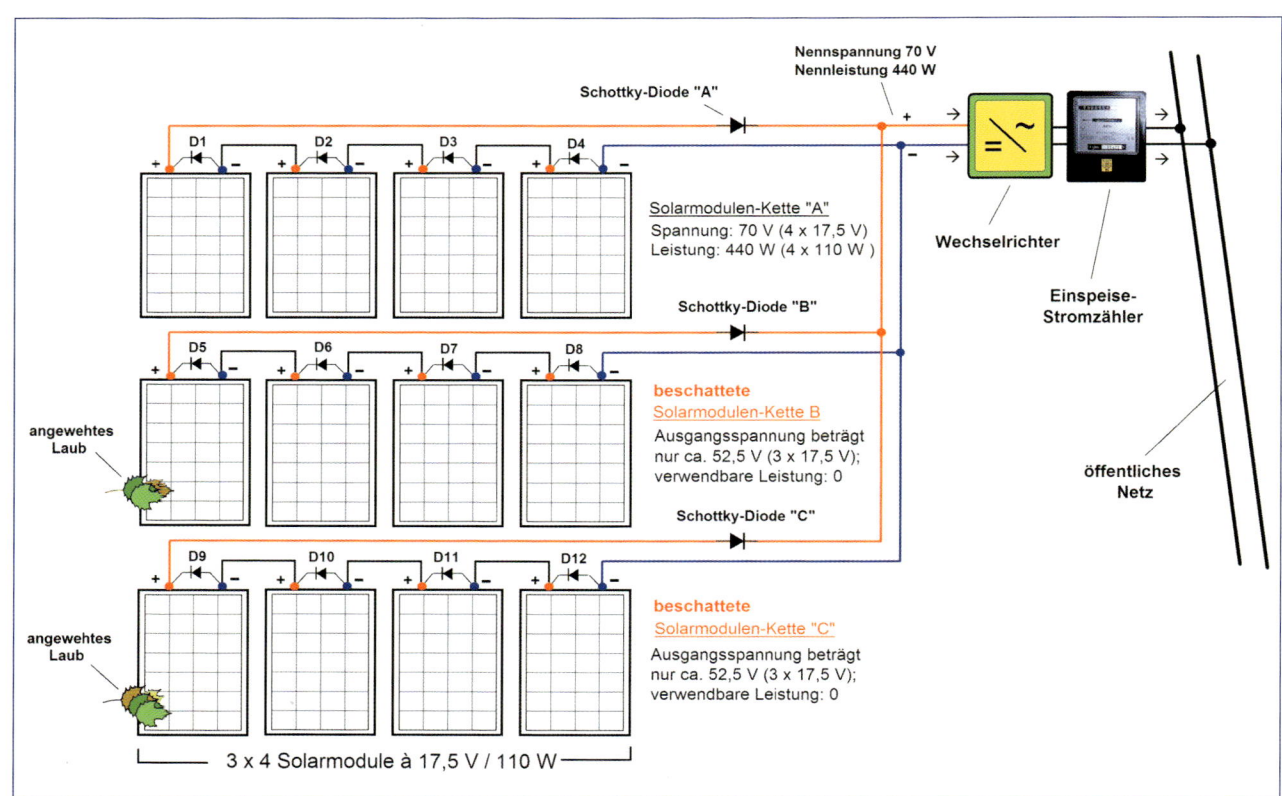

**Abb. 4.22 –** Wenn mehrere Modulenketten parallel betrieben werden, kann jeweils eine einzige beschattete Solarzelle ihre ganze Modulen-Kette außer Betrieb setzen

brückt, bleiben nur die restlichen drei Batterien als „Spannungsquellen" übrig).

Sobald die Ausgangsspannung der Modulen-Kette **B** und **C** in dem Beispiel nach *Abb. 4.22* während einer Beschattung um $^1/_4$ sinkt, sind diese zwei Ketten als Spannungsquellen unter Umständen aus dem Rennen, da ihre Spannung durch die Schottky-Dioden „**B**" und „**C**" nicht durchgelassen wird. Dies aus dem Grund, dass an den Kathoden dieser Dioden (an ihren rechten Seiten) die Spannung, die von den Modulen-Ketten **A** geliefert wird, höher ist als die Spannung an ihren Anoden (an ihren linken Seiten). Somit sind die Modulen-Kette **B** und **C** gesperrt und können in dieser Situation zu der fotovoltaischen Gesamtleistung keinen Beitrag leisten. Dies gilt natürlich nur so lange die Beschattung andauert.

Ganz automatisch dürfte sich nun die Frage stellen, ob man durch Weglassen der in *Abb. 4.22* eingezeichneten Schottky-Dioden „**B**" und „**C**" (bzw. auch der

### Bemerkung

Bei Solarmodulen, in denen herstellerseitig zwei oder mehr Solarzellen-Reihen untergebracht sind, würde das Anbringen einer zusätzlichen Bypass-Diode an die Modulen-Ausgangsklemmen theoretisch keinen ausreichenden Schutz gegen eventuelle Vernichtung des Moduls durch Beschattung bieten. Da aber in der Praxis in solchen (großen und teuren) Modulen ohnehin bereits Bypass-Dioden vorhanden sind, dürften sich jegliche Überlegungen in diese Richtung erübrigen.

Schottky-Diode „**A**") die zwar niedrigere, aber dennoch vorhandene Leistung der Modulen-Ketten **B** und **C** nicht trotzdem nützen könnte. Das geht! Allerdings mit Hilfe eines anderen System-Konzeptes nach *Abb. 4.23*, bei dem jede der Modulen-Ketten einen eigenen kleinen Wechselrichter (einen sogenannten *String-Wechselrichter*) erhält. Bei dieser Lösung erübrigen

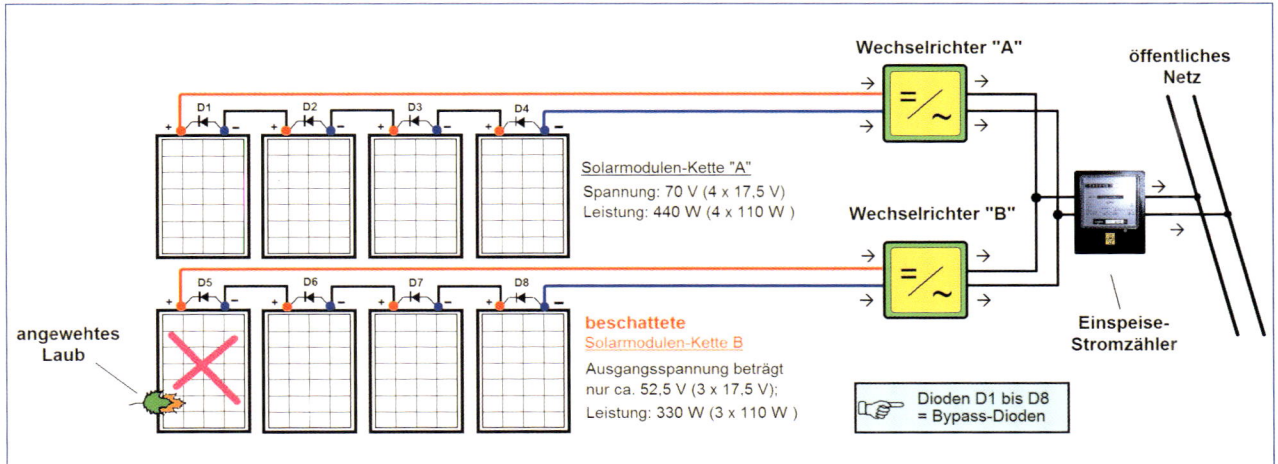

**Abb. 4.23** – Wenn jede Modulen-Kette einen eigenen Wechselrichter erhält, erübrigen sich zum einen die Schutzdioden und zum anderen kann der Wechselrichter „B" die Restleistung einer teilbeschatteten Modulen-Kette auch bei einer proportional niedrigeren Ausgangsspannung noch verarbeiten und ins öffentliche Netz einspeisen

sich die zusätzlichen Schottky-Dioden, da sie als Schutzdioden nicht mehr erforderlich sind. Genau genommen sind sie unerwünscht, da an ihnen überflüssige Leistungsverluste entstehen würden. Bei dieser Lösung wird auch eine durch Beschattung verminderte Leistung der Modulen-Kette vom Wechselrichter „verarbeitet" und ins öffentliche Netz eingespeist, solange die Solarspannung nicht unter das vom Wechselrichter-Hersteller angegebene Minimum sinkt (siehe auch hierzu Kapitel 4.8 und 6).

Es wäre noch darauf hinzuweisen, dass eine Zellenbeschattung für die Solarzelle – und somit für das ganze Modul – jedoch nur dann „lebensgefährlich" ist, wenn sie während einer Zeitspanne stattfindet, in der die Sonnenintensität die theoretischen Höchstwerte erreichen kann. Wird eine Solarzelle bzw. ein Teil der Solarzellenfläche z. B. nur am frühen Morgen oder am späten Nachmittag vorübergehend beschattet, besteht kaum

eine Gefahr, dass es zu einer Beschädigung durch eine Kombination von thermischer und elektrischer Überhitzung kommt.

Bei Dachmodulen ist zwar das Risiko einer eventuellen Beschattung relativ gering, aber falls der Hersteller in die Module keine Bypass-Dioden (D1 bis D8) integriert hat, sollten diese vor der Installation der Module eigenhändig nach *Abb. 4.23* angebracht werden (oft steht dazu bei den Anschlussklemmen Platz zur Verfügung). Aus den technischen Daten oder aus einer Hersteller-Skizze des „Innenlebens" des Moduls ist ersichtlich, ob bereits Bypass-Dioden integriert sind.

Als *Bypass-Dioden* eignen sich beim Selbstbau alle gängigen Silizium-Gleichrichterdioden, die für einen Strom dimensioniert sind, der mindestens um ca. 50 bis 100 % höher ist als der vom Hersteller angegebene Modulen Nennstrom.

---

**Fazit**

Bypass-Dioden schützen in jedem Fall die beschatteten Zellen vor Vernichtung, tragen aber nur unter besonderen Gegebenheiten dazu bei, dass eine teilbeschattete Modulen-Kette noch eine brauchbare elektrische Leistung aufbringt. Dennoch können auch dann die Bypass-Dioden bis zu einem gewissen Brechpunkt die Nutzung des Moduls aufrecht erhalten. Dieser Brechpunkt wird sowohl durch die Ansprüche des angeschlossenen Wechselrichters als auch durch die jeweilige Intensität der Sonnenbestrahlung bestimmt.

---

**Zu beachten**

Im Zusammenhang mit den zusätzlichen Dioden im Solarmodul bzw. in Fotovoltaik-Schaltungen ist auf den funktionellen und technologischen Unterschied zwischen den **Bypass-Dioden** und den **Schottky-Dioden (Schutzdioden)** zu achten – siehe hierzu Kapitel 4.8.

# 4.7  So können Sie Solarmodule testen

Bei neuen Markenmodulen bzw. bei Modulen mit ausreichenden technischen Daten ist Messen und Prüfen vor allem dann fällig, wenn mehrere Modulen-Sektionen miteinander verbunden werden sollen, wie es bei größeren fotovoltaischen Dachanlagen üblich ist und wie z. B. in *Abb. 4.22* dargestellt wird. Um unnötige Leistungs-

verluste durch abweichende Parameter zu vermeiden, sollten die *tatsächlichen* Spannungs- und Stromwerte aller Module – bzw. aller Modulen-Sektionen – möglichst identisch sein.

Am genauesten lassen sich derartige Messungen mit Hilfe von Kunstlicht vornehmen. Das Modul kann z. B. auf eine Tischplatte unter

> **Beispiel**
>
> Es sollen Solarmodule gemessen werden, deren Nennspannung 17 Volt und Nennstrom 7 Ampere betragen. 17 Volt : 7 Ampere = 2,43 Ohm ($\Omega$)

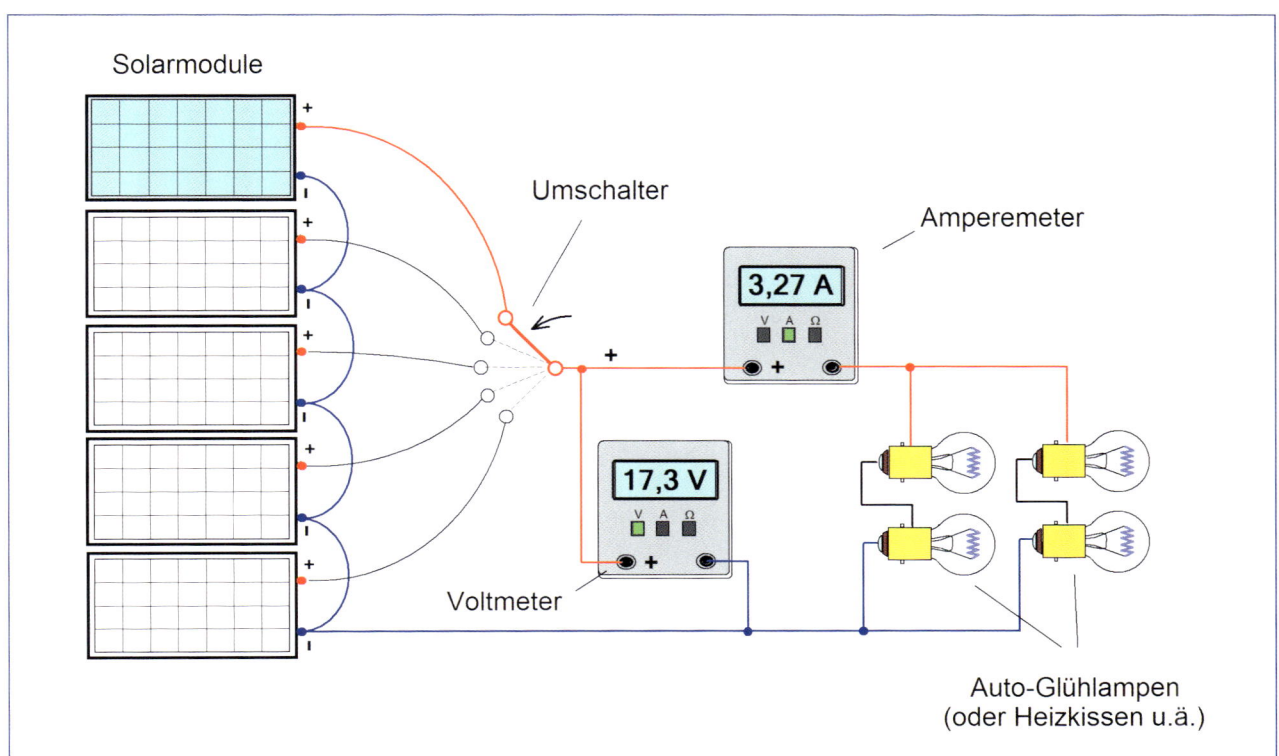

**Abb. 4.24** – So können Solarmodule bei einem klaren Himmel an einem unbeschatteten Grundstück einzeln gemessen werden, wobei als Lastwiderstände z. B. vier seriell-parallel verschaltete 12 Volt / 30 bis 40 Watt-Autolampen verwendet werden können (sie sollten das jeweils gemessene Modul zu etwa 50 % bis 90 % seiner Nennleistung belasten)

einige leuchtende Glühbirnen gelegt und gemessen werden. An einem sonnigen Tag kann jedoch eine solche Messung auch auf dem Boden im Garten vorgenommen werden. Wenn dabei die einzelnen Module ausreichend flink nacheinander gemessen werden, kommt es kaum zu Messfehlern, die ins Gewicht fallen.

Anstelle des in *Abb. 4.24* eingezeichneten mehrstufigen Umschalters genügt in der Praxis nur das manuelle Anlegen des Plus-Pols der Messleitung an die einzelnen Modulen „Plus-Anschlüsse". Das geht erprobt ziemlich leicht, wenn sich dabei eine Person quasi als „Umschalter" betätigt und eine andere die jeweils ermittelten Werte laufend notiert. Wenn so eine „Messrunde" zweimal nacheinander (bei relativ konstanter Sonnenbestrahlung) wiederholt wird, ist ein solcher Test ausreichend genau. Bei der Messung von Modulen, deren Nennstrom ca. 6 Ampere überschreitet, ist auf die Gefahr von Verletzung durch Funkenentwicklung zu achten (Schutzbrille und Schutzhandschuhe verwenden!).

Ein gewisses Problem stellt hier die Beschaffung einer ausreichenden Belastung dar. Unbelastete Module zu messen, hat keinen Zweck, denn die Modulen-Leerspannung stellt nur einen „Scheinwert" dar,

mit dem sich nichts anfangen lässt. Das Messen der Modulenspannung ergibt nur dann ein „technisch brauchbares" Bild, wenn es an einem annähernd voll belasteten Modul vorgenommen wird.

Die optimale Last kann man einfach nach dem Ohmschen Gesetz ausrechnen: Modulen-Nennspannung geteilt durch den Modulen Nennstrom ergibt die Ohmsche Modulen-Last (als maximale Belastung).

Hätten wir nun einen ausreichend leistungsstarken Widerstand von ca. 2,5 bis 3 Ohm, könnte dieser als eine provisorische Last für das Messen der Module angewendet werden. Der Widerstand müsste jedoch die Modulenleistung (von 17 V x 7 A = 119 W) verkraften können. Ein normaler Mensch verfügt natürlich über keine derartigen Leistungs-Widerstände, wohl aber über diverse elektrische Verbraucher, die zu diesem Zweck geeignet sind. Darunter fallen vor allem diverse Kocher, Heizer oder Föhne, die für Spannungen von 12 und 24 Volt (als KFZ-Zubehör) – oder für die 230 V~ Netzspannung – ausgelegt sind. Alternativ können auch nur Auto-Glühbirnen zu einer Ohmschen Last – wie z. B. in *Abb. 4.24* eingezeichnet ist – so zusammengestellt werden, dass sie das gemessene Modul ausreichend belasten.

Der theoretische Ohmsche Widerstand einer 12 V/60 W-Auto-Glühlampe beträgt bei voller Spannung etwa 2,4 Ohm. Eine solche 12 Volt-Glühlampe verkraftet jedoch höchstens eine Versorgungsspannung von ca. 14 Volt. Wenn die Nennspannung des gemessenen Moduls bei 17 Volt liegt, können beispielsweise zwei solcher Glühlampen in Serie geschaltet werden. Dadurch entfallen ca. 8,5 Volt als Versorgungsspannung pro Glühlampe. Unter diesen Umständen wird die Glühlampe jedoch nicht optimal leuchten (ihr Glühfaden wird nicht optimal glühen).

Der Ohmsche Widerstand eines Glühlampen-Wolfram-Fadens ist bekannterweise sehr temperaturabhängig. Im kalten Zustand liegt sein Ohmscher Widerstand meist bei ca. 10 % des Höchstwertes, den er bei voller Aufheizung (als glühender Faden) aufweist. Der Ohmsche Widerstand des Glühfadens einer 12 V/60 W-Glühlampe beträgt somit *im kalten Zustand* etwa 24 Ohm.

Diese Temperaturabhängigkeit des Glühbirnen-Fadens wirkt sich auch auf die Abhängigkeit des Ohmschen Widerstands einer Glühlampe von der jeweiligen Versorgungsspannung aus. Erhält eine 12 V/60 W-Glühlampe bei einer seriell-parallelen Verschaltung nach

*Abb. 4.24* nur eine Versorgungs-spannung von z. B. 8,5 bis 9 Volt, wird ihr Ohmscher Widerstand nicht bis auf die errechneten 2,4 Ohm, sondern bestenfalls nur etwa auf 4 Ohm sinken.

Diese 4 Ohm stellen nur einen informativen und typenabhängi-gen Richtwert dar, aber wenn vier baugleiche Glühlampen nach *Abb. 4.24* seriell-parallel verbunden wer-den, beträgt der Endwiderstand dieses „Quartetts" ebenfalls 4 Ohm. Wird diese Ohmsche Last z. B. an eine 17 Volt-Spannung (Solarspan-nung) angeschlossen, fließt durch sie ein Strom von 4,25 A (17 V : 4 $\Omega$ = 4,25 A). Daraus ergibt sich ein Leistungsbezug von 72,25 Watt (17 V x 4,25 A = 72,25 W).

Eine solche Belastung würde sich gut für Messungen eignen, die an Solarmodulen mit Leistungen zwischen ca. 85 und 120 Watt vor-genommen werden. Für Messun-gen an Modulen mit kleineren bzw. größeren Leistungen können Auto-lampen nach *Abb. 4.25* kombiniert werden.

Wenn jeweils zwei oder mehrere Modulen-Ketten (am Dach) parallel verschaltet und an einen gemein-samen Wechselrichter angeschlos-sen werden sollen, ist es erstrebens-wert, dass jede der Ketten so zusammengestellt wird, dass sie eine möglichst identische Aus-gangsspannung aufweist. Dadurch wird erzielt, dass alle solche Ketten ausgewogen ausgelastet sind. Ist

dies nicht der Fall, hat es zufolge, dass sich bei kräftigem Sonnen-schein eines der Solarzellenmodule bzw. eine der Ketten zu sehr auf-heizt und andere Ketten (mit nied-rigerer Ausgangspannung) werden dabei unausgewogen belastet. Im Prinzip handelt es sich um dasselbe Phänomen, dass sich bei teilbe-schatteten Modulen manifestiert.

Die maximale Abweichung der ermittelten Spannungs- oder Strom-werte sollte daher möglichst tief unterhalb von 5 % liegen. Hier darf man sich *nicht* nur darauf verlas-sen, dass viele Modulenhersteller ohnehin nur eine maximale Abwei-chung von 5 % bis 10 % bei den tabellarischen Daten versprechen. Auch wenn dies korrekt eingehal-

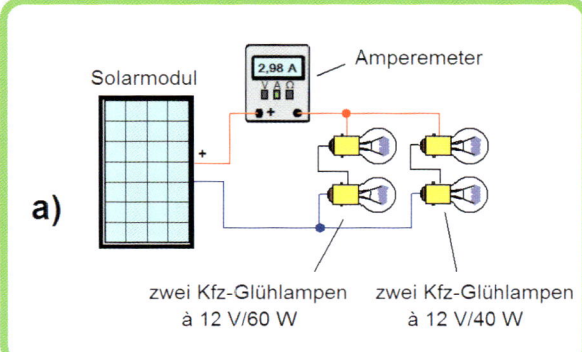

a)

Solarmodul

2,98 A — Amperemeter

zwei Kfz-Glühlampen à 12 V/60 W

zwei Kfz-Glühlampen à 12 V/40 W

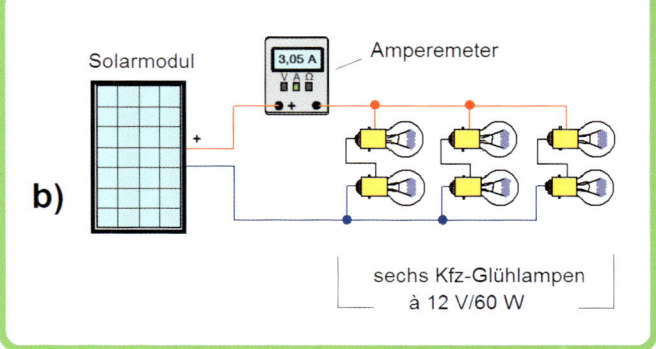

b)

Solarmodul

3,05 A — Amperemeter

sechs Kfz-Glühlampen à 12 V/60 W

**Abb. 4.25** – Schaltungsbeispiele von Autolampen, die als provisorische Last beim Testen von Solarmodulen angewendet werden können

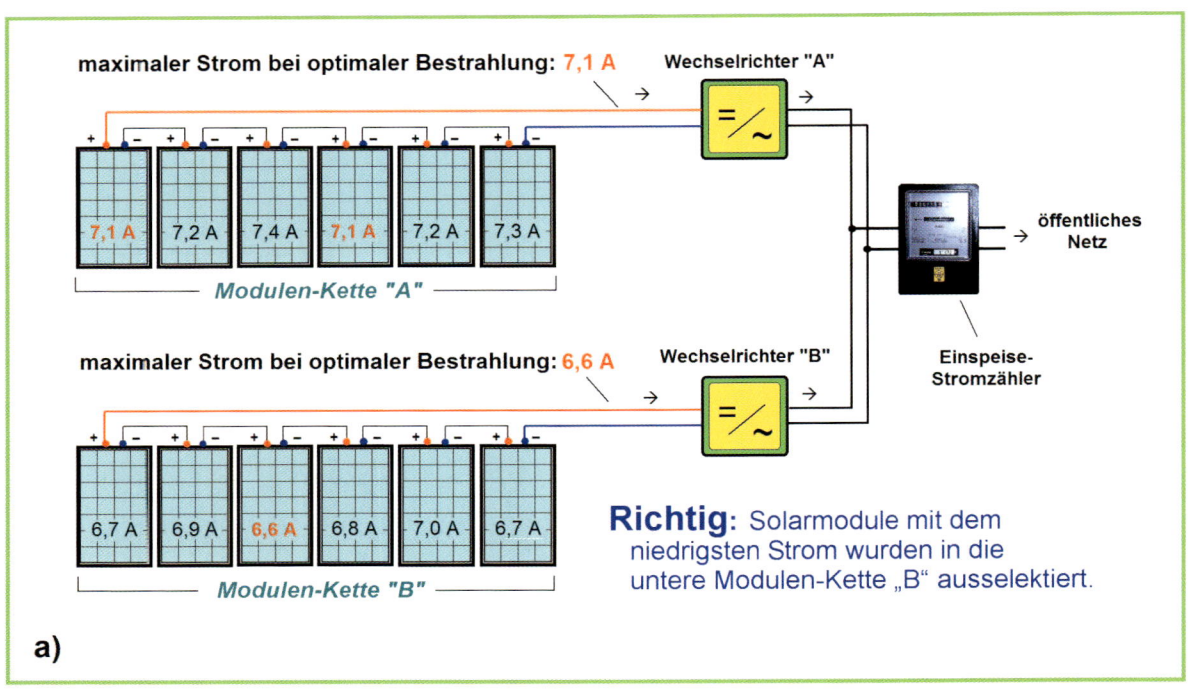

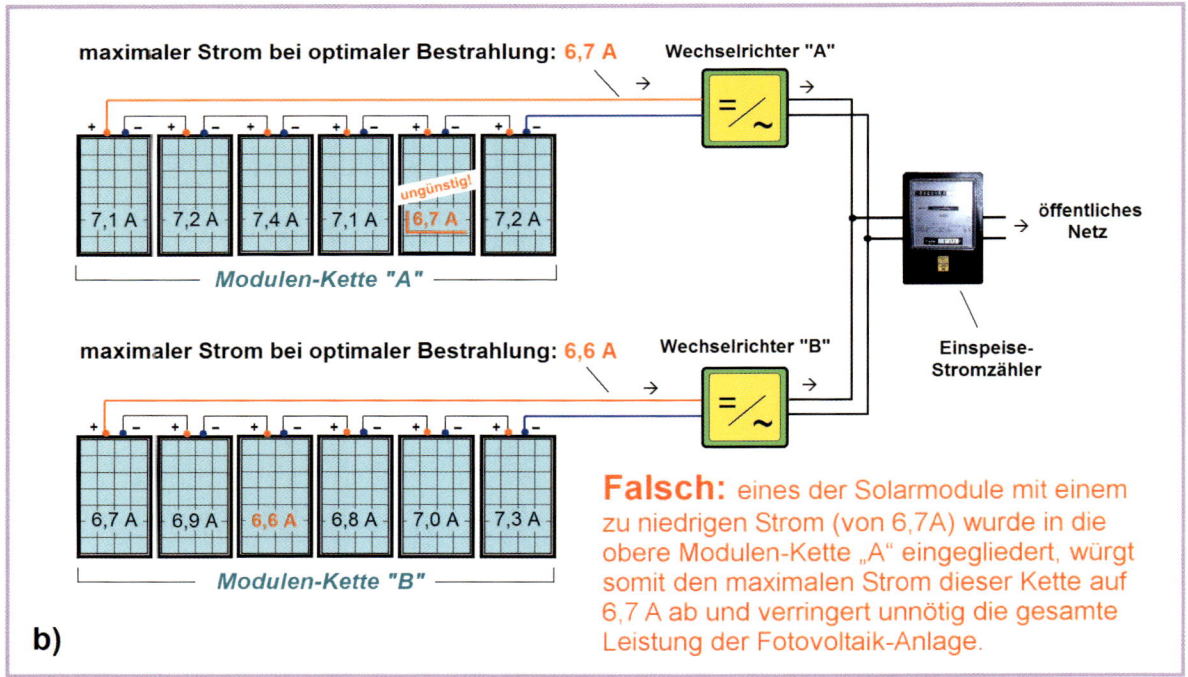

**Abb. 4.26** – Wenn jede Modulen-Kette einen eigenen String-Wechselrichter erhält, sollten sie in Gruppen so eingeteilt werden, dass das Prinzip des schwächsten Gliedes einer Kette berücksichtigt wird

ten wird, handelt es sich um Abweichungen in beiden Richtungen von dem Nennwert (zum Plus oder zum Minus). Daraus ergibt sich im ungünstigen Fall ein Toleranzbereich von bis zu 10 % oder sogar bis zu 20 %.

Ist für jede der Modulen-Ketten ein eigener *String-Wechselrichter* vorgesehen, sollte bei der Vorselektion vor allem der Modulen-Strom (unter Belastung, nach *Abb. 4.24*) gut gemessen und z. B. auf Aufklebern an den einzelnen Modulen notiert werden. Die Modulenspannung dürfte dabei nur zur Kontrolle ebenfalls mit den technischen Daten verglichen werden, eventuelle kleinere Nennspannungs-Unterschiede brauchen aber weiterhin bei der Anordnung der Module nicht mehr berücksichtigt zu werden.

Die Solarmodule sollten dann nach *Abb. 4.26a* für die zwei vorgesehenen Ketten einfach nach dem ermittelten Modulen-Strom so vorselektiert werden, dass die Module mit höherem Stromwert die eine Kette, und Module mit niedrigerem Stromwerten die andere Kette bilden. Auf diese Weise wird erzielt, dass die Kette „A" eine höhere Solarleistung liefern kann als die Kette „B".

Wie bereits erläutert wurde, ist bei den eingezeichneten Ketten jeweils das Modul mit dem niedrigsten Strom für den maximalen Ausgangsstrom der ganzen Kette bestimmend. Es spielt dabei keine Rolle, wo das schwächste Modul in der Kette eingegliedert wird. Wichtig ist nur, dass z. B. in der Kette „A" kein einziges zu „schwaches" Modul integriert wird, denn dieses würde den maximalen Ausgangsstrom – und somit auch die maximale elektrische Leistung der Kette – bestimmen. Bei wahlloser (nicht vorselektierter) Anordnung der einzelnen Module in den Modulen-Ketten verringert sich – wie der *Abb. 4.26b* zu entnehmen ist – unnötig die Ausgangsleistung des ganzen „Solargenerators".

Beim Messen der einzelnen Module sollten die evtl. in Modulen vorhandenen Ausgangs-Schutzdioden

(Schottky-Dioden) provisorisch kurzgeschlossen oder entfernt und durch Kupferdraht-Brücken ersetzt werden – je nachdem, ob einige davon später jeweils am Anfang der Modulen-Kette, wie z. B. in *Abb. 4.22,* benötigt werden (siehe hierzu Kapitel 4.8)

### Unser Tipp

Besprechen Sie mit dem Modulen-Lieferanten noch vor dem Kauf Ihr Rückgaberecht, testen Sie die gelieferten Module rechtzeitig und tauschen Sie ebenfalls rechtzeitig die Module aus, die beim Messen dadurch „aus der Reihe" gefallen sind, dass sie sich mit den restlichen Modulen nicht optimal kombinieren lassen.

Sie dürfen jedoch auch ohne vorhergehende Absprache alle Solarmodule reklamieren, deren *Nennspannung*, *Nennstrom* oder *Nennleistung* von den „verbindlichen" Grenzwerten abweichen, die laut Herstellerangaben maximal ± 5 %, bei manchen Marken maximal ± 10 % betragen dürfen (dies sollte aus den technischen Daten der Module deutlich hervorgehen). Achten Sie dabei auf Folgendes: Wenn bei einem gekauften Modul sowohl die Nennspannung als auch der Nennstrom ein Minus von 5% aufweisen – und somit gerade noch „im Limit" liegen – wirkt es sich rechnerisch auf die Nennleistung als ein Minus von „stolzen" 10 % aus – was ein Recht auf Reklamation einräumt.

Was darunter zu verstehen ist, zeigen wir an einem Beispiel: Die Nennwerte eines Solarmoduls betragen laut Datenblatt 100 Watt / 16,9 Volt / 5,9 Ampere. Wenn sowohl die Nennspannung als auch der Nennstrom des Moduls nur 95 % dieser Werte erreicht und somit nur bei 16,05 V und 5,6 A liegt, ergibt sich daraus eine Nennleistung von 16,05 V x 5,6 A = 89,96 Watt. Das ist ein Minus von 10 %.

# 4.8  Schutzdioden (Schottky-Dioden)

Die Funktion der Schutzdioden (Schottky-Dioden) wurde bereits im Zusammenhang mit einigen vorhergehenden Schaltungen kurz erläutert. Vollständigkeitshalber bliebe noch darauf hinzuweisen, dass auch beim Laden einer Batterie mit Solarstrom *(nach Abb. 4.27 / 4.29)* die Schutzdiode eine wichtige Funktion hat, denn ohne sie würde sich die Batterie über das Solarmodul entladen, wenn die jeweilige Batteriespan-

nung höher ist als die Spannung des Solarmoduls. Da eine Diode den elektrischen Strom nur in eine Richtung durchlässt (und in der Gegenrichtung sperrt), kann der Strom von der Batterie nicht in das Solarmodul zurückfließen, sobald seine Spannung durch zu schwache Bestrahlung sinkt (was bei bewölktem Himmel oder nachts geschieht).

Diese Ausgangs-Schutzdioden befinden sich bei

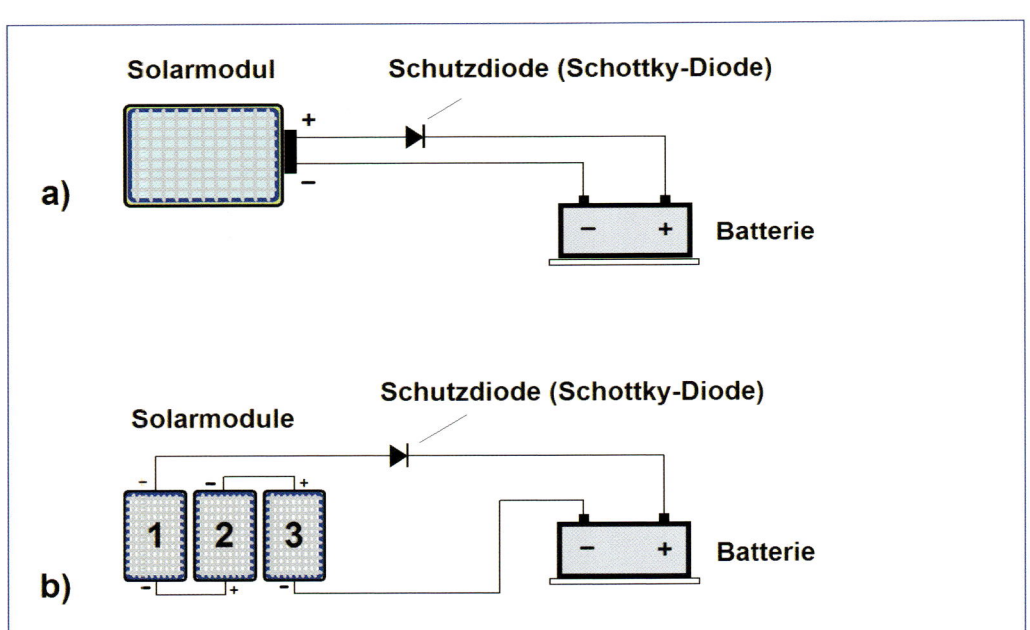

**Abb. 4.27 – a)** Wird eine Batterie vom Solarmodul direkt geladen, darf eine Schutzdiode zwischen dem Modul und der Batterie nicht fehlen; **b)** wenn mehrere Solarmodule in Serie geschaltet werden, um eine höhere Solarspannung liefern zu können, ist nur eine Schutzdiode (Schottky-Diode) an dem Plus-Ausgang des Moduls „Nr. 1" erforderlich, die zwischen dem Modul und dem Plus-Pol der Batterie eingegliedert wird (bei den restlichen Modulen sind Schutzdioden nicht erforderlich und nicht erwünscht)

# 4.8 Schutzdioden (Schottky-Dioden)

den meisten Solarmodulen direkt neben den Modulen-Anschlussklemmen nach *Abb. 4.28.*

Erklärungsbedürftig ist, weshalb zu diesem Zweck ausgerechnet Schottky-Dioden und nicht beliebige andere Dioden verwendet werden: Einer der speziellen Vorteile von Schottky-Dioden ist, dass ihre sogenannte *Sperrspannung* (= Spannung, die an ihnen verloren geht) typenbezogen bei nur 0,3 Volt – oder sogar etwas unterhalb von 0,3 Volt – liegt*. Bei normalen Gleichrichterdioden beträgt die Sperrspannung bestenfalls das Doppelte bis Dreifache (liegt bei ca. 0,6 bis 0,9 V – oder sogar noch etwas höher).

Wie *Abb. 4.29* zeigt, entsteht an einer Schottky-Diode ein Spannungsverlust von 0,3 Volt. Das ist zwar ein sehr geringer Spannungsverlust, aber er schluckt dennoch mehr als die Hälfte der Spannung und Leis-

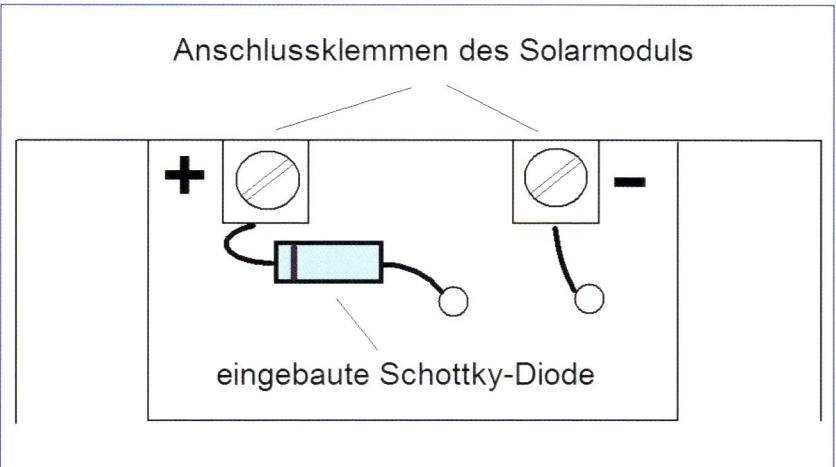

**Abb. 4.28 –** Anordnungsbeispiel der Ausgangs-Schutzdiode (Schottky-Diode), die in den meisten Solarmodulen herstellerseits bei den Anschlussklemmen eingelötet ist

**\*Bemerkung**

Nicht alle Schottky-Dioden weisen „automatisch" eine Sperrspannung von nur 0,3 V aus. Bei manchen Typen beträgt die Sperrspannung bis zu 0,6 V – was auch herstellerbezogen bzw. „lieferantenbezogen" variiert.

# 4.8 Schutzdioden (Schottky-Dioden)

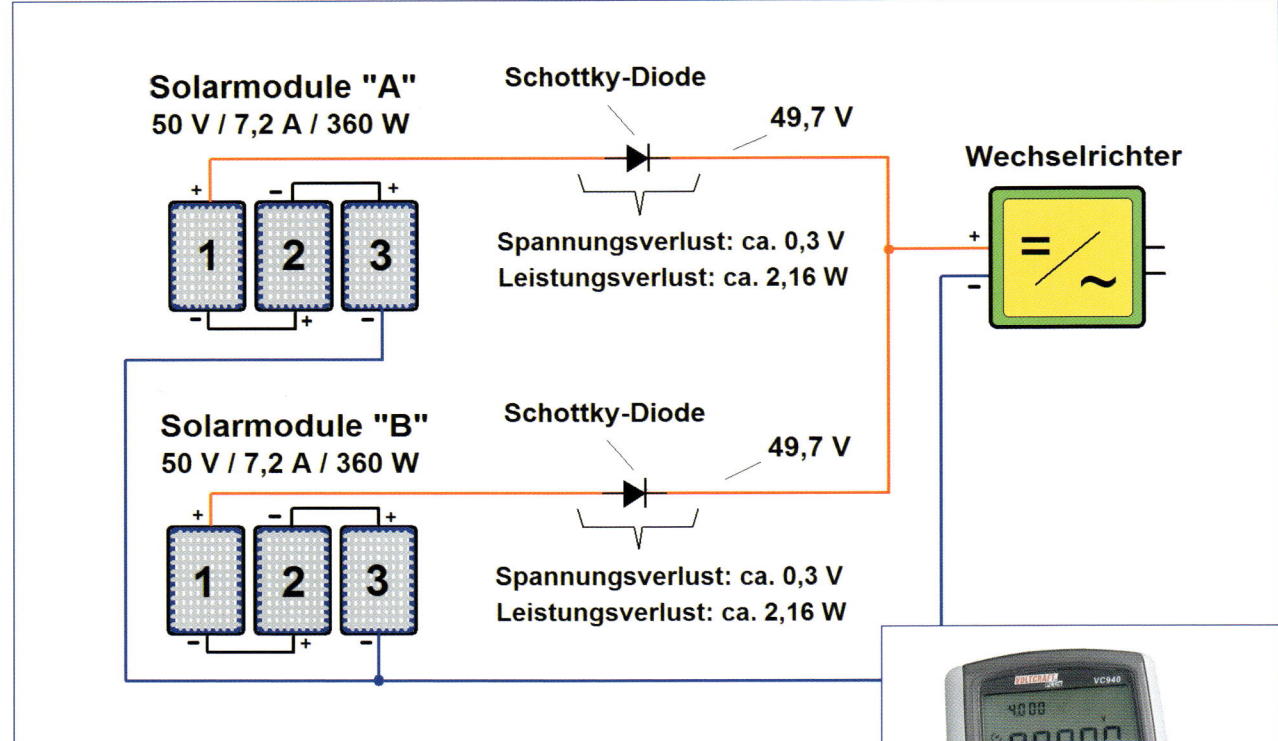

**Solarmodule "A"**
50 V / 7,2 A / 360 W

**Schottky-Diode**

49,7 V

**Wechselrichter**

Spannungsverlust: ca. 0,3 V
Leistungsverlust: ca. 2,16 W

**Solarmodule "B"**
50 V / 7,2 A / 360 W

**Schottky-Diode**

49,7 V

Spannungsverlust: ca. 0,3 V
Leistungsverlust: ca. 2,16 W

**Abb. 4.29 –** An der Schottky-Diode entsteht ein Spannungsverlust von etwa 0,3 Volt und ein Leistungsverlust, der sich aus der Formel *„Spannung [in Volt] x Strom [in Ampere] = Leistung [in Watt]"* ergibt

tung einer der Zellen (siehe auch Kapitel 8). Würde anstelle einer Schottky-Diode als Schutzdiode eine „normale" Gleichrichter-Siliziumdiode verwendet, hätte es eine Erhöhung des Spannungsverlustes – und damit auch des Leistungsverlustes – um ca. das Dreifache zufolge. Das wäre eine verschenkte Leistung.

**Abb. 4.30 –** Für einfachere Kontrollmessungen an Solarmodulen oder Solarzellen, eignen sich auch diverse sehr preiswerte Multimeter. Zu achten ist jedoch bei der Anschaffung darauf, dass das vorgesehene Messgerät auch über einen Strom-Messbereich verfügt, der ausreichend hoch ist, um den Nennstrom der vorhandenen bzw. eingeplanten Solarmodule messen zu können

# 5 Aufstellung und Montage der Solarzellenmodule

# 5 Aufstellung und Montage der Solarzellenmodule

Für eine optimale energetische Ausbeute der Solarzellen ist es erforderlich, dass die Solarzellenfläche möglichst genau gegen Süden ausgerichtet ist und dass auch der „Neigungswinkel" (bzw. die Dachneigung) zwischen ca. 25° und 45° liegt. Zwischen dem theoretischen Optimum und einer praktischen Montage gibt es fast immer Unterschiede, die eine Kompromisslösung erfordern.

Es bleibt eine reine Ermessensfrage, wie und wo solarelektrische Module oder solarthermische Kollektoren aufgestellt bzw. angebracht werden und welche Aspekte dabei Priorität verdienen. In den folgenden Kapiteln werden wir verschiedene Möglichkeiten der Installation beschreiben, die sich an praktischen Erfahrungen orientieren.

**Abb. 5.1 –** Eine Dachfläche, die kompassgenau gegen den Süden ausgerichtet ist und einen Neigungswinkel von etwa 30° bis 40° hat, eignet sich für das Anbringen von Solarmodulen optimal (Foto Siemens)

# 5.1 Optimale Ausrichtung der Module

Bei fest montierten Solarzellenflächen, die weder über eine Nachführung noch über eine Neigungswinkel-Verstellung verfügen, wird die optimale Positionierung durch zwei Achsen bestimmt. Die eine Achse ist identisch mit der kompassgenauen Ausrichtung zum Süden, die andere Achse bezieht sich auf den optimalen Neigungswinkel.

Eine kompassgenaue Ausrichtung nach Süden dürfte bei den normalen Anwendungen als ein Optimum gelten, von dem nur gezwungenermaßen abgewichen werden sollte. Derartige Abweichungen werden sicherlich bei den meisten der zum Süden gerichteten Hausdächern vorkommen, die kaum kompassgenau in der Nord/Süd-Achse unserer Mutter Erde aufgestellt wurden bzw. werden.

Da in den letzten Jahren Mitteleuropa mit wachsender Vorliebe von gewalttätigen Stürmen heimgesucht wurde, sollte man bei der Planung der Solarflächen sturmgefährdete Konstruktionen lieber vermeiden. Eine Solarfläche, die sich an das Dach anschmiegt, ist verständlicherweise weniger sturmgefährdet als eine Solarfläche, die wie das Segel eines Segelschiffes dem Sturm aus-

gesetzt ist. Ein Tornado oder eine kräftige Windhose kann allerdings auch das ganze Dach, samt der im Dach perfekt integrierten Solarmodule, wegtragen.

Was den eigentlichen Neigungswinkel der Solarzellenmodule am Dach eines Wohnhauses anbelangt, wird er in der Regel an die bestehende Dachneigung angepasst. Ausnahmen bilden hier nur Häuser bzw. andere Objekte mit Flachdächern. Hier werden Solarzellen-

module oft an zusätzliche Konstruktionen (Abb. 5.6) montiert, um einen günstigen Neigungswinkel zu erhalten.

Bei einer vom Hausdach unabhängigen Aufstellung der Solarzellen orientiert sich der Neigungswinkel an den jahreszeitbezogenen Prioritäten. Ist es erforderlich, dass eine „Solarzellenfläche" *bevorzugt* auch während der Wintermonate (nach Möglichkeit) Strom liefert, wäre hypothetisch ein großer Nei-

**Abb. 5.2 –** Die geometrische Einteilung der Solarmodule am Dach bleibt dem Hausbesitzer überlassen und unterliegt normalerweise keiner behördlichen Anordnung (Foto Siemens)

# 5.1 Optimale Ausrichtung der Module

**Abb. 5.3 –** Bei landwirtschaftlichen Objekten werden Solarzellen für Stromerzeugung an Standorten verwendet, die über keinen Netzanschluss verfügen (Foto FÜW)

strebt. Die höchsten Energiegewinne sind dabei während der wärmsten Sommermonate erzielbar und daher sollte auch der Neigungswinkel der Solarzellenfläche zwischen ca. 30° und 45° betragen.

In der Praxis wird man oft mit der Frage konfrontiert, inwieweit die vom bestehenden Hausdach „diktierte" Ausrichtung der Solarzellen von dem theoretischen Optimum abweichen darf.

Das hängt maßgeblich von der Art der Entspiegelung der eigentlichen Solarzellen wie auch von der gungswinkel (von z. B. bis zu 70°) zu empfehlen – vorausgesetzt die baulichen Gegebenheiten erlauben es.

Eine solche Lösung dürfte unter Umständen bei Objekten angestrebt werden, die über keinen Netzanschluss verfügen und die auch während der Wintermonate elektrischen Strom benötigen – wie z. B. Ferienhäuser oder Berghütten. Liegt bei einer *netzunabhängigen* Fotovoltaik-Anlage der Schwerpunkt des Energieverbrauchs bei anderen Jahres-Zeitspannen, sollte der Neigungswinkel die jeweilige Sonnenbahn berücksichtigen.

Bei *netzgekoppelten* fotovoltaischen Anlagen wird dagegen eine maximale Jahresausbeute ange-

**Abb. 5.4 –** Solarthermische Dachmodule (oben Mitte) unterscheiden sich nur wenig von solarelektrischen Modulen und können auf dieselbe Weise auf Dächer montiert werden (Foto Schüco)

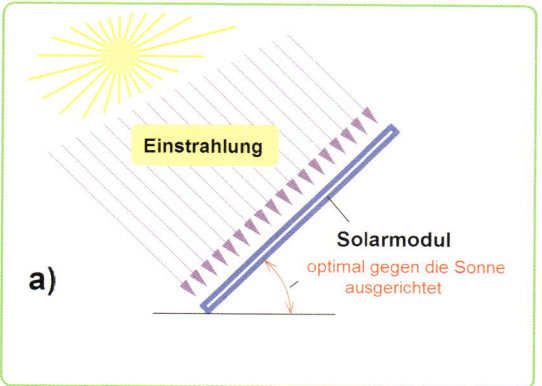

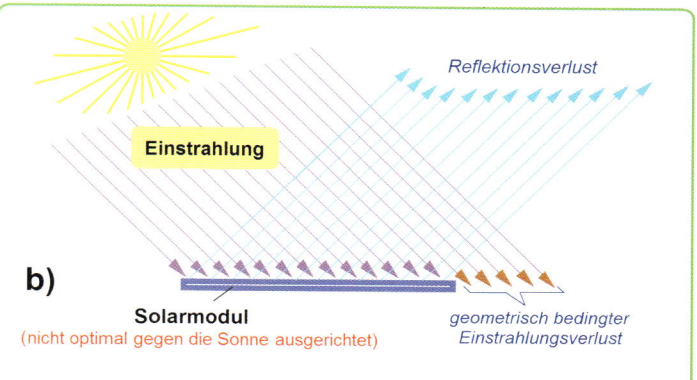

**Abb. 5.5 –** Je genauer die Solarzellen-Fläche gegen die Sonne ausgerichtet ist, um so geringer ist der Einstrahlungs- und Reflektionsverlust

**Abb. 5.6 –** Ausführungsbeispiel einer Solaranlage, bei der die Solarmodule an einer speziellen Stahlkonstruktion montiert sind, und die im Sinne einer optimalen ganzjährigen Energieausbeute gegen die sommerliche Laufbahn der Sonne ausgerichtet sind

evtl. Entspiegelung der Modul-Schutzscheibe ab. In der Praxis darf davon ausgegangen werden, dass eine Abweichung von ca. 10° bis 15° von der kompassgenauen südlichen Position nur einen geringen Einfluss auf die energetische Ausbeute hat. Dasselbe gilt auch für die Abweichung vom optimalen Neigungswinkel.

Bei größeren Unterschieden ist der Leistungsrückgang zwar etwas größer, aber er setzt sich stärker vor allem während der kühleren Jahreszeit durch (da liegt die Bahn der Sonne niedriger). Zudem hängt die Richtungsempfindlichkeit auch von der typenbezogenen Entspiegelung der Solarzellen bzw. Solarmodule ab.

Da jedoch während der Wintermonate die energetische Ausbeute ohnehin wesentlich schwächer zu der gesamten Jahresausbeute einer netzgekoppelten Anlage beiträgt, halten sich die Leistungsverluste in Grenzen. Dennoch dürfte eine maximale Abweichung von ca. 15 % von der Nord-/Süd-Achse als ein „gerade noch akzeptables" Maximum für eine fotovoltaische Anlage betrachtet werden. Das ist jedoch eine Frage des individuellen Ermessens.

Genau genommen hängt von der Art der Modulen-Entspiegelung ab, inwieweit noch schräg einfallende Lichtstrahlen aufgefangen und in elektrische Energie umgewandelt werden können. Leider handelt es sich bei der Richtungsempfindlichkeit um eine Eigenschaft, die in den technischen Daten handelsüblicher Module (vorläufig) nicht definiert wird. Anderseits gibt es in dieser Hinsicht ohnehin keine technischen Wunderwerke, die aus dem handelsüblichen „Standard" hervorgehoben werden dürften. Dies auch aus dem Grund, dass eine jede „Modulen-Entspiegelung" physikalisch bedingt auch einen gewissen Rückgang der solarelektrischen Empfindlichkeit bei optimalem Einfall der Fotonen auf die Zellenfläche zufolge hat (siehe hierzu Kapitel 8).

**Abb. 5.7 –** Kleinere Solarzellen-Flächen können vor der endgültigen Montage aufs Dach auch nur auf ein provisorisches Holz- oder Metallgestell freistehend montiert werden, um den Einfluss von der Ausrichtung (gegen die Sonne bzw. gegen den Süden) und von dem Neigungswinkel auf den Energiegewinn zu testen

# 5.2 Integration der Module im Dach

**Abb. 5.8 –** Für kleinere Modulenflächen findet sich am Dach meist problemlos ein passender Platz

Leitungen oder andere Hindernisse eine ästhetische Anordnung der Module.

Die Module werden in den meisten Fällen auf ein Dach nach Abb. 5.8 / 5.9 installiert. Es gibt keine baurechtlichen Bestimmungen, die eine vorgegebene Lösung anordnen würden. Die einzelnen Module werden üblicherweise auf tragende Stahl- oder Aluminium-Rahmen bzw. auf zwei Montageschienen oft einfach überall dort nebeneinander montiert, wo dafür gerade Platz ist.

Einige Modulhersteller empfehlen einen Lüftungs-Zwischenabstand von ca. 50 mm zwischen ein-

**B**ei einem Neubau sollte bereits im Planungsstadium eine möglichst elegante Integration der Solarzellenmodule (Solarmodule) am Dach – oder noch besser im Dach – angestrebt werden. Diese Empfehlung schließt bestehende Häuser nicht ganz aus. Hier erschweren aber oft verschiedene Dachfenster, Lüfter, Blitzableiter-

**Abb. 5.9 –**
Mit kreativer Phantasie können Solarmodul-Flächen auch um die Dachfenster so harmonisch angeordnet werden, dass sie am Dach nicht wie ausgesprochen architektonische Fremdkörper wirken

## 5.2 Integration der Module im Dach

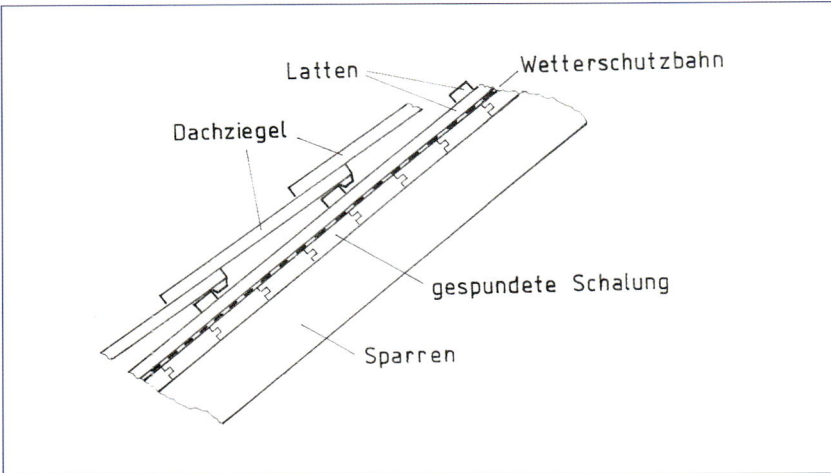

**Abb. 5.10 –** Hausdach moderner Bauart im Schnitt

elle Demontage und Montage leicht bewältigen. Dies ist jedoch markenabhängig und verdient bereits im Planungsstadium gehobene Aufmerksamkeit.

Was das eigentliche Anbringen einer normalen tragenden Konstruktion an eine Dachziegelhaut anbelangt, sollte man sich nicht allzu sehr auf die gezeichneten Beispiele diverser Anbieter verlassen.

Viele dieser Zeichnungen haben eines gemeinsam: Die Befestigungs-

zelnen Modulen. Es gibt jedoch auch spezielle Dachmodule, die sich zu einer kompakten Dachabdeckung zusammenschieben oder zusammenschrauben lassen.

Eine derartige Modulfläche ist oft (herstellerbezogen) wasserundurchlässig und kann direkt die Funktion einer wasserundurchlässigen Dachhaut erfüllen. Wie praktisch auch eine derartige Lösung erscheint, die Schwachstelle liegt hier evtl. beim schwierigen Ersetzen eines defekten Moduls. Oft lässt sich nur bei Modulen, die auf einer von hinten zugänglichen Dachkonstruktion montiert sind, die eventu-

**Abb. 5.11 –** Gehobene Aufmerksamkeit bei den Montagearbeiten verdient eine absolut wasserdichte Befestigung der Tragekonstruktion der Module: der Durchgang durch die Dachziegel muss unbedingt wasserdicht sein, da ansonsten der Wind das Wasser durch die kleinsten Lücken oder Spalten in das Hausinnere hineinweht

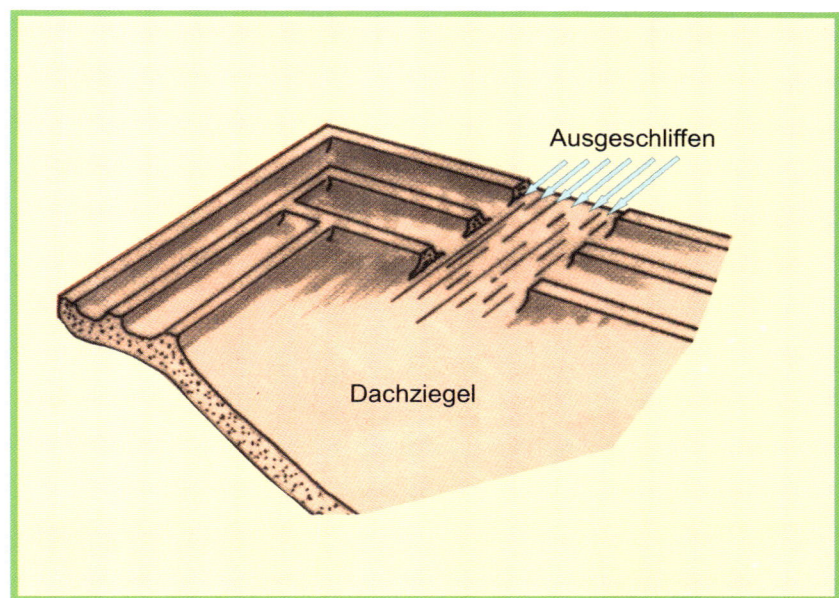

**Abb. 5.12 –** Mit Hilfe eines kleinen Winkelschleifers können in Dachziegel Schlitze für Montagekonsolen hineingeschliffen werden

stützen (Füße) der Rahmen werden üblicherweise als Bauteile gezeichnet, die sich unter die Dachziegel scheinbar ähnlich einfach einschieben lassen wie ein Brief in den Briefkasten. Hier handelt es sich um eine reine Illusion und wer es am Dach laut einer solchen Anleitung versucht, wird sehr schnell verzweifeln.

Die meisten Dachziegel sitzen derartig verkeilt ineinander, dass ein zusätzliches bloßes Anheben (um Raum für eine Montage-Konsole zu verschaffen) hässliche Lücken in der Dachhaut zufolge hat, wodurch auch Wasser und Pulverschnee leicht unter die Dachziegel eindringen.

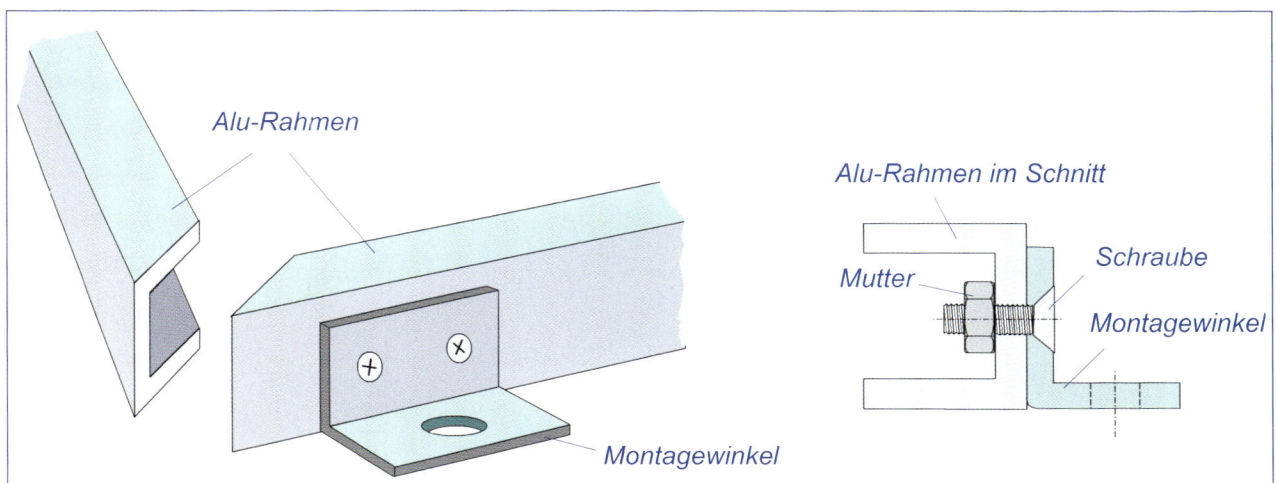

**Abb. 5.13 –** Ausführungsbeispiel einer Rahmenkonstruktion aus Aluminium-U-Profil

## 5.2 Integration der Module im Dach

Wer hier die tragenden Stützen einer größeren Rahmenkonstruktion dennoch unter die Dachziegel einschieben möchte, der sollte in die Verbindungs-Verkeilungen der jeweils zwei aufeinanderliegenden Dachziegel maßgerecht Schlitze nach *Abb. 5.12* mit einem Winkelschleifer (Steinscheibe!) ausschleifen. Die Stützen (Montagewinkel) der Rahmenkonstruktion – die z. B. im Selbstbau nach *Abb. 5.13* ausgeführt werden kann – müssen aus flachem Stahl sein, das nicht dicker

ist, als der ausgeschliffene Abstand zwischen den zwei Dachziegeln erlaubt (das können herstellerabhängig ca. 5 bis 6 mm sein). Alternativ können passende handelsübliche Dachanker (Abb. 5.19 unten) verwendet werden.

Als eine praktische Alternative zur Anwendung von Laufbrettstützen eignen sich verschiedene Durchgangs-Dachziegel nach *Abb. 5.14*, in die bereits der Dachziegelhersteller ein ordentliches Loch gearbeitet hat und durch die sich

dann bevorzugt runde Stahl- oder Aluminiumrohre als Füße des Modulen-Rahmens nach *Abb. 5.13* durchführen lassen. Zu diesen Dachziegeln gibt es im Baustoffhandel als Standardzubehör auch die benötigten Gummi-Abdeckkappen.

Für einen kleineren Modulen Tragerahmen – oder alternativ für zwei Modulen Trageschienen – sind vier solche Antennen-Durchgangsziegel nach *Abb. 5.14* erforderlich, durch die vier Stahlstützen (**S**)

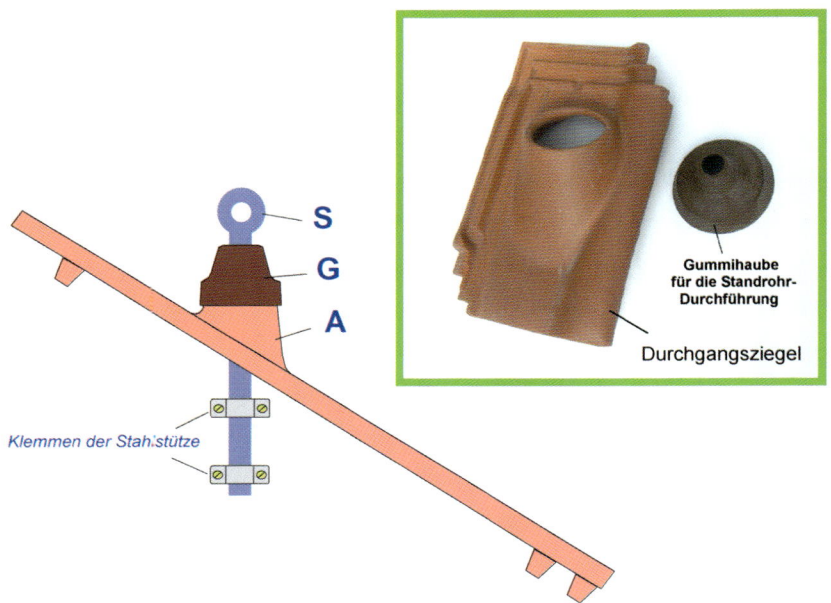

Gummihaube
für die Standrohr-
Durchführung

Durchgangsziegel

S
G
A

Klemmen der Stahlstütze

### Wichtig

Beim Anbringen der Dachmodule ist darauf zu achten, dass die Dachhaut nach der Montage wieder zuverlässig wasser- und pulverschneedicht ist, und dass die Dachziegel ihren ursprünglichen guten Halt nicht einbüßen.

**Abb. 5.14 –** Ausführungsbeispiel eines Antennen-Durchgangsziegels:
A = Durchgangsziegel, G = Gummi-Abdeckkappe,
S = Stahlstütze des Modulen-Trägerrahmens

# 5.2 Integration der Module im Dach

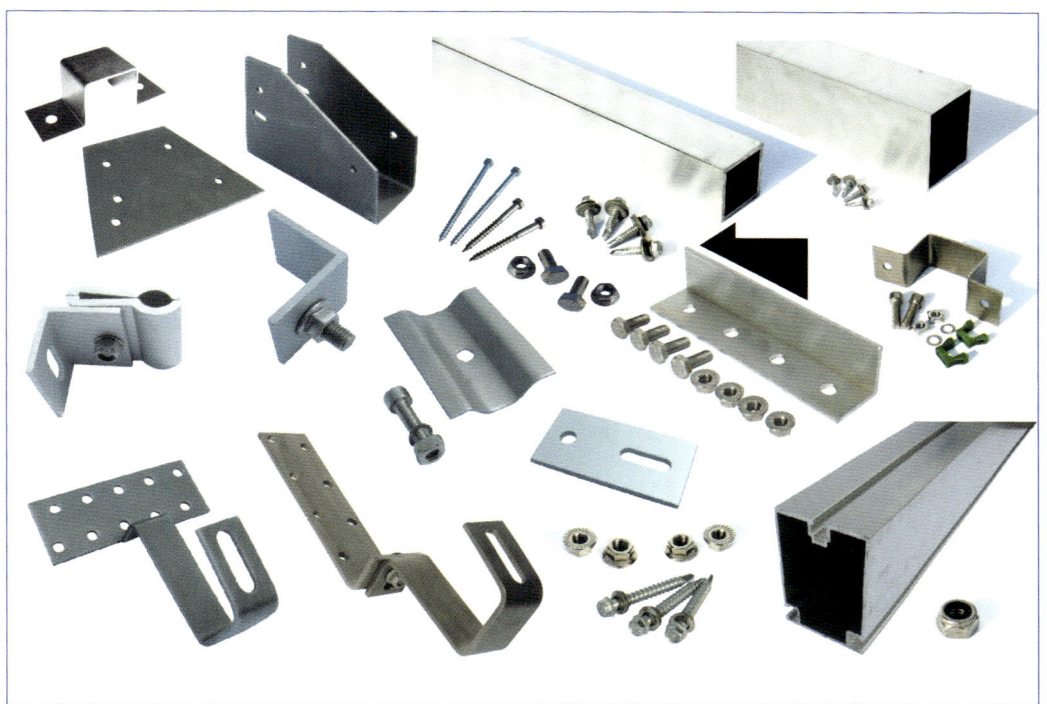

**Abb. 5.15 –** Klemmen, Schrauben und Profile für die Montage von Solar-Dachmodulen sind in großer Auswahl als Fertigprodukte erhältlich (Foto: Schletter GmbH)

durch die Dachhaut durchgeführt und an die Dachsparren (oder an zusätzlich angebrachte Zwischenbalken) angeschraubt werden.

Bei einem bestehenden Dach kommt es gelegentlich vor, dass ein Lüfter gerade dort steht, wo ein Teil der Solarfläche sein müsste. Bis vor kurzem war dieses Problem sehr hinderlich. In letzter Zeit gibt es jedoch im Baustoffhandel ein neues Sanitär-Lüftersystem, das keine

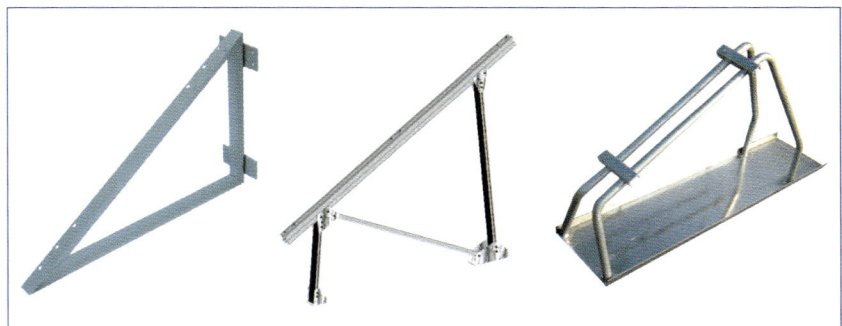

**Abb. 5.16 –** Ausführungsbeispiele von einigen Modulstützen, die ebenfalls als Standardprofile erhältlich sind (Foto: Schletter GmbH)

## 5.2 Integration der Module im Dach

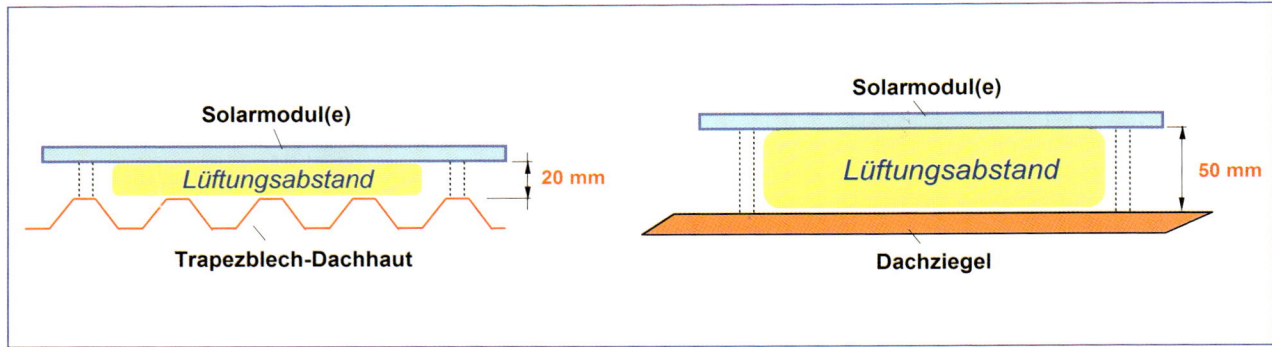

**Abb. 5.17 –** Der von Solarmodulen-Herstellern empfohlene Modulen-Lüftungsabstand sollte nach Möglichkeit bei Trapez-Blechdächern mindesten 20 mm, bei ganz flachen Dächern mindesten 50 mm betragen

**Abb. 5.18 –** Für die Solarmodul-Dachmontage bietet *Schüco* einfache Montagesysteme an

herkömmlichen Dunstrohre benötigt, die als kleine Schornsteine durch die Dachhaut nach oben herausgeführt werden. Bei diesem neuartigen System wird die Lüftung direkt unter einem *Lüftungsfirst* geführt. Dies setzt aber voraus, dass am Dach ein „Lüftungsfirst" vorhanden ist (was z. B. bei einem traditionellen Biberschwanz-First nicht der Fall ist).

Man darf hier nicht unbefangen dem Irrtum unterliegen, dass Wasser am Dach laut physikali-

# 5.2 Integration der Module im Dach

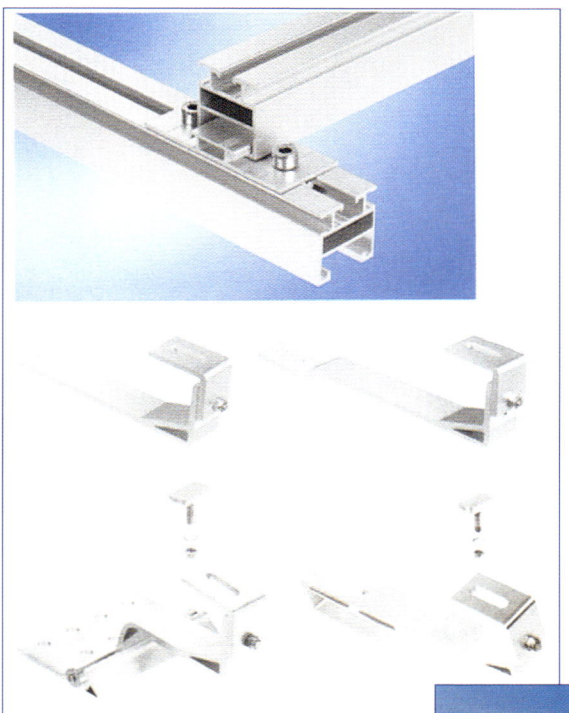

**Abb. 5.19 –** Detailansicht von *Schüco* Montage-Bausteinen: oben Kreuz-verbinder für die Montage von mehreren Solarmodulen an einem gemeinsamen Rahmen; unten Aluminium-Dachanker, die für die Befestigung der tragenden Konstruktion (unter den Dachziegeln) vorgesehen sind

schem Gesetz immer nur brav von oben nach unten fließt. Wenn Regen mit etwas Wind – oder sogar mit einer entsprechenden Portion Sturm – kombiniert wird, widersteht dem Wasser nur ein Haus, dass annähernd so wasserdicht wie eine Taucheruhr ist. Mit Pulver-schnee ist es ebenfalls schlimm. Der Wind bläst ihn unter Umständen wie feines Mehl durch die winzigsten Lücken ins Haus hinein.

In den letzten Jahren wurde auch unser Land von Tornados besucht, die kräftig genug sind, um ganze Dächer abzureißen und durch die Luft zu schleudern (und das soll in der Zukunft angeblich noch häufiger vorkommen). Dagegen hilft erfahrungsgemäß keine Vorsorgemaßnahme, denn die Kraft solcher Naturge-walten ist ungeheuerlich und nicht zu beherrschen.

**Abb. 5.20 –** Gut begehbar und daher „montagefreundlich" sind Dächer mit einer Neigung unterhalb von ca. 35°: Montage der Dachmodule mit Hilfe von Biosol-Haltesystemen (Foto: Biohaus)

# 5.3 Flachdach-Solaranlagen

Abhängig von den Gegebenheiten können Solarmodule auf ein Flachdach entweder auf eine ähnliche Weise wie in *Abb. 5.21* oder einfach ganz flach nach *Abb. 5.22* montiert werden. Bei letzterer Lösung sollte *(nach Abb. 5.17)* zwischen der Dachhaut und den Modulen ein minimaler Lüftungsabstand von 20 bzw. 50 mm eingehalten werden.

Im Selbstbau werden Solarmodule oft an kleinere Garagen-Flachdächer installiert. Dazu ist eine ausreichend stabile Tragekonstruktion erforderlich, die z. B. nach *Abb. 5.22* etwas gleitend oder federnd nachgiebig sein muss, um die Unterschie-

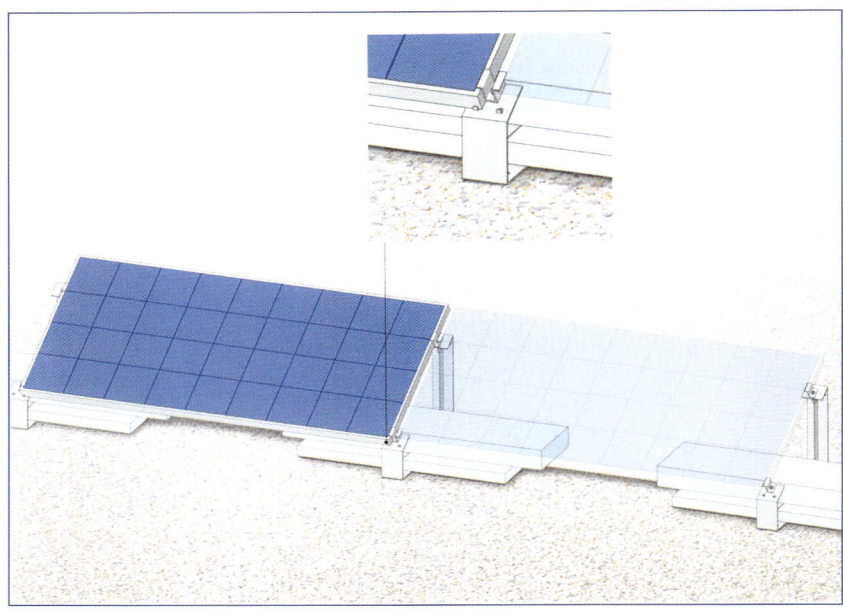

**Abb. 5.21** – Für die Flachdachmontage der Fotovoltaik-Module bietet z. B. *Schüco* eine stabile Profilkonstruktion an, die für einen ertragsoptimierten Neigungswinkel von 30° ausgelegt ist

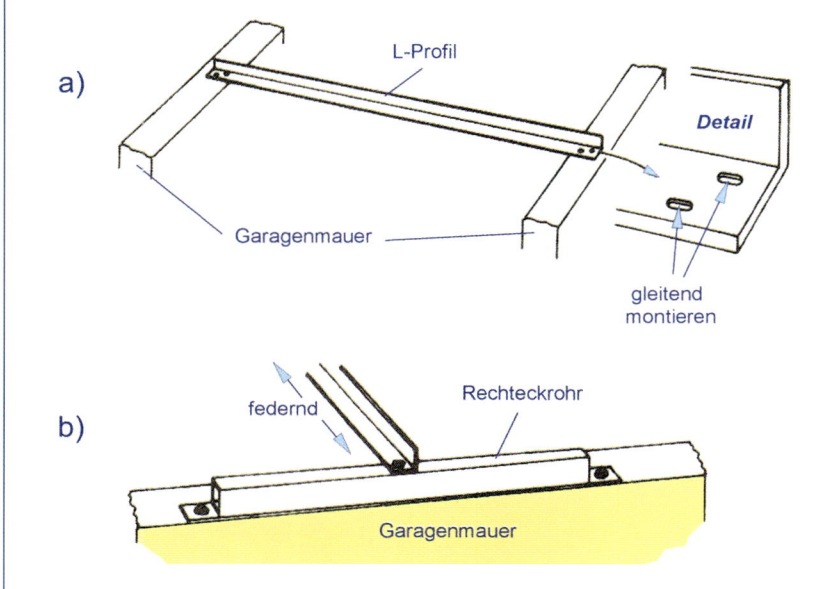

**Abb. 5.22** – Ausführungs- und Montagebeispiel einer Selbstbau-Trageschiene, die an einer Garagenmauer gleitend montiert ist: **a)** direkte Montage einer Schiene, die an einem ihrer Enden gleitend, am anderen Ende fest (mittels Dübel) in die Ziegel der Mauer eingeschraubt ist; **b)** zusätzliche Rechteckrohre an den Schienenenden ermöglichen eine stabilere Verbindung der Schiene mit der Mauer (an vier Stellen pro Schiene)

# 5.3 Flachdach-Solaranlagen

de im Dehnkoeffizienten der Mauer und des Metalls auf-fangen zu können. Andernfalls würde es vorprogram-miert zu Rissen in den Mauern kommen. Zwei oder auch mehrere solcher Schienen fungieren als Trageschienen der Module bzw. des Modulen-Rahmens.

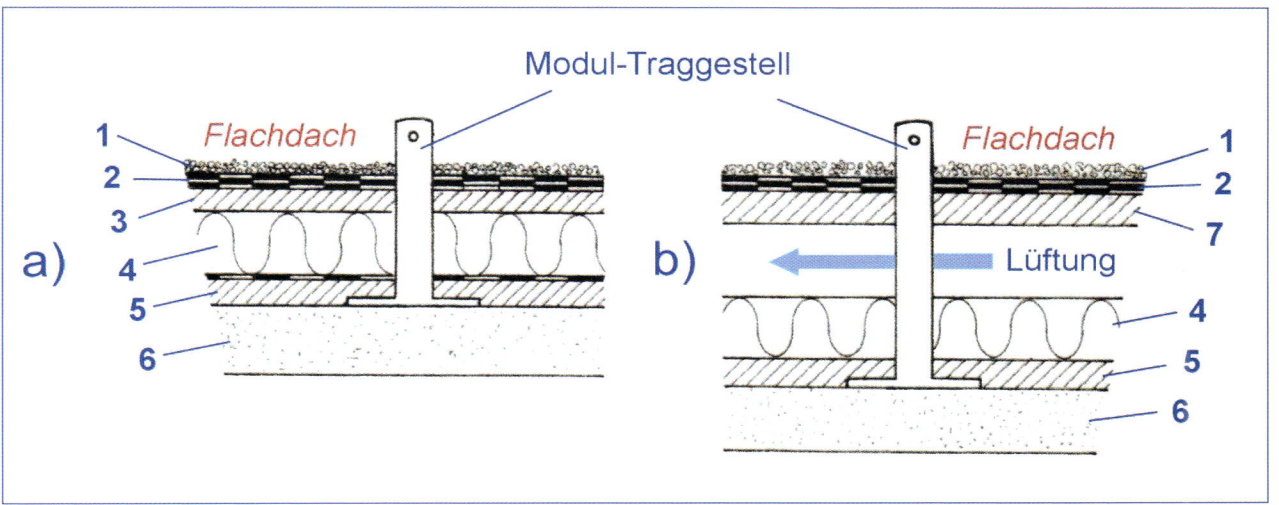

**Abb. 5.23 –** Abhängig von der Ausführung eines Flachdachs sind unter Umständen ausreichend lange Modul-Traggestelle erforderlich, um die ganze Solarzellen-Einheit auf die Unterkonstruktion aus Beton „sturmfest" befestigen zu können:
**a)** Ein nicht durchlüftetes zweischaliges Flachdach im Schnitt; **b)** Durchlüftetes zweischaliges Flachdach im Schnitt.
1 – Bekiesung, 2 – Dachabdichtung (drei Schichten Dachpappe), 3 – leichte Dachhautträgerschicht, 4 – Wärmedämmung, 5 – Dampfdruckausgleichsschicht, 6 – Unterkonstruktion (Beton), 7 – Dickere Dachhautträgerschicht

# 5.4 Module an Fassaden

Ähnlich wie die Dachmodule werden auch Fassadenmodule auf tragende Rahmenkonstruktionen montiert. Eine Hinterlüftung der Module sollte die Hersteller-Empfehlung berücksichtigen. Normalerweise genügt es, wenn zwischen der

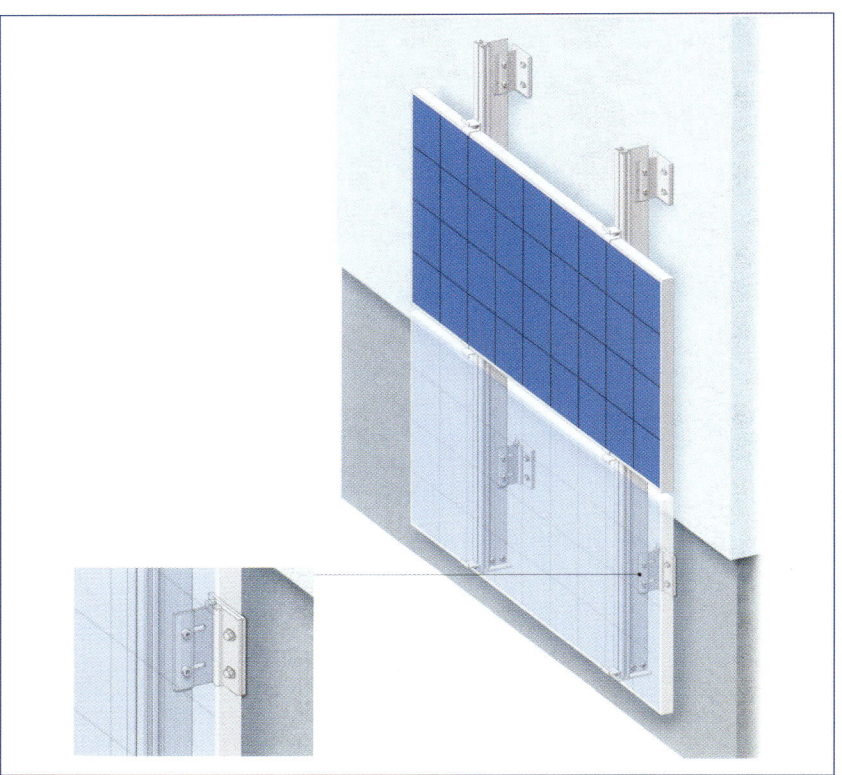

**Abb. 5.24 –** Auch für die Befestigung der Module an einer Fassade gibt es handelsübliche Montageelemente, die sich an die Mauer leicht anbringen (eindübeln) lassen (Foto Schüco)

**Abb. 5.25 –** Eine derartige Fassaden-Fotovoltaik-Anlage bietet sich für den Selbstbau als eine sinnvolle Alternative zum Bergsteigen an – aber schwindlig wird es da einem nicht nur von der Höhe des Gebäudes, sondern auch von dem Preis der 80 Solarmodule ... (Foto Siemens)

Modulen-Hinterwand und der Mauer ein Abstand von 3 bis 5 cm eingehalten wird – soweit der Modulen-hersteller nicht andere Maße angibt.

Hinzuweisen wäre allerdings darauf, dass bei senkrecht angeordneten Fassaden-Modulen der Neigungswinkel in Hinsicht auf die Jahresausbeute für *netzgekoppelte* Fotovoltaik-Anlagen sehr ungünstig

ist, da gerade während der wärmeren Jahreszeit (mit der ergiebigsten Energieausbeute) die Solarfläche zu sehr von der Sonne weggedreht ist. Dieser Nachteil trifft jedoch nicht auf *netzunabhängige* Fotovoltaik-Anlagen zu, bei denen bevorzugt wird, dass sie auch im Winter – wenn die Laufbahn der Sonne tief liegt – Solarstrom liefern.

# 5.5 Jahreszeitbezogene Verstellung des Neigungswinkels

Die Problematik des optimalen Neigungswinkels der Solarzellen wurde bereits erwähnt.

Der Stellenwert einer jahreszeitbezogenen Veränderung des Modulen-Neigungswinkels ist in unserem Breitengrad in der Praxis etwas fraglich. Bei größeren Modulen bzw. Modulen-Flächen bringt eine solche Verstellung zwar einen merkbaren Leistungsvorteil, aber die Aufgabenbewältigung ist aufwendig und derartig kostspielig, dass sich der dadurch erzielte Leistungsgewinn kaum rechnet. Bei kleineren Modulen ist wiederum der Leistungsvorteil durch Neigungswinkel-Verstellung nur relativ klein und lässt sich oft bequemer (und preiswerter) durch eine Vergrößerung der Solarzellenfläche erreichen.

Für den Selbstbau kann eine einfache Verstellung des Neigungswinkels kleinerer Solarzellenflächen mittels manuell oder elektrisch verstellbaren Stützen in Frage kommen. Es können dabei beliebige mechanische oder elektromechanische Prinzipien angewendet bzw. an den Bedarf angepasst werden, die z. B. auch bei verstellbaren Dachfenstern gängig sind. Für eine elektrische Verstellung des Neigungswinkels eignen sich am besten handels-übliche Dachfenster-Linearmotoren.

Eine jahreszeitbezogene Verstellung des Neigungswinkels kann in beliebig viele Stufen eingeteilt bzw. auch als gleitende Verstellung konzipiert werden.

Wenn der Neigungswinkel stufenweise verstellt werden soll, dürfte das sinnvolle Minimum bei etwa 4 Stufen und ein sinnvolles Maximum bei etwa 12 bis 26 Stufen (monatliche bzw. vierzehntägige Verstellung) liegen.

Solche Speziallösungen haben jedoch ihre sinnvolle Berechtigung nur dann, wenn sie aus Forschungsgründen oder aus Experimentierlust realisiert werden. Eine Rendite durch bessere Energieausbeute, die den Kostenaufwand und die damit verbundenen Probleme rechtfertigen würde, kann bestenfalls nur bei sehr großen Anlagen erwartet werden.

Das größte Problem liegt bei derartig verstellbaren Systemen bei der Stabilität während kräftiger Stürme, die in letzter Zeit in Mitteleuropa häufig vorkommen. Elektrisch einfahrbare Systeme bieten zwar in der Hinsicht eine Abhilfe, die relativ leicht realisierbar ist, aber sie benötigen eine zusätzliche Regelautomatik, die z. B. von einer guten hauseigenen elektronischen Wetterstation automatisch – und vor allem zuverlässig – gesteuert wird. Dies beinhaltet, dass die Wetterstation im Stande sein müsste, ein ankommendes Gewitter rechtzeitig richtig zu erkennen und wahrzunehmen und dabei auch ausreichend „treffsicher" selber entschließen zu können, wann sie die Solarmodule einfahren muss.

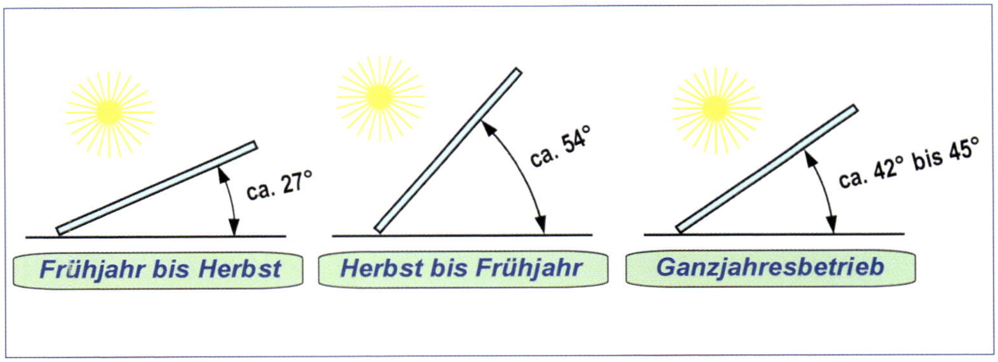

ca. 27°

ca. 54°

ca. 42° bis 45°

**Frühjahr bis Herbst**   **Herbst bis Frühjahr**   **Ganzjahresbetrieb**

Abb. 5.26 – Optimal jahreszeitbezogener Neigungswinkel der Solarmodule

Eine derartig „denkende" Vorrichtung lässt sich zwar mit etwas Know-how auch mit relativ einfachen Mitteln im Selbstbau erstellen, aber ihre größte Schwachstelle wäre ihr Energieverbrauch. Im Prinzip kann der Energieverbrauch so ungefähr die ganze Energie in Anspruch nehmen, die durch eine solche Automatik aus den Solarzellen *zusätzlich* erworben wird. Bei der Planung einer elektromechani-

**Abb. 5.27 –** Bei dieser Solartankstelle für Elektroautros ist jedes der Solarmodule in seiner länglichen Achse drehend verstellbar, wodurch die Module jahreszeitbezogen nach der jeweiligen Bahn der Sonne ausgerichtet werden können

schen Konstruktion zur Verstellung des Neigungswinkels sollte man daher im Auge behalten, dass der Stromverbrauch nicht einen zu großen Teil der erzeugten Solarenergie in Anspruch nimmt. Eine kugelgelagerte Konstruktion mit einem eventuellen Gegengewicht oder mit einer zusätzlichen Gasfeder kann hier den Stromverbrauch enorm reduzieren.

Eine rein mechanische Verstellung des Neigungswinkels ist dennoch „energiesparender". Allerdings nur in Bezug auf die Solarenergie und nicht auf die zusätzliche Energie, die der „Bedienende" selber aufzubringen hat. Dennoch kommt eine solche Lösung bei Modulen oder Solarzellenflächen in Frage, die auf dem Boden stehen bzw. leicht zugänglich sind. Auch bei kleineren und mittelgroßen Flachdachmodulen, die mit der Dachhaut ohnehin keine optisch kompakte Einheit bilden, kann eine mechanische Neigungswinkelverstellung von Vorteil sein. Vorausgesetzt, dass dadurch der gesamte Kostenaufwand nicht höher wird als eine simple Vergrößerung der Solarzellenfläche.

**Abb. 5.28 –** Bei großen Solar-Parks sind die Neigungswinkel der Solarzellen oft mit Hilfe von speziellen Elektroantrieben vollautomatisch verstellbar (Foto Siemens)

# 5.6 Vollautomatische Nachführung der Solarflächen

Ren prinzipiell ist die Funktion einer vollautomatischen Nachführung der Solarflächen ziemlich einfach: Die Solarfläche sollte sich *(nach Abb. 5.29)* in einem Halbkreis von Osten nach Westen drehen können und über einen Neigungswinkel-Verstellungsbereich zwischen ca. 10° und 75° verfügen.

Als elektromechanische Einheit bildet das System in *Abb. 5.29* eine Kombination von einer „Drehbühne" und einer der Konstruktionen für die Verstellung des Neigungswinkels.

In den Sommermonaten umschreibt die „Drehbühne" fast einen vollen Halbkreis von 180°. In den Wintermonaten ist die Bahn der Sonne wesentlich kürzer. Die Sonne geht viel südlicher auf und ebenfalls viel südlicher unter. Das ändert zwar an dem eigentlichen elektromechanischen System nichts, aber kompliziert die jahreszeitbezogene Steuerung.

Die ganze Problematik der vollautomatischen Nachführung würde ein separates Buch füllen können. Da es sich jedoch um ein Thema handelt, dass nur selten für die prakti-schen privaten Einsätze in Frage kommt, beschränken wir uns auf einige informative Auskünfte für technisch begabte Tüftler:

Als erstes verdient eine gewisse Aufmerksamkeit der Drehmechanismus – den wir einfachheitshalber als „Drehbühne" bezeichnen. Dieser Mechanismus dreht die Solarzellenfläche um ihre vertikale Achse.

Als Nächstes folgt nun die Frage, wie sich das alles automatisch steuern ließe. Theoretisch kämen hier bevorzugt zwei Möglichkeiten in Frage: Entweder baut man einen optoelektrischen Sensor ein, der automatisch die Sonne anpeilt und den Motoren entsprechende Steuerimpulse gibt, oder es wird die ganze Aufgabe von einer fest programmierten elektronischen Steue-

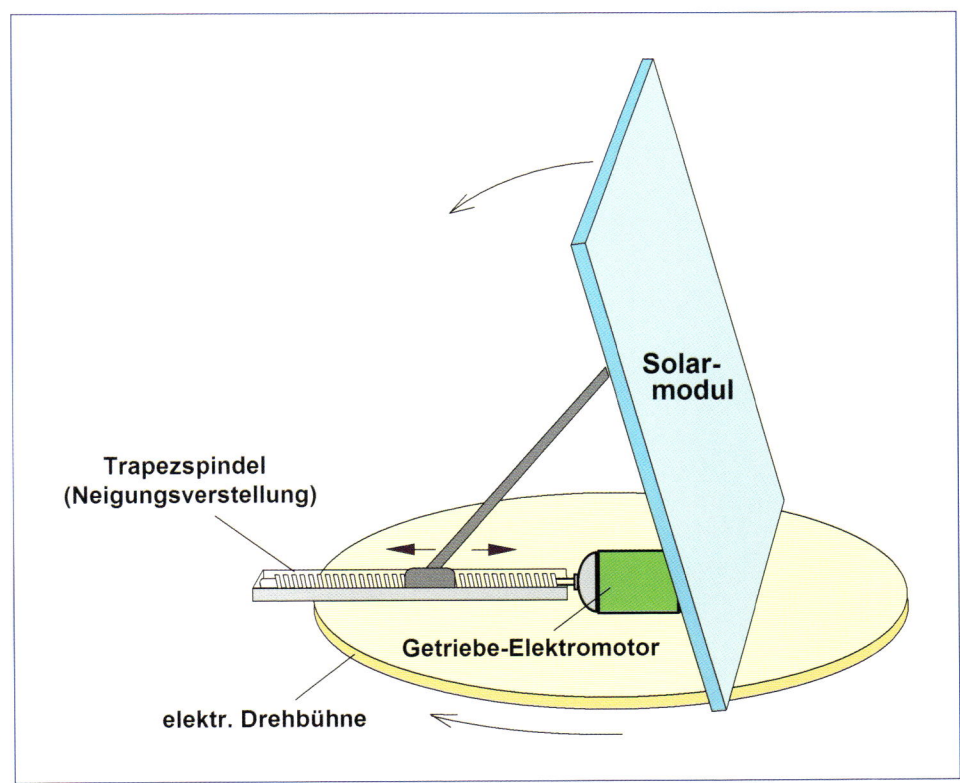

**Solarmodul**

**Trapezspindel (Neigungsverstellung)**

**Getriebe-Elektromotor**

**elektr. Drehbühne**

**Abb. 5.29 –** Konstruktionsprinzip einer elektromechanischen Vorrichtung für die vollautomatische Nachführung einer Solarzellenfläche zur Sonne

# 5.6　Vollautomatische Nachführung der Solarflächen

**Abb. 5.30 –** Manuell kann am einfachsten der Solarmodulen-Neigungswinkel verstellt werden, wenn diese am Boden stehen – was in der Landwirtschaft oft so gehandhabt wird (Foto FÜW)

rung bewältigt, die sich rein an der berechenbaren tages- und jahreszeitbezogenen Position der Sonne orientiert (was auch eine handelsübliche Jahres-Zeitschaltuhr bewältigen kann).

Für eine optoelektrisch gesteuerte Nachführung des Moduls nach der Sonne gibt es bereits in der Fachliteratur diverse Vorschläge. Wie eindrucksvoll das Anliegen auf den ersten Blick auch aussehen mag, in der Praxis gibt es bei derartigen Nachführungen zu oft Fehlsteuerungen, wenn der Himmel etwas bedeckt ist. Das System orientiert sich bei bewölktem Himmel oft nur an gelegentlichen hellen Lücken zwischen den Wolken und gibt unter Umständen falsche Steuerbefehle an die Motoren, die dann das Solarmodul – ohne Rücksicht auf die echte Position der Sonne – energieverschwendend laufend hin und her drehen.

Ein zweites Problem, dass sich nur mit einer etwas aufwendigeren Elektronik beheben lässt, besteht darin, dass nach jedem Sonnenuntergang die Solarzellenfläche irgendwann zurück zum Osten gedreht werden muss.

Ein einfaches Softwareprogramm und eine PC-Steuerung mit Hilfe von zwei Schrittmotoren bieten hier eine bessere Lösung, die auch von der Soft- und Hardware her ziemlich einfach und preiswert sein kann. Das Steuerprogramm kann sich dabei datum- und zeitbezogen nur nach der errechneten Bahn der Sonne richten und in kleineren oder größeren Schritten das Modul nachführen. Hier kann z. B. sogar ein alter ausgedienter PC problemlos die ganze Arbeit meistern, denn eine langsamere Taktfrequenz und eine evtl. kleinere Speicherkapazität reichen für diese Aufgabenbewältigung völlig aus.

Solche Lösung hat natürlich nur dann wirklich Sinn, wenn man sich die Soft- und Hardware – inklusive der Antriebssysteme – selber machen kann.

Ein experimentierfreundlicher Tüftler wird bei Bedarf sicherlich auch einfachere Kompromisslösungen für elektrische oder sogar nur mechanische Nachführungen der Solarmodule austüfteln können. Schon eine Neigungswinkel-Veränderung in drei Stufen und eine Drehung in 5 Stufen (pro Tag) können die Ausbeute der Solarenergie um bis zu ca. 25 % steigern. Mit Hilfe einer Funkuhr und einigen ICs lässt sich die Aufgabe preiswert lösen – soweit das notwendige Know-how vorhanden ist (eine Bauanleitung würde leider auch hier ein separates Buch benötigen).

Rein rechnerisch wäre der Kostenaufwand für eine zusätzliche Nachführung nur bei einer größeren Solarmodulenfläche vertretbar. Bei kleineren Modulen ist ein Vergrößern der Solarzellenfläche viel preiswerter als die sonst erforderliche aufwendige und wartungsintensive Elektromechanik. Wer jedoch Spaß am Experimentieren hat, kann eine solche Aufgabe als eine interessante Herausforderung in Angriff nehmen.

# 6   Der Wechselrichter (Inverter)

**Abb. 6.1** – Ausführungsbeispiel eines handelsüblichen Netzeinspeise-Wechselrichters (Foto Kaco)

Ein Wechselrichter, auch *Inverter* genannt, ist ein Spannungswandler, der eine Gleichspannung in eine Wechselspannung umwandelt.

Preiswerte Wechselrichter, die es auch als Autozubehör gibt, wandeln eine Gleichspannung von 12 V oder 24 V in eine 230 Volt-Wechselspannung um. Diese Umwandlung der Gleichspannung (Autobatterie-Spannung) in eine „netzähnliche"

# 6    Der Wechselrichter (Inverter)

Wechselspannung bewältigen jedoch diverse preiswerte Wechselrichter nur dürftig.

Eine gute „netzidentische" Wechselspannung hat eine saubere Sinusform. Zumindest an der eigentlichen Quelle des Stromlieferanten. Diese so perfekt erstellte Sinusform wird dann zwar im elektrischen Netz durch Störungen und durch phasenverschiebende Verbraucher etwas verschmutzt, aber bleibt (fast) immer noch genügend rein, um ihrer Aufgabe gerecht zu werden. Preiswerte Wechselrichter, die als Auto- oder Camping-Wechselrichter erhältlich sind, wandeln die Gleichspannung eines Akkus (einer Autobatterie) oft in eine Wechselspannung um, die einer „echten" Netzspannung nur annähernd ähnlich ist (die keine perfekte

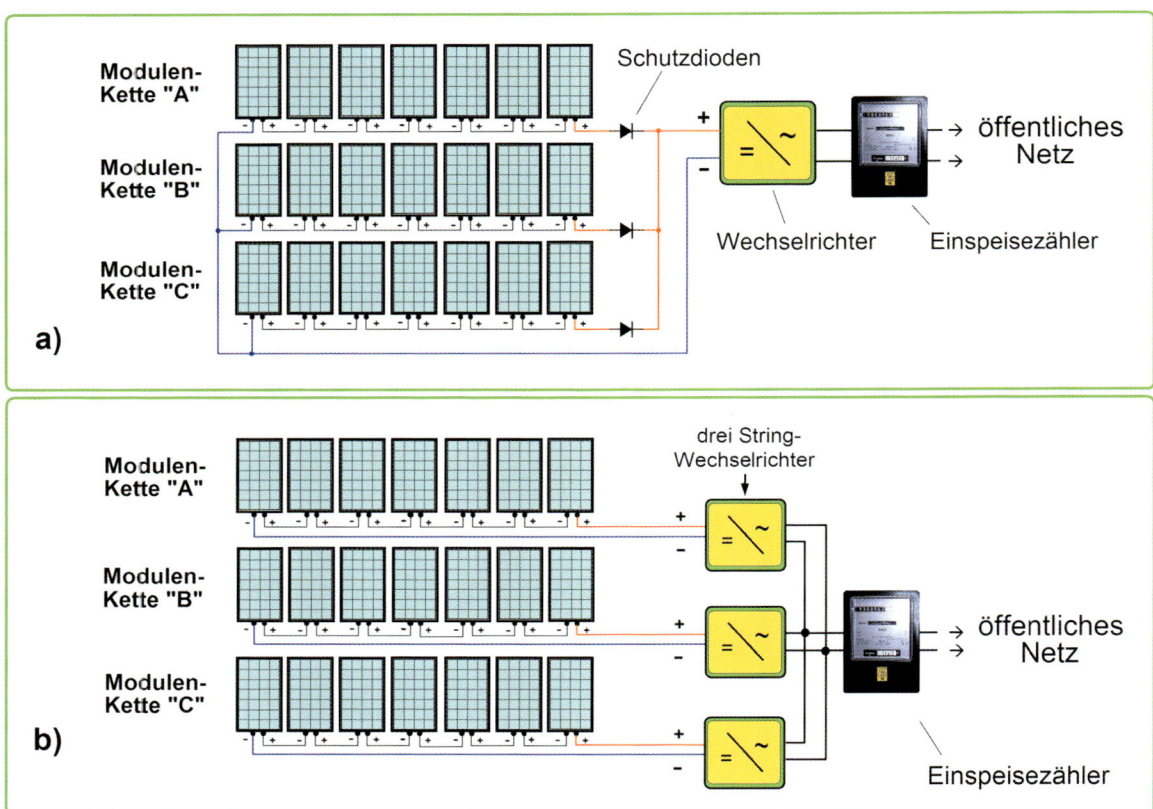

**Abb. 6.2 – a)** An den Eingang eines jeden Wechselrichters können mehrere Solarmodulen-Ketten parallel angeschlossen werden, müssen jedoch gegenseitig elektrisch optimal ausgewogen (identisch) und mit Schutzdioden geschützt sein; **b)** alternativ kann pro Modulen-Kette jeweils ein selbstständiger String-Wechselrichter angewendet werden, wobei weder eine elektrische Ausgewogenheit einzelner Modulen-Ketten noch zusätzliche Schutzdioden erforderlich sind

Sinusform, sondern nur eine Rechteckform aufweist).

Falls ein Wechselrichter für eine selbstständig arbeitende Anlage vorgesehen ist, die nicht mit dem elektrischen Netz verbunden wird, sollte von vornherein geklärt werden, welche Verbraucher er betreiben soll. Wasserkocher oder einfache Elektrowerkzeuge, die über *keine* elektronische Drehzahlregelung verfügen, geben sich üblicherweise mit einer „schlechteren" Wechselspannung zufrieden.

Transformatoren, darunter auch Ladegeräte für Akku-Werkzeuge, sowie auch alle Transformatoren in Netzteilen von Haushaltsgeräten, Geräten der Unterhaltungselektronik, PCs u. ä., benötigen in der Regel sogenannte *Sinus-Wechselrichter,* die eine sinusförmige Wechselspannung erzeugen.

Unter den Sinus-Wechselrichtern gibt es auch einfachere „Quasi-Sinus-Wechselrichter", die zwar keine vollkommene Sinusspannung, sondern eine treppenförmige Spannung liefern. Wenn eine solche „Treppe" aus ausreichend feinen Stufen aufgebaut ist, kann sie die „echte" Sinus-Netzspannung zufriedenstellend ersetzen.

Bei netzgekoppelten Fotovoltaikanlagen dürfen nur spezielle Wechselrichter (Inverter) verwendet werden, die auch vom Stromlieferanten anerkannt sind und die als **Netzeinspeise-Wechselrichter** (einfach oft nur schlicht als *Netzwechselrichter)* bezeichnet werden *(Abb. 6.1).* Sie erzeugen eine sehr gute Sinusspannung und erfüllen zudem viele weitere Aufgaben, die einerseits für die perfekte Netzeinspeisung, andererseits für die optimale Ausbeute der Solarmodule sorgen.

Wird so einem speziellen Netzeinspeise-Wechselrichter Solarspannung (Gleichspannung) zugeführt, die im Rahmen seines *Eingangsspannungsbereichs* liegt, wandelt er sie in eine perfekte Netzspannung (230 Volt-Wechselspannung) um.

Die Einspeisung des Solarstroms in das öffentliche

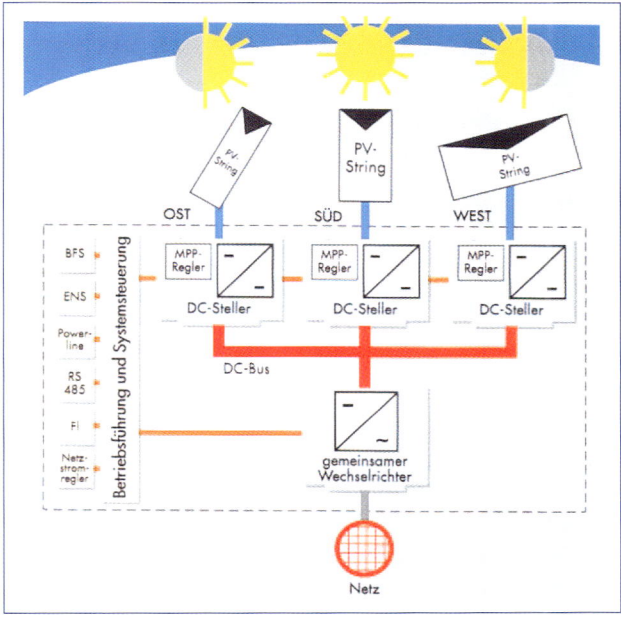

**Abb. 6.3 –** Der spezielle *„Sunny Boy Multi-String-Wechselrichter"* ist für den Anschluss von drei unabhängig voneinander arbeitenden und unterschiedlich ausgelegten Solargeneratoren (Solarzellen-Flächen) vorgesehen und verhält sich im Prinzip ähnlich wie drei selbstständige String-Wechselrichter, die unabhängig voneinander arbeiten

Netz besorgt eine spezielle Elektronik, die direkt im Wechselrichter integriert ist. Der Anwender braucht sich dabei um nichts zu kümmern, alles geschieht vollautomatisch.

Der in das öffentliche Netz verkaufte Strom, muss – wie jede „Ware" – den Ansprüchen des Kunden gerecht werden. Der Kunde ist hier der Stromlieferant (bzw. der Netzbetreiber) und der hat verständlicherweise auch zu sagen, ob er den einen oder anderen Wechselrichter akzeptieren wird. Manche Wechselrichter weisen Nachteile auf, die der Stromlieferant nicht in

# 6    Der Wechselrichter (Inverter)

Kauf nehmen will. Der Wechselrichter bestimmt ja die Qualität des solarelektrisch erzeugten Wechselstromes.

Abgesehen davon gibt es auch schlechte Erfahrung mit einigen Wechselrichtern, die derart lausig funktionieren, dass es auch für den „Solarstrom-Erzeuger" nachteilig ist. Sie schalten sich z. B. bei etwas niedrigerer Solarspannung viel zu frühzeitig ab, und verschenken somit grundlos Solarenergie. Aus technischer Sicht handelt es sich bei solchen Wechselrichtern um Geräte, bei denen die sogenannte *MPP-Tracking (maximum power tracking)* nicht optimal ihre Aufgabe bewältigt.

Wie aus der Bezeichnung „MPP" hervorgeht, sollte so ein Gerät fähig sein, eine relativ niedrige Solarspannung so aufzubereiten, dass aus ihr die „maximale Power" herausgeholt wird. Es bleibt jedoch im Ermessen des Wechselrichter-Herstellers, wann sein Gerät die Solarspannung noch derartig aufmöbelt, dass sie ins öffentliche Netz eingespeist werden kann, oder wann es eine zu bescheidene Solar-Eingangsspannung als „nicht mehr bedeutend" einfach negiert.

Die eigentliche Arbeitsweise des Wechselrichters ist an sich leicht zu erklären: Die ihm zugeführte Solar-Gleichspannung muss er elektronisch „zerhacken", um sie in eine Wechselspannung – mit einer möglichst hohen Frequenz (von z. B. 100 kHz oder auch mehr) – umwandeln zu können. Eine hohe Frequenz verringert die internen Verluste, wirkt sich daher positiv auf den Wechselrichter-Wirkungsgrad aus, muss allerdings in der „Endphase" exakt auf die erforderlichen 50 Hz der Netzfrequenz herabgeregelt werden.

Dabei muss laufend die Ausgangsspannung des Wechselrichters haargenau auf die (oft etwas schwankende) Netzspannung so abgestimmt werden, dass sie ins öffentliche Netz „hineingepumpt" werden kann. Dies setzt voraus, dass die vom Wechselrichter gelieferte Wechselspannung ständig etwas höher sein muss als die jeweilige Spannung des öffentlichen Netzes, da sie sonst nicht in das Netz hineinfließt. Davon, wie gut der Wechselrichter auch diese spezielle Aufgabe beherrscht, hängen die Verluste bei der Einspeisung der elektrischen Energie von den Solarzellen ins öffentliche Netz ab.

Derartige technische Feinheiten sind für einen Außenstehenden nur sehr schwer nachvollziehbar. Es empfiehlt sich deshalb, bereits am Anfang der Planung das Anliegen auch mit dem örtlichen bzw. zuständigen Energieversorgungsunternehmen abzusprechen – vorausgesetzt man findet da einen erfahrenen Ansprechpartner.

Im Gegensatz zu *netzunabhängigen* Fotovoltaik-Anlagen beinhalten hier die Richtlinien der Stromlieferanten (Vereinigung Deutscher Elektrizitätswerke – VDE) die Bedingung, dass der „elektrotechnische Teil" nur durch eine „anerkannte" elektrotechnische Fachkraft errichtet werden darf. Ein handwerklich begabter Selbstbauer kann dennoch an einer derartigen Anlage sehr viel eigenhändig machen. Unter Umständen sogar alles, wenn ihm eine Fachkraft (ein Elektromeister) zur Seite steht oder die Arbeiten nachkontrolliert und mit seiner Unterschrift besiegelt.

## Wichtig

Auch wenn Sie eine *netzgekoppelte* Fotovoltaik-Anlage im Selbstbau – oder *überwiegend* im Selbstbau – errichten möchten, werden Sie zumindest in der Endphase einen „anerkannten" Elektromeister brauchen, der den Wechselrichter an das öffentliche Netz anschließt. Er wird dabei auch einen Anschluss für den Einspeise-Stromzähler anlegen und mit dem Netzbetreiber die Inbetriebnahme der Anlage vereinbaren müssen.

# 6.1 Wahl des Wechselrichters

a) Achten Sie bei der Anschaffung des Wechselrichters darauf, dass es sich tatsächlich um einen „modernen" Wechselrichter handelt, der die neusten Vorschriften zum Netzanschluss (ENS) erfüllt und somit nicht mehr der bisher vorgeschriebenen **dreijährigen Prüfung** unterliegt, die zusätzliche Kosten verursacht (lassen Sie sich keinen „alten Hund" andrehen).

b) Viele der modernen Wechselrichter sind für eine lebensgefährlich hohe **Solar-Eingangsspannung** (von bis zu etwa 850 Volt) ausgelegt, die für den Selbstbau bzw. für spätere private Wartungsarbeiten nur dann akzeptabel ist, wenn der Errichter und Betreiber ein entsprechend ausgebildeter Elek-

trotechniker ist. Andernfalls sind Wechselrichter vorzuziehen, die für einen Eingangsspannungsbereich von maximal 120 Volt (Gleichspannung) konzipiert sind.

c) Die **Obergrenze des *Eingangspannungs-Bereichs*** (MPP-Spannungsbereichs) sollte bei einer technisch möglichen Verschaltung der vorgesehenen Solarmodule nur geringfügig oberhalb der Modulen-Nennspannung liegen. Er darf mit ihr sogar voll identisch sein, wenn aus den technischen Daten des Wechselrichters der erforderliche „Sicherheits-Spielraum" hervorgeht.

d) Die sogenannte ***nominale Leistung*** (maximal installierbare Leistung) des Wechselrichters

sollte auf die Nennleistung der vorgesehenen Fotovoltaik-Dachanlage abgestimmt sein, wobei der Solar-Nennstrom den *maximalen Wechselrichter-Eingangsstrom* nicht überschreiten darf.

e) Der **Wirkungsgrad** des Wechselrichters sollte – wenn möglich – zwischen ca. 95 bis 96 % liegen.

f) Der **Standby-Verbrauch** – und somit auch die nächtliche Stromabnahme vom Hausnetz – sollte bevorzugt bei Null liegen (diese Bedingung erfüllen bereits viele der modernen Wechselrichter).

**Zu Punkten b) bis d)**: Es gibt zwar genügend Wechselrichter, deren *Eingangsspannungsbereich* auch für den Selbstbau günstig (= unter-

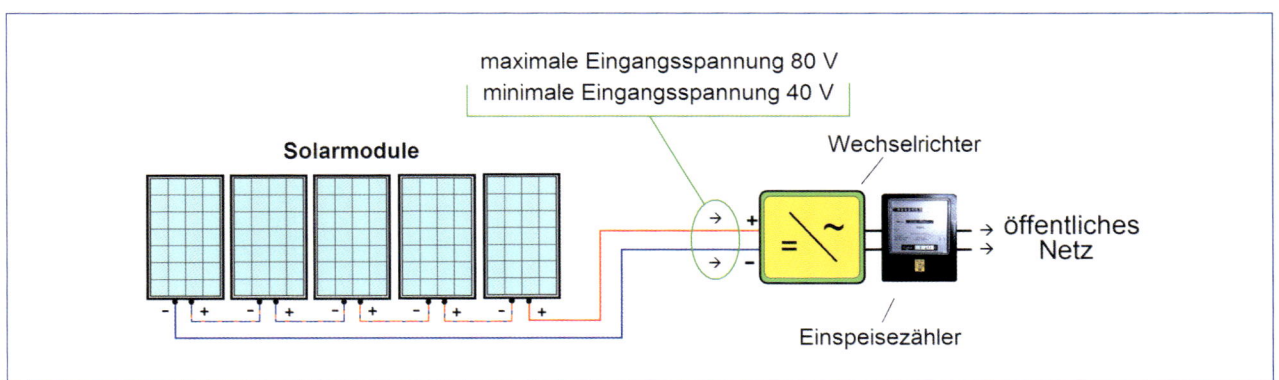

**Abb. 6.4 –** Ein jeder Wechselrichter kann eine Solarspannung nur dann weiter verarbeiten, wenn sie in Grenzen zwischen seiner minimalen und maximalen „Eingangsspannung" (=Solarspannung) liegt – die in diesem Beispiel mit „40 V bis 80 V" angegeben werden

## 6.1 Wahl des Wechselrichters

halb von 120 Volt) liegt, aber mit der Anpassung der Module an einen solchen Wechselrichter ist es in der Praxis nicht gerade leicht. Was darunter zu verstehen ist, lässt sich am einfachsten mit Hilfe von *Abb. 6.4* erklären:

Dem Wechselrichter aus diesem Beispiel ist es egal, ob er von der Modulen-Kette eine Solarspannung von vollen 80 Volt (bei kräftig bestrahlten Solarzellen) oder nur von bescheidenen 50 Volt (bei leicht bewölktem Himmel) erhält. Wenn jedoch der Wechselrichter-Hersteller in den technischen Daten als „**Eingangsspannungsbereich U$_{PV}$"** **von 40 bis 80 Volt (DC)** angibt, beinhaltet dies, dass der Wechselrichter eine Eingangsspannung unter-

halb von 40 Volt DC als nicht existent betrachtet (DC=Gleichspannung) und eine Eingangsspannung oberhalb von 80 Volt wiederum nicht verkraften würde.

Gehobene Aufmerksamkeit verdient hier die untere Spannungsgrenze, denn sie ist in der Praxis dafür bestimmend, wie weit der Wechselrichter auch niedrigere Solarspannungen zu einer 230 Volt~ Netzspannung umwandeln und sie somit zu einer „verkäuflichen Ware" aufmöbeln (aufwärtstransformieren) kann.

Jetzt sehen wir uns erst näher an, was es mit der Umwandlung der Solarenergie in die Netzspannung auf sich hat und wie es mit dem Durchverkauf der Solarener-

gie ins öffentliche Netz steht, wenn die Sonne eventuell etwas bescheidener scheint:

Die Nennspannung der einzelnen Solarmodule der Modulenkette nach *Abb. 6.4* sollte im Idealfall nahe an die **80 Volt** herankommen bzw. diese erreichen. Das würde eine Nennspannung von 16 V pro Modul ergeben. Um mit schönen runden Zahlen rechnen zu können, nehmen wir nun an, dass der Nennstrom der Modulenkette **10 Ampere** beträgt.

80 Volt x 10 Ampere = **800 Watt**

Die 800 Watt entsprechen der **Nennleistung** dieser Solarmodulen-Kette, die der Wechselrichter

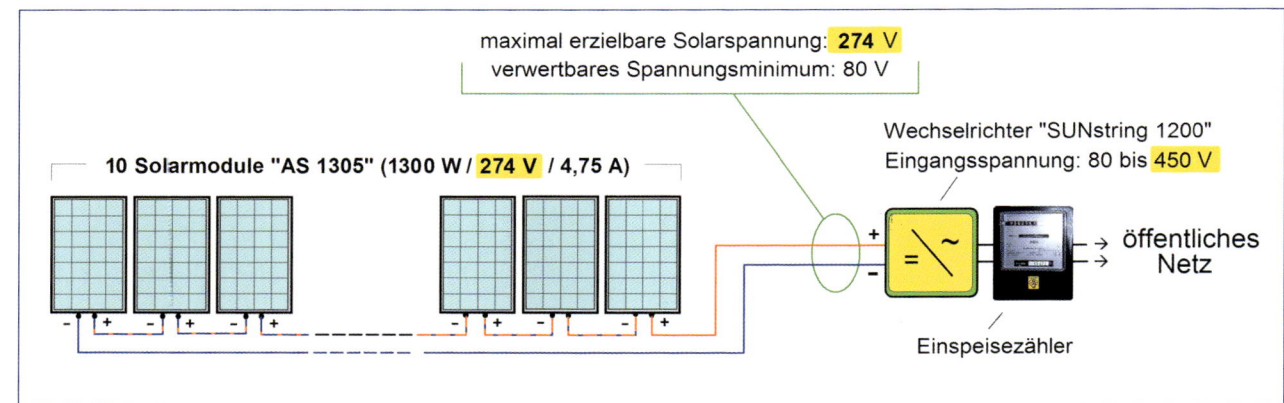

**Abb. 6.5 –** Ist der angewendete Wechselrichter für einen breiteren Eingangsspannungs-Bereich ausgelegt, kann er auch bei etwas „unfreundlicherem" Wetter die geringere Solarspannung ins öffentliche Netz einspeisen – allerdings um den Preis, dass die Nennspannung des Solargenerators ziemlich hoch ist und somit für den Selbstbau eine Gefahrenquelle darstellt, mit der entsprechend vorsichtig umzugehen ist

bei optimaler Sonnenbestrahlung eingangsseitig erhält, in Netzspannung umwandelt und ins öffentliche Netz einspeist. Zwar mit gewissen Leistungsverlusten (die sich aus dem Wirkungsgrad des Wechselrichters ergeben), aber immerhin in zufriedenstellender Menge, die z. B. in unserem Fall bei etwa 93 % von den 800 Watt (also bei ca. 744 Watt) liegen dürfte.

Sehen wir uns aber an, was geschieht, wenn die Sonne die Solarmodule nur etwas weniger bestrahlt (was z. B. bei leicht bewölktem Himmel vorkommt): Sobald die Solarspannung der belasteten Module unterhalb von **40 V**olt sinkt, kann sie der Wechselrichter nicht mehr verarbeiten – obwohl die Solarmodule noch weiter Solarenergie erzeugen.

Gerade hier liegt der Pferdefuß: Wenn an so eine Wechselrichter-Type eine Solarmodulen-Kette angeschlossen wird, deren max. Nennspannung beispielsweise nur bei 65 Volt liegt, sinkt die Solarspannung logischerweise ziemlich oft unter die 40 Volt-Schwelle und „nichts geht mehr". Mit anderen Worten wird hier ein zu großer Teil der erzeugten Solarenergie verschenkt.

Das Erste, was dem Menschen als eine sinnvolle Lösung des Problems einfällt, ist, dass man einfach einen Wechselrichter anwenden müsste, der fähig wäre, eine Solarspannung von Null aufwärts – oder zumindest ab einem wesentlich niedrigeren Niveau – zu einer „netzidentischen" Wechselspannung umzuwandeln.

Solche Wechselrichter gibt es aber leider nicht. Technisch wäre es zwar möglich, aber zu teuer und zudem auch nicht unbedingt sinnvoll, denn wenn die Solarspannung eines „Solargenerators" zu tief wird, ist die Solarleistung uninteressant niedrig. Das heißt, dass es sich nicht lohnen würde, die Vermarktung einer zu winzigen Solarleistung um jeden Preis anzustreben, denn „jeden Preis" zahlt der Errichter einer Fotovoltaik-Anlage mit Sicherheit nicht.

Die Frage, wie breit die Grenzen der Solar-Eingangsspannung sein können, die ein guter Wechselrichter haben sollte, bleibt daher im Ermessen des Wechselrichter-Herstellers.

Sehr breite Grenzen des Eingangsspannungs-Bereichs haben z. B. die Wechselrichter der Marken „SUNstring" (Sunset GmbH, D-91325 Adelsdorf) und „Convert 2000" (Solar-Fabrik AG, D 79111-Freiburg). Die Eingangsspannung liegt hier jedoch zwischen 80 und 450 V bzw. 90 und 450 V. Das heißt, dass die Nennspannung der Fotovoltaik-Modulenkette bevor-

zugt nahe an die 450 Volt kommen müsste, um den vollen Spannungsbereich nutzen zu können. In dem Fall würde die Fotovoltaik-Anlage auch bei einer ziemlich geringen Sonnenbestrahlung noch eine „verwertbare" Solarspannung an den Wechselrichter liefern können.

Würde an diese Wechselrichter eine Solarzellen-Kette angeschlossen, deren offizielle Nennspannung beispielsweise *nur* bei 180 Volt liegt, ergibt sich daraus dasselbe Verhältnis von ca. 2 : 1 zwischen dem Spannungs-Maximum und Spannungs-Minimum wie bei dem Beispiel nach *Abb. 6.4*. Die Solarstrom-Lieferung ins öffentliche Netz wäre also ebenfalls unterbrochen, sobald die Solarspannung etwa unter die Hälfte ihres Nennwertes sinkt – was bereits bei leicht bewölktem Himmel oder bei zu schrägem Einfall der Sonnenstrahlen vorkommt.

Inwieweit man quasi jeden Tropfen der erzeugten Solarenergie ins öffentliche Netz einspeisen sollte, bleibt eine reine Ermessensfrage. Im Allgemeinen wäre es erstrebenswert, dass beispielsweise auch noch eine Solarspannung in Netzspannung umgewandelt werden könnte, die wetter- oder tageszeitbedingt auf ein Drittel der offiziellen Nennspannung des „Solargenerators" gesunken ist (oder noch

## 6.1 Wahl des Wechselrichters

nicht einen höheren Wert erreichen konnte).

Aus dieser Sicht wäre es wünschenswert, dass die Summe der Nennspannungen der vorgesehenen Modulen-Kette in *Abb. 6.5* mindestens etwa 250 Volt (also das Dreifache der minimalen Wechselrichter-Eingangsspannung) betragen sollte. Diesen Zweck erfüllt eine Kette von zehn SUNSET-Solarmodulen der Type *AS 1305*.

Der Hersteller SUNSET empfiehlt für seinen Wechselrichter der Type *SUNstring 1200* eine Reihe (Kette) von zehn seiner Module Type *AS 1305* mit einer *Nennleistung* von **130 Watt**, *Nennspannung* von **27,4 Volt** und einem *Nennstrom* von **4,75 Ampere** (pro Modul). Die *Nennleistung* einer solchen Modulen-Kette beträgt somit **1300 Watt,** die **Ausgangs-Nennspannung** stolze **274 Volt.** Der von der Modulen-Kette gelieferte **Nennstrom** bleibt bei etwas Glück bei den 4,75 A bzw. wird von der schwächsten Solarzelle der Zellenreihe bestimmt. Das Modul der Type *AS 1305* ist 1,476 m lang und 0,658 m breit (Außenabmessungen). Daraus ergibt sich ein flächenbezogener Wirkungsgrad von ca. 14,26 %.

Wäre noch darauf hinzuweisen, dass die in technischen Daten aufgeführte DC-Nennleistung des Wechselrichters *SUNstring 1200*

zwar nur 1200 Watt beträgt, aber dass er für eine Solargeneratorenleistung von „max. 1650 W$_P$" ausgelegt ist und somit (laut Information des Herstellers) die empfohlenen zehn Module à 130 Watt problemlos verkraftet. Mit dieser Bemerkung möchten wir Sie, lieber Leser, darauf hinweisen, dass eine gute Auskunft beim Hersteller etliche Ihrer Planungsprobleme erleichtern kann.

Bei erstaunlich vielen Fotovoltaik-Anlagen sind vor allem die Nennspannungen der Solargeneratoren (Solarmodulen-Ketten) nur unzulänglich an den Wechselrichter angepasst, wodurch die Betreiber einen zu geringen Teil der erzeugten Solarenergie in das öffentliche Netz durchverkaufen.

Der Grund dafür ist einfach: Die Anlagen werden zu oft unter dem Motto „Wissen ist eine Macht, nichts wissen macht auch nichts" installiert. Abgesehen davon liegt der Haken darin, dass die Errichter (auch viele der gewerblichen Errichter) eigentlich nicht so genau wissen, was sie eigentlich wissen sollten und somit denken, dass sie genug wissen, um über die Runden zu kommen.

Spielen Sie „ernsthaft" mit dem Gedanken an die Errichtung einer Fotovoltaik-Anlage und haben überhaupt keine praktische Erfah-

rung mit Solarzellen, sollten Sie sich erst z. B. ein preiswertes, Solarmodul nach *Abb. 6.6* beschaffen, um damit praktisch experimentieren zu können.

Wenn Sie solche Solarzelle nach *Abb. 6.7* mit einem kleinen 0,45 bis 0,5 Ohm-Widerstand belasten, können Sie mit einem Multimeter messen, wie sich die von der Zelle gelieferte Spannung bei unterschiedlicher Bestrahlung verhält und wie groß dabei der Solarstrom ist, der in den Widerstand fließt. Da bei solchen Experimenten keine exakten Messwerte erstellt werden müssen, können Sie mit einem Multimeter jeweils abwechselnd sowohl die „bestrahlungsabhängige" Solarspannung wie auch den Solarstrom messen. An Stelle eines 0,45 oder 0,5 Ohm-Widerstandes (der nicht „handelsüblich" ist) können zwei kleine Ein-Ohm-Wider-

**Abb. 6.6** – Kleine Solarmodule oder gekapselte Solarzellen eignen sich hervorragend für individuelle Experimente

 stände parallel zusammengelötet werden (wie Abb. 6.7 zeigt).

Mit Hilfe einer solchen „Vorrichtung" können Sie selber auskundschaften, wie weit jeweils die Zellenspannung und der Zellenstrom bei trübem Wetter oder bei leicht bedecktem Himmel sinken und unter welchen Bedingungen der ganze Spaß der „Energiegewinnung" aufhört. Auf diese Weise machen Sie sich ein genaueres Bild darüber, wie bei einer sinkenden Zellenbelichtung mit der sinkenden Zellenspannung auch der Zellenstrom – und somit die „brauchbare" Zellenleistung – sinkt.

Die jeweilige **Zellenleistung** rechnen Sie sich leicht aus, wenn Sie die jeweils ermittelte **Zellenspannung mit dem** gleichzeitig ermittelten **Zellenstrom multiplizieren**.

---

**Beispiel**

Bei leicht bewölktem Himmel zeigt Ihnen das Multimeter (an der belasteten Zelle nach Abb. 6.7) eine Spannung von 0,3 Volt und einen Strom von 0,6 A an. Das ergibt eine Zellenleistung von **0,18 Watt** (0,3 V x 0,6 A = 0,18 W). Bei einer voll bestrahlten Zelle sollte in diesem Fall die ermittelte Solarspannung 0,45 Volt und der Solarstrom etwa 1 A betragen. Das ergibt eine Zellenleistung von **0,45 Watt.** Allerdings nur dann, wenn der „Lastwiderstand" exakt 0,45 Ohm hätte und wenn es auch mit den tatsächlichen „Nennwerten" der angewendeten Solarzelle ganz genau klappt. Das ist aber nicht unbedingt erforderlich, denn bei solchen Experimenten geht es vor allem darum, dass die „Proportionen" beschnuppert werden, um das Verhalten der Solarzelle verstehen zu lernen.

---

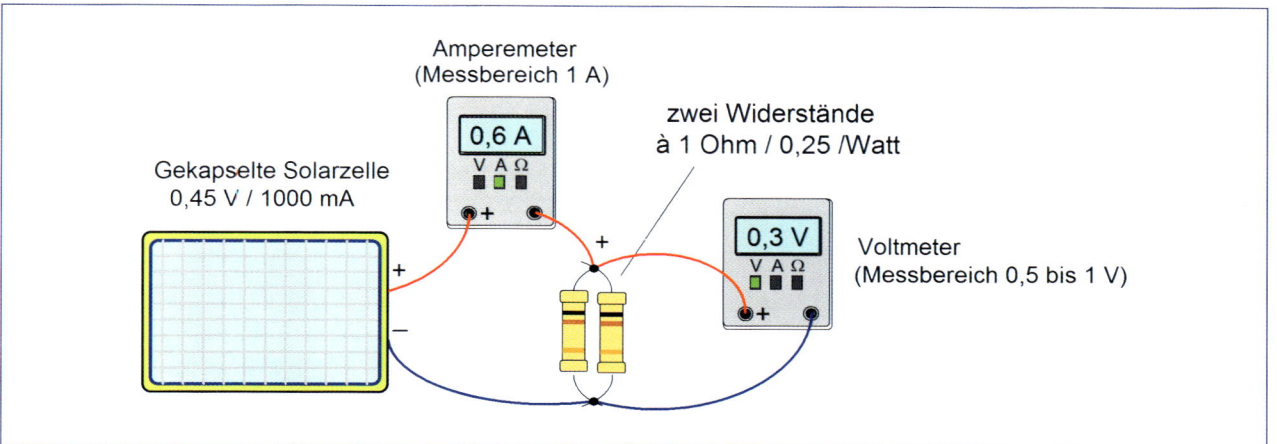

**Abb. 6.7 –** Sowohl die jeweilige Solarspannung als auch der jeweilige Solarstrom einer gekapselten Solarzelle sollten grundsätzlich nur bei annähernd voller Belastung (die in diesem Fall die zwei 1-Ohm-Widerstände bilden) gemessen werden

# 6.1 Wahl des Wechselrichters

Auf Basis solcher „Vorrecherchen" können Sie dann selber entschließen, für welche Nennspannung eine geplante Fotovoltaik-Anlage konzipiert werden sollte, um über den vorgesehenen Wechselrichter in Rahmen seiner „Eingangsspannungs-Grenzen" ein solides Maximum an Solarenerg e in das öffentliche Netz durchverkaufen zu können.

Auf den ersten Blick erscheint es als sehr ungünstig, dass viele der Wechselrichter für zu enge Grenzen der Eingangsspannungen ausgelegt sind oder wiederum eine zu hohe Eingangsspannung (Solarspannung) benötigen.

Die Breite des Spannungsbereichs, den ein Wechselrichter effizient bewältigen kann, ist im Prinzip nur eine Kostenfrage. Je kleiner der Unterschied zwischen dem Eingangsspannungs-Minimum und Eingangsspannungs-Maximum ist, um so preiswerter kann der Wechselrichter sein. Dies auch in Hinsicht darauf, dass es technisch ziemlich kompliziert wird, wenn der Wechselrichter sowohl hohe als auch niedrige Eingangsspannungen mit einem möglichst hohen Wirkungsgrad in des Netz einspeisen soll.

Was die Höhe der Spannung anbelangt, die ein Wechselrichter „markenbezogen" benötigt, kollidiert hier der Aspekt der Sicherheit mit dem Aspekt anderer Vorteile. Unter die Bezeichnung „Schutzkleinspannung" fällt nur eine Gleichspannung von maximal 120 Volt. Eine höhere Gleichspannung stellt entsprechend höhere Ansprüche auf Sicherheits- und Schutzmaßnahmen. So können beispielsweise die Solarmodule während der Installationsarbeiten „lichtschützend" abgedeckt werden, um auch an einem sonnigen Tag keine zu gefährlich hohe Spannung erzeugen zu können. Zudem bieten viele Modulenhersteller zu ihren Fotovoltaik-Systemen „steckerfertig montierte Solarkabel" an, die eine versehentliche Verletzung durch eine zu hohe Solarspannung verhindern.

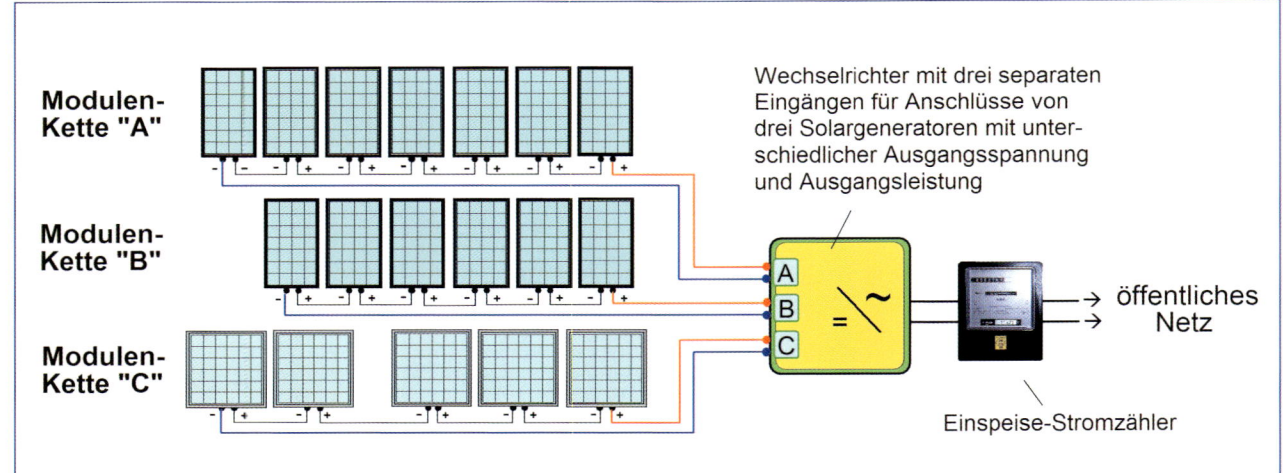

**Abb. 6.8 –** Einige der modernen Wechselrichter, zu denen auch der String-Wechselrichter aus Abb. 6.3 gehört, sind für Anschlüsse von mehreren Solargeneratoren (Modulenketten) unterschiedlicher Parameter ausgelegt und können anstelle von mehreren einzelnen Wechselrichtern angewendet werden

# 6.2  Die elektrischen Leiter

In der Elektrotechnik wird prinzipiell immer angestrebt, dass für die Übertragung von kräftigeren elektrischen Leistungen eine angemessen hohe Spannung verwendet wird. Der Grund liegt darin, dass der Leistungsverlust in einer elektrischen Leitung nur von dem Ohmschen Widerstand des Leiters und dem Strom, der ihn durchfließt, abhängt. Die Höhe der übertragenen Spannung hat dabei auf den Leistungs- und Spannungsverlust keinen Einfluss.

Bei kleineren Fotovoltaik-Dachanlagen liegt die Summe der einzelnen Längen der Verbindungen (zwischen einzelnen Modulen) sowie auch der Zuleitung von den Dachmodulen zum Wechselrichter oft nur bei etwa 10 m, wovon ca. 5 m auf den Plus-Leiter und ca. 5 m auf den Minus-Leiter entfallen. Was darunter zu verstehen ist, verdeutlicht *Abb. 6.8.*

Der folgenden Tabelle können Sie entnehmen, wie groß der Spannungsverlust ist, der in einer 10 m langen Leitung – abhängig von dem Leiterquerschnitt und dem Strom, der durch die Leitung fließt – entsteht.

Der in der Tabelle 6.1 angegebene Spannungsverlust kann nach Belieben auf die Längen der vorgesehenen Leitungen und Verbindungen umgerechnet bzw. in passendem Verhältnis auch nur grob eingeschätzt werden. Danach bleibt es im individuellen Ermessen, welcher Leitungsquerschnitt angewendet wird. Da von dem Spannungsverlust in den Leitungen auch der Leistungsverlust der ganzen Fotovoltaik-Anlage abhängt, verdient dieser Aspekt eine gehobene Aufmerksamkeit vor allem bei Systemen, die mit niedrigeren Solarspannungen und höheren Solarströmen arbeiten.

> Wenn beispielsweise ein Strom von 10 Ampere (A) durch eine 100 m lange elektrische Leitung fließt, deren Ohmscher Widerstand 0,7 Ohm ($\Omega$) beträgt, entsteht in dieser Leitung ein Spannungsverlust von 7 Volt (10 Ampere x 0,7 Ohm = 7 Volt). Aus diesem Spannungsverlust ergibt sich rechnerisch ein Leistungsverlust von 70 Watt (10 Ampere x 7 Volt = 70 Watt).
>
> Interessant ist an der Sache, dass derselbe Leistungsverlust z. B. sowohl bei der Übertragung einer 20 Volt-Spannung als auch bei der Übertragung einer 1000 Volt-Spannung entsteht. Dabei würde es sich bei einer „Ausgangsspannung" von 20 Volt Spannung (bei einem Strom von 10 Ampere) um eine Leistungsübertragung von bescheidenen 200 Watt handeln, von der in unserem Beispiel 70 Watt „auf der Strecke" verloren gehen. Wird dagegen eine Spannung von 1000 Volt übertragen, steigt die übertragene Leistung auf stolze 10 000 Watt, wovon dann ebenfalls nur 70 Watt in der Leitung (als Leistungsverlust) verloren gehen.
>
> Aus diesem Grund ist es vernünftig, wenn man bei der Übertragung von elektrischer Energie möglichst hohe Spannungen anwendet. Erhebliche Einsparungen an Leistungsverlusten in der Leitung lassen sich vor allem bei längeren Leitungen erreichen. In der Solarelektrik kann es unter Umständen umstritten sein, ob in Hinsicht auf die relativ kurzen Leitungen und Verbindungen eine Erhöhung der Solarspannung einen tieferen Sinn ergibt.

| Spannungsverlust pro 10 m Kupferleitung bei einem Querschnitt von: | | | | | |
|---|---|---|---|---|---|
| Solarstrom: | 2,5 mm² | 4 mm² | 6 mm² | 10 mm² | 16 mm² |
| 5 A | 0,35 V | 0,24 V | 0,15 V | 0,09 V | 0,06 V |
| 10 A | 0,7 V | 0,48 V | 0,3 V | 0,17 V | 0,12 V |
| 15 A | 1,05 V | 0,72 V | 0,45 V | 0,26 V | 0,18 V |
| 20 A | 1,4 V | 0,96 V | 0,6 V | 0,35 V | 0,24 V |
| 25 A | 1,75 V | 1,2 V | 0,7 V | 0,43 V | 0,3 V |
| 30 A | 2,1 V | 1,44 V | 0,9 V | 0,51 V | 0,36 V |

Tabelle 6.1

## 6.2 Die elektrischen Leiter

Das Problem mit der Einsparung an Energieverlusten in der Zuleitung zum Wechselrichter kann bei Bedarf auch durch Anwendung eines Wechselrichters gelöst werden, der für Außenmontage konzipiert ist und nach *Abb. 6.10* direkt neben den Dachmodulen installiert werden kann. Eine solche Lösung stellt allerdings keinen erstrebenswerten architektonischen Beitrag dar und erschwert zudem eventuelle Wartungsarbeiten im Wechselrichter, der als ein ziemlich kompliziertes Elektrogerät auch Störungen aufweisen kann (und Wartungsarbeiten am Dach sollte man lieber aus dem Wege gehen).

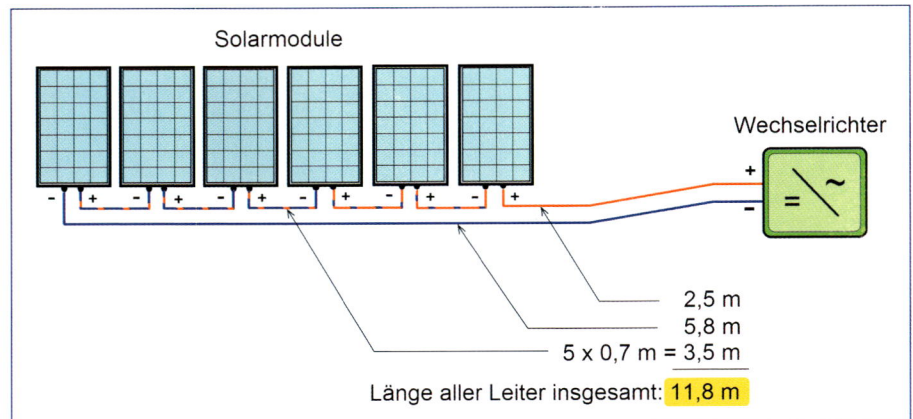

**Abb. 6.9** – Für die Ermittlung des Ohmschen Widerstandes der „Solarstromleitung" sind auch die Gesamtlängen aller Leiter der Zwischenverbindungen einzubeziehen

### Bemerkung

Bei elektrischen Leitungen wird nicht der Durchmesser, sondern der **Querschnitt** der Leiter (in $mm^2$) angegeben. So hat beispielsweise ein runder Leiter (Kupferdraht) mit einem Querschnitt von 4 $mm^2$ einen Durchmesser von Ø 2,25 mm, ein 6 $mm^2$-Leiter einen Durchmesser von Ø 2,75 mm, ein 10 $mm^2$-Leiter einen Durchmesser von Ø 3,6 mm usw. Die angegebenen Durchmesser beziehen sich auf den eigentlichen Leiter (auf den Kupferkern) ohne isolierende Ummantelung.

**Abb. 6.10** – Einige Wechselrichter sind für Außenmontagen ausgelegt und können direkt am Dach neben den Solarmodulen installiert werden (wie hier in der linken oberen Ecke)

# 6.3 Kontrolle der Netzeinspeisung

Eine einfache Kontrolle über die jeweilige Netzeinspeisung ermöglicht zwar der Einspeise-Stromzähler: Entweder läuft er gar nicht, läuft langsam oder schnell und zeigt somit jeweils an, ob der Solarstrom aus eigener Produktion ins Netz eingespeist wird und wieviel Kilowattstunden dabei innerhalb einer Zeitspanne ins öffentliche Netz geliefert wurden.

Wenn z. B. eine exaktere Übersicht darüber erwünscht ist, bei welcher Solarspannung und bei welchem Solarstrom der Wechselrichter seine Arbeit tatsächlich aufnimmt bzw. aufgibt, genügt dazu ein einfacher Voltmeter und Amperemeter am Wechselrichter-Eingang nach *Abb. 6.10*.

Ein zusätzlicher Amperemeter am Wechselrichter-Ausgang („irgendwo" zwischen dem Wechselrichter-Ausgang und dem Einspeisezähler) verschafft eine laufende Kontrolle über den jeweiligen tatsächlichen Wirkungsgrad des Wechselrichters. Eine solche Kontrolle ist deshalb interessant, weil bei den meisten Wechselrichtern der „offizielle" Wirkungsgrad nur für gewisse Belastungsgrenzen (im optimalen Bereich) gilt und bei niedrigerer Solarleistung oft etwas sinkt. Zudem kann eine solche Messung eine Fehlfunktion des Wechselrichters entlarven. Ein zusätzlicher Wechselspannungs-Voltmeter ist dabei zwar am Wechsel-

## Hinweis

Solange der Solar-Wechselstrom an die Netzbetreiber für einen Preis verkauft werden kann, der höher ist als der „Netzteilnehmer-Einkaufspreis", sollte dieser in vollem Umfang nur über den Einspeisezähler in das öffentliche Netz eingespeist (verkauft) werden. Sie sollten den „teuren" Solarstrom nicht zum Teil selber verbrauchen, denn das kann die ohnehin bescheidene Rendite noch mehr schmälern und bringt Ihnen keinen Vorteil.

richter-Ausgang nicht unbedingt erforderlich, aber aus dem Grund vorteilhaft, dass die Netzspannung nicht immer und nicht überall die genauen 230 Volt hat, womit die Kontrolle über den Wechselrichter-Wirkungsgrad nicht ausreichend genau gegeben ist.

Die meisten der preiswerten Messgeräte weisen jedoch einen Messfehler von etwa 5 % aus und sollten daher noch vor dem Einbau mit „geeichten" Messgeräten verglichen werden (es reicht dann, wenn man sich notiert, wie groß der jeweilige tatsächliche Messfehler bei dem am meisten gemessenen Wert ist).

Viele Wechselrichter-Hersteller bieten zudem zu ihren Geräten auch diverse zusätzliche Spezialgeräte an, darunter auch Geräte, die eine Kontrolle der Messwerte am PC-Monitor oder am Fernseher bzw. eine Fernübertragung der Messwerte ermöglichen. Viele dieser Zusatzgeräte ermöglichen auch Fernabfragen, Datenspeicherungen und eine automatische Kontrolle des laufenden Stromertrages in Bezug darauf, ob alles nach Plan läuft. Wer sich auf diesem Gebiet

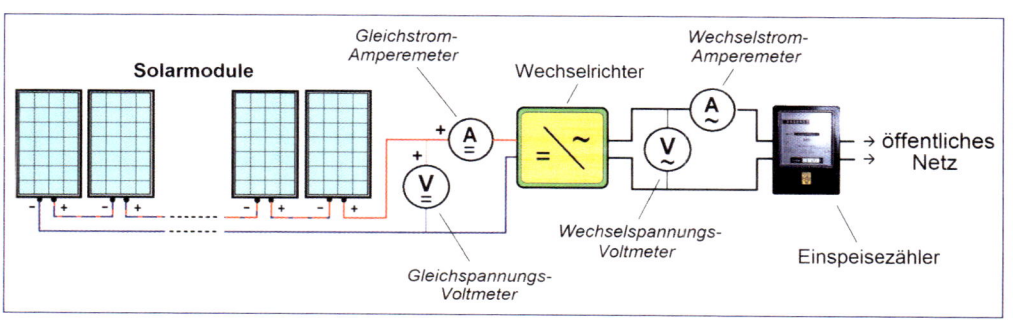

**Abb. 6.11** – Der Wechselrichterausgang einer Solaranlage sollte grundsätzlich direkt an das öffentliche Netz (an die Eingangsseite des Bezugszählers) angeschlossen werden

# 6.3  Kontrolle der Netzeinspeisung

so richtig austoben möchte, der kann sich auch noch eine kleine Wetterstation errichten, deren Temperaturfühler und Einstrahlungssensoren den Tagesverlauf des Wetters mit Hilfe einer zusätzlichen Software speichern und auswerten.

Einige Wechselrichter-Hersteller weisen zwar darauf hin, dass ihre Wechselrichter ausgangsseitig einfach an eine beliebige Haushalts-Steckdose angeschlossen werden können, um den Solarstrom in das Netz einzuspeisen. Das vereinfacht zwar die Installation, hat aber den vorher angesprochenen Nachteil, dass nur ein Teil des Solarstroms in das öffentliche Netz durchverkauft werden kann. Der Rest wird in dem Fall intern u.a. von Haushalts-

geräten verbraucht, die kontinuierlich oder unkontrollierbar laufen: Kühlschränke, Tiefkühltruhen, Umwälzpumpen der Zentralheizung und Warmwasser-Aufbereitung, Heizkessel-Elektronik usw.

Daher sollte der Wechselrichter ausgangsseitig über den *Einspeisezähler* nach *Abb. 6.11* grundsätzlich direkt an das öffentliche Netz (nicht an das Hausnetz) angeschlossen werden.

Falls Sie bereits eine Fotovoltaik-Anlage betreiben, bei der der Ausgang des Wechselrichters an das Hausnetz angeschlossen ist (was früher oft gemacht wurde), lohnt es sich, die Installation nach dem Prinzip aus *Abb. 6.11* zu modifizieren.

---

**Bemerkung**

Bei manchen Wechselrichtern – darunter z. B. bei den „*SUNstring*" Wechselrichtern von *SUNSET* – wird unter den technischen Daten neben der *minimalen Betriebsspannung (von 80 V)* und *maximalen Betriebsspannung (von 450 V)* auch noch eine sogenannte „*Startspannung*" *(von 125 V)* aufgeführt, die höher ist als die eigentliche *minimale Betriebsspannung*. Das bedeutet, dass der Wechselrichter jeweils erst dann startet (seine Arbeit aufnimmt), wenn die ihm zugeführte Solarspannung auf mindestens 125 Volt gestiegen ist. Solange die Solarspannung danach nicht unterbrochen wird, arbeitet der Wechselrichter, bis die ihm zugeführte Solarspannung unterhalb die „*minimale Betriebsspannung*" (in diesem Fall unterhalb von 80 Volt) sinkt.

Ein solcher Wechselrichter ist im wahren Sinne des Wortes ein echter „Spätzünder". Bei den Überlegungen bzgl. der optimalen Solar-Nennspannung sollten in diesem Fall als eine „verwertbare" minimale Betriebsspannungs-Schwelle die 125 Volt und *nicht* die 80 Volt betrachtet werden. Um nicht allzuviel Solarenergie zu verschenken, sollte dann bei diesem Wechselrichter die Solar-Nennspannung (als Summe aller Modulen-Nennspannungen) bevorzugt *mindestens* ca. 275 bis 300 Volt betragen – bzw. dürfte bis an die Obergrenze der offiziellen 450 Volt reichen. SUNSET bietet zu seinen „SUNstring"- Wechselrichtern in seinen Bausätzen verschiedene Modulenketten, deren Nennspannung bei ca. 274 Volt anfängt (mit zehn monokristallinen Solarmodulen AS 1305 mit einer Nennspannung von 27,4 Volt und Nennleistung von 130 Watt). Alternativ wird für eine Leistung von 2,34 kW eine Modulen-Kette von 18 Stück der Module Type AS 1306 angeboten, deren Solar-Nennspannung 309,6 Volt beträgt (die Module AS 1306 sind für eine Nennleistung von 130 Watt und Nennspannung von 17,2 Volt ausgelegt). Bei dem Entwurf dieser Bausätze wurde die *Startspannung* des Wechselrichters vernünftig ausreichend berücksichtigt, liegt „im Rahmen" unserer Empfehlungen und kann als ein Planungsbeispiel dienen. Als etwas zu gefährlich dürfte hier für den Selbstbau die ziemlich hohe Solar-Nennspannung eingestuft werden. Der Anbieter liefert jedoch zu diesen Bausätzen „steckerfertig montierte" Solarkabel, die eine eventuelle Verletzung durch eine zu hohe Solarspannung verhindern.

# 7 Solarzellen – Grundbausteine der Fotovoltaik

**Abb. 7.1 –** Ausführungsbeispiel einer *monokristallinen* Solarzelle (Abmessungen ca. 103 x 103 x 0,3 mm, Nennspannung ca. 0,46 bis 0,48 Volt, Nennstrom ca. 3,1 Ampere, Nennleistung ca. 1,43 bis 1,49 Watt); die Zellenoberfläche ist – je nach Lichteinfall – einheitlich bläulich-grau; die dekorativen Gittermuster bilden die Anschlüsse (Pole) der Zelle

Wer intensiver die Berichterstattungen über Solarzellen und Fotovoltaik verfolgt, könnte leicht den Eindruck gewinnen, dass es auf der Welt eine unübersehbare Vielfalt an Solarzellen gibt.

Es gehört zwar zu den wichtigsten Aufgaben der Medien, dass sie den Leser über die neuesten Entwicklungen oder Laborversuche auf dem Laufenden halten. Ein Außenstehender kann dabei aber nur schwer beurteilen, welche der Solarzellen für sein Vorhaben zum Zeitpunkt seiner Planung auf dem Markt auch zur Verfügung stehen bzw. kurzfristig erhältlich sein werden.

# 7 Solarzellen – Grundbausteine der Fotovoltaik

Die Sachlage ist zum Glück sehr einfach: Die Auswahl an Solarzellen als Grundbausteine beschränkt sich immer noch auf kristalline und amorphe (Dünnschicht) Solarzellen.

Für die meisten langlebigen Anwendungen im Außenbereich kommen bevorzugt kristalline Silizium-Solarzellen in Frage.

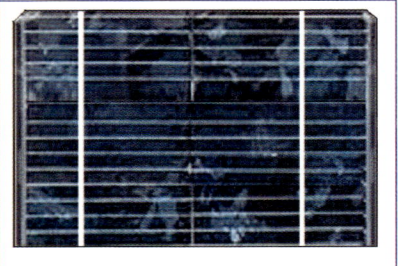

**Abb. 7.2 –** Ausführungsbeispiel einer *polykristallinen (multikristallinen)* Solarzelle: Die Abmessungen variieren bei diesen Zellen zwischen ca. 100 x 100 x 0,3 mm und etwa 150 x 150 x 0,4 mm. Ihre Nennspannung liegt zwischen ca. 0,45 und 0,48 Volt, ihre Nennleistung pro $dm^2$ Fläche bei etwa 1,2 bis 1,4 Watt. Die Zellenoberfläche weist eine marmorierte Eisblumen-Struktur auf, die – je nach Lichteinfall – von blau bis zu silbrig glänzend variiert

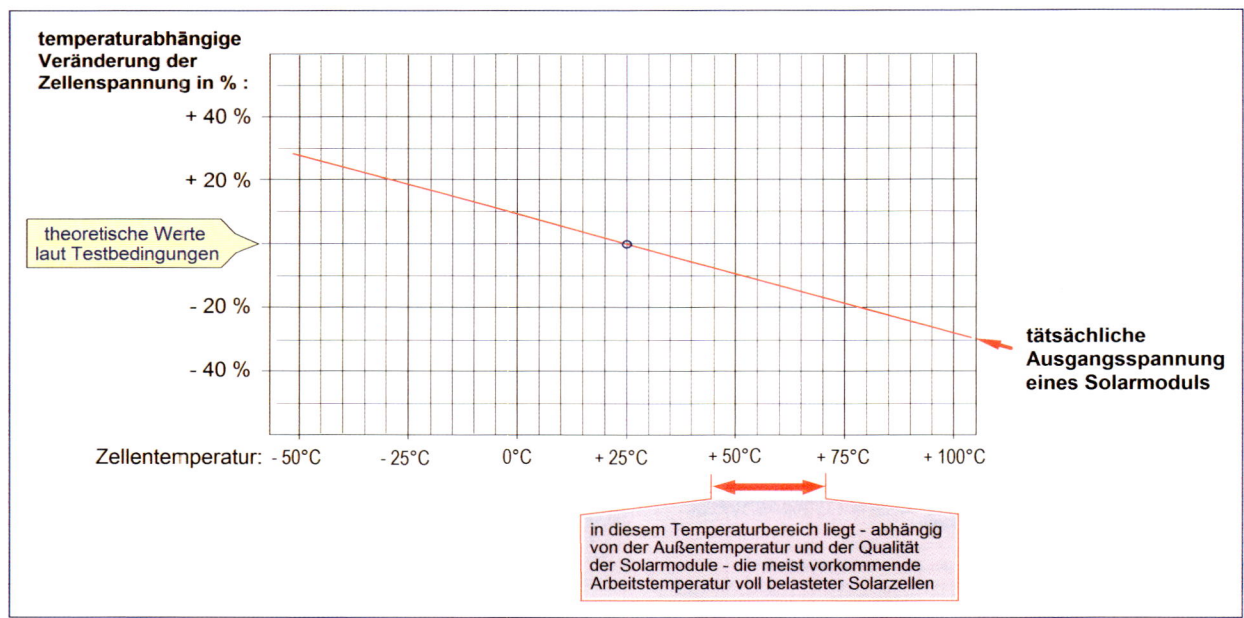

temperaturabhängige Veränderung der Zellenspannung in % :

theoretische Werte laut Testbedingungen

tätsächliche Ausgangsspannung eines Solarmoduls

Zellentemperatur: - 50°C    - 25°C    0°C    + 25°C    + 50°C    + 75°C    + 100°C

in diesem Temperaturbereich liegt - abhängig von der Außentemperatur und der Qualität der Solarmodule - die meist vorkommende Arbeitstemperatur voll belasteter Solarzellen

Wenig bekannt, aber wichtig zu wissen: die Nennspannung, die in den technischen Daten der kristallinen Solarzellen und Solarzellen-Module angegeben wird, gilt – laut offiziellen Testbedingungen – nur für eine Innentemperatur der Zellen von + 20 °C. In der Praxis wärmt sich jedoch eine voll belastet Solarzelle stark auf, und ihre tatsächliche Ausgangsspannung – sowie auch ihre Ausgangsleistung - sinken mit steigender Betrieb- und Außentemperatur insbesondere an heißen Sommertagen ziemlich tief unter die vom Hersteller angegebenen Werte

# 7.1 Wie funktioniert eine Solarzelle?

Der Aufbau einer kristallinen Silizium-Solarzelle ist vom Prinzip her identisch mit dem Aufbau einer Siliziumdiode: Eine dünne *n-Schicht* (Negativschicht) und eine *p-Schicht* (Positivschicht) bilden nach *Abb. 7.3* zwei unterschiedlich dotierte Halbleiterteile, die bei Belichtung zu Potentialfeldern werden.

Die *n-Schicht* verhält sich dann ähnlich wie der Minuspol und die *p-Schicht* wie der Pluspol einer Batterie. Die Spannung und die Leistung der Zelle hängt von der Lichtintensität ab, der die obere Zellenschicht ausgesetzt ist. Bei absoluter Dunkelheit weist die Solarzel-le kein Potential auf und kann daher keine elektrische Energie liefern.

Theoretisch spielt es an sich keine Rolle, welche der Zellenschichten als die obere „Sonnenseite" präferiert wird. Auf jeden Fall muss aber die obere Schicht sehr dünn sein (ca. 0,02 mm), denn der funktionell wichtige n/p-Übergang darf nicht zu tief unter der vom Licht bestrahlten Oberfläche liegen.

Die „Sonnenseite" der Zelle wird üblicherweise mit einer zusätzlichen Antireflex-Schicht versehen (z. B. mit Titandioxyd) um Reflektionsverluste zu vermeiden.

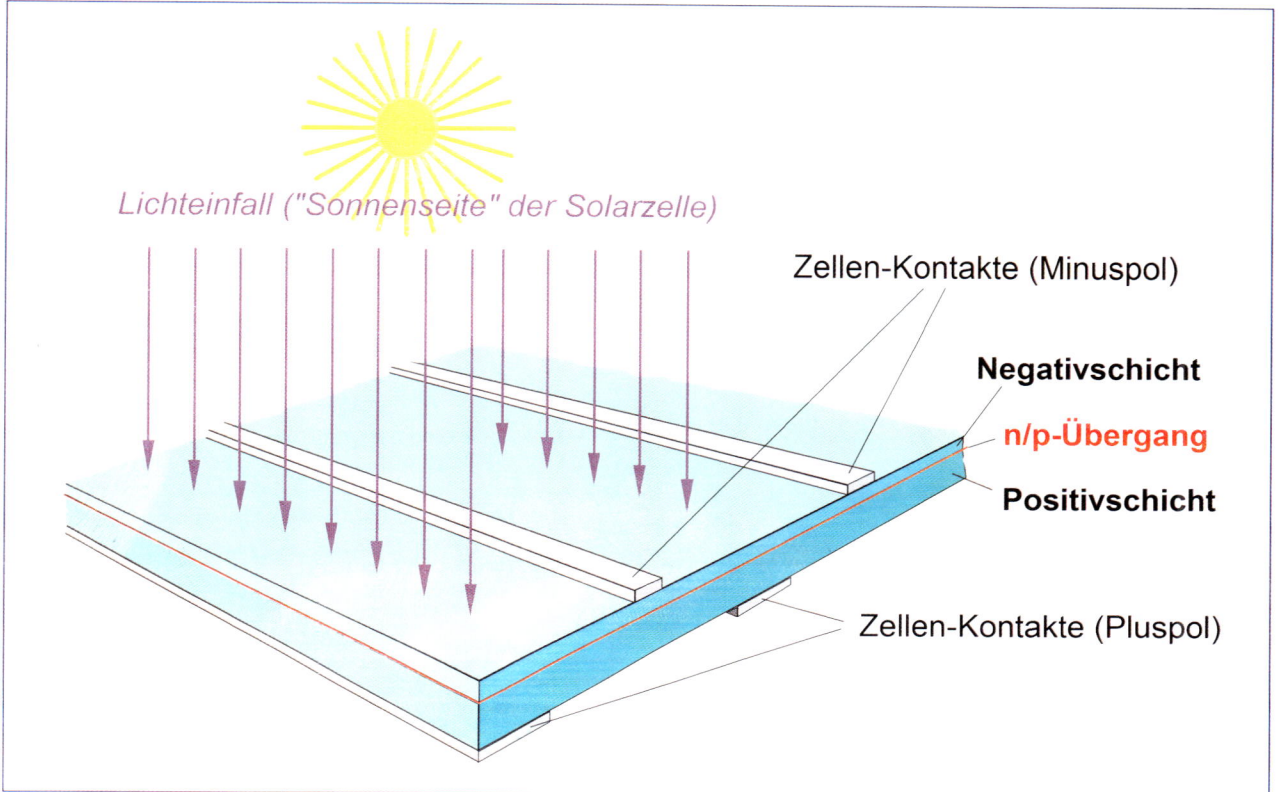

**Abb. 7.3** – Der prinzipielle Aufbau einer kristallinen Solarzelle im Schnitt (stark vergrößert)

## 7.2 Welche Solarzellen sind gut?

Handelsübliche kristalline Solarzellen, die für Dachmodule geeignet sind, gibt es in zwei Ausführungsarten: **monokristalline** Zellen und **polykristalline** (multikristalline) **Zellen**.

Bei der Herstellung von ***monokristallinen*** Zellen werden monokristalline Blöcke „gezogen" und mit etwa 0.5 mm dünnen Diamantsägen (oder Laserstrahlen) wie die Wurst beim Metzger in dünne Scheiben zersägt. Dasselbe monokristalline Grundmaterial wird bereits traditionell in der Halbleitertechnik bei der Herstellung von Dioden, Transistoren und integrierten Schaltungen (Chips) verwendet.

Ausgangsmaterial ist hier Quarzsand oder auch natürliche Quarzkristalle. In einem Ofen wird aus dem Grundmaterial durch Reduktion mit Kohle ein metallurgisch reines Silizium gewonnen. Dieses weist allerdings immer noch etwa 2 % Verunreinigungen auf, die noch durch ein weiteres aufwendiges Verarbeiten (Reduktion mit Salzsäure und Destillation) ausgeschieden werden müssen. Erst danach hat man ein hochreines Silizium zur Verfügung, das jedoch „noch" *polykristallin* ist.

**Abb. 7.4 –** Module, die mit *monokristallinen* Solarzellen bestückt sind, weisen eine einheitliche bläulich-graue Oberflächenstruktur auf

Dies bedeutet, dass hier sehr viele kleine ungeordnete Kristalle die eigentliche Substanz des Silizium-Materiales bilden. Wenn man daraus eine monokristalline Struktur haben will, müssen diese polykristallinen „Barren" in einem Tiegel nochmals eingeschmolzen werden und unter langsamem axialen Drehen wird aus dieser Schmelze ein *monokristalliner* „Balken" gezogen. So ein Stab oder Balken besteht danach nur aus einem einzigen Kristall (daher die Bezeichnung *monokristallin*) und kann beispielsweise eine Länge bis zu 2 m haben.

Bei der Herstellung der **polykristallinen** Zellen (die manche Hersteller als **„multikristalline"** bezeichnen) wird flüssiges Silizium

**Abb. 7.5** – *Multikristalline* Solarzellen verleihen den Modulen eine eindrucksvoll marmorierte Eisblumen-Struktur, die – je nach Lichteinfall – von blau bis zu silbrig glänzend variiert

in Stahlformen gegossen. Es bildet nach der Erstarrung die typische marmorisierte Eisblumenstruktur. So entstehen auch hier Siliziumblöcke, die ebenfalls in dünne Scheiben geschnitten werden.

Amorphe Dünnschicht-Zellen, die sich – wie bereits an anderer Stelle erwähnt – nur evtl. für experimentelle Zwecke eignen, werden auf die Weise hergestellt, dass auf eine Glas, Kunststoff- oder auf eine plastifizierte Stahlplatte eine nur wenige Tausendstel-Millimeter dünne Siliziumschicht aufgedampft wird.

In den letzten Jahren wurden die Herstellungsverfahren bei kristallinen Zellen weitgehend modernisiert und zum Teil vereinfacht.

So gibt es momentan hersteller- oder lieferantenbezogen so manche polykristalline Solarzellen, die es vom Wirkungsgrad her mit den monokristallinen Zellen aufnehmen können. Das muss nicht immer nur eine Frage des Herstellungsverfahrens, sondern auch einer kundenbezogenen Vorselektion sein.

Trotzdem weisen auch „vorselektierte" Solarzellen gewisse parametrische Unterschiede auf. Bei etwas Glück halten sich die Parameter in Grenzen von 5 %, manche

Hersteller geben sogar 10 % an.

Oft hängt die sogenannte „Streuung der technischen Zellenparameter" auch davon ab, ob der eine oder andere Hersteller die Möglichkeit hat, seine „minderwertigeren" Zellen abseits des Standardangebotes abzustoßen.

Auch in teuren Solarmodulen befinden sich ab und zu einige schwächere Solarzellen, die sich auf den Modulen-Ausgangsstrom – und somit auf die Modulen-Ausgangsleistung – „drosselnd" auswirken, wie bereits an anderer Stelle erläutert wurde. Solche Module müssten eigentlich mit der Bezeichnung „minderwertige B-Qualität" verkauft werden, aber in der Praxis wird dies leider nicht so gehandhabt. Es bleibt einfach im Ermessen des Zwischenhändlers (oder Versandhauses), wie – und an wen – er solche minderwertige Module anbietet. Aus diesem Grund ist es von Vorteil, wenn man sich Solarmodule bevorzugt bei einem vertrauenswürdigen örtlichen Anbieter mit schriftlich spezifiziertem Vorbehalt kauft, diese gut prüft und bei Bedarf die ausselektierten Module als „mangelhafte Ware" reklamiert und auf einem Umtausch besteht.

# 7.3  Wichtige technische Daten einer Solarzelle

Bei Solarzellen – wie auch bei Solarzellenmodulen – basieren alle technischen Angaben auf den bereits anderweitig aufgeführten internationalen Standard-Testbedingungen:

Sonneneinstrahlung E = 1000 W/m$^2$
(oder auch 100 mW/cm$^2$)
Zellentemperatur Tc = 25 °C
Spektralverteilung AM = 1,5

Das sind Bedingungen, die in Deutschland überwiegend nur an sonnigen Sommertagen vorzufinden sind. Allerdings kann es sogar auch im Dezember oder im Januar um die Mittagszeit sonnige Tage geben, an denen die Sonneneinstrahlung nur geringfügig unterhalb der Testbedingungen liegt.

Die Herstellerangaben der Zellenparameter beziehen sich auf diese technischen **Maximumwerte**, die oft auch als „Nennwerte" bezeichnet werden. Manche Hersteller und Anbieter benutzen auch noch die Bezeichnung „**Werte bei max. Leistung**". Alle diese Bezeichnungen haben dieselbe Bedeutung und basieren auf Messungen, die also *nur unter optimalen Bedingungen* theoretisch erreicht werden können, wenn es die Spannungs- und Leistungsverluste durch

betriebsbedingte interne Erwärmung der Zellen nicht geben würde.

Die wichtigsten technischen Daten einer Solarzelle sind:

a) Nennspannung (Spannung bei max. Leistung)
b) Nennstrom (Strom bei max. Leistung)
c) Nennleistung (max. Leistung)

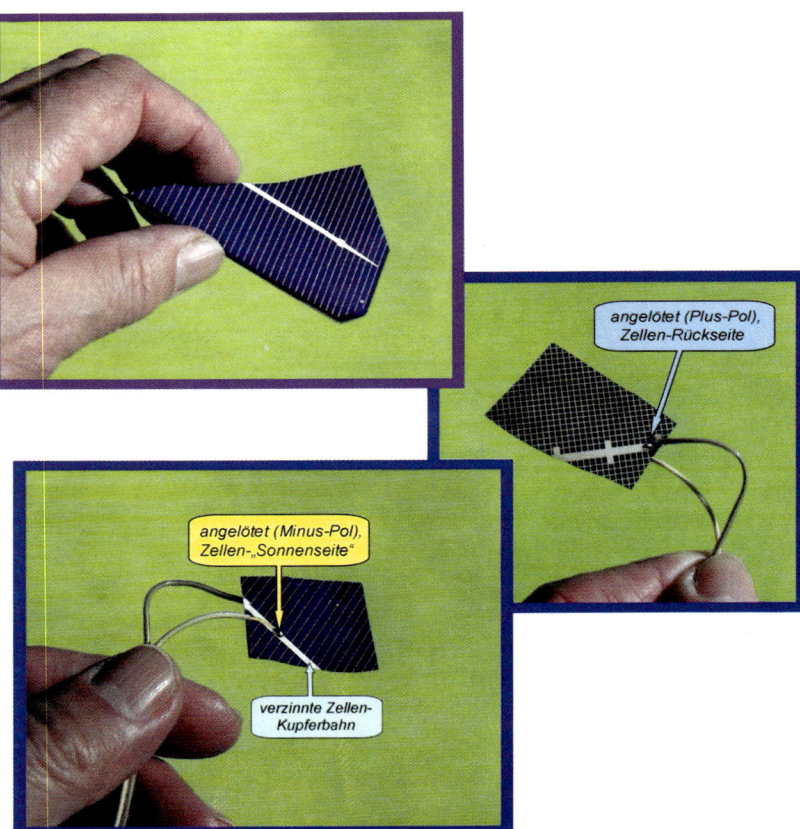

**Abb. 7.6 –** Auch beliebig kleine Zellen-Bruchstücke bleiben als Energiequellen voll intakt: die zwei Anschlüsse (der Pluspol und der Minuspol) werden jeweils an einer beliebigen Stelle an die Zellen-Kupferbahnen der Vorder- und der Rückseite angelötet. Der maximale Nennstrom eines solchen Bruchstückes hängt dann jeweils von der Größe der Zellenfläche ab und lässt sich proportional von dem offiziellen max. Nennstrom der ganzen Zelle „flächenbezogen" umrechnen

d) Leerlaufspannung
e) Kurzschluss-Strom
f) Wirkungsgrad

Die **Nennspannung** liegt bei monokristallinen Zellen zwischen etwa 0,46 und 0,48 Volt (V) und bei polykristallinen bei etwa 0,45 bis 0,46 Volt. Sie ist ansonsten ziemlich unabhängig von der Zellengröße. Wird beispielsweise eine Zelle wie das Eis auf einer Pfütze zertreten, werden alle ihre Bruchstücke weiterhin annähernd dieselbe Spannung liefern, die ursprünglich die ganze Zelle hatte (nur bei sehr kleinen Zellen-Bruchstücken kann die Spannung um ca. 0,01 bis 0,02 Volt niedriger sein).

Der **Nennstrom** einer Solarzelle hängt von ihrer Größe wie auch von ihrem Wirkungsgrad ab. Viele handelsüblichen Solarzellen haben eine Solarfläche von nur etwa 1 dm² (100 cm² ) und ihr Nennstrom liegt bei etwa 2,9 A bis 3,3 Ampere (A) – was markenabhängig variiert. Die momentan größten Zellen-Abmessungen liegen bei ca. 150 x 150 mm. Solche Zellen können dann einen Nennstrom von über 5 A liefern.

Die **Nennleistung** wird bei allen Solarzellen als reine Multiplikation der *Nennspannung* mit dem *Nennstrom* errechnet (*Nennspannung [Volt] x Nennstrom [Ampere]* = *Nennleistung [Watt])* und benötigt keine nähere Erklärung. Diejenigen, die mit solchen Umrechnungen berufsbezogen nicht gerade täglich konfrontiert werden, können sich diese Formel als eine Variante zu der Berechnung einer Fläche merken: Die Länge, multipliziert mit der Breite ergibt die Fläche.

Sehr erklärungsbedürftig ist die **Leerlaufspannung**. Darunter versteht sich die Spannung an einer unbelasteten Zelle.

Bei den meisten kristallinen Zellen ist die Leerlaufspannung typenabhängig etwa 23 % bis 26 % höher als die Nennspannung. In der Praxis wird man mit einer Art „Leerlaufspannung" konfrontiert, wenn z. B. eine leere unbelastete Batterie eine gewisse Spannung am Voltmeter anzeigt, die sich jedoch nur als eine „Scheinspannung" erweist, solange keine Belastung angeschlossen wird. Eine ähnliche Verhaltensweise trifft bei einer Solarzelle unter Umständen auch zu.

Die **Leerlaufspannung** ist zwar als solche technisch nicht direkt brauchbar, weist jedoch sowohl auf die obere Spannungsgrenze als auch auf den Spannungsbereich einer optimal bestrahlten Solarzelle hin, der logischerweise zwischen der *Nennspannung* und der *Leerlaufspannung* liegt. Dieser Spannungsbereich hat zwar bei einer direkten Stromversorgung keinen besonderen technischen Stellenwert, ist aber beim Laden von Akkumulatoren oder anderen Energiespeichern (darunter Speicher-Kondensatoren) von Bedeutung. Zudem stellt die Leerlaufspannung unter Umständen eine potentielle Gefahrenquelle bei *nicht belasteten* (nicht angeschlossenen) Solarmodulen-Ketten dar.

Der **Kurzschluss-Strom** ist bei den meisten kristallinen Zellen nur etwa 6 % bis 12 % höher als der Nennstrom. Ein *vorübergehender* Kurzschluss an einer Solarzelle, an einem Solarzellenmodul oder am Ausgang einer Modulen-Kette führt demzufolge nicht zu deren Vernichtung oder Beschädigung – vorausgesetzt, wir geben den Zellen nicht die Zeit, dass sie sich zu sehr aufheizen. Eine kahle Solarzelle verkraftet üblicherweise Temperaturen zwischen ca. – 40° C und + 125° C und kann daher sogar zu einer Art Kochplatte werden, ohne dass sie dadurch beschädigt wird.

Bei eingebetteten Zellen im Modul kann jedoch bei zu intensiver Wärmeentwicklung die Vergussmasse in Mitleidenschaft gezogen werden, was zu Blasenbildung, Schleierbildung oder Verfärbung der Masse führen kann.

Der in den technischen Daten angegebene Kurzschluss-Strom

# 7.3  Wichtige technische Daten einer Solarzelle

### Fazit

Durch den relativ niedrigen Kurzschluss-Strom kann eine Solarzelle (bzw. ein Solarzellen-Modul) bei einem Kurzschluss nur dann beschädigt oder vernichtet werden, wenn sie z. B. längere Zeit einer vollen Sonneneinstrahlung von 1000 W/m² ausgesetzt ist.

kommt natürlich nur bei einer Zelle vor, die laut Testbedingungen voll beleuchtet ist. Wenn dagegen die Sonneneinstrahlung beispielsweise nur etwa 850 W/m² statt 1000 W/m² erreicht, liegt der Kurzschluss-Strom bereits unterhalb des tabellarischen Zellen-Nennstromes und die Zelle wird sich in dem Fall bei einem Kurzschluss nicht mehr aufheizen als während eines Normalbetriebs bei voller Leistungsabgabe.

Der **Solarzellen-Wirkungsgrad** wird auch als **Umwandlungs-Wirkungsgrad** bezeichnet, weil er angibt, wieviel Prozent der einwirkenden Strahlungsenergie (Energie der Sonnenstrahlen) in der Form von elektrischer Leistung abgegeben wird.

Wie bereits im Kapitel 4 erwähnt wurde, weisen die modernsten handelsüblichen Solarzellen herstellerabhängig gegenwärtig folgenden Wirkungsgrad auf:

a) monokristalline Solarzellen: ca. 13–16 %
b) polykristalline Solarzellen: ca. 10,6–15 %
c) amorphe Silizium-Dünnschichtzellen: ca. 3–8 %

Wenn bei einer Solarzelle keine Nennleistung angegeben ist, kann sie durch einfaches Multiplizieren der Nennspannung (nicht der Leerlaufspannung!) mit dem Nennstrom ausgerechnet werden.

Der Wirkungsgrad der mono- und polykristallinen Solarzellen bleibt während der ersten 20 Betriebsjahre annähernd unverändert (was sich jedoch auf kahle Zellen, nicht aber automatisch auch auf Solarzellenmodule bezieht).

Inwieweit bei den kristallinen Solarzellen der Wirkungsgrad eine wichtige Rolle spielt, hängt vor allem von dem Einsatzgebiet ab. Im Grunde genommen muss hier dem Wirkungsgrad nicht immer ein zu hoher Stellenwert zugeordnet werden. Man braucht nur darauf hinzuweisen, dass unsere normalen Glühbirnen sozusagen in der Gegenrichtung nur einen Wirkungsgrad um die 4 bis 5 % aufweisen (95 bis 96 % der verbrauchten Energie wandeln sie in Wärme und nur die restlichen 4 bis 5 % in Licht um).

Bei aufwendigeren Anwendungen wäre es natürlich von Vorteil, wenn aus einer Solarzelle pro Quadratmeter Fläche etwas mehr als die bisherigen „tatsächlichen" 110 bis ca. 160 Watt an elektrischer Energie (bestenfalls) zu holen wären. Bei vielen Einsatzgebieten spielt aber die eigentliche Solarzellen-Flächengröße keine allzu große Rolle. Wichtiger ist hier eher das Preis/Leistungsverhältnis.

Im Gegensatz zu anderen technischen Anlagen und Maschinen ist der Solarzellen-Umwandlungswirkungsgrad keine Konstante, mit der sich bei Nutzung der Sonnenenergie fest rechnen ließe. Es kann ja nur dann umgewandelt werden, wenn die Sonne – oder zumindest genügend Tageslicht – vorhanden ist.

### Beispiel

Die Nennspannung einer Solarzelle beträgt 0,46 Volt [V], der Nennstrom 3 Ampere [A]. Ihre Nennleistung beträgt demnach 0,46 V x 3 A = 1,38 Watt. Wenn die Abmessungen dieser Zelle genau 100 x 100 mm betragen, ergibt es eine Zellenfläche von 1 dm² und der Wirkungsgrad wäre hier genau 13,8 %. Sollte beispielsweise diese Zelle bei derselben Leistung Abmessungen von 105 x 105 mm haben, ergibt sich daraus eine Zellenfläche von 1,07 dm² und der Wirkungsgrad liegt dann nur bei ca. 12,9 %.

# 7.3 Wichtige technische Daten einer Solarzelle

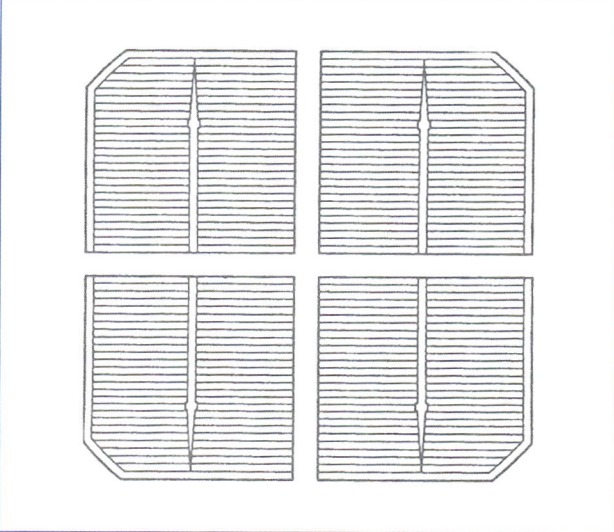

**Abb. 7.7 –** Solarzellen können bei Bedarf mit Diamantsägen oder mit Laserstrahlen wie ein Kuchen in kleinere „Portionen" geteilt werden (die Zellenspannung bleibt danach unverändert, der Zellenstrom sinkt proportional mit der Zellen-Oberfläche)

Die launische Natur hält sich dennoch in längeren Zeitabschnitten an ein Schema, mit dem sich kalkulieren lässt. Man muss dabei nur die richtigen Schnittstellen zwischen dem Spendenumfang der Natur und dem Energiebedarf der technischen Verbraucher finden. Dabei dürfte Ihnen dieses Buch behilflich sein.

Solarzellen werden herstellerbezogen nur in einheitlichen Standardgrößen erzeugt, lassen sich aber (nach Abb. 7.7) mit Hilfe von Diamantsägen oder mit einem Laserstrahl in beliebig kleine Stücke schneiden – was für die Herstellung von kleineren Solarmodulen angewendet wird.

## Bemerkung

Die angegebenen Wirkungsgrad-Grenzen der aufgeführten Zellentypen orientieren sich in unseren Publikationen an den jeweiligen Angeboten auf dem Weltmarkt wie auch an den neuesten Datenblättern der Hersteller bzw. der Anbieter.

Sowohl durch Unterschiede in der Herstellungstechnologie als auch durch unterschiedliche Auffassung der verkaufsfördernden Angaben ergeben sich hersteller- oder anbieterbezogene Wirkungsgrad-Unterschiede bei derselben Zellenart.

Durch diese Schwankungen werden auch die in der Fachliteratur angegebenen aktuellen Solarzellen-Wirkungsgradgrenzen immer etwas variieren und sind daher nicht als absolute Festwerte, sondern nur als Richtwerte zu betrachten. Mit solchen Richtwerten ist es vor allem bei der Herstellung von Solarzellenmodulen sehr kritisch, denn jedes Modul besteht aus einer Kette von einzelnen Solarzellen, bei der die schwächste Zelle (als das schwächste Glied der Kette) die maximale Leistung des Moduls mitbestimmt.

Der Kunde kann nur in seltensten Fällen die technischen Zellenparameter der ihm gelieferten Solarmodule überprüfen, denn dies lässt sich optimal nur bei einer künstlich angelegten Beleuchtung bewerkstelligen. Wer kann denn schon eine Lichteinstrahlung von 1000 W/m² technisch perfekt simulieren?

Das Einzige, was auf diesem Gebiet kontrolliert werden kann, ist die Ausgewogenheit der technischen Parameter durch den Vergleich der Ausgangsspannung der belasteten Module, die z. B. an einem sonnigen Tag an einzelnen Modulen gemessen werden kann, wie bereits im Kapitel 4.7 beschrieben wurde.

# 7.4  Licht-/Leistungsverhältnis der Solarzellen

Zu den wichtigsten spezifischen Eigenheiten aller Solarzellen gehört ihr naturabhängiges Verhalten, das aus dem Rahmen aller anderen herkömmlichen Stromquellen fällt. Durch Einhalten aller Grundregeln können wir zwar der Solarzelle optimale Vorbedingungen verschaffen, aber der allerwichtigste Faktor – die Sonnenscheinintensität – entzieht sich unserem Einfluss.

Für praktische Überlegungen dürfte ausreichen, wenn wir einfachheitshalber annehmen, dass die Nennleistung einer Solarzelle ziemlich „gleitend" mit der Sonnenintensität zunimmt oder abnimmt. Genau genommen ist es nur der **Solarstrom**, der *linear* von der Sonnenintensität abhängt. Einfach formuliert: Sinkt die Sonnenintensität um die Hälfte, sinkt auch der Strom, den eine belastete Solarzelle bzw. ein belastetes Solarzellenmodul liefern, um die Hälfte. In etwa um die Hälfte

sinkt dabei auch die Zellen- bzw. Modulen-**Ausgangsspannung**. Dies hat allerdings rechnerisch zufolge, dass dadurch die **Solarleistung** (in Watt) nicht ebenfalls auf die Hälfte, sondern auf ungefähr ein Viertel sinkt.

In der Praxis müssen wir uns mit derartigen Rechnungen nicht das Leben komplizieren. Es ist aber gut zu wissen, dass die Leistung einer Solarzelle – oder einer Solarzellenfläche – bei sinkender Sonnenbestrahlung wesentlich schneller sinkt, als man rein gefühlsmäßig erwarten würde. Und da gerade bei der Nutzung der Sonnenenergie das Gefühl – vor allem das Gefühl für die Natur und ihre Eigenheiten – einen hohen Stellenwert hat, müssen auch die Proportionen der Spenden der Natur richtig eingeschätzt werden.

Für solche Einschätzungen gibt es leider keine Formeln, keine Grafiken und nach den lausigen Wetter-

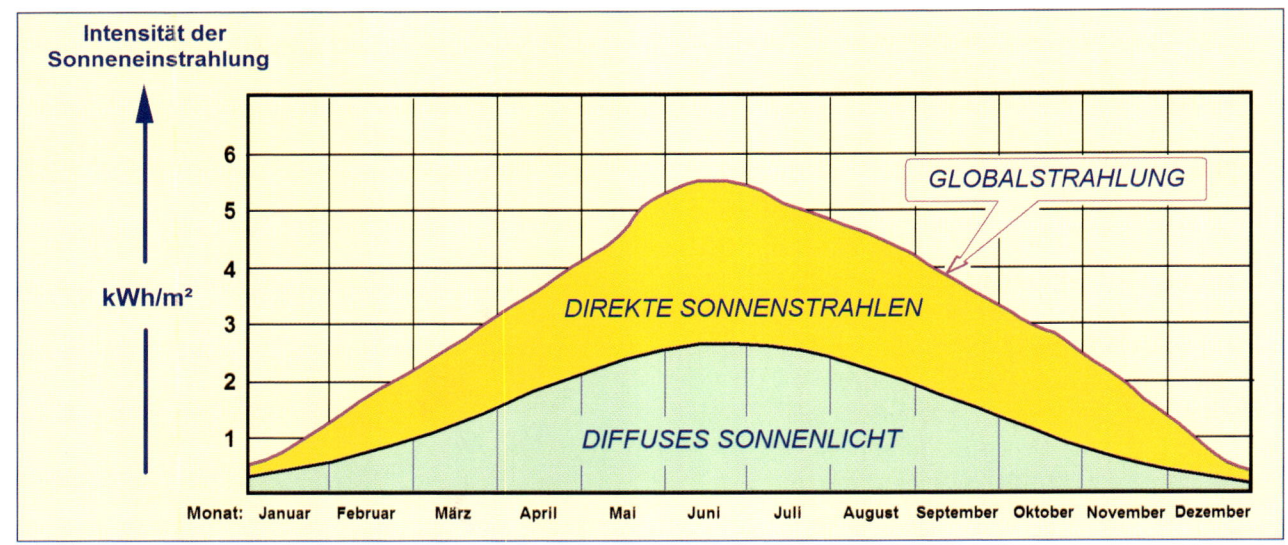

**Abb. 7.8 –** Die Solarenergie, die Solarzellen in elektrischen Strom umwandeln kann, setzt sich aus der direkten Sonneneinstrahlung und aus dem diffusen Sonnenlicht zusammen. Das Verhältnis beider „Energieflächen" hängt u. a. von dem jeweiligen Einstrahlungswinkel der direkten Sonnenstrahlen – und bei einem fest installierten Modul somit auch von der tageszeitabhängigen Strahlungsdichte ab

vorhersagen der Meteorologen kann man sich auch nicht richten. Und selbst wenn man jahrelang die sonnigen Tage und Stunden sorgfältig notiert (wie wir es im Zusammenhang mit den Entwicklungen für unsere Fachbücher machen), lassen sich daraus keine exakten Prognosen der Sonnenenergie-Ausbeute erstellen, denn jedes Jahr ist anders.

Das Einzige, was bisher einigermaßen zutrifft, ist die Reihenfolge der aufeinander folgenden Jahreszeiten. Zumindest theoretisch. Oft bringt aber auch hier die Natur etliches durcheinander: Das Frühjahr wandelt sich plötzlich in den Winter um, der Sommer ist manchmal so kurz, dass man denken könnte, diese Jahreszeit wurde als eine Art „Öko-Einsparung" wegrationalisiert oder als Solidaritätsbeitrag an irgendwelche andere Länder verschenkt.

Auch aus diesem Grund sollte das Licht-/Leistungsverhältnis der Solarzellen – und somit auch die Nutzung der Sonnenenergie – als eine flexible Angelegenheit eingestuft werden, zu der man eine wesentlich spielerischere Beziehung ausbauen muss als zu der Nutzung des herkömmlichen Stromanschlusses.

Da jedoch bei einer netzgekoppelten fotovoltaischen Anlage der benötigte Strom im Hausnetz sowieso jederzeit und in jeder erforderlichen Menge vorhanden ist, braucht man sich nicht zu ärgern, wenn sich die Solarzellen eine Zeitlang quasi wie tot stellen.

Es ist aber gut zu wissen, dass die Solarzellen am Dach von dem Wechselrichter schon ab den Moment nicht mehr wahrgenommen werden, in dem die Solarspannung unter ein Minimum sinkt, das der Wechselrichter noch in die Netzspannung umwandeln kann.

In der Fachliteratur wird oft darauf hingewiesen, dass die Belichtung einer im Freien installierten Solarzelle einerseits aus der direkten Sonnenbestrahlung und anderseits aus dem sogenannten diffusen Licht besteht. Unter dem Begriff diffuses Licht (nach Abb. 7.8)

versteht sich die Summe von verschiedensten Lichtreflektionen und der Sonnenlicht-Streuung in der Atmosphäre. Dieser Teil der Sonnenenergie kommt aus allen Richtungen und hängt nur geringfügig von der jeweiligen Position der Sonne ab.

Dem diffusen Licht ist zwar rein theoretisch oft mehr als die Hälfte der durchschnittlichen Jahresausbeute der Solarzellen zu verdanken. Ohne eine Beimischung von zusätzlicher Sonnenbestrahlung (die auch durch „dünnere" Wolken an die Zellen vordringt) ist jedoch das diffuse Licht an sich meist zu schwach, um eine *praktisch brauchbare* Solarzellenspannung zu bewirken. Als Ausnahme dürfte das Nachladen von kleineren Akkus oder Speicher-Kondensatoren erwähnt werden, die sich auch mit einem sehr niedrigen Ladestrom zufrieden geben, bei dem sich die Leerlaufspannung der Solarzellen nutzen lässt.

Die Solarzellenleistung ist nicht nur von der eigentlichen Intensität der Sonnenstrahlen, sondern auch von ihrem Einfallswinkel abhängig. Je senkrechter hier die Photonen die Zellenfläche bombardieren, desto geringer sind die Verluste durch Reflektionen und desto höher ist – auch geometrisch bedingt – die Strahlungsdichte.

Die eigentliche Solarzellenoberfläche wird zwar von den meisten Herstellern mit einer Antireflektionsschicht versehen, aber die im Modul einlaminierten Zellen sind noch mit einer Glas- oder Kunststoffscheibe abgedeckt, deren Reflektionseigenschaften für die Endleistung mitbestimmend sind.

Ein gewisses Dilemma besteht dabei darin, dass entspiegelte Materialien zwar geringfügiger reflektieren, aber optisch bedingt wiederum auch eine etwas niedrigere Lichtdurchlässigkeit aufweisen. Somit bleibt es immer nur bei einem Kompromiss, über den sich jedoch nur die Solarzellen- und Solarmodulenhersteller und nicht die Anwender ihre Köpfe zerbrechen müssen.

# 7.5 Temperaturabhängigkeit der Solarzellen

**W**ie alle anderen Silizium-Halbleiter weisen auch die modernsten Silizium-Solarzellen eine gewisse Temperaturabhängigkeit auf. Die Testtemperatur von 25 °C bildet hier eine Art Kreuzpunkt, an dem sich sozusagen alle Wege trennen: Der Zellenstrom nimmt mit zunehmender Temperatur zu, die Spannung nimmt dagegen derartig prägnant ab, dass die Leistung ebenfalls mit zunehmender Temperatur abnimmt. Interessant dabei ist, dass hier alle Abhängigkeiten linear verlaufen.

Diese Temperaturabhängigkeit hat in der Praxis zufolge, dass die *Nennleistung* der Solarzellen – und somit auch der Solarmodule – an heißen Sommertagen bis um etwa 25 % unterhalb des theoretischen Nennwertes sinken kann (zumindest dann, wenn sie sich durch den kräftigen Sonnenschein bei voller Belastung ziemlich schnell auf ca. 65 °C aufwärmen). Auf diesen Aspekt wird üblicherweise kaum hingewiesen, obwohl er für die Planungsüberlegungen – und vor allem für die Berechnung

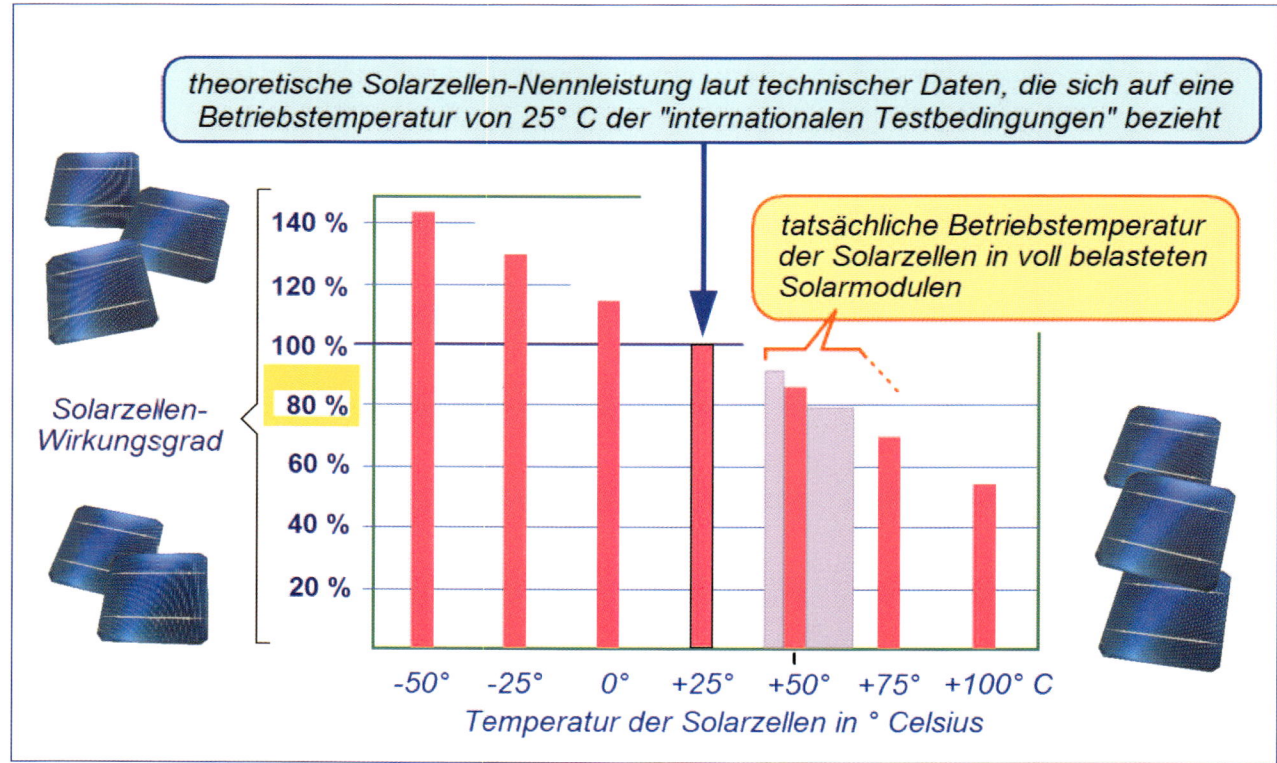

theoretische Solarzellen-Nennleistung laut technischer Daten, die sich auf eine Betriebstemperatur von 25° C der "internationalen Testbedingungen" bezieht

tatsächliche Betriebstemperatur der Solarzellen in voll belasteten Solarmodulen

Solarzellen-Wirkungsgrad

Temperatur der Solarzellen in ° Celsius

**Abb. 7.9 –** Die tatsächliche Betriebstemperatur von belasteten Solarzellen ist in der Praxis wesentlich höher, als die – laut „internationalen Testbedingungen" – angegebenen 25° C. Demzufolge erreicht auch die tatsächliche elektrische Ausgangsleistung voll belasteter Solarmodule nicht die volle Höhe der theoretischen Nennleistung, die sich auf eine hypothetische Zellen-Betriebstemperatur von 25° C beziehen, denn der Zellen-Wirkungsgrad sinkt (leider) mit zunehmender Temperatur

**Abb. 7.10** – Bei Solarzellen in flexiblen Modulen kann das Autodach als Kühlkörper fungieren

der Jahresausbeute – einen wichtigen Stellenwert hat und in dieser Hinsicht ein unsympathisches Dilemma darstellt: Je kräftiger die Sonne strahlt, um so mehr wärmen sich die Solarzellen auf, wodurch ihre Leistung wiederum sinkt.

Theoretisch steigt wiederum mit sinkender Temperatur (ebenfalls linear) die elektrische Zellen-Nennleistung. Bei –15 °C liefern kristalline Solarzellen bis zu etwa 25 % mehr Leistung (in Watt) als bei + 25 °C, auf die sich die offiziellen Zellen-Nennwerte beziehen. Praktisch wärmen sich jedoch voll belastete Solarzellen (in Solarmodulen) auch bei Minus-Temperaturen ziemlich auf.

Abhängig von der jeweiligen Kühlung (Windstärke und Windrichtung) wärmen sich die Solarzellen in Dachmodulen bei voller Belastung und bei höherer Abgabeleistung (= bei stärkerem Sonnenschein) auch im Winter oft zumindest auf die + 25 °C auf. Somit kann nicht damit gerechnet werden, dass ihre Nennleistung während der eisigen Wintermonate durch den Kälteeinfluss erheblich höher wird, als die theoretischen

## 7.5 Temperaturabhängigkeit der Solarzellen

Testbedingungen – die ebenfalls von den + 25 °C-Arbeitstemperatur ausgehen – voraussehen.

Hypothetisch müsste man die Solarmodule zusätzlich kräftig kühlen, um die Leistungsverluste durch Aufwärmen zu mindern. In der Praxis geben sich die Modulenhersteller damit zufrieden, dass sie eine Montage empfehlen, bei der die Modulen-Rückseite (Unterseite) einen Abstand von ca. 20 bis 50 mm von der Dachhaut haben sollte. Je steiler das Dach, desto kleiner darf der Lüftungsabstand sein.

Auf den Lüftungsabstand kann evtl. verzichtet werden, wenn z. B. ein flexibles Modul direkt auf ein wärmeleitendes Autodach (Wohnmobildach) vollflächig nach *Abb. 7.10* angeleimt wird. Diese Lösung eignet sich allerdings nicht für Anwendungen, bei denen am stehenden Fahrzeug vom Solarzellenmodul auch z. B. während der sommerlichen Mittagshitze die volle Leistung erwartet wird. Das Autodach wird ja unter Umständen von der Sonne derartig aufgeheizt, dass es keinesfalls als Kühlkörper für die Solarzellen dienen kann.

# 8   Berechnung des Jahresertrags

Bei solarthermischen Anlagen ist es mit einer brauchbaren vorhergehenden Berechnung des Jahresertrags sehr schwierig bzw. kaum möglich (siehe hierzu auch Kapitel 3.1). Dies vor allem bei Anlagen, die sich beim Aufwärmen des Wassers im Warmwasserbehälter ihre Aufgabe mit dem herkömmlichen Öl- oder Gasheizkessel teilen, wobei der jeweilige solarthermische Bei-

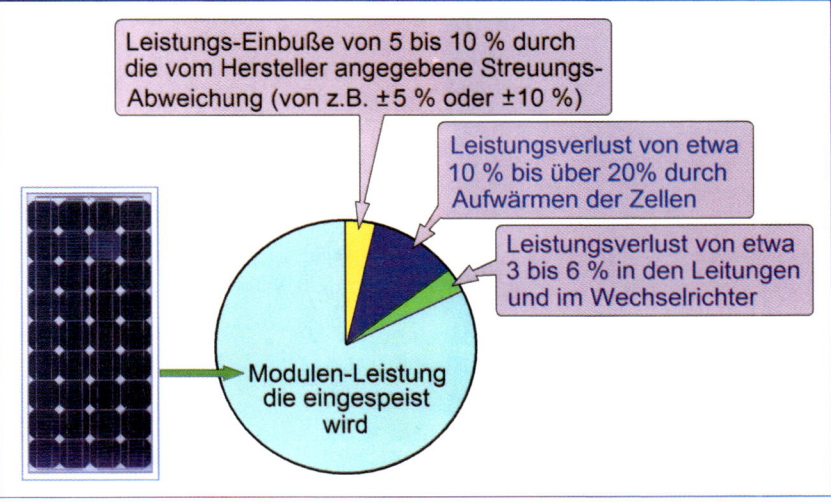

Leistungs-Einbuße von 5 bis 10 % durch die vom Hersteller angegebene Streuungs-Abweichung (von z.B. ±5 % oder ±10 %)

Leistungsverlust von etwa 10 % bis über 20% durch Aufwärmen der Zellen

Leistungsverlust von etwa 3 bis 6 % in den Leitungen und im Wechselrichter

Modulen-Leistung die eingespeist wird

**Abb. 8.1 –** Die tatsächliche energetische Ausbeute eines Solarmoduls ist durch Verluste immer viel niedriger, als es den offiziellen technischen Daten entspricht

# 8 Berechnung des Jahresertrags

trag nicht eindeutig separat ermittelt werden kann.

Bei **solarelektrischen** Anlagen (Fotovoltaik-Anlagen) ist es mit der Berechnung der Jahresausbeute dagegen wesentlich einfacher. Schon deshalb, weil die Leistung des elektrischen Stroms (und somit auch des Solarstroms) messbar, nachvollziehbar und zudem auch eindeutig definierbar ist.

Wenn ein Solarzellen-Modul beispielsweise nach

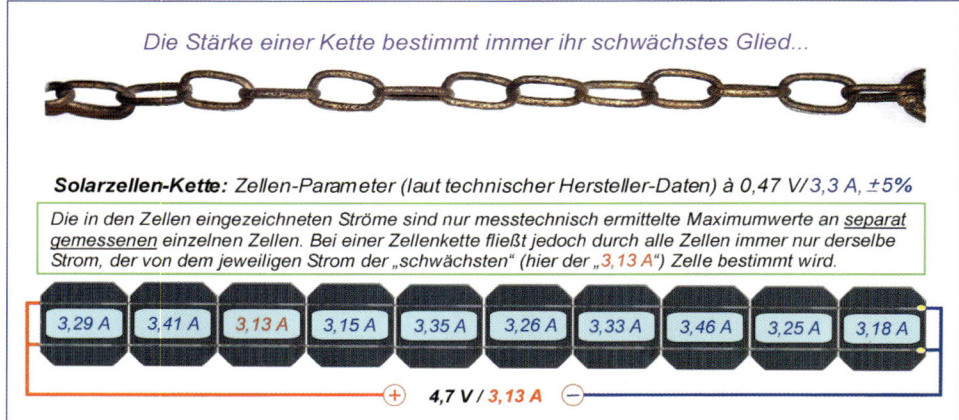

*Die Stärke einer Kette bestimmt immer ihr schwächstes Glied...*

**Solarzellen-Kette:** *Zellen-Parameter (laut technischer Hersteller-Daten) à 0,47 V/3,3 A, ±5%*

*Die in den Zellen eingezeichneten Ströme sind nur messtechnisch ermittelte Maximumwerte an separat gemessenen einzelnen Zellen. Bei einer Zellenkette fließt jedoch durch alle Zellen immer nur derselbe Strom, der von dem jeweiligen Strom der „schwächsten" (hier der „3,13 A") Zelle bestimmt wird.*

| 3,29 A | 3,41 A | 3,13 A | 3,15 A | 3,35 A | 3,26 A | 3,33 A | 3,46 A | 3,25 A | 3,18 A |

**4,7 V / 3,13 A**

**Abb. 8.2 –** Der tatsächliche maximale Nennstrom, den eine Zellenkette liefern kann, wird durch die schwächste Zelle bestimmt, die z. B. in einem Solarmodul durch die Herstellungsstreuung in der Zellenreihe den niedrigsten Strom aufbringt

| Monat: | Tagesertrag pro 1 qm Solarmodulenfläche: | Ertrag pro Monat pro 1 qm Solarmodulenfläche: |
|---|---|---|
| Januar | 126 Wattstunden | 3 906 Wattstunden |
| Februar | 240 Wattstunden | 6 780 Wattstunden |
| März | 360 Wattstunden | 11 160 Wattstunden |
| April | 510 Wattstunden | 15 300 Wattstunden |
| Mai | 575 Wattstunden | 17 825 Wattstunden |
| Juni | 775 Wattstunden | 23 250 Wattstunden |
| Juli | 763 Wattstunden | 23 653 Wattstunden |
| August | 588 Wattstunden | 18 228 Wattstunden |
| September | 498 Wattstunden | 14 940 Wattstunden |
| Oktober | 308 Wattstunden | 9 548 Wattstunden |
| November | 150 Wattstunden | 4 500 Wattstunden |
| Dezember | 105 Wattstunden | 3 255 Wattstunden |

Jahresertrag pro 1 qm Solarmodulenfläche: 152 345 Wattstunden (= 152,3 kWh)

**Tabelle 8.1 –** Durchschnittlicher Energie-Ertrag der modernen kristallinen Solarmodule

*Abb. 8.1* für eine bestimmte *Nennleistung* (Maximale Leistung) ausgelegt ist, darf man davon ausgehen, dass es bei einer optimalen Bestrahlung diese Leistung auch zumindest annähernd aufbringen wird. Laut Herstellerangaben darf allerdings die Modulen-Leistung im Rahmen von ca. ± 5 % (bei machen Herstellern bis zu ± 10 %) von dem offiziellen Nennwert abweichen.

Eine Leistungsabweichung in die positive Richtung ist bei so einem Solarmodul im Prinzip kaum zu erwarten, denn dies würde voraussetzen, dass alle Solarzellen im Modul entsprechende „Plus-Abweichungen" im individuellen Nennstrom aufweisen.

Mit anderen Worten: Eine einzige Solarzelle im Modul – bzw. in einer ganzen Modulenkette – kann zwar den maximalen Ketten-Nennstrom „nach unten ziehen", aber eine einzige hervorragende Solarzelle im Modul hat auf die „Ausgangs-Nennleistung" keinen Einfluss. Sie verdirbt zwar nichts, aber bringt auch nichts, denn – wie bereits im Kapitel 4 erläutert wurde – ist aus dieser Sicht für die Qualität einer jeden Kette nur ihr schwächstes Glied bestimmend. Das kann bei einer Modulen-Kette beispielsweise eine von 36 bis 60 Solarzellen pro Modul sein, bzw. eine von z. B. **550** Solarzellen in einer Dachmodulen-Kette (die z. B. aus zehn Modulen besteht).

In der Praxis ist es nicht so einfach, die jeweilige Intensität der Sonneneinstrahlung zu messen und zu protokollieren. Es gibt zwar zu diesem Zweck etliches Spezialzubehör, das neben einem Außensensor für die laufende Messung der Sonnenstrahlungs-Intensität auch noch weitere Messgeräte und Software beinhaltet. Auch eine grafische Darstellung auf dem Bildschirm eines PCs oder Fernsehers ist bei manchen dieser Systeme möglich. Eine derartige Ausstattung ist jedoch kostspielig und nur für echte „Technik-Fans" geeignet.

Abgesehen davon ist es bei derartigen Projekten wichtig, dass man bereits im Planungsstadium alles optimal durchdenkt und so vorbereitet, wie es in den vorhergehenden Kapiteln empfohlen wurde. Fehlplanungen, die als solche erst bei einer bereits installierten Fotovoltaik-Anlage „entlarvt" werden, lassen sich oft nur mit erheblichem Aufwand und Kosten beheben – falls man sich damit nicht einfach abfindet.

Wieviele Stunden in den nächsten Monaten und Jahren die Sonne ausreichend kräftig scheinen wird, ist nicht berechenbar. Im Prinzip könnte da eigentlich nur ein Wahrsager helfen. Eine relativ brauchbare Information können an Stelle eines Wahrsagers die sogenannten „Erfahrungswerte" bieten, die in den vergangenen Jahren angesammelt wurden. Sie ergeben trotz allen Schwankungen ein brauchbares Bild über die Sonnenstrahlen-Spenden, die für die Prognosen des Jahresertrages als informative Richtwerte angewendet werden dürfen.

In den Prospekten diverser Anbieter von Fotovoltaik-Anlagen finden sich oft Informationen über die erzielbare Jahresausbeute der Solarenergie, die häufig „verkaufsfördernd" geschönt sind und daher als Grundlage für seriöse Kalkulationen nur bedingt taugen.

Wir haben daher im Rahmen unserer internen Entwicklungs- und Forschungsarbeiten eigene objektive Daten gesammelt und ausgewertet. Daraus ergibt sich eine relativ brauchbare Tabelle *8.1*, die sich auf die erzielbare Tagesausbeute an den Solarmodulen *in der geografischen Mitte* der Bundesrepublik Deutschland bezieht und die zumindest annähernd als eine Indizien-Basis bei der Größenordnung für Planungsüberlegungen dienen kann.

Gebiets- und lagenbezogen werden allerdings solche Werte variieren und sie hängen zudem selbstverständlich auch davon ab, inwieweit sich so ein „statistisches" Schema der „sonnenreichen" Tage in den nächsten Jahren wiederholen wird. In südlicher liegenden Gebieten – darunter in Süddeutschland, in Österreich, in der Schweiz usw. – kann die Tagesausbeute um etwa 5 bis 10 % höher, in Norddeutschland dagegen um bis zu etwa 5 % tiefer liegen. Zumindest hypothetisch.

Die hier angegebene Tagesausbeute pro Quadratmeter Solarmodulenfläche bezieht sich auf die Solarenergie, die von Solarmodulen mit einem **Wirkungsgrad ab ca. 13,5** bis **14 %** ausgangsseitig (an ihren Anschlussklemmen) geliefert wird.

Bei netzgekoppelten Anlagen verringert sich die Ausbeute um Verluste, die in dem Wechselrichter und in den Zuleitungen (darunter auch

# 8 Berechnung des Jahresertrags

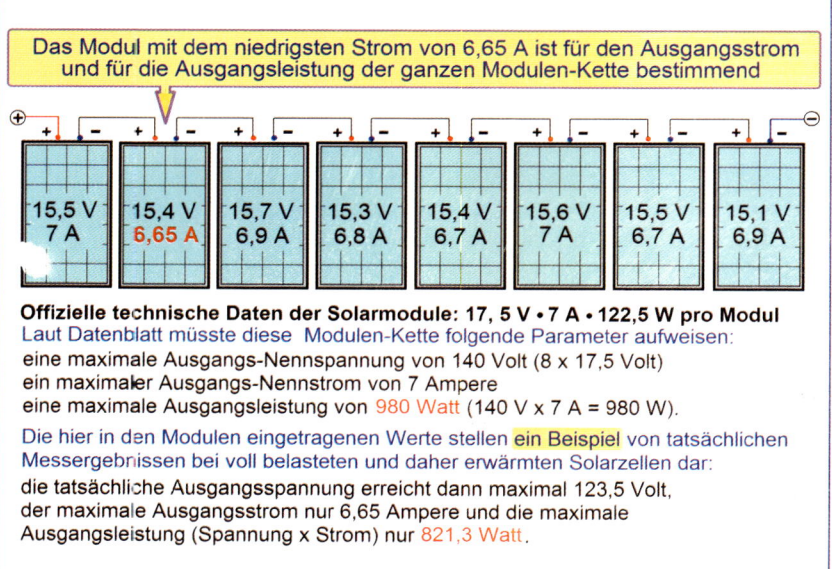

Das Modul mit dem niedrigsten Strom von 6,65 A ist für den Ausgangsstrom und für die Ausgangsleistung der ganzen Modulen-Kette bestimmend

| 15,5 V 7 A | 15,4 V 6,65 A | 15,7 V 6,9 A | 15,3 V 6,8 A | 15,4 V 6,7 A | 15,6 V 7 A | 15,5 V 6,7 A | 15,1 V 6,9 A |

**Offizielle technische Daten der Solarmodule: 17,5 V • 7 A • 122,5 W pro Modul**
Laut Datenblatt müsste diese Modulen-Kette folgende Parameter aufweisen:
eine maximale Ausgangs-Nennspannung von 140 Volt (8 x 17,5 Volt)
ein maximaler Ausgangs-Nennstrom von 7 Ampere
eine maximale Ausgangsleistung von 980 Watt (140 V x 7 A = 980 W).

Die hier in den Modulen eingetragenen Werte stellen ein Beispiel von tatsächlichen Messergebnissen bei voll belasteten und daher erwärmten Solarzellen dar:
die tatsächliche Ausgangsspannung erreicht dann maximal 123,5 Volt,
der maximale Ausgangsstrom nur 6,65 Ampere und die maximale
Ausgangsleistung (Spannung x Strom) nur 821,3 Watt.

**Abb. 8.3 –** Die tatsächliche Ausgangs-Nennleistung einer Modulen-Kette weicht von der theoretischen Nennleistung meistens nur „nach unten" ab, was durch eine einzige Solarzelle in einem der Module verursacht werden kann (denn eine einzige „schwache" Zelle bestimmt den maximalen Solarstrom des Moduls – und somit der ganzen Modulen-Kette)

an evtl. Schutzdioden) entstehen. Diese Verluste betragen bei gut konzipierten Anlagen in der Praxis durchschnittlich etwa 3 bis 6 %.

Wenn wir nun einfachheitshalber bei den Planungsüberlegungen mit „Einspeisungs-Verlusten" von 5 % rechnen, verringert sich die jährliche Summe der Solarleistung aus *Tabelle 8.1* auf ca. **144,7 kWh** (152,3 kWh minus 5 % = 144,7 kWh). Diese **144,7 kWh** könnten somit – allerdings nur hypothetisch – über den Wechselrichter ins

öffentliche Netz **pro Jahr pro Quadratmeter Solarmodulen-Fläche** geliefert (eingespeist und „durchverkauft") werden. Vorausgesetzt, das Wetter spielt im Rahmen der „statistisch fundierten" Erwartungen mit und der Standort der Fotovoltaik-Anlage liegt nahe der geografischen Mitte Deutschlands. Andernfalls dürften Korrekturen positiver oder negativer Art in Betracht gezogen werden.

Aus der *Tabelle 8.1* geht jedenfalls hervor, dass der Ertrags-

Schwerpunkt in den Monaten Mai bis August liegt. Dies hängt auch damit zusammen, dass diese Tage „lang" sind – wie *Tabelle 8.2* zeigt.

Die Tatsache, dass die Sonne täglich aufgeht – und irgendwann auch täglich untergeht – ist zwar an sich beruhigend, sagt aber nichts darüber aus, an welchen Tagen der Himmel bewölkt oder „sonnenklar" ist. Es gibt auch niemanden, der Ihnen sagen könnte, wie es mit dem Spenden der Sonne in den nächsten Tagen, Wochen oder Jahren aussehen wird. Einige Meteorologen sind der Ansicht, dass sich während der nächsten Jahre die warme Jahreszeit etwas ausdehnt, wodurch der Sommer länger andauern wird. Dadurch könnte sich auch der Ertrag einer Fotovoltaik-Anlage erhöhen.

Das sind aber alles nur Spekulationen. Sie können sich jedoch auch ganz individuell Ihre eigene Prognose der Ausbeute einer vorgesehenen Fotovoltaik-Anlage erstellen. Nähere Angaben über die Anzahl der Sonnentage bzw. Sonnenstunden, die es in den vergangenen Jahren in Ihrem Wohngebiet (bzw. in Ihrer Gegend) gegeben hat, erhalten Sie beim zuständigen Wetteramt.

In Hinsicht auf die Angaben in der *Tabelle 8.2* darf jedoch nicht automatisch angenommen wer-

| Tag: | Sonnenaufgang – Sonnenuntergang: | Sonnenlichtdauer: |
|---|---|---|
| 15. Januar | 8,21 – 16,42 Uhr | 8 Std. 21 Min. |
| 14. Februar | 7,38 – 17,35 Uhr | 9 Std. 57 Min. |
| 15. März | 6,35 – 18,28 Uhr | 11 Std. 53 Min. |
| 15. April | 5,28 – 19,18 Uhr | 13 Std. 50 Min. |
| 15. Mai | 4,32 – 20,06 Uhr | 15 Std. 34 Min. |
| 15. Juni | 4,05 – 20,40 Uhr | 16 Std. 35 Min. |
| 15. Juli | 4,23 – 20,32 Uhr | 16 Std.  9 Min. |
| 15. August | 5,07 – 19,45 Uhr | 14 Std. 38 Min. |
| 15. September | 6,56 – 18,38 Uhr | 11 Std. 42 Min. |
| 15. Oktober | 6,45 – 17,30 Uhr | 10 Std. 45 Min. |
| 15. November | 7,40 – 16,33 Uhr | 8 Std. 53 Min. |
| 15. Dezember | 8,20 – 16,14 Uhr | 7 Std. 54 Min. |

**Tabelle 8.2 –** Sonnenaufgang/Sonnenuntergang in der geografischen Mitte Deutschlands (Jahr 2003)

installierten Solarmodulen (die über keine verstellbare Ausrichtung zur Sonne verfügen) wird die erzeugte Solarleistung einige Stunden vor dem Sonnenuntergang wieder gleitend sinken.

Die Bahn der Sonne verläuft bekannterweise im Sommer einfach formuliert „hoch über unseren Köpfen", im Winter umschreibt sie dagegen nur einen flachen und kurzen Bogen in südlicher Richtung. Dadurch ist auch die Strahlungsdichte der Photonen, mit

den, dass die Solarzellen an einem sonnigen Tag sofort nach Sonnenaufgang ihre volle Leistung aufbringen. Eine Zeitlang (etwa die erste Stunde) nach dem Sonnenaufgang werden alle „normalen" SolarDachmodule nur von sehr schrägen Sonnenstrahlen bestrahlt, wodurch der Einfluss der *direkten* Sonnenbestrahlung fast bei Null liegt.

Durch das diffuse Licht (das in dem Fall ziemlich schnell an Kraft gewinnt) beginnen Solar-Dachmodule dennoch ziemlich schnell, eine „verwertbare Spannung" zu liefern. Erst nur „alibiweise", aber einige Stunden nach Sonnenaufgang zunehmend  kräftiger.  Bei  fest

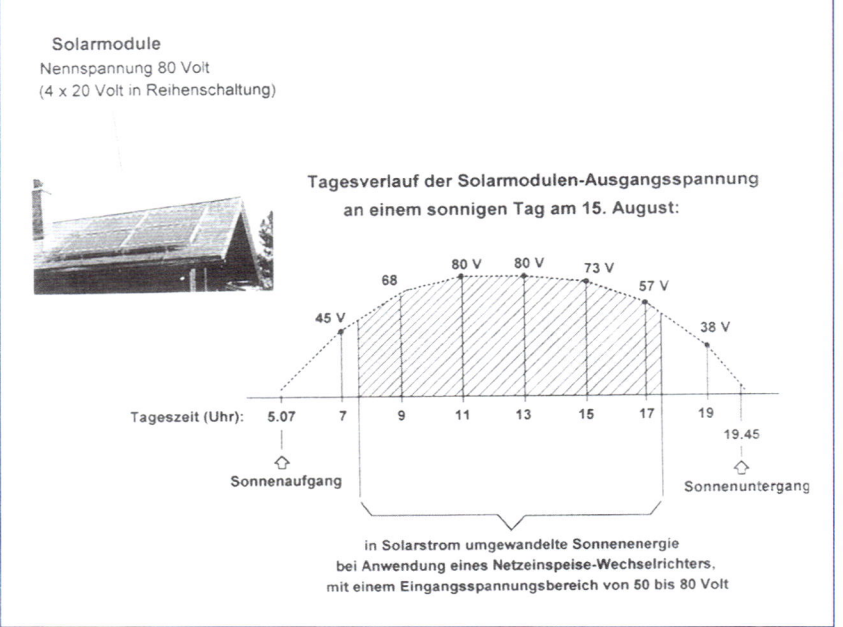

**Abb. 8.4 –** Die energetische Ausbeute einer Solaranlage hängt auch davon ab, wie gut die Solarmodulen-Nennspannung auf den Eingangsspannungsbereich des angewendeten Wechselrichters abgestimmt ist

denen die Sonne die Solarzellen „beschießt", während der kälteren Jahreshälfte deutlich geringer als während der wärmeren Jahreshälfte. Es dauert dann im Winter wesentlich länger als im Sommer, bevor nach dem Sonnenaufgang die Solarzellen eine brauchbare elektrische Energie liefern können.

Logischerweise sinkt im Winter auch am Nachmittag die Solarspannung und Solarleistung bereits etliche Stunden vor Sonnenuntergang auf einen „nicht mehr verwertbaren" Wert herab. Da sich z. B. im Spätherbst und im Winter wetterbedingt auch das diffuse Licht nicht so kräftig durchsetzen kann wie im Sommer, trägt es entsprechend weniger zu der gesamten Energieausbeute der Solarmodule bei.

Weil wir es bei diesem Anliegen mit vielen unkalkulierbaren Einflüssen und Launen der Natur zu tun haben, spielt ein sensibles Gefühl für die Natur bei allen Planungsüberlegungen eine sehr wichtige Rolle.

Wenn Sie sich vorerst nur sozusagen auf die Schnelle über die ganze Problematik informieren möchten, dürfte die Frage „was kostet mich so etwas und was bringt es mir?" am besten folgendes einfaches Planungsbeispiel beantworten:

---

## Klipp und klar

Der Teil der hier aufgeführten Daten und Hinweise zu den Berechnungen des Jahresertrages einer Fotovoltaik-Anlage, die auf der statistisch erfassten jährlichen Sonnenscheindauer beruhen, hat selbstverständlich nur einen wahrsagerischen Charakter. So lange unsere Meteorologen nicht einmal des Wetter zwei Tage vorher solide vorhersagen können, ergibt es wenig Sinn, wenn sie zu schätzen versuchen, wie viele sonnige Tage es in den nächsten zwanzig Jahren geben wird oder geben könnte. Das gilt auch für alle Tabellen mit den statistisch erfassten Sonnenscheinspenden, die Sie auch von den Banken und Umweltministerien kostenlos erhalten. Sie dürfen sich vorerst eigentlich nur darauf verlassen, dass sowohl die Fördermittel als auch die Einspeise-Vergütungen von der Regierung so ausgetüftelt wurden, das sich die Errichter von Fotovoltaik-Anlagen nicht eine goldene Nase verdienen können.

Wer das Glück hat, dass seine Anlage während ihres „Daseins" nur wenig Wartung und wenige Ersatzteile benötigt, der wird vielleicht nach 18 oder 20 Jahren möglicherweise gerade noch genügend Geld übrig behalten, dass er für die ziemlich aufwendige Demontage und Entsorgung der Anlage, sowie auch für eine ordentliche Wiederherstellung des Hausdachs aufbringen muss. Vielleicht bleibt ihm auch noch etwas Geld für eine eventuelle Wiederherstellung seines von einem Baukran zerfahrenem Gartens übrig. Das dürfte in den meisten Fällen ungefähr auch schon alles sein, was von der finanziellen Ausbeute bei einer kleineren Dachanlage in Wirklichkeit zu erwarten ist.

Es geht allerdings bei solchen Vorhaben nicht immer nur um das Geld. Wenn Sie aber nicht Geld zu verschenken haben, ist es dennoch wichtig, dass Sie bei der Planung einer Fotovoltaik-Anlage einen gehobenen Wert auf die Wahl der optimalen Solarmodule und Wechselrichter legen und nach Möglichkeit dies **unbedingt** vor der Installation **testen und vorselektieren**. Ein anderer wird das für Sie kaum tun, denn für solche „Späßchen" sind die meisten Installateure weder eingerichtet noch ausgebildet und montieren die Anlage einfach nur ähnlich zusammen, wie z. B. Deckenleuchten in einem Büro. Wenn sich dann bei der Inbetriebnahme die Fotovoltaik-Anlage nicht ausgesprochen tot stellt, reicht es den meisten Handwerkern aus, um das ganze „Kunstwerk" dem Kunden als vollendet zu übergeben.

# 9   Erhöhung des Ertrags bei bestehenden Fotovoltaik-Anlagen

Wenn man von einer Fotovoltaik-Anlage verlangt, dass sie perfekt funktioniert, muss man sie auch perfekt entwerfen und installieren. Das gelingt in der Praxis jedoch nicht immer optimal.

Abgesehen davon, können auch diverse später auftretende Defekte eine ursprünglich intakte Funktion eines der Anlagen-Bausteine beeinträchtigen und den energetischen Ertrag verringern.

Um zu kontrollieren, ob eine bestehende Fotovoltaik-Anlage tatsächlich auch das leistet, was sie – laut technischer Daten – leisten sollte, braucht man nicht unbedingt gleich aufs Dach zu steigen. Oft genügt eine einfache Messung der Solarspannung am Wechselrichter-Eingang nach *Abb. 9.1,* um sich zu vergewissern, dass die Solarmodule bei kräftigerem Sonnenschein auch tatsächlich Solarspannung in vorgesehener Höhe liefern.

Anhand der offiziellen Modulen-Nennspannung (laut technischer Daten der angewendeten Module) kann die Ausgangsspannung leicht ausgerechnet werden: Besteht beispielsweise so eine Modulen-Kette aus acht 17-Volt-Modulen, sollte die Ausgangsspannung annähernd 136 Volt (8 x 17 V) betragen.

Ein Spielraum von ca. 10 bis 20 % darf dabei toleriert werden. Aber nicht vergessen: Die meisten handelsübli-

# 9 Erhöhung des Ertrags bei bestehenden Fotovoltaik-Anlagen

chen Mult meter zeigen oft die Messwerte nur mit einer Genauigkeit von 3 bis 5 % an. In dem Fall sollte bei Zweifel so ein Multimeter in dem vorgesehenen Spannungsbereich mit einem geeichten Labor-Multimeter verglichen werden.

Wenn dann trotzdem die Solarspannung zu auffallend niedrig ist, könnte es darauf hinweisen, dass z. B. eine der Modulen-Sektionen defekt ist bzw. von einer Bypass-Diode kurzgeschlossen wurde u.ä. In dem Fall müsste an den Anschlussklemmen der einzelnen Module die Spannung nachgemessen werden, um den Defekt zu entdecken. Eine solche Messung ergibt jedoch nur dann einen Sinn, wenn sie an belasteten Modulen (bei sonnigem Wetter) vorgenommen wird.

Es versteht sich von selbst, dass in diesem Zusammenhang auch überprüft werden sollte, ob bereits bei der Planung die Modulen-Ausgangsspannung optimal auf den Arbeitsbereich (Eingangsspannungs-Bereich) des Wechselrichters abgestimmt wurde (siehe hierzu Kapitel 6).

Sollte sich bei einem solchen Test herausstellen, dass eines der Module defekt ist, muss dieses durch ein neues Solarmodul ersetzt werden. Wir haben bereits an anderer Stelle darauf hingewiesen, dass bei einer neu errichteten Anlage alle Module exakt gleiche technische Parameter haben sollen, da ansonsten die Leistung eventuell

„kräftigerer" Module verschenkt wäre. Bei einer Reparatur darf man sich jedoch einen solchen „Luxus" leisten, wenn es keine andere Lösung gibt.

Das neue Modul darf lieber für einen etwas höheren *Nennstrom* ausgelegt sein als die bereits bestehenden Module. Wenn der Modulen-*Nennstrom* niedriger wäre, würde ein solches „neues Kettenglied" womöglich den gesamten Ausgangs-Solarstrom der Kette abwürgen. Der *Nennstrom* des neuen Moduls *darf* zwar beliebig höher sein als der Nennstrom der restlichen (bestehenden) Module, aber der Überschuss kann nicht „vermarktet" werden.

Ein zusätzliches Solarmodul

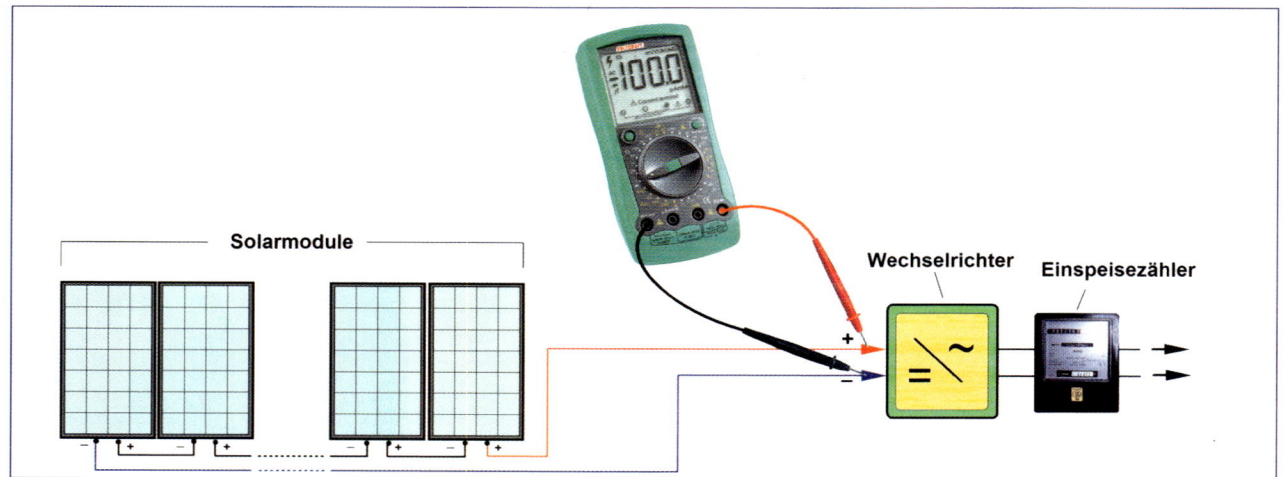

**Abb. 9.1 –** Die von den Solarmodulen jeweils gelieferte Spannung kann bei netzgekoppelten Fotovoltaik-Anlagen mit einem Multimeter am Eingang des Wechselrichters gemessen werden

# 9 Erhöhung des Ertrags bei bestehenden Fotovoltaik-Anlagen

kann auch in Reihe zu einer bereits bestehenden Modulen-Kette nach *Abb. 9.2* angeschlossen werden, wenn dadurch die Solarspannung auf einen Pegel erhöht wird, der eine günstigere Nutzung des Wechselrichters ermöglicht. Eine solche Lösung kann bei bestehenden Anlagen sinnvoll sein, bei denen die Modulenspannung bereits von dem Errichter zu niedrig gewählt wurde (als Planungsfehler oder auf Grund mangelnder Erfahrung). Sie kann sich zudem oft als erforderlich erweisen, wenn ein defekter Wechselrichter durch einen neuen Wechselrichter ersetzt werden muss, der für einen höheren Eingangsspannungs-Arbeitsbereich ausgelegt ist. Es spielt dabei keine Rolle, an welcher Stelle das neue Solarmodul (bzw. auch mehrere Module) in die bestehende Modulen-Kette eingegliedert werden. Sie können z. B. nach *Abb. 9.2 a) und b)* einfach dort in die bestehende Kette integriert werden, wo es sich räumlich am einfachsten machen lässt bzw. wo am Dach Platz ist.

Genau genommen können

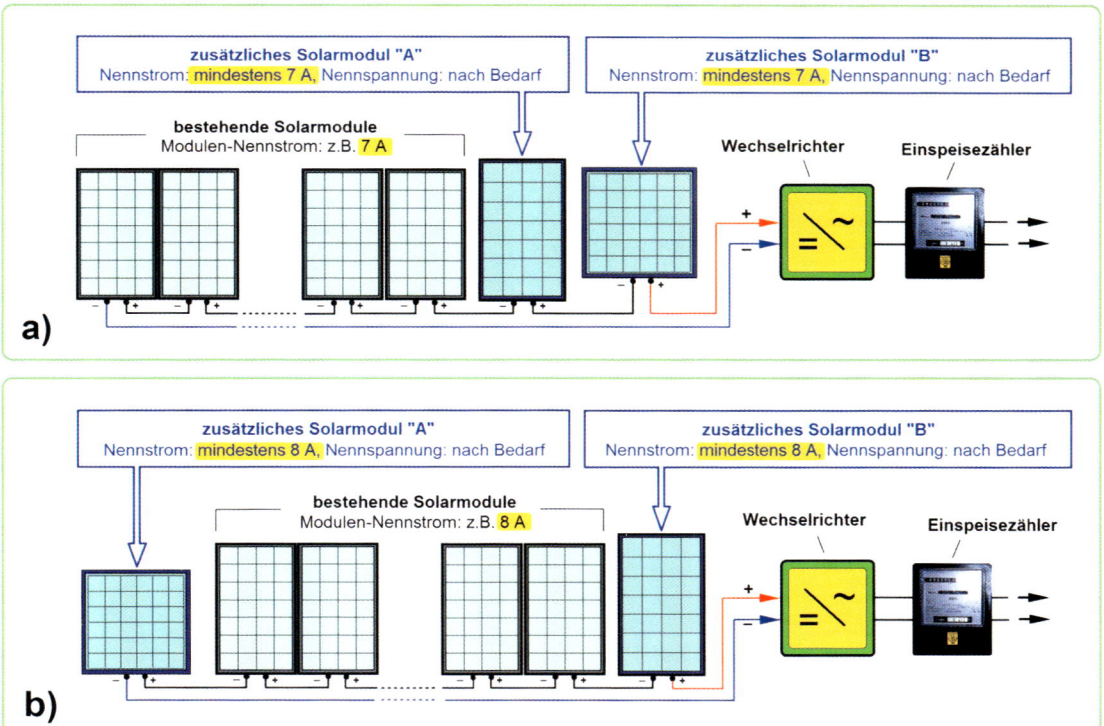

**Abb. 9.2** – Wird in eine bestehende Modulenkette ein weiteres (neues) Solarmodul integriert, darf sein *Nennstrom* beliebig höher liegen als der offizielle Nennstrom, der aus den technischen Daten der bestehenden Module hervorgeht; die maximal zulässige *Nennspannung* des neuen Moduls – oder auch mehrerer zusätzlicher Module – richtet sich nur nach der erlaubten Höchstgrenze der Eingangsspannung des Wechselrichters

# 9    Erhöhung des Ertrags bei bestehenden Fotovoltaik-Anlagen

auch mehrere, parallel verschaltete Modulen-Ketten um beliebig viele weitere Solarmodule nach *Abb. 9.3* „verlängert" werden.

Zu achten ist nur darauf, dass der *Nennstrom* der zusätzlichen Module nicht niedriger sein darf als der Nennstrom bestehender Module. Die *Nennspannung* der zusätzlichen Module darf im Prinzip beliebig hoch (oder niedrig) sein und wird einfach so gewählt, dass die „neue" Ausgangsspannung der Modulen-Kette

auf den Arbeitsbereich des Wechselrichters optimal abgestimmt ist (siehe hierzu Kapitel 6).

Bei der Anlage nach *Abb. 9.3*, die aus zwei parallel verschalteten Modulen-Ketten besteht, ist bei der Eingliederung der zusätzlichen Module darauf zu achten, dass für beide Ketten die zusätzlichen Module jeweils identische Parameter aufweisen.

**Alles klar?** Wir haben in diesem Buch die einzelnen Themen

sehr sorgfältig beschriebenen und auch den kritischen Schwachstellen viel Aufmerksamkeit gewidmet. Ein „normaler Mensch" kann erfahrungsgemäß alle diese Informationen nicht auf Anhieb verdauen und in seine Planungsüberlegungen optimal einbeziehen. Schon deshalb nicht, weil üblicherweise beim Lesen über so ein Thema vieles vorerst nur schnell überflogen wird, um sich überhaupt ein Bild von der Sache machen zu können. Daher

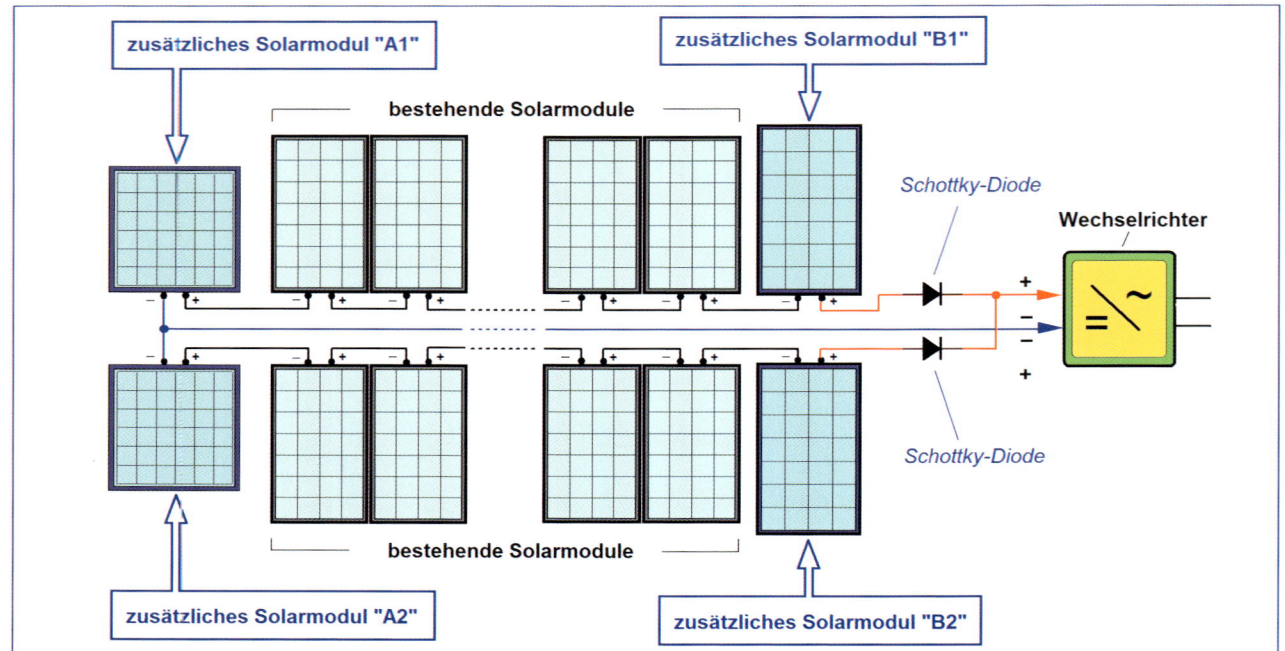

**Abb. 9.3 –** Wird ein defekter Wechselrichter durch einen neuen Wechselrichter ersetzt, der für einen höheren Arbeitsspannungs-Bereich ausgelegt ist, müssen zusätzliche Solarmodule an die (oder in die) bestehende Modulenkette angeschlossen (eingegliedert) werden, um die Solar-Ausgangsspannung auf den erforderlichen Wert zu erhöhen

lohnt es sich, dass man anschließend alles nochmals in Ruhe langsam durchliest und Themen vorselektiert, die mit dem eigenen Vorhaben zusammenhängen.

Sollten Sie noch an weiteren leicht verständlichen Büchern über die Solartechnik, Windenergie oder auch über Elektronik interessiert sein, die ebenfalls von Bo Hanus (Franzis-Verlag) verfasst wurden, sehen Sie sich bitte die nun folgende Übersicht an:

- Wie nutze ich Solarenergie in Haus und Garten? (5. Auflage, 97 S.)
- Solaranlagen richtig planen, installieren und nutzen (2. Auflage, 300 S.)
- Solarstromnutzung beim Campen, im Caravan, Wohnmobil und Boot (2. Auflage 97 S.)
- Spaß & Spiel mit der Solartechnik (112 S.)
- Wie nutze ich Windenergie in Haus und Garten? (3. Auflage, 97 S.)
- Das große Anwenderbuch der Windgeneratoren-Technik (319 S.)
- Spaß & Spiel mit der Elektronik (120 S.)
- So steigen Sie erfolgreich in die Elektronik ein (4. Auflage, 97 S.)
- Der leichte Einstieg in die Elektronik (4. Auflage, 363 S. )
- Das große Anwenderbuch der Elektronik (2. Auflage, 351 S.)
- Drahtlos schalten, steuern und übertragen in Haus und Garten (234 S.)
- Schalten, Steuern und Überwachen mit dem Handy (97 S.)
- Drahtlos überwachen mit Mini-Videokameras ( 2. Auflage 224 S.)
- Selbstbau-Roboter für Alarm- & Sicherheitsaufgaben (172 S.)
- Kampfspiel-Roboter im Selbstbau – Robot WARS (97 S.)
- Elektroinstallationen in Haus und Garten – echt leicht! (97 S.)
- Öl- und Gasheizung selbst warten und reparieren *(neu, 128 S.)*
- Sanitäranlagen selbst reparieren *(neu, 128 S.)*
- Elektrische Haushaltsgeräte selbst reparieren *(neu, 128 S.)*
- Digitale Sat-Anlagen selbst umrüsten/installieren *(neu, 128 S.)*
- Haushaltselektrik selbst installieren und reparieren *(neu, 128 S.)*
- Haushaltselektronik selbst reparieren *(neu, 128 S.)*
- Hausversorgung mit elternativen Energien *(neu, 128 S.)*
- Der leichte Einstieg in die Elektrotechnik *(219 S.)*
- Der leichte Einstieg in die Mechatronik *(268 S.)*

**Lieferanten von Solarmodulen, Wechselrichtern und Zubehör:**

**Alfasolar GmbH**
Calenberger Str. 28, 30169 Hannover
Tel.: 0511/1317190, Fax: 1317192

**Biohaus PV Handels GmbH**
Otto Stadler Str. 23, 33100 Paderborn
Tel.: 05251/50050-0, Fax 05251/50050-10
www.biohaus.de

**Conrad Electronic**
Klaus-Conrad-Straße, 92240 Hirschau
Tel.: 0180 / 5 31 21 11, Fax: 5 31 21 10
http://www.conrad.de

**ELV**
Tel.: 0491/600888, Fax: 0491/7016
www.elv.de

**Fronius International GmbH**
A-4600 Wels-Thalheim, Österreich
http://www.fronius.com

**Sunny Boy Wechselrichter:**
www.SMA.de / www.SMA-AMERICA.com

**Solar-Fabrik AG**
Munzinger Str. 10, 79111 Freiburg
Tel.: 0761/4000-0, Fax: 4000-199

**Schletter GmbH**
Heimgartenstraße 41, 83527 Haag i. OB
Tel.: 08072/9191-0, Fax: 08072/9191-61
www.schletter.de

**Schüco International KG**
Karolinenestraße 1-15, 33609 Bielefeld
Tel.: 0521-783-0, Fax: 0521-783-451
www.schueco.de

**Sunset Energietechnik GmbH**
Industriestraße 8 – 22, )1325 Adelsdorf
Tel.: 09195/9494-0, Fax: 9494/290

**Westfalia GmbH**
Werkzeugstraße 1, 58082 Hagen
Tel.: 0180/5303132, Fax: 0180/5303130
www.westfalia.de

# Stichwortverzeichnis

**A**
Akku 13
amorphe Silizium-Dünnschichtzellen 43, 110
Amorphe Solarmodule 44
Aufbau einer kristallinen Solarzelle 105
Ausgangs-Nennspannung 96

**B**
Badepools 25
Beschattungs-Unempfindlichkeit 52
Bezugszähler 12
Biegsame Solarzellen-Module 42
Bypass-Dioden 55, 60

**C**
Carports 16

**D**
Dachabdeckung 76
Dachkollektoren 21
Dachmodule 35
Dachneigung 70
Dachziegel 77, 80
Dünnschicht-Zellen 43
Durchgangs-Dachziegel 78

**E**
Eingangsspannungsbereich 93
Eingangsspannungs Bereich 94
Minimum 52
Einspeise-Stromzähler 12, 18
Einspeisezähler 12
Energieeinsparung 27
Ermittlung der Modulleistung pro Quadratmeter 44

**F**
Fassadenkollektoren 21
Flachdach 83
Flachdachmontage 82
Fotovoltaik-Dachanlagen 10

**G**
Garagen-Flachdächer 82
Gekapselte Solarzelle 97
Gussmasse 39

**H**
Heizkosten-Anteil 27
Heizkreispumpe 23

**I**
internationalen Standard-Testbedingungen 43
Inverter 89

**J**
Jahresausbeute der Solarenergie 119

**K**
Kilowattstunden 19, 20
Kleine Solarmodule 96
Kreuzverbinder 81
kristalline Solarzellen 20
Kurzschluss-Strom 45, 109

**L**
Laderegler 13
Leerlauf 109
Leerlaufspannung 45, 109
Leistungsverlust 68
in einer elektrischen Leitung 99
Leitungen und Verbindungen 99
Leitungsquerschnitt 99
Licht-/Leistungsverhältnis der Solarzellen 112
Lüftungsfirst 80

**M**
Maximumwerte 108
mehrere Modulenketten 58
Module an einer Fassade 84
Modulen-Ausgangsspannung 112
Modulen-Entspiegelung 74
Modulenfläche 37
Modulen-Kette 57
Modulenleistung 46
Modulen-Nennspannung 50
Modulenrahmen 49
Modulenspannung 46
Modulstützen 79
monokristalline Solarzellen 43, 110
monokristalline Zellen 106
Montage von Solar-Dachmodulen 79
Montageschienen 75
Montagesysteme 80
MPP-Tracking 92
Multikristalline Solarzellen 107
Multimeter 68

**N**
n/p-Übergang 105
Nachführung der Solarflächen 87
Neigungswinkel 70, 74
Verstellung 85
Nennleistung 19, 45, 50, 109
Nennspannung 45
Nennstrom 45, 109
Nennwerte 108
Netzeinspeise-Wechselrichter 91
Netzeinspeisung 101
Netzgekoppelte Fotovoltaik-Anlagen 11
Netzunabhängige Fotovoltaik-Anlagen 12

**P**
parametrische Unterschiede 107
Planschbecken 25
Planungsüberlegungen 38
polykristalline (multikristalline) Zellen 106
polykristalline Solarzellen 43, 110
Preis/Leistungs-Verhältnis 8

**Q**
Querschnitt der Leiter 100

**R**
Rahmenkonstruktion 77
Reflektionsverlust 73

**S**
Schaltzeichen 56
Schottky-Diode 54
Schottky-Dioden 60
Schutzdioden 66
Selbstbau 9
Selbstbau-Solaranlage 20
Selbstbau-Trageschiene 82
seriell/parallel verschaltete Solarzellen 40
Silizium-Solarzelle 105
Solaranlagen 8
Solar-Dachkollektor 22
Solarleistung 112
Solarmodul 13
Solarmodule 16, 39
Solarmodule testen 61, 62
Solarmodulen-Fläche 42
Solarstrom 112
Solartechnik 9

solarthermische Anlage 10
Solarthermische Anlagen 21, 29
solarthermische Kollektoren 29
solarthermischer Kollektor 24
Solarzellen 36, 39, 103, 104
Solarzellen-Module 35
Solarzellen-Wirkungsgrad 110
Sonnenenergie 8
Spannungsverlust 68
Sperrspannung 67
Springbrunnenpumpen 14
Standardgrößen 111
Standard-Testbedingungen 108
Standby-Verbrauch 93
String-Wechselrichter 59, 64, 90

**T**
Tiefentladeschutz 13
Tragekonstruktion 76
Trapez-Dachhaut 80

**U**
Umwälzpumpe 22
Umwandlungs-Wirkungsgrad 45, 110
Unempfindlichkeit gegen Hagelschlag 48

**V**
Ventilatoren 14
vollautomatische Nachführung einer Solarzellenfläche 87

**W**
Wärmedämmung 83
Wärmetauscher 22
Wärmeträgermedium 25, 33
Warmwasser-Speicher 22, 29
Warmwasser-Zirkulationspumpe 22
Wechselrichter 12, 13, 38, 89
Weiherbelüftung 14, 15
Werte bei max. Leistung 108
Wirkungsgrad des Wechselrichters 93
Wirkungsgrad einer Solarzelle 43
Wirkungsgrad-Unterschiede 111

**Z**
Zellen-Kupferbahnen 108
Zellenleistung 97
Zellenspannung 97
Zellenstrom 97

Ulrich E. Stempel

# Photovoltaik-Solaranlagen

FRANZIS
*DO IT YOURSELF*

IM HAUS BAND **16**

Ulrich E. Stempel

# Photovoltaik-Solaranlagen

## für Alt- und Neubauten selbst planen und installieren

### Leicht gemacht, Geld und Ärger gespart!

Mit 120 farbigen Abbildungen

**Bibliografische Information der Deutschen Bibliothek**

Die Deutsche Bibliothek verzeichnet diese Publikation in der Deutschen Nationalbibliografie;
detaillierte Daten sind im Internet über **http://dnb.ddb.de** abrufbar.

© 2007 Franzis Verlag GmbH, 85586 Poing

**Satz:** DTP-Satz A. Kugge, München
**art & design:** www.ideehoch2.de
**Druck:** Legoprint S.p.A., Lavis (Italia)
Printed in Italy

**ISBN** 978-3-7723-**4288-2**

# Vorwort

Ich schaue aus dem Fenster, bis eben habe ich noch am Computer gearbeitet. Es ist Nacht und draußen ist es stockdunkel, so dunkel wie schon lange nicht mehr. Nicht einmal die Straßenlaternen brennen, und auch bei meinen Nachbarn sind alle Fenster dunkel. Da höre ich im Radio: „Aufgrund der Abschaltung einer Überlandleitung ist in halb Europa der Strom ausgefallen."

Dieser Fall ist zwar zum Glück eher selten und eigentlich auch nicht das Argument Nr. 1 für eine Photovoltaikanlage auf dem Dach. Eher noch die Möglichkeit, mit dieser Technik Geld zu verdienen und gleichzeitig etwas für unsere Umwelt zu tun. Und trotzdem ist es ein gutes Gefühl, ein Stück weit autark zu sein.

Liebe Leserin, lieber Leser, natürlich tun wir mit einer Solaranlage Gutes für uns und unsere Umwelt, langfristig verdienen wir damit Geld, aber das Besondere ist: Eine Solaranlage zu betreiben und damit Stromlieferant zu sein, macht viel gute Laune!

Dieses Buch handelt von Photovoltaikanlagen, wie sie funktionieren und was Sie selbst zum Bau Ihrer eigenen Solaranlage beitragen können.

Viel Erfolg bei Ihrer eigenen Solaranlage wünscht Ihnen

Ulrich E. Stempel

*Danksagung*
Dank gebührt allen Mitstreitern für eine lebenswerte Zukunft. Namentlich möchte ich mich bei meiner Partnerin Antje Heußner für Ihre Unterstützung und bei meinem Verlag für das Vertrauen in meine Arbeit bedanken.

**Wichtiger Hinweis**

Beachten Sie bitte bei all Ihren Arbeiten die Unfallverhütungsvorschriften (Arbeitssicherheit auf Dächern)!

# Inhaltsverzeichnis

| 1 | **Planung der Solaranlage und Grundsätzliches** | 9 |
|---|---|---|
| 1.1 | Sonnenenergie, eine kostenlose Energiequelle | 10 |
| 1.2 | Sinn und Nutzen von Solaranlagen | 11 |
| 1.3 | Solarenergie im Altbau | 12 |
| 1.4 | Voraussetzungen für die Solaranlage | 13 |
| 1.5 | Bedarfsermittlung | 14 |
| 1.6 | Bauliche Voraussetzungen | 28 |
| 1.7 | Wirtschaftlichkeit: mit der Solaranlage Geld verdienen | 33 |
| 1.8 | KfW-Frogramm | 35 |
| 1.9 | Steuerliche Belange | 36 |
| 1.10 | Versicherungen | 37 |
| 1.11 | Finanzierung | 38 |
| 1.12 | Einspeisevergütung (EEG) | 39 |

| 2 | **Solaranlage konkret** | 41 |
|---|---|---|
| 2.1 | Netzparallelsystem | 43 |
| 2.2 | Netzunabhängiges Inselsystem | 58 |

# Inhaltsverzeichnis

**3  Montage der Solaranlage**                                      71

3.1   Grundsätzliche Montageprinzipien                              72

3.2   Einachsige Nachführungen                                      73

3.3   Zweiachsige Nachführungen                                     77

3.4   Indachmontage oder Aufdachmontage, Vor- und Nachteile         78

**4  Das können Sie leicht selbst erledigen**                       87

4.1   Übersicht über die Arbeiten in 12 Schritten                   89

**5  Die Solaranlage steht still**                                  105

5.1   Störungen, Ursachen, Behebung                                 107

5.2   Wartung der Solaranlage, Gewährleistung                       110

**6  Anhang**                                                       111

6.1   Förderung                                                     112

6.2   Einstrahlungsscheibe                                          114

6.3   Sonnendiagramme                                               117

6.4   Projektierungsbeispiel                                        120

6.5   Quellenverzeichnis                                            125

6.6   Nützliche Adressen                                            126

**Register**                                                        127

7

# 1 Planung der Solaranlage und Grundsätzliches

## 1.1    Sonnenenergie, eine kostenlose Energiequelle

Die Sonne liefert in Deutschland im Jahresdurchschnitt auf einen Quadratmeter ungefähr 1000 kWh Energie – das entspricht dem Energieinhalt von rund 100 Litern Heizöl oder 100 Kubikmetern Erdgas. Wie viel Energie daraus genutzt werden kann, hängt bei Solaranlagen auch von der verwendeten Technik ab. Außerdem beeinflussen die Anlagendimensionierung und die Ausrichtung der Solaranlage zur Sonne den Ertrag. Damit die Solarenergie wirtschaftlich genutzt werden kann, sollten außerdem die Anlagenkomponenten sinnvoll dimensioniert und gut aufeinander abgestimmt werden.

Steigende Energiepreise machen Solaranlagen jetzt und in Zukunft immer sinnvoller. Die Sonne stellt keine Rechnung! Je eher Sie Ihre Solaranlage realisieren, desto mehr Energie können Sie von der Sonne ernten und damit Geld verdienen. Die Zeit drängt auch deshalb, da die durch das EEG garantierte Einspeisevergütung jährlich um 5 % geringer wird. Der Einspeisesatz wird bei der Fertigstellung der PV-Anlage festgeschrieben und gilt dann für 20 Jahre (mehr dazu weiter unten).

# 1.2    Sinn und Nutzen von Solaranlagen

Neben der Nutzung der Einsparpotenziale beim Energieverbrauch kann die Sonne als Energiequelle eine der wichtigsten Zukunftsperspektiven für unsere Energieversorgung werden. Die Vorräte an fossilen Quellen werden früher oder später aufgebraucht sein. Die Langzeitgefahren der Atomkraft sind immens und die Kernfusionstechnologie ist bisher praktisch nicht realisierbar.

Die Sonne sendet uns genug Energie auf die Erde und zwar direkt an unsere Haustüre (bzw. auf das Hausdach). Mit einer Solaranlage können Sie einen Teil dieser Energie nutzen.

Wenn ich hier den Begriff „Solaranlage" verwende, so meine ich die beiden Systeme Photovoltaik und Thermik.

Elektrischer Strom ist ein wichtiger Bestandteil unseres Alltags geworden und nicht mehr wegzudenken. Die meisten Geräte wären ohne den Strom aus der Steckdose nicht betriebsfähig und wie wir schon erlebt haben, ist unser Lebensalltag bei Stromausfällen völlig gestört.

Aufgrund des EEG (Energieeinspeisegesetz) und der damit garantierten Stromvergütung entscheiden sich immer mehr Menschen, sich an PV-Anlagen (Photovoltaikanlagen) in Form von Bürgersolaranlagen zu beteiligen oder auf ihrem eigenen Hausdach eine PV-Anlage zu installieren.

Die Laufzeiten bis zur Amortisation sind so ausgelegt, dass sich die PV-Anlage unter normalen Umständen in etwa 10 bis 15 Jahren durch den ins Netz eingespeisten Strom selbst finanziert hat.

Und dies geräuschlos, emissionsfrei und ohne belastende Rückstände.

Durch Eigenleistungen, z. B. bei der Montage, können Sie die Amortisationszeit und damit die Wirtschaftlichkeit der Anlage noch weiter verbessern.

Gut geplante und funktionstüchtige PV-Anlagen leisten einen bedeutenden Beitrag zur Reduktion von Schadstoffemissionen, insbesondere von Kohlendioxid ($CO_2$), das bei der Verbrennung fossiler Energieträger entsteht. Das $CO_2$ verstärkt den „Treibhauseffekt" und verändert damit das Weltklima. Verwendung von Solarenergie kann somit entscheidend helfen, die Emissionen dieses „Klimagases" zu senken und damit auch unsere Umwelt zu erhalten und wieder zu verbessern.

Je nach Zellentyp hat die PV-Anlage die Nebenwirkungen, die bei der Herstellung entstanden sind, innerhalb von einem bis max. fünf Jahren wieder wettgemacht. Im Betrieb fallen keine weiteren Schadstoffe an. Sollte die Anlage irgendwann ausgedient haben, so kann z. B. das wertvolle Silizium wiederverwendet werden.

## Photovoltaik

Sonnenenergie wird mit Hilfe von Solarmodulen in elektrischen Strom umgewandelt, welcher entweder in das öffentliche Netz eingespeist wird (Netzparallelbetrieb) oder, bei einer Inselanlage, direkt im Haushalt verbraucht wird.

## Photothermie oder Thermie

Die Solarstrahlung (Wärmestrahlung) wird mit Hilfe von Kollektoren als absorbierte Strahlung gesammelt und dem Haushalt, z. B. als Warmwasser, zur Verfügung gestellt.

Die thermischen Solaranlagen können sowohl zur Brauchwasserwärmung als auch zur Raumheizung und zur Kühlung (Klimaanlagen) herangezogen werden.

## Hinweis

Eine PV- Anlage mit einer Leistung von 1 kWpeak und einer Solarmodul-Fläche von ca. 10 m² bringt im Durchschnitt pro Jahr ca. 10.000 kWh elektrischer Energie und spart damit über eine halbe Tonne $CO_2$ (Schadstoffe) ein.

# 1.3 Solarenergie im Altbau

Viele glauben, dass sich Solaranlagen nur in Neubauten besonders gut integrieren lassen, weil sie von Anfang an zusammen mit dem Gebäude geplant werden können. Das sehe ich anders!

Dieses Buch zeigt Ihnen deshalb Wege auf, wie eine Solaranlage gut bei bestehenden Gebäuden installiert werden kann.

Ein wichtiger Grund für mich, das Thema „Sanierung von Altbauten und bestehenden Häusern" in den Vordergrund zu stellen, ist, dass die Dachflächen bestehender Gebäude ein enormes Potenzial an Flächen für Solaranlagen darstellen. Die Nutzung von regenerativen Energien wie Solarenergie ist eine sinnvolle Investition und zeitgemäße Ergänzung neben baulichen Energiesparmaßnahmen wie Wärmedämmung, Einbau von Fenstern mit gutem K-Wert und einer effektiven Heizungsanlage.

Mit dem Begriff „Altbau" sind hier alle bestehenden Häuser gemeint. Der Architekt spricht bei Altbaumaßnahmen von „Sanieren im Bestand".

Steht die Sanierung eines Gebäudes an, sind Überlegungen zur Realisierung von Solaranlagen un-bedingt mit einzubeziehen. Dabei ergeben sich Kosteneinsparungen durch Nutzung und Kombinationen der bereits vorhandenen Sanierungsstrukturen. Einsparungen ergeben sich z. B. dann, wenn das Dach komplett neu gedeckt werden muss und die Solaranlage so installiert wird, dass dadurch weniger Dachziegel benötigt werden. Oder das für andere Arbeiten (wie z. B. für die Fassadensanierung) aufgestellte Gerüst kann für die Installation der Solaranlage mitgenutzt werden.

> **Info**
>
> Natürlich lassen sich die Informationen, die Sie im Buch finden, genauso gut auch für Neubauten sinnvoll nutzen.

**Abb. 1 –** Photovoltaik im Altbau.

# 1.4    Voraussetzungen für die Solaranlage

Nachdem Sie nun einen Teil dieses Buches gelesen haben, werden Sie sicher schon ein paar Mal prüfend auf Ihr Dach geschaut haben, wo denn da eine Solaranlage montiert werden könnte.

Zunächst einmal sind die Grundvoraussetzungen für den Standort und die Montage des Solargenerators zu prüfen.

Ist Ihr Dach denn überhaupt für eine Solaranlage geeignet?

Brauchen Sie für Ihre Solaranlage vielleicht sogar eine Genehmigung?

Und dann gibt es auch noch einige technische Rahmenbedingungen, die die Leistungsfähigkeit Ihrer Solaranlage beeinflussen können.

### Vorüberlegungen, Anlagenplanung

Es ist sinnvoll, Ihr Projekt „PV-Anlage" gut vorzubereiten und im Voraus einige Fragen zu klären, wie zum Beispiel:

- Wahl der Dachfläche: Wo soll die PV-Anlage montiert werden (siehe auch Kapitel „Voraussetzungen")?
- Gibt es optische Zusatzüberlegungen?
- Für welche Anlagenleistung reicht der Platz? Ermittlung der Anlagengröße und Investitionshöhe.
- Welche Eigenleistungen sind möglich?
- Vergleichende Angebote für Material und/oder komplette Anlagenmontage einholen.
- Dem zuständigen Energieversorgungsunternehmen mitteilen, dass Sie vorhaben, Strom aus einer PV-Anlage einzuspeisen.

Und es stellt sich die Frage nach der Wirtschaftlichkeit und den Finanzierungsmöglichkeiten.

### Finanzierung

- Wirtschaftlichkeitsberechnung, Investition und Ertrag.
- Sinnvolles und tragbares Verhältnis von Eigenkapital und Fremdkapital.
- Prüfen der Konditionen eines eventuell erforderlichen Kredites, Anfragen bei der Umweltbank oder der Hausbank.
- Kreditantrag stellen.

# 1.5 Bedarfsermittlung

**Z**uerst einmal sollten Sie das Platzangebot auf dem Dach und damit die mögliche Leistung der PV-Anlage ermitteln. In Abb. 2 finden Sie eine Tabelle mit überschlägigen Werten („über den Daumen gerechnet") zum Flächenbedarf der Module und der daraus resultierenden Leistungsabgabe.

Die Leistung ergibt sich aus dem Zellenwirkungsgrad der Module und aus der Anzahl der Module bzw. der Strings (mehrere Solarmodule in Reihenschaltung, zusammengefasst).

In der Tabelle in Abb. 2 finden Sie die überschlägigen Werte bezogen auf 1 kWpeak Anlagenleistung.

Die Größe der Photovoltaikanlage wird sich meistens nach der vorhandenen und für die Solaranlage nutzbaren Dachfläche und nach Ihren Finanzierungsabsichten und -möglichkeiten richten, da der Strom beim Netzparallelbetrieb verkauft wird. Bei Inselanlagen hingegen richtet sich die Größe der Solar-

**Mein Hinweis**

peak bedeutet die Spitzenleistung des Solarmoduls unter vorgeschriebenen Bedingungen wie 1000 W/m² Einstrahlung und 25 °C Zellen-Temperatur. In der Praxis werden diese Werte in Deutschland nur selten erreicht.

anlage nach dem eigenen, erforderlichen Energiebedarf.

## Berechnungen und Simulationsprogramme

Die auf dem Markt angebotenen Berechnungsprogramme (z. B. der Wechselrichterfirmen) sind gut nutzbar. Die Programme können Sie meist frei downloaden und auf Ihrem Computer installieren. Je nach Anlagengröße (in kWpeak) sind die Komponenten wie Module und Wechselrichter z. B. aus der angehängten Bibliothek herunterzuladen und die Bedingungen, wie

**Mein Tipp**

Je größer die Solaranlage, desto günstiger sind meist der Investitionsaufwand und die Dividende (siehe Wirtschaftlichkeit) pro kWpeak.

zum Beispiel die Dachausrichtung, die Leitungsentfernungen von Solargenerator, Wechselrichter und Einspeisezähler, einzugeben. Das Programm gibt Ihnen eine Projektierung an die Hand und weist Sie auf mögliche Probleme der Anlagenkonfiguration hin. Sie finden ein Projektierungsbeispiel, erstellt mit einer Simulationssoftware und Internetadressen im Anhang.

*Platz für Wechselrichter*
Der bzw. die Wechselrichter sollten, wenn möglich, in der Nähe des Sicherungskasten bzw. des Zählerschranks montiert werden. Der Standort sollte nicht zu warm sein, also z. B. nicht direkter Sonnen-

| Leistung in kWpeak | Zellenart | Flachdach, Dachfläche in m² | Schrägdach, 40° Dachfläche in m² |
|---|---|---|---|
| 1 | Mono-/Polykristalline Zellen | 30 | 10 |
| 1 | Amorphe Zellen | 60 | 20 |

**Abb. 2 –** Dachflächen und Leistung, grobe Anhaltswerte für 1 kWpeak (über den Daumen). Beispiel: Sie haben ein Schrägdach mit 60 m². Nach Abzug für die Randbereiche usw. verbleiben ca. 50 m². Mit Modulen (ausgestattet mit monokristallinen Zellen) können Sie eine PV-Anlage mit 5 kWpeak vorsehen.

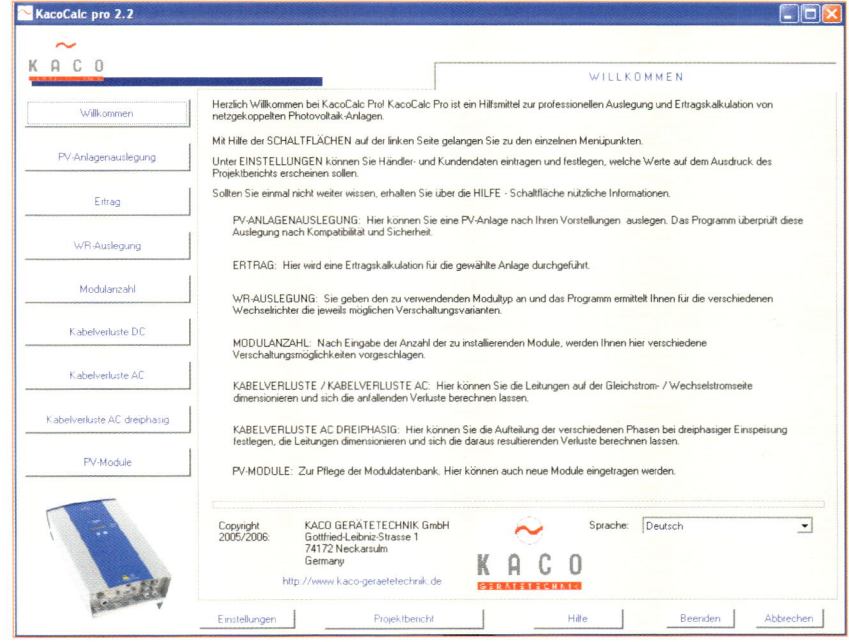

**Abb. 3 –** Simulationsprogramm zur Anlagenplanung, kostenlos heruntergeladen und installiert. Quelle (6)

**Mein Tipp**

Soll sich der Wechselrichter im Außenbereich befinden, so ist die Schutzart IP 65 nach DIN EN 60529 vorzusehen.

**Abb. 4 –** Wechselrichter an einer Außenwand montiert. Zur Sicherung gegen Unbefugte wurden sie in einem Gittergehäuse untergebracht. Ein Teil der Verwahrung ist für das Foto abgenommen, damit Sie die Wechselrichter sehen können.

strahlung ausgesetzt sein oder direkt unter einem Dach montiert werden, das sich im Sommer stark aufheizen kann. Eine erhöhte Umgebungstemperatur sowie die Montage der Wechselrichter in schlecht belüfteten, warmen Räumen können den Ertrag der PV-Anlage mindern.

Mögliche, sinnvolle Montagestandorte sind: Im Keller, im Treppenhaus, in der Waschküche, an einer schattigen Außenwand, z. B. Ostseite (regengeschützt) oder an einem kühlen Platz auf oder in der Nähe des Daches, wo die Solarmodule installiert sind.

# 1.5 Bedarfsermittlung

Die Abmessungen des Wechselrichters sind natürlich systemabhängig. Jedoch sollte für einen Wechselrichter mindestens eine Wandfläche von 0,7 m x 0,7 m verfügbar sein, für mehrere Wechselrichter entsprechend mehr, wobei bei größeren Photovoltaikanlagen mehrere Strings an einem großen Wechselrichter zusammengefasst werden können (siehe auch Wechselrichter). Die systembedingten Mindest-

**Abb. 5 –** Zusätzlicher Sicherungskasten mit montiertem Einspeisezähler. Rechts oben können Sie die Box für die Fernüberwachung erkennen.

## Hinweis

Der Leitungsanschluss eines oder mehrerer Wechselrichter an den Einspeisezähler und der Anschluss des Einspeisezählers an das öffentliche Stromnetz dürfen nur von einem autorisierten Fachmann durchgeführt werden!

abstände der Wechselrichter untereinander und zu anderen Einbauten sind zu beachten.

Der Einspeisezähler kann in einem vorhandenen Sicherungskasten angebracht werden, z. B. neben dem Stromzähler. Ist dort kein ausreichender Platz, so muss ein weiterer Sicherungskasten gesetzt werden.

## Benötigt man eine Genehmigung?

Ich kann Sie beruhigen, Solaranlagen sind in der Regel genehmigungsfrei.

Natürlich gibt es Sonderfälle. Zum Beispiel, wenn ein Gebäude unter Denkmalschutz steht oder wenn Form und Neigung der Solaranlage extrem von der Dachform des Gebäudes abweichen.

Im Zweifel informieren Sie sich und/oder sprechen Sie vorab mit dem für Sie zuständigen Bauamt.

# 1.5   Bedarfsermittlung

**Abb. 6** – Solarfassade, Module an einer Fassade. Quelle (7)

Gibt es partout keine Möglichkeit, die Solaranlage auf dem Dach des Wohnhauses anzubringen, bleiben evtl. noch vorhandene Nebendächer oder die Fassade.

Die Module können z. B. als Teil der Außenhülle der Fassade verwendet werden und schützen so gleichzeitig das dahinter liegende Mauerwerk. Natürlich ist der Energieertrag geringer als bei einer optimalen Ausrichtung der Module, aber so eine Solarfassade hat nicht jeder und die Einspeisevergütung für Fassaden ist höher.

**Dachausrichtung, Dachneigung und mögliche Schattenwürfe**

*Lage (Standort) und Ausrichtung des Daches*
Die durchschnittliche „solare Energiedichte" ist abhängig vom geografischen Breitengrad Ihres Anwesens. Sie können die Globalstrahlung (einfallende Sonnenstrahlung auf einer waagrechten Fläche) aus der Karte in Abb. 7 ersehen. Der deutsche Wetterdienst zeichnet schon über viele Jahre die Wetterdaten auf und stellt sie in aufberei-

teter Form gegen eine geringe Gebühr (z. B. im Internet zum Herunterladen) zur Verfügung. Somit ist es auch für Sie möglich, für jeden zurückliegenden Monat eines Jahres die Daten abzufragen und für Ihre örtliche Lage zu überprüfen. Möglicherweise gibt es auch in Ihrer Nachbarschaft Betreiber von Solaranlagen, die Ihnen sicher gerne Auskünfte zu ihren Erfahrungen und den Erträgen in „dieser Gegend" geben werden.

Die Werte der ortsabhängigen solaren Einstrahlung sind für den Ertrag und für die Wirtschaftlichkeit ein wichtiger Gesichtspunkt. Außerdem ist zu prüfen, ob die Dachausrichtung günstig ist und der bauliche Zustand des Daches genügt

Optimal wäre eine hundertprozentige Ausrichtung des Daches nach Süden. Kleinere Abweichungen nach Osten oder Westen sind aber unwesentlich.

Ist das Dach um 45° nach Osten oder Westen gewandt, so können Sie immer noch mit ca. 95 % des Energieertrages rechnen.

Von der Montage einer Anlage auf Satteldächern mit West-Ost-Ausrichtung (90° Abweichung zur Südrichtung) ist dagegen eher abzuraten. Bei dieser Situation kann nur noch mit 70 bis 85 % des Ertrages gerechnet werden.

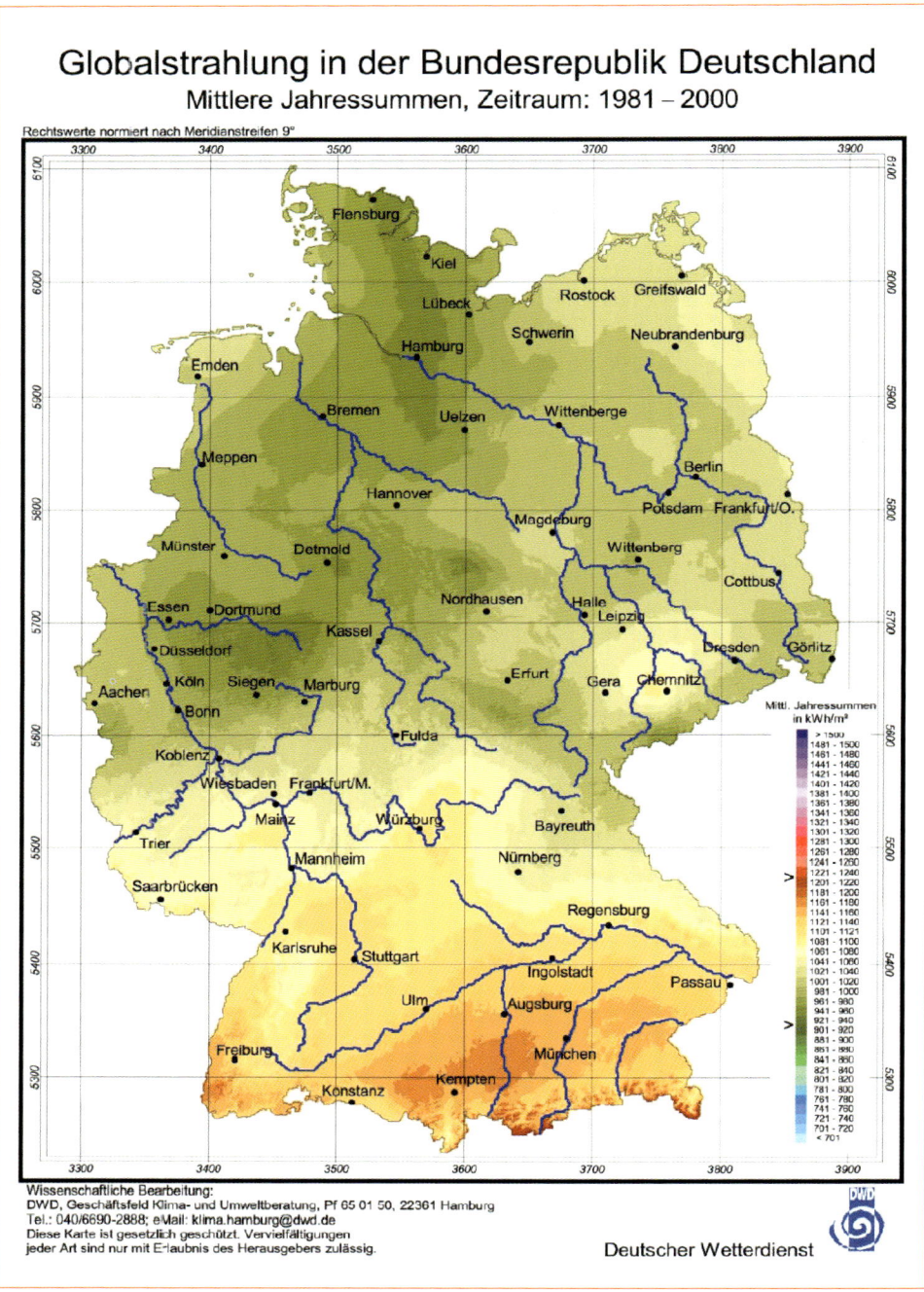

**Abb. 7 –** Globalstrahlung, mittlere Jahreswerte im Zeitraum 1981 bis 2000. Sonnenstrahlung/Sonnenenergie pro Jahr und m² auf eine waagrechte Fläche. Je nach Lage in Deutschland von ca. 930 kWh/m² bis zu 1200 kWh/m². Quelle (1)

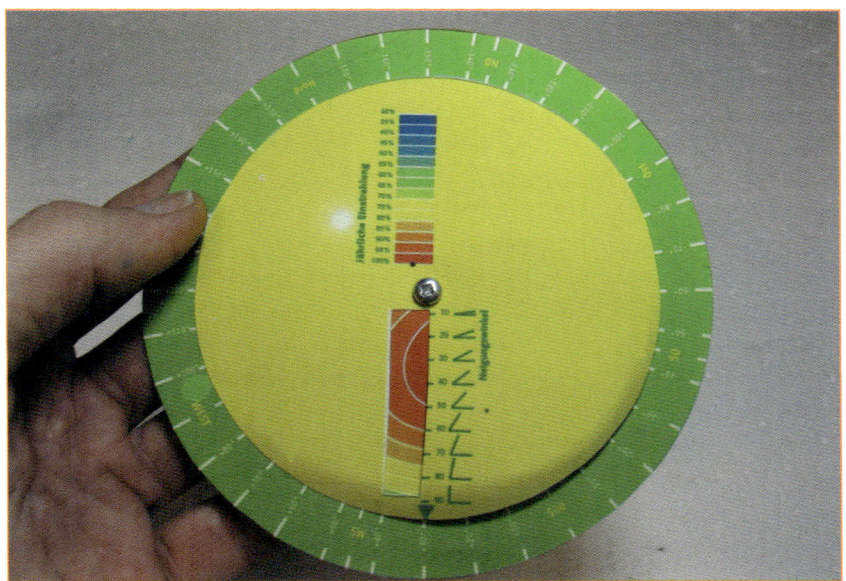

*Abb. 8* – Mit der Einstrahlungsscheibe können Sie bequem den Energieertrag Ihres Daches ermitteln.

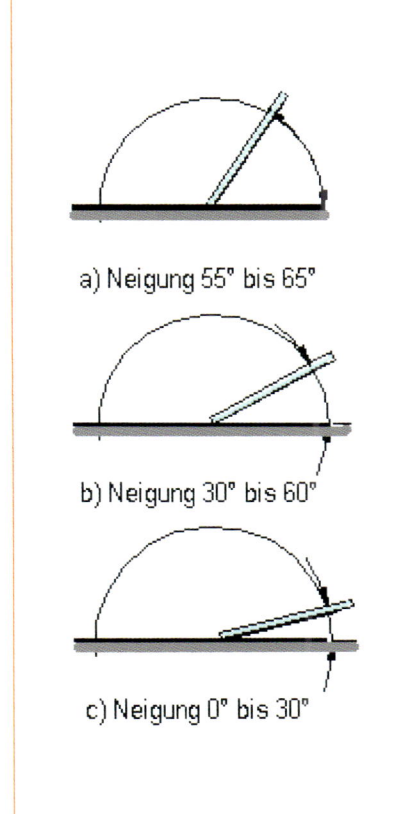

*Abb. 9* – Unterschiedliche Nutzung entsprechend dem Dachwinkel und der Jahreszeit: **a)** Süddächer mit einer Neigung von 55° bis 65° bieten eine bestmögliche Nutzung während des Winters. **b)** Dächer mit einem Neigungswinkel von 30° bis 60° nach Süden bieten optimale Erträge während der Übergangszeiten. **c)** Süddächer mit einem Winkel von 0° bis 30° sind für die Nutzung der Sommersonne gut geeignet und bringen bei Diffusstrahlung die größten Erträge.

**19**

Den für Ihre Situation überschlägigen prozentualen Energieertrag können Sie mit einer Einstrahlungsscheibe bequem selbst ermitteln. Die dazu erforderlichen Vorlagen finden Sie als Bastelbogen im Anhang des Buches.

*Neigung des Daches, Flachdach*
Bei einem Neubau besteht meist noch die Möglichkeit, das Dach passend für die Solaranlage zu optimieren. Bei einem vorhandenen Gebäude geht das nur, wenn größere Umbaumaßnahmen vorgesehen sind. Ansonsten muss man sich mit dem begnügen, was da ist.

Die Dachneigung beeinflusst in verschiedener Hinsicht den Energieertrag. Auch hier können Sie die Einstrahlungsscheibe zu Hilfe nehmen. Bei einer optimalen Ausrichtung nach Süden liegt der optimale Winkel laut Scheibe bei 30°. Bei einer gradgenauen Ausrichtung des Daches nach Osten oder Westen ist der Energieertrag laut Scheibe 90 %, bei einer Dachneigung von 0° bis 30° und bei einer Dachneigung von 30° bis 45° tendenziell nur noch 85 %.

# 1.5    Bedarfsermittlung

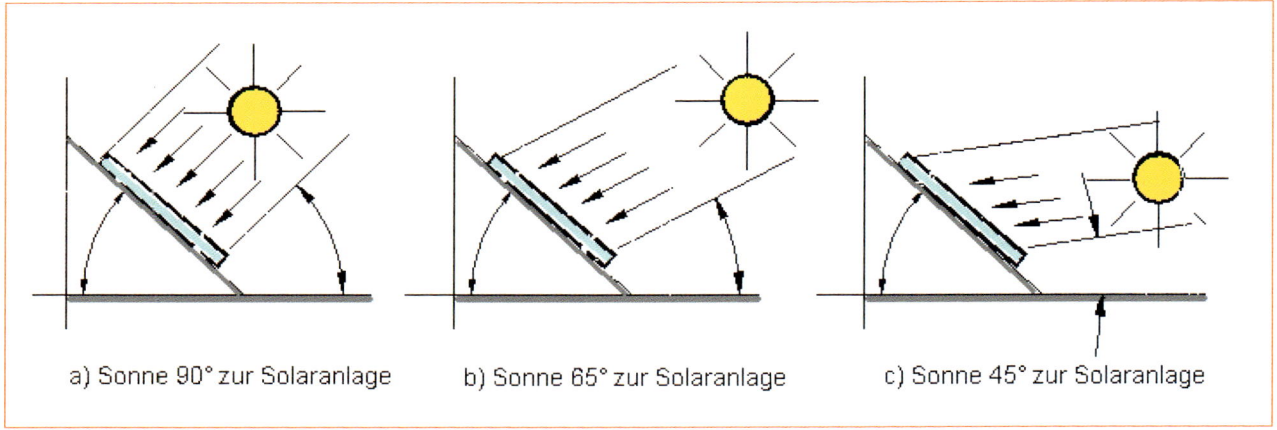

a) Sonne 90° zur Solaranlage    b) Sonne 65° zur Solaranlage    c) Sonne 45° zur Solaranlage

**Abb. 10 –** Stand der Sonne zur Solaranlage **a)** optimal, es erreichen mehr Strahlen, in der Zeichnung dargestellt durch die Anzahl der Pfeile, die Modulfläche; **b)** Sonne mit Winkel von 60° zur Solaranlage und weniger Strahlen pro Fläche; **c)** Sonne mit Winkel von 45° zur Solaranlage. Dies erleben wir sowohl mit der Tageszeit als auch mit der Jahreszeit. **a)** entspricht der Mittagszeit und mehr dem Sommer, **b)** mehr morgens und abends und dem Winter.

Die auf der Scheibe angegebenen Werte sind darauf gegründet, dass der Energieertrag optimal über das Jahr erfolgt. Dies ist bei einer Photovoltaikanlage, die in das öffentliche Netz einspeist, entscheidend. Bei einer Inselanlage wird im Winter mehr Energie gebraucht, daher sind die Module, sofern möglich, besser steiler aufzustellen (siehe auch Abb. 9 b). Bei einer thermischen Solaranlage gibt es auch andere Schwerpunkte. Die Wärme-Energie wird hauptsächlich in den Übergangszeiten und im Winter benötigt. Auch hier ist ein steilerer Montagewinkel besser.

Ein weiterer wichtiger Aspekt, der für eine ausreichende Neigung (Schrägstellung) spricht, ist die Selbstreinigung durch den Regen und das Abgleiten des Schnees. Unter 15° bis 20° Neigung kommt es zu verstärkten Schmutzablagerungen und der Schnee bleibt länger auf den Modulen liegen.

Hat Ihr Haus ein Flachdach, so gibt es einige gute Möglichkeiten, gerade für Sie als Selbstbauer, die Solar-

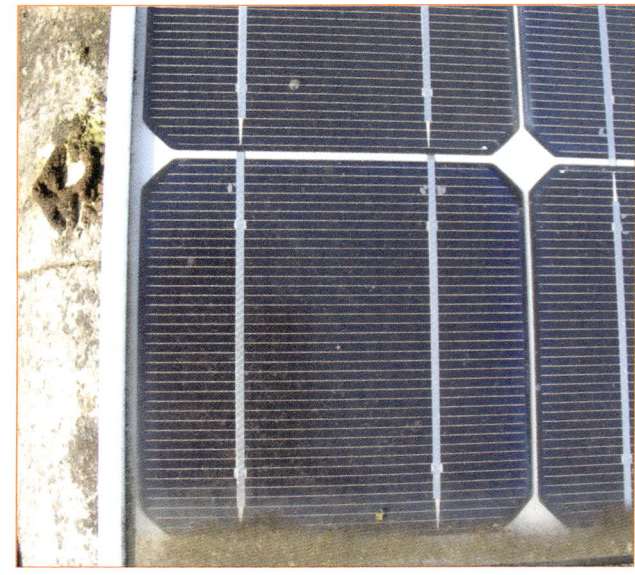

**Abb. 11 –** Verschmutzung einer Solaranlage (Photovoltaikmodul) durch ungenügende Neigung (12°).

anlage dort aufzubauen. Je nach Flachdachdichtung – in der Regel handelt es sich um eine bituminöse Abdichtung mit Kiesabdeckung – gibt es gute Lösungen. Wichtig ist auch hier, den Zustand der Dachdichtung und die Belastbarkeit des Daches vorab zu prüfen. Sind diese in Ordnung, so ist die einfachste Möglichkeit eine entsprechend konfektionierte Wanne (siehe Abb. 12), die mit dem auf dem Dach vorhandenen Kies gefüllt wird und damit als Beschwerung dient. Darauf wird dann das Untergestell der Solaranlage montiert. Keinesfalls darf an irgendeiner Stelle die Dachdichtung verletzt werden (z. B. durch Bohren). Auch sollten die Leitungen nicht durch das Dach geführt werden (außer wenn es dafür bereits eine Dachdurchdringung wie z. B. einen stillgelegten Kamin oder ein Lüftungsrohr gibt). Eine weitere Möglichkeit für die Unterkonstruktion ist die Verwendung von alten Betonplatten, auf die dann das Untergestell aufgedübelt werden kann. Zwischen Dachdichtung und Wanne bzw. Betonplatten

sollten Sie ein dickes Glasfaservlies mit ca. 300 g/m² oder eine Gummischutzmatte legen, diese schützt vor einer mechanischen Verletzung der Dachhaut!

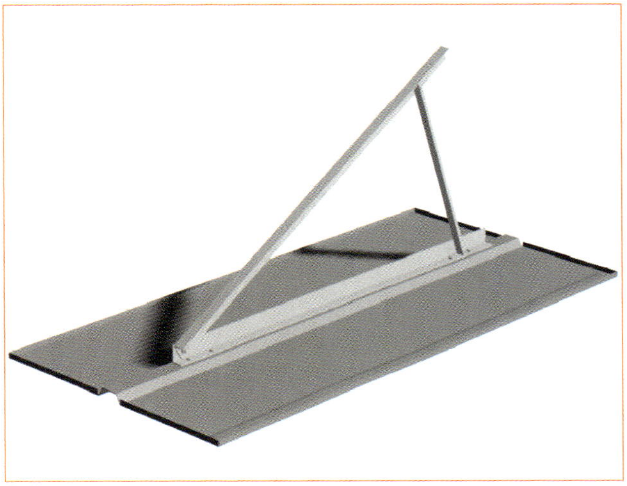

*Beschattungen*
Die Beobachtung der Schattenwürfe ist durch den laufenden Positionswechsel der Sonne (von der Erde aus gesehen) im Tages- und Jahreslauf recht schwierig. Die scheinbare Bewegung der Sonne entsteht durch die

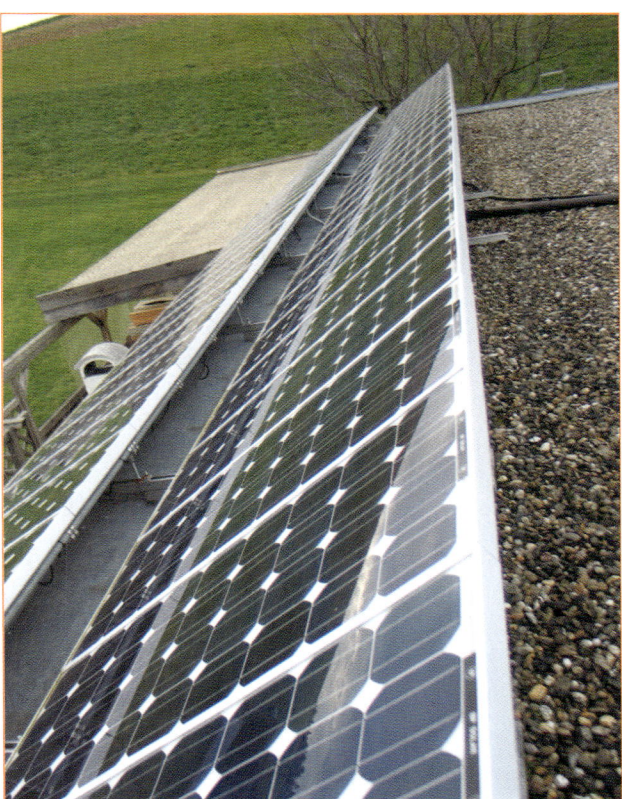

**Abb. 13** – Flachdächer können auch Vorteile haben: Wer seine Solaranlage auf dem Flachdach installiert, kann meist die optimale Neigung und Ausrichtung frei wählen.

**Abb. 12** – Wanne für Flachdachmontage (Kieswanne). Quelle (5)

# 1.5 Bedarfsermittlung

Kombination der Erddrehung mit der Bewegung der Erde um die Sonne. Die dadurch entstehende Sonnenbahn am Himmel lässt sich mit Kurvendiagrammen, bezogen auf den geografischen Breitengrad und die Jahreszeit, darstellen. D e variierende „Höhe" der Sonne zur Mittagszeit führt dazu, dass ein Schatten werfendes Hindernis im Winter und im Sommer unterschiedliche Auswirkungen auf die PV-Anlage hat.

Die Diagrammkurven in Abb. 14 und Abb. 15 zeigen auch die unterschiedliche Tageslänge (Sonnenscheindauer), zu sehen im Azimutwinkel, im Sommer und im Winter.

Am besten ist es, wenn das Dach vollkommen frei von Schattenwurf ist. Leider sind solche Dächer selten. Doch ein Trost, Abschattungen haben vormittags bis ca. 9.00 Uhr und nachmittags ab ca. 17.00 Uhr nur einen sehr geringen Einfluss auf den Energieeintrag, da die Sonne in dieser Zeit sehr tief steht. In der „Kernzeit" hingegen sollte Schattenwurf vermieden werden. Kleinere und harte Schatten sind bei Photovoltaikanlagen problematisch. Da kann dann selbst ein Mast, eine Satelliten-Antenne, ein Kamin oder Ähnliches den Ertrag um bis zu 50 % schmälern.

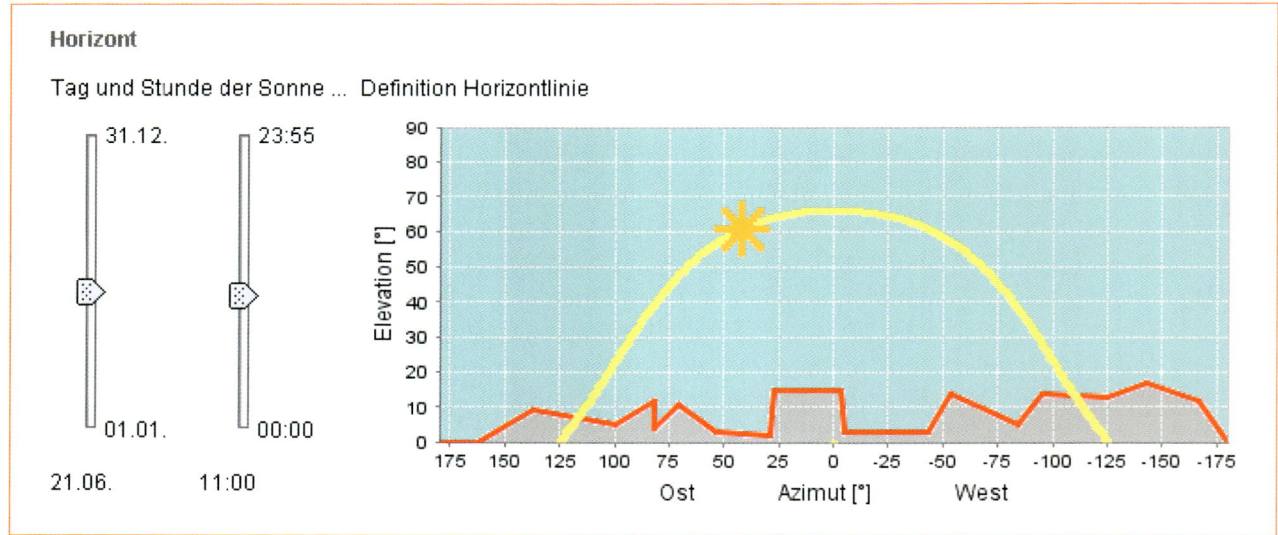

**Abb. 14** – Kurvendiagramm Sommer, zum 21. Juni, 11.00 Uhr. Die rote Linie zeigt den Horizont mit Bebauung und Bäumen. Quelle (2)

Grund: Die schwächste Solarzelle zieht den Stromfluss des ganzen Stranges herunter.

Die Beschattungen sind für das ganze Jahr zu prüfen. Steht die Sonne im Herbst und im Winter niedriger, so können bereits knapp über dem Horizont befindliche Hindernisse Schatten werfen. Ein Laubbaum hat im Sommer Blätter, im Winter ist er laublos und damit durchlässig für die Strahlen der Sonne. Ein Nadelbaum oder ein gebautes Hindernis lässt aber auch im Winter das Licht nicht durch.

Dächer und Aufbauten benachbarter Gebäude oder des eigenen Gebäudes können zeitweise zur Beschattung der Solaranlage führen.

Eine Möglichkeit wäre, sofern Sie die Zeit und die Geduld haben, ein ganzes Jahr lang die für die Solaranlage in Frage kommende Dachfläche morgens, mittags und abends zu beobachten.

Eine weitere, praktikablere Möglichkeit ist es, sich ein Hilfsmittel anzufertigen oder zu kaufen, mit dem Sie die Sonnenlaufbahn und die Schattenhindernisse in kurzer Zeit für das ganze Jahr ermitteln können.

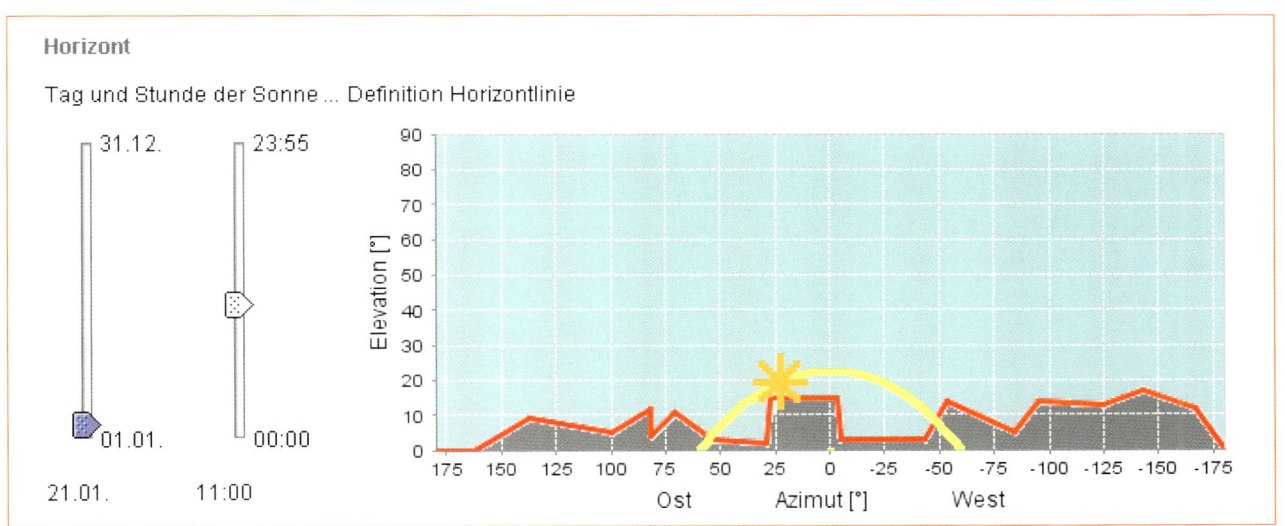

**Abb. 15** – Kurvendiagramm Winter, am 21. Dezember, ebenfalls 11.CO Uhr. Quelle (2)

## 1.5 Bedarfsermittlung

Im Abschnitt 6.3 finden Sie ein Sonnendiagramm, mit dem Sie den Schattenwurf von Objekten überschlägig ermitteln und eintragen können. Natürlich ist das Profigerät aus Abb. 17 genauer, aber für die ersten Überlegungen hilft Ihnen Ihr Sonnendiagramm auch gut weiter.

Im Diagramm sind unten (im Azimut) die Himmelsrichtungen angegeben. Auf der senkrechten Achse ist der Sonnenwinkel (Elevation) verzeichnet.

Am 21. Juni steht die Sonne in der Mittagszeit bei der angegeben Breite von 48° in einem Winkel von etwa 64°

**Abb. 16 –** Zeitweise Beschattung einer Photovoltaikanlage durch die eigene Dachgaube.

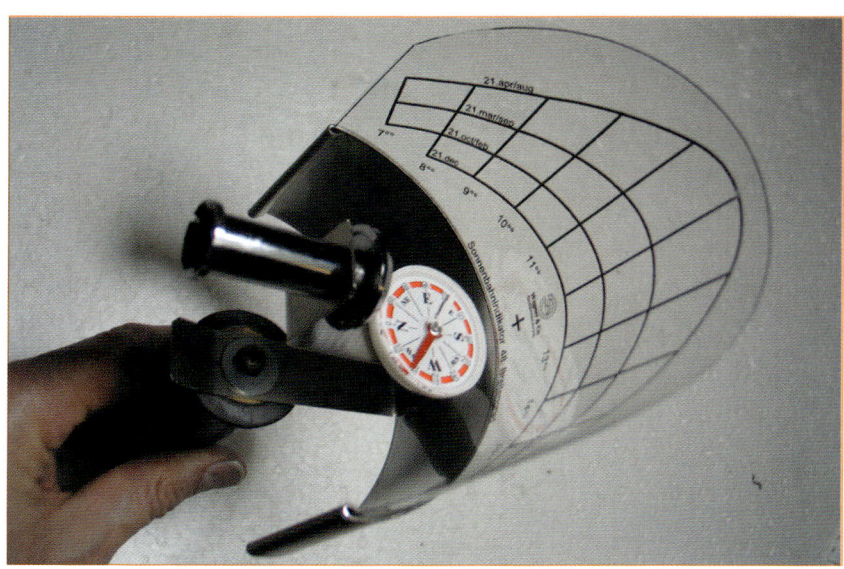

**Abb. 17 –** Profi-Schattenmesser von Wagner & Co. mit der Bezeichnung „Sonnenbahn-Indikator". Mit der Libelle und dem Kompass wird das Messgerät waagrecht und nach Süden ausgerichtet.

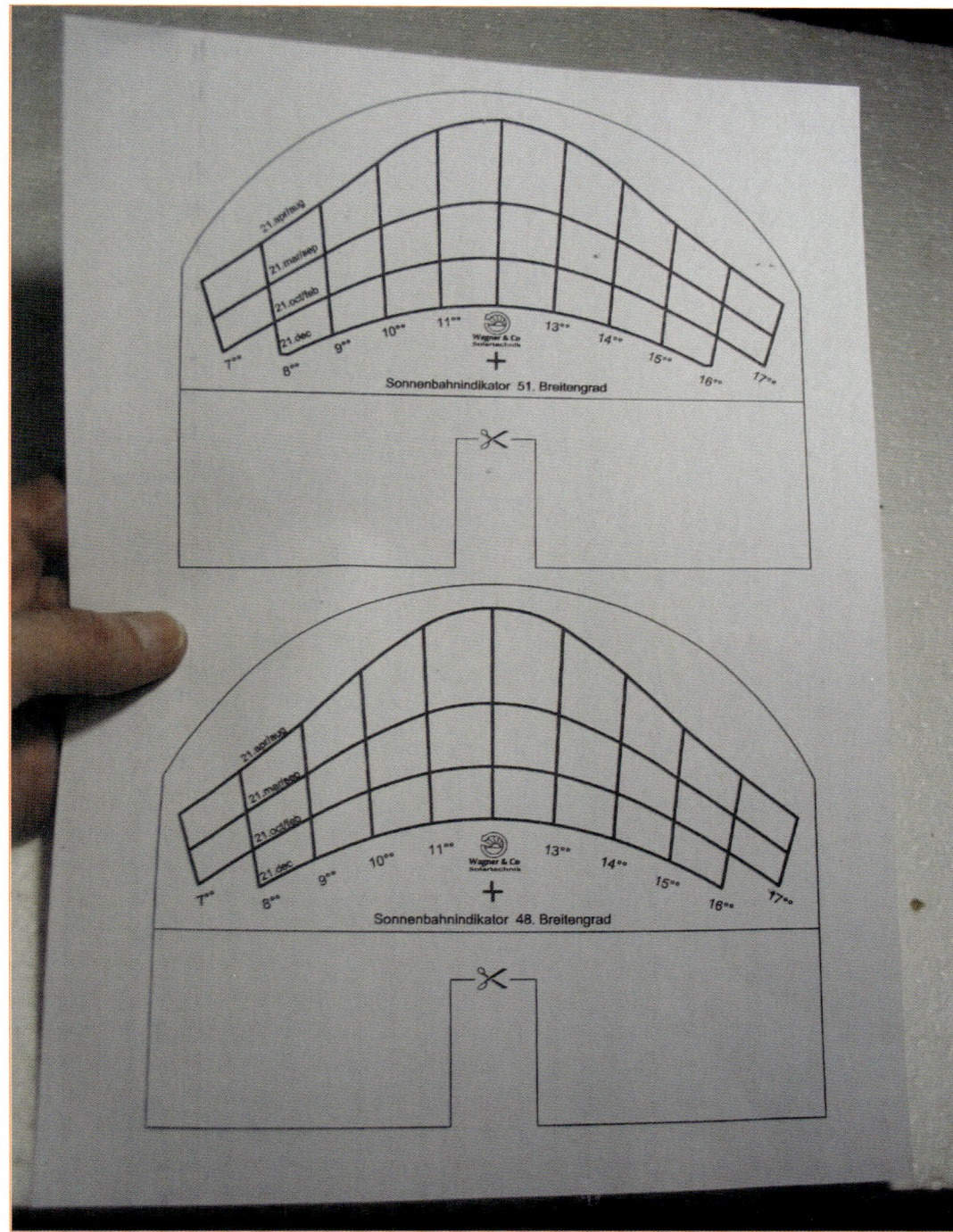

**Abb. 18 –** Zu dem Sonnenbahnindikator gibt es zwei Folien mit Diagrammen für den 51. Breitengrad (Norddeutschland) und den 48. Breitengrad (Süddeutschland).

# 1.5 Bedarfsermittlung

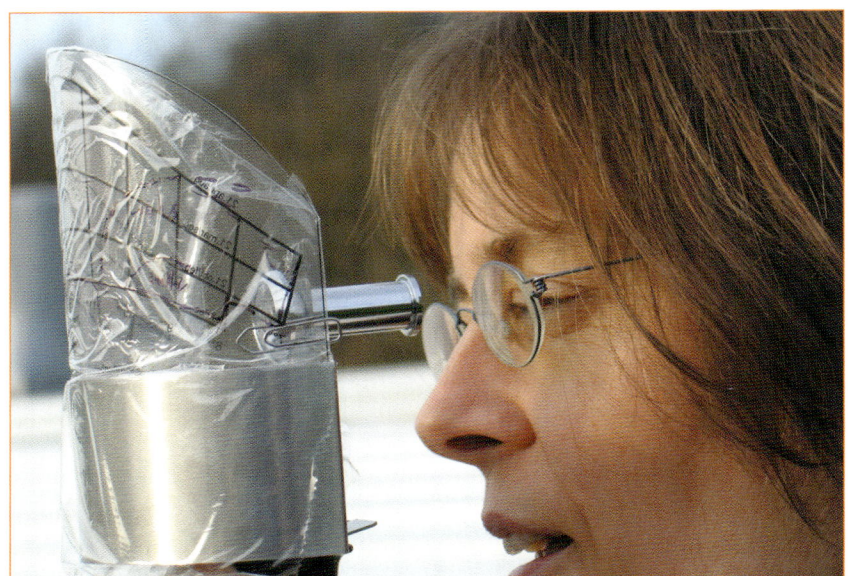

zur Horizontalen, am 21. Dezember (Tiefststand) in etwa 18°.

Sie können die Schattensilhouette mit einem Faserschreiber auf dem Diagramm festhalten und dann später in Ruhe die Situation nochmals anschauen bzw. die Schattenfläche mit einem Simulationsprogramm in den Ertragsrechnungen berücksichtigen.

Werden Modulstränge hintereinander auf einem Flachdach platziert (aufgestellt), so ist zu beachten, dass sich die Module nicht gegenseitig beschatten.

**Abb. 19 –** Anwendung des Sonnenbahnindikators der Fa. Wagner & Co. Nach dem Ausrichten des Gerätes schaut man durch das Okular auf das Sonnendiagramm und die am Horizont befindlichen Bäume und Bauteile.

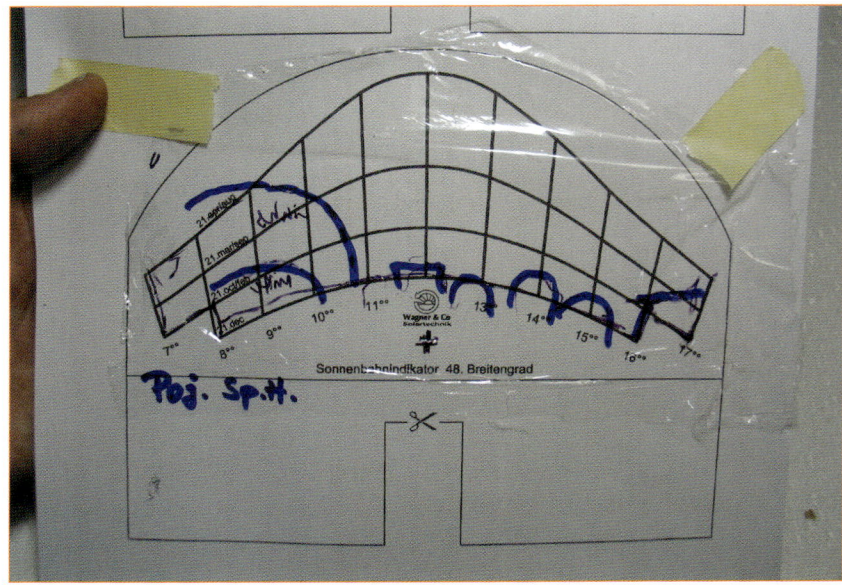

**Abb. 20 –** Zu sehen ist das Sonnendiagramm mit der aufgelegten Folie, auf welche die „Schatten werfenden Objekte" während der Anwendung eingezeichnet wurden. Die Beschattungen können dann in Simulationsprogrammen weiterverarbeitet werden.

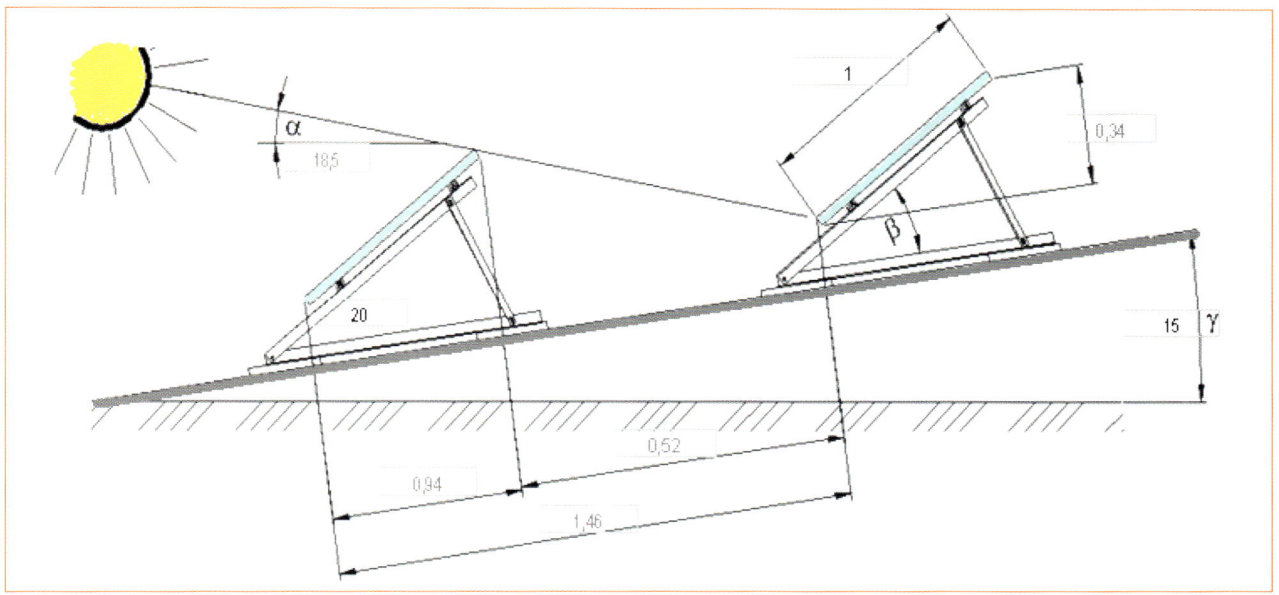

**Abb. 21 –** Systemzeichnung aus dem Berechnungsprogramm der Fa. Schletter, bei leicht geneigtem Dach. Je nach den örtlichen Angaben rechnet das Programm den erforderlichen Abstand der Module aus. Der niedrigste Einstrahlungswinkel am 21. Dezember ohne eine gegenseitige Beschattung ist im abgebildeten Beispiel 18,5°. Quelle (5)

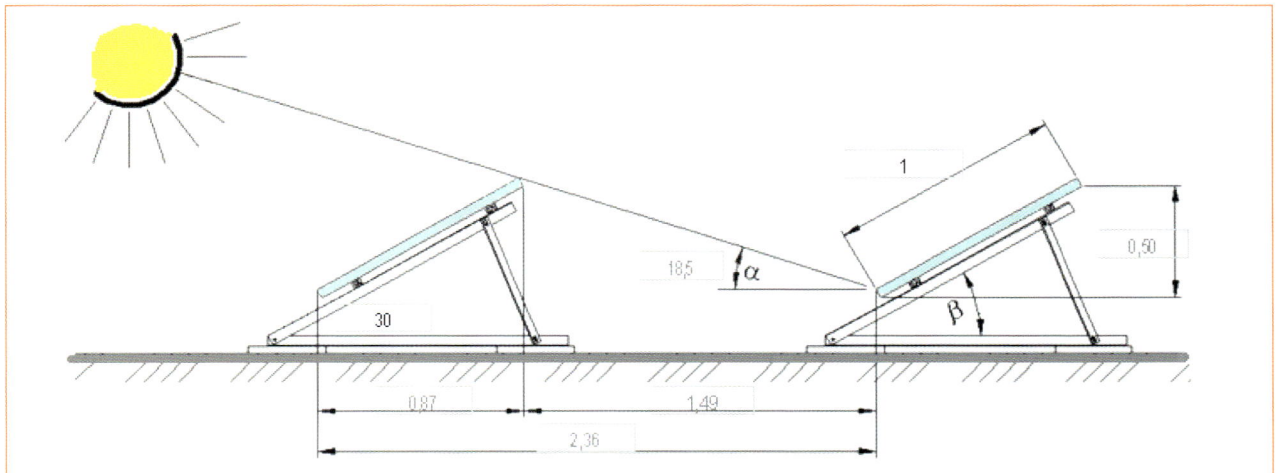

**Abb. 22 –** Systemzeichnung für ein Flachdach, ansonsten wie vorher. Quelle (5)

# 1.6 Bauliche Voraussetzungen

Der bauliche Zustand Ihres Daches ist ein Punkt, der sich am leichtesten ändern lässt oder im Zuge der Sanierung geändert werden sollte. Das Dach sollte so eingedeckt sein, dass im Bereich (unter) der Solaranlage in den nächsten 20 bis 25 Jahren keine Reparaturen zu erwarten sind. Wer an der Qualität seiner Dachdeckung und an der Stabilität des Dachstuhls zweifelt, sollte auf jeden Fall einen erfahrenen Dachdecker um eine Beratung bitten. Wird dann ohnehin eine Dachsanierung fällig, könnte möglicherweise eine integrierte Lösung für die Solaranlage interessant werden.

### Statische Voraussetzungen

Die statische Eignung eines Daches für eine Solaranlage kann natürlich nur am konkreten Objekt sachlich festgestellt werden.

Je nach Dachform und Ausbildung des Daches gibt es unterschiedliche Gesichtspunkte.

Steilere Dächer tragen eine zusätzliche Belastung meist problemloser als flachere. Ältere Häuser haben oft sehr steile Dächer, die Sparren wurden meist nach Gefühl dimensioniert und es gibt keine statischen Berechnungen. Hängt z. B. der First des Daches durch, so weist dies entweder auf einen defekten Dachstuhl oder auf eine Setzung der Grundmauern hin. Auch Risse im Giebelbereich geben Hinweise auf mögliche Stabilitätsprobleme. Ein durch Insekten – wie Holzwurm und Hausbock – zerfressener Dachstuhl muss von einem Fachmann ebenfalls genau unter die Lupe genommen werden.

Im Zweifel ist es besser, einen Zimmermann, Architekten, Bauingenieur oder Statiker zurate zu ziehen. Sehen Sie in Ihrem Baugesuch nach, ob es statische Berechnungen zur Dachlast gibt. Überprüfen Sie oder lassen Sie überprüfen, wie viel Schneelast und Sicherheiten vom Statiker eingerechnet worden sind.

Damit Sie ein Gefühl dafür bekommen, mit welchem Gewicht eine Solaranlage zu Buche schlägt, im Folgenden ein paar Zahlen:

Bei einer Photovoltaikanlage (Module und Untergestell) können Sie mit einem Gewicht von ca. 15 bis 25 kg pro m² rechnen (systembedingt). Dieses Gewicht überschreitet normalerweise nicht die vom Statiker einkalkulierte Sicherheit.

Bei Sparrenabständen von üblicherweise 65 bis 75 cm wird das Gewicht – bei Befestigung der Dachhaken auf jedem Sparren – mit der Hälfte des m²-Gewichtes auf einem Sparren abgetragen. Viele handelsübliche Solarsysteme sehen die Befestigung auf jedem zweiten Sparren vor. Die Fa. Schletter empfiehlt, die Anlage mindestens im Randbereich auf jedem Sparren zu befestigen. Sofern das möglich ist, empfehle ich Ihnen, die Dachhaken auf jedem Sparren zu befestigen.

Statische Berechnungen und Projektierungssoftware für das Untergestell bietet z. B. die Fa. Schletter GmbH im Internet an, inzwischen aber nur noch für Händler. Unter Eingabe der Eckwerte berechnet das Programm die statisch erforderlichen Grundlagen.

Bei Flachdächern ist es zusätzlich erforderlich, eine Auflastberechnung für den Sockel des Untergestells durchzuführen (Mehrgewicht). Auch die Windlasten der entsprechenden Windlastzonen sind zu ermitteln (aus Kartenmaterial) und beim Flachdach unbedingt zu berücksichtigen.

Weiterhin spielen die örtliche Schneelasten und die aus den langjährigen Erfahrungen zu erwartende Schneemenge eine Rolle.

Gelingt es partout nicht, die Solaranlage aus Platz- oder statischen Gründen auf dem Hauptdach des Hauses zu platzieren, gibt es vielleicht andere mögliche Standorte, wie z. B. ein Nebendach.

**Nebendächer zur Aufnahme der Solaranlage**

Manchmal ist eine Scheune oder Garage neben dem Haus gut geeignet, um die Solaranlage darauf aufzubauen. Oder es gibt vielleicht die Möglichkeit, diese auf einem Dach der Pergola oder eines Anbaus unterzubringen. Möglicherweise regt der Bau der Solaranlage auch dazu an, ein entsprechendes Nebengebäude wie einen neuen Solar-Carport oder eine Solarpergola zu bauen.

Im Folgenden sind Beispiele für eine Platzierung von Solaranlagen auf einer Scheune und einige ungewöhnliche Lösungen dargestellt.

**Abb. 23 –** Scheunendach mit CIS-Modulen. Quelle (7)

Je nachdem, welche Abmessungen und Ausbildung das Nebengebäude hat, sind für das eventuell neu zu erstellende Nebengebäude Baugenehmigungen (entsprechend dem Baurecht des Bundeslandes) einzuholen. Machen Sie vorab eine ver-

**Abb. 24 –** Die Solarpergola als Energielieferant! Quelle (3)

**Abb. 25 –** Eingangsbereich und Laube mit PV-Anlage. Quelle (3)

## 1.6 Bauliche Voraussetzungen

maßte Skizze (mit Grenzabständen, usw.) und reichen Sie diese als Voranfrage bei Ihrem zuständigen Bauamt ein.

In statischer Hinsicht sollten Sie, vor allem bei leichteren Konstruktionen, auch an die Windlast denken. Nicht, dass eine Windböe die Solaranlage unverhofft abheben lässt ...

### Solaranlage und Denkmalschutz

Denkmalschutz hört sich nach Problemen und schwierigen Lösungen an. Dies kann sich ändern, wenn wir und die Denkmalschützer Solaranlagen von einem neuen Standpunkt aus betrachten. Eine Solaranlage ist nicht allein ein technisches Hilfsmittel, um Energie zu erhalten, vielmehr können die Solarmodule zu einer weiteren Gestaltung, zum Schutz und zur Aufwertung des bestehenden Gebäudes beitragen. Dies gilt auch für Baudenkmäler, bei denen Solaranlagen bisher eher weniger in Betracht gezogen wurden. Deshalb ist es sinnvoll, schon frühzeitig den Kontakt mit der zuständigen Denkmalpflegebehörde zu suchen, damit unterschiedliche Realisierungsmöglichkeiten diskutiert und abgestimmt werden können.

Gestalterisch wichtig ist dabei, die Elemente der Solaranlage mit gutem Gespür in das bestehende Gebäude einzufügen und nicht einfach den Solargenerator auf das Dach zu klatschen.

Gerade Sie als Bauherrin und Bauherr haben eine Beziehung zu Ihrem Gebäude. Lassen Sie sich von den sogenannten Solar-Profis nicht einreden, dass technische Notwendigkeiten eine für das Haus optisch unbefriedigende Bauweise erforderlich machen.

Durch Ihre Eigenleistungen und Beiträge kann das Argument „Kosten" nicht mehr allein die übergeordnete Rolle spielen. Eine optisch befriedigende Lösung steigert nicht nur Ihr Ansehen und den Wert Ihres Hauses, sondern auch die Akzeptanz der Solarenergie. Schließ-

lich gilt es doch, die gestalterischen und technischen Aspekte zusammenzubringen.

An zahlreichen Objekten, wie z. B. Kirchen und anderen historischen Gebäuden, konnten Solaranlagen bereits erfolgreich optisch integriert werden.

Das Forschungsprojekt PVACCEPT – auf Initiative von Berliner Architektinnen und Architekten gegründet – hat sich mit der Gestaltungsproblematik im Detail

> Mein Tipp für ein weiteres Argument in Gesprächen mit dem Denkmalamt:
>
> Eine Solaranlage hilft durch die Reduzierung des umweltschädlichen $CO_2$, Baudenkmäler zu erhalten! „Wie das?", fragen sich die fleißigen Mitarbeiter vom Denkmalamt. Ganz einfach: Durch $CO_2$ wird der Regen sauer, saurer Regen zerstört die Materialien des Baudenkmals ... und was gibt es dann noch zu schützen?

**Abb. 26 –** Ein Beispiel für eine architektonisch sensible Aufgabe – Das Kirchendach mit CIS-Modulen, in denen sich der Himmel spiegelt! Quelle (7)

auseinandergesetzt und Demonstrationsprojekte in Italien und Deutschland bei der Realisierung begleitet und unterstützt.

Weitere Informationen zu dem Forschungsprojekt finden Sie auf der Homepage der Initiative unter: *www.pvaccept.de*.

Der grundlegende Unterschied zwischen Neubauten und vorhandenen Gebäuden (Altbauten) ist, dass bei dem vorhandenen Gebäude auf bestehende Strukturen mehr Rücksicht genommen werden sollte. 08/15-Lösungen scheiden eher aus, es sind kreative Lösungen gefragt.

**Gestaltungsprinzipien:**

A) Zugeordnet:
Anbringung der Solaranlage vor (Fassade) bzw. auf der Gebäude-

*Hier nochmals schlechte und gute Beispiele:*

**Abb. 27 –** Durch die Gruppierung um die Dachfenster gestalterisch etwas unruhig und unbefriedigend. Rechts im Bild, leider schlecht zu sehen, wurden die Module senkrecht montiert.

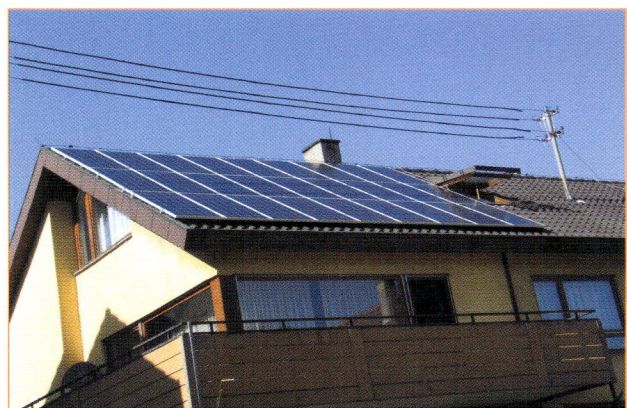

**Abb. 29 –** Modulfeld mit einer gestalterisch klaren Lösung.

**Abb. 28 –** Gutes Beispiel – CIS-Module vor und auf einer Gaupe platziert. Von „unten" kaum wahrnehmbar. Quelle (7)

### Mein Tipp

Zeichnen oder kleben Sie die einzelnen Solarmodule oder mehrere Module z. B. im Maßstab 1 : 50 auf Pappe auf.

Die Abmessungen finden Sie in den Prospektunterlagen der Hersteller und im Internet. Das Dach zeichnen Sie ebenfalls auf unter Berücksichtigung von Gaupen, Kaminen, Dachfenstern, Lüftungsrohren usw. Dann spielen Sie mit der Anordnung der Module (Modulstränge) auf dem Dach (siehe auch Abb. 30).

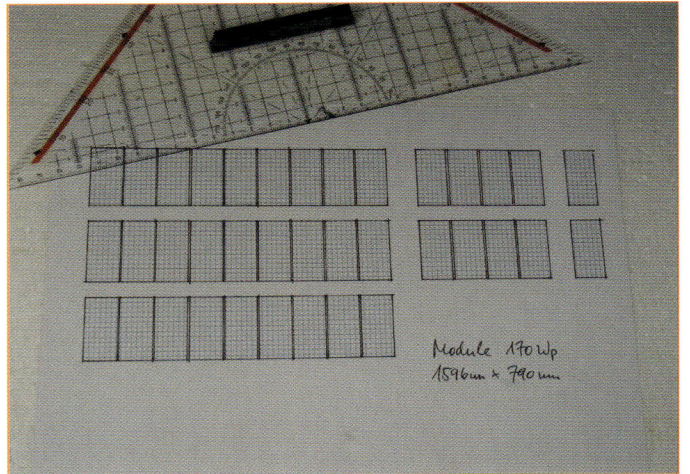

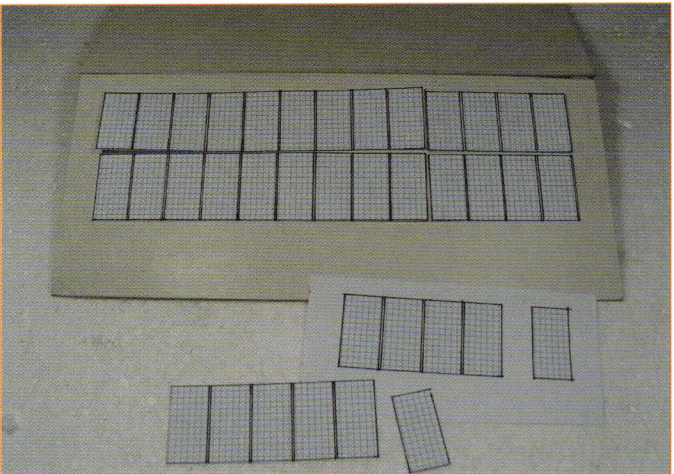

Abb. 30 – Module maßstabgetreu aufzeichnen und ausschneiden – wie passen sie am besten auf mein Dach? Die Dachfläche als Pappmodell ausschneiden und zusammenkleben und die Module darauf anordnen.

hülle (Dach). Die Anlage lässt sich auf diese Weise auch jederzeit wieder demontieren. Beispiel: Eine Solaranlage wird als Aufdachanlage oder in Form von Elementen an der Fassade vormontiert. Vorteil: Die nachträgliche Installation kann ohne wesentliche Sanierungsmaßnahmen erfolgen. Es wird kaum oder gar nicht in die Gebäudehülle eingegriffen. Ein Rückbau ist jederzeit möglich.

B) Eingefügt:

Integration und Kombination. Durch die Solaranlage ergeben sich zusätzlich zum Energiegewinn weitere Verbesserungen für das Gebäude. Beispiel: Ein problematisches Dach wird durch die Solaranlage zusätzlich geschützt und aufgewertet. Die Solaranlage ist als zusätzlicher Wetterschutz im Eingangsbereich konstruiert. Eine Solarfassade trägt zur besseren Wärmedämmung und Hinterlüftung der Fassade bei. Diese Maßnahmen sind langfristig wirtschaftlich sinnvoll. Bei einer Gesamtsanierung liegen die Investitionskosten durch Materialeinsparungen niedriger als bei dem zugeordneten Konstruktionsprinzip A.

# 1.7 Wirtschaftlichkeit: mit der Solaranlage Geld verdienen

Eine Photovoltaikanlage ist für Sie selbst, umweltpolitisch wie auch wirtschaftlich, eine gute Investition in die Zukunft.

Durch eine Kosten- und Nutzenberechnung zeigt sich schnell, welche Investitionen getätigt werden müssen und welche Rendite dabei herausspringt. Solaranlagen sind auch mit geringem Eigenkapital realisierbar und rechnen sich wirtschaftlich.

Der Vorteil ist, dass das Investitionsobjekt sich auf Ihrem eigenen Dach befindet und Sie die ständige Kontrolle darüber haben. Hinzu kommt, dass der Verkehrswert Ihres Hauses dadurch noch gesteigert wird.

Durch die gesetzlich garantierte Einspeisevergütung und die hohe Zuverlässigkeit der Technik lassen sich die Erträge sehr gut planen. Die Betriebskosten sind im Vergleich zu allen anderen Stromerzeugungsarten verschwindend gering, was das Betriebsrisiko minimiert.

Unkalkulierbare Risiken wie Elementarschäden oder Nutzungsausfall durch Defekte an der Photovoltaikanlage lassen sich durch entsprechende Versicherungen weitgehend ausschließen.

Im Folgenden erhalten Sie einen Einblick in die Kosten-Nutzen-Berechnung einer konkreten Solaranlage mit einer Leistung von

**Abb. 31** – PV-Anlage „Solarhof" während der Installation.

| Hauptmerkmale der PV-Anlage und die Finanzierung | | |
|---|---|---|
| Anlagentyp | PV-Dachanlage 30° (aufgeständert) | |
| Anlagengröße | ca. 24,7 kWp | |
| Baukosten PV- Anlage | 5160 € pro kWp (ohne MwSt.*) | Gesamt: 129.000 € |
| Veranschlagter Stromertrag pro Jahr | 940 kWh/kWp | |
| Inbetriebnahme | Juli 2006 | |
| Eigenkapital | 46 % | 58.727 € |
| Fremdfinanzierung | 54 % | 69.660 € |
| Gesamt | 100 % | 129.000 € |
| *) siehe weiter unten, Umsatzsteuer | | |

24,7 kWpeak, die im Jahr 2006 unter meiner Mitwirkung realisiert wurde. Bei kleineren Anlagen erhöhen sich die Anlagenkosten (Baukosten) pro installiertem kWpeak, alle anderen Punkte sind aber vergleichbar.

Die Einstrahlung und die Stromerträge wurden mit Absicht eher vorsichtig veranschlagt. Bisher hat der praktische Betrieb gezeigt, dass die realen Erträge höher sind.

Die wichtigsten Posten sind, wie bei jedem Unternehmen, auf der einen Seite die Ausgaben in Form von Investitionskosten und Betriebskosten. Dem gegenüber stehen bei der PV-Anlage die Einnahmen in Form von Einspeisungsvergütungen und Zinserträgen. Als Betriebskosten fallen z. B. an:

- Rücklagen und Instandhaltungskosten (für Wartung und Reparaturen),
- Versicherungen,
- Abschreibung,
- Kapitalkosten (Fremdfinanzierung).

Die Einnahmen sind:

- Einspeisevergütung entsprechend EEG.

| Hauptpunkte der Wirtschaftlichkeitsberechnung | | |
|---|---|---|
| Erträge aus Einspeisevergütung | 247.055,68 € | |
| Zinserträge (2 %) | +4.013,36 € | |
| Gesamteinnahmen | 251.069,04 € | |
| Aufwendungen (ohne Abschreibung) | –68.569,48 € | |
| Tilgung (Fremdkapital) | –70.272,75 € | |
| Kapitalüberschuss (Kapitalisierung) | 112.226,81 | 191 % |

| Finanzwirtschaftliche Kennzahl | | |
|---|---|---|
| Gesamtkapitalrendite | 4,5 % p.a. | (vor Steuern) |

# 1.8 KfW-Programm

Die Kreditanstalt für Wiederaufbau (KfW) fördert Photovoltaikanlagen bis zu einem Darlehensvolumen von 50.000 € (Stand 2007).

Antragsberechtigt sind Investoren für „kleinere Photovoltaikanlagen".

Von der KfW wird ein langfristiges und zinsgünstiges Darlehen zur Deckung eines Anteils oder der gesamten Investitionskosten für eine Photovoltaikanlage gefördert. Die Kreditlaufzeit beträgt max. 20 Jahre.

Die Antragstellung muss grundsätzlich vor Beginn (Kauf oder Beauftragung der Photovoltaikanlage) gestellt werden.

Weitere Details finden Sie auf der Homepage der KfW, Adresse siehe Anhang.

# 1.9    Steuerliche Belange

**Umsatzsteuer**

Als selbstständiger Betreiber einer Photovoltaikanlage sind Sie Unternehmer und damit umsatzsteuerpflichtig, mit dem Vorteil, dass Sie die für die Anlage und/oder das Material gezahlte Mehrwertsteuer zurückerstattet bekommen. Dadurch verringern sich unter dem Strich die Anschaffungskosten!

Dies betrifft alle nachgewiesenen Aufwendungen, wie z. B. Anschaffungskosten, Transportkosten, Installationskosten usw., nicht aber Ihre Eigenleistungen!

Der Vertrag zwischen dem Energieversorgungsunternehmen und Ihnen als Stromlieferant ist ein gewerblicher Vertrag. Der Stromlieferant bezahlt Ihnen die Umsatzsteuer, S e führen diese wiederum an das Finanzamt ab (z. B. über eine Einzugsermächtigung).

**Einkommensteuer**

Durch eine Photovoltaikanlage werden Einkünfte aus einer gewerblichen Tätigkeit erzielt, die in Ihrer Einkommensteuererklärung anzugeben sind.

Wie bei fast allen selbstständigen Tätigkeiten wird der Gewinn aus den Einnahmen abzüglich der Ausgaben ermittelt. Zumindest in den ersten 10 Jahren (je nach Finanzierung) ist bei der PV-Anlage kein zu versteuernder Gewinn zu erwarten.

**Gewerbesteuer**

Gewerbesteuer wird bei einer gewerblichen Tätigkeit erst ab einem Gewinn von mehr als 24.500,00 € pro Jahr (Stand 2007) fällig. Dies ist bei Photovoltaikanlagen der beschriebenen Größe und Art eher nicht zu erwarten.

**Abschreibung**

Die Abschreibung von Photovoltaikanlagen wird (je nach Finanzbehörde) normalerweise auf 20 Jahre verteilt. Meist ist wahlweise eine lineare oder degressive Abschreibung möglich. Linear bedeutet: gleich hohe Abschreibungsraten über die Nutzungsdauer. Degressiv bedeutet: eine höhere Abschreibung zu Beginn, die im Zeitverlauf der 20 Jahre niedriger wird, z. B. aus Gründen der höheren Abnutzung und damit Wertminderung der Anlage in der ersten Zeit.

Zu Details in Ihrer konkreten Situation lassen Sie sich am besten durch das zuständige Finanzamt und Ihren Steuerberater informieren.

# 1.10 Versicherungen

Meist bieten die Versicherungen komplette Pakete mit Rundum-Absicherung an. Auf jeden Fall ist es sinnvoll, die Angebote zu vergleichen.

**Elektronik- oder Allgefahrenversicherung**
tritt ein bei Raub oder Plünderung und bei Sachschäden, wie z. B. durch:

- Bedienungsfehler,
- Überspannung, Kurzschluss,
- Brand, Blitzschlag,
- Wasser, Feuchtigkeit, Überschwemmung,
- Sabotage, Vandalismus, höhere Gewalt,
- Konstruktions-, Material- oder Ausführungsfehler,
- Elementargefahren.

**Haftpflichtversicherung**
tritt ein bei Schäden, die durch die PV-Anlage an Dritte entstehen.

**Ausfallversicherung**
Eine Nutzungs-Ausfallversicherung ist teilweise in der Elektronikversicherung enthalten. Diese tritt ein, wenn durch einen Schaden/Reparaturfall an der PV-Anlage vorübergehend keine Einspeisung und damit keine Vergütung stattfinden.

Die Versicherungen können jeweils mit oder ohne Selbstbehalt (Eigenanteil) abgeschlossen werden.

**Versicherung über die Wohngebäudeversicherung**
Die Photovoltaikanlage gilt baulich gesehen (siehe auch Kasten) als Bestandteil des Gebäudes. So wird sie normalerweise ohne Probleme mit in die Gebäudeversicherung aufgenommen. Die Anlage muss dem Versicherer vorher gemeldet werden, je nach Versicherungspolice kann sich dann die Versicherungssumme erhöhen. Schäden, welche durch Sturm, Hagel, Feuer, Blitz und

> **Mein Hinweis**
>
> In älteren Versicherungsverträgen (Gebäudeversicherung) ist die PV-Anlage als Auf-Dach-Variante möglicherweise im Schadensfall nicht gedeckt, wohl aber als In-Dach-Version. Die Auf-Dach-Anlage gilt unter Umständen nach § 95 BGB als Gebäude**schein**bestandteil und muss extra versichert werden. In neueren Verträgen sind diese Bestandteile jedoch meistens mitversichert. Entsprechendes gilt für die Deckung von Überspannungsschäden an der PV-Anlage durch Blitzschlag.

Leitungswasser entstehen, sind dann gedeckt. Für Schäden durch Vandalismus, Diebstahl oder Bedienungsfehler kann eine Ertragsausfall- oder Betriebsunterbrechungsversicherung (siehe **Ausfallversicherung**) abgeschlossen werden.

**Montageversicherung**
Sachschäden, die während der Bauphase unvorhergesehen und plötzlich auftreten, z. B. Beschädigung der Module während des Einbaus, können über eine gesonderte Montageversicherung abgesichert werden. Die Versicherung gilt hauptsächlich für Installateure und bei Selbstmontage, wenn eine fachlich versierte Person die Montage überwacht.

Wird die Anlage in einen Neubau integriert, greift im Schadensfalle normalerweise die Bauleistungsversicherung, bzw. kann die Installation der Anlage in diese aufgenommen werden.

> **Mein Tipp**
>
> Für den Fall, dass Sie eine Privathaftpflicht haben, fragen Sie Ihren Versicherungsvertreter, ob diese auch in einem durch die Solaranlage verursachten Haftpflichtfall eintritt (eventuell auch mit einem Risikozuschlag in Abhängigkeit der Größe der PV-Anlage).

# 1.11 Finanzierung

Grundsätzlich macht es Sinn, eine Photovoltaikanlage zu einem bestimmten Anteil über einen günstigen Kreditgeber zu finanzieren. Dies vor allem dann, wenn die zu erwartende Rendite der Solaranlage höher ist als die für die Fremdfinanzierung zu zahlenden Zinsen. Banken wie die Umweltbank, die KFW und andere bieten für $CO_2$-reduzierende Maßnahmen oft günstige Konditionen und haben Erfahrung mit der Finanzierung von Solaranlagen.

Sobald eine Fremdfinanzierung vorgenommen wird, sollte ein „I–F-Plan" (Investitions- und Finanzierungsplan) erstellt werden. Hilfreich ist dabei eine Excel-Tabelle, in der die Bezugsgrößen eingetragen werden. Die Grundlage für die Tabelle können Sie sich (z. B. als Berechnungsbeispiel einer PV-Anlage) aus dem Internet herunterladen:

Umweltinstitut München e.V. *www. umweltinstitut.org/*, im Menü Energie und Klima anklicken. Unterpunkt: Wirtschaftlichkeit von Solaranlagen mit der Datei *solarastrom.xls* zum Herunterladen.

Anbei das Vorgabenblatt, passend zum Projektierungsbeispiel aus Kapitel 6.4. In das Formular der Excel-Tabelle werden für den I+F-Plan folgende Angaben eingetragen (von oben nach unten).

In die Zeilen des I+F-Planes: **Erträge,** Einspeisevergütung, evtl. Zinserträge, **Aufwendungen,** Versicherungen, Rücklagen, Abschreibung, Tilgung und Zinsaufwand (des Darlehens) und ganz unten der zugewiesene Gewinn/Verlust.

In die Spaltenüberschrift der Tabelle sind die Jahre einzutragen (21 Spalten, z. B. die Jahre 2007 bis 2028).

In den ersten 10 bis 14 Jahren (je nach Anteil des Fremdkapitals) werden durch die

### Hinweis

Die Finanzierung der PV-Anlage kann entweder gänzlich aus eigenen Mitteln erfolgen, aus einer Mischung von eigenen Mitteln und Fremdfinanzierung oder komplett mit fremden Mitteln finanziert werden. Bei der kompletten Fremdfinanzierung ist keinerlei eigenes Kapital erforderlich.

Einspeiseerträge hauptsächlich Zins, Tilgung und sonstige laufende Kosten abgegolten, danach gehen die Erträge zunehmend auf Ihr Konto.

38

# 1.12 Einspeisevergütung (EEG)

Das Gesetz zur Förderung erneuerbarer Energien (von Bundestag und Bundesrat) wurde im April 2001 beschlossen und mit Wirkung ab dem 1. August 2004 novelliert. Für Solarstrom gelten folgende Bedingungen:

● Garantierte Mindestpreise

Die Vergütung für Strom aus Dach-Photovoltaikanlagen, die nach dem 1. Januar 2005 in Betrieb genommen werden, beträgt für die ersten 30 kWp Leistung der Anlage 54,53 Cent je kWh, für die folgenden 31 bis 100 kWp 51,87 Cent je kWh und für alle Leistungen über 100 kWp 51,3 Cent je kWh. Diese Vergütung wird für 20 Jahre zuzüglich des Jahres der Inbetriebnahme gezahlt. Für Anlagen, die in den folgenden Jahren in Betrieb gehen, reduzieren sich diese Mindestpreise um jeweils 5 % pro Jahr.

● Garantierte Laufzeit

Diese Garantiepreise (garantierte Vergütung) gelten für die Dauer des Inbetriebnahmejahres und die folgenden 20 Betriebsjahre der Anlage. Der Europäische Gerichtshof hat im März 2001 entschieden, dass diese Vergütung keine Subvention darstellt. Damit ist auch die Gefahr gebannt, dass die Vergütung durch das europäische Recht ausgehebelt werden kann.

● Garantierter Stromverkauf

Die Energieversorger sind gesetzlich verpflichtet, den gesamten eingespeisten Strom abzunehmen. Der Versorger darf außerdem keine technischen und wirtschaftlichen Hürden aufbauen, die die Einspeisung erschweren.

| Inbetriebnahmejahr Photovoltaikanlage | Dachanlagen bis 30 kWpeak*) | | Fassadenanlagen bis 30 kWpeak*) | |
|---|---|---|---|---|
| | Degression | Vergütung Ct./kWh | Degression | Vergütung Ct./kWh |
| 2004 | | 57,40 | | 62,40 |
| 2005 | 5,0 % | 54,53 | 5,0 % | 59,53 |
| 2006 | 5,0 % | 51,80 | 5,0 % | 56,80 |
| 2007 | 5,0 % | 49,21 | 5,0 % | 54,21 |
| 2008 | 5,0 % | 46,75 | 5,0 % | 51,75 |
| 2009 | 5,0 % | 44,41 | 5,0 % | 49,41 |
| 2010 | 5,0 % | 42,19 | 5,0 % | 47,19 |

*) Die Vergütungssätze für Anlagen über 30 kWpeak sind geringer und werden in der Tabelle nicht aufgeführt.

**Abb. 32** – Tabelle der im EEG geregelten Einspeisevergütung. Degression bedeutet: Pro Jahr, das die Anlage später an das Netz geht, sinkt die Vergütung um 5 %; dieser Satz gilt dann aber für die nächsten 20 Jahre. Die Tabelle fängt mit 2004 an, da zu diesem Zeitpunkt das Gesetz in Kraft getreten ist.

# 1.12 Einspeisevergütung (EEG)

● Hoher Investitionsschutz

Das Gesetz schützt alle Anlagen, die während seiner Geltungsdauer in Betrieb genommen werden, für die Dauer von 20 Jahren. Falls innerhalb der nächsten 20 Jahre das EEG möglicherweise verändert oder wieder abgeschafft werden sollte, wird von einem Bestandschutz für die Restlaufzeit aller Anlagen ausgegangen, die sich zum Zeitpunkt der Gesetzesänderung bereits in Betrieb befanden.

Zuständig für die Abnahme des Solarstromes ist nach § 3 EEG der nächstgelegene Netzbetreiber.

Die Mindestvergütungssätze sind für Photovoltaikanlagen (siehe in der Tabelle Abb. 32) im EEG geregelt.

Wenn die baulichen Voraussetzungen und die Wirtschaftlichkeit geprüft sind und die Entscheidung für eine PV-Anlage gefallen ist, geht es an die praktische Umsetzung und an das Einholen von Angeboten für das Material oder weitere Leistungen.

Sinnvoll ist dabei eine kurze Leistungsbeschreibung mit Anlagengröße, Dachform, Vorgaben zur Befestigung und den Örtlichkeiten. Lassen Sie sich die Produkte bzw. die erforderlichen Leistungen (alles, was Sie nicht selbst erledigen wollen) von mehreren Firmen anbieten, zunächst nicht unbedingt auf ein bestimmtes Firmenprodukt festgelegt. Bei den Materialien ist es sinnvoll, Inlandprodukten den Vorzug zu geben, sowohl bei den Solarmodulen wie auch bei Wechselrichtern. Damit werden Arbeitsplätze geschaffen und erhalten.

**Stromabnahme durch Energieversorger**

Wenn die PV-Anlage zur Netzeinspeisung fertiggestellt und beim Energieversorger angemeldet wurde, erhalten Sie vermutlich (abhängig vom Energieversorger) einen Einspeisevertrag zugeschickt. Diesen müssen Sie nicht unterzeichen, um an Ihr Geld zu kommen, da ja die Einspeisvergütung durch das EEG gesetzlich geregelt ist. Sie können dies telefonisch oder schriftlich Ihrem Energieversorger mitteilen und bekommen dann ein entsprechendes Formular zugeschickt, in das Sie Ihre Daten, den zu erwartenden Anlagenertrag und die Kontonummer zur Überweisung Ihres Einspeiseerlöses eintragen. Je nach Verfahrensweise ist der Einspeisezähler dann z. B. ein Mal im Jahr oder monatlich abzulesen und der Zählerstand dem Energieversorger mitzuteilen.

# 2 Solaranlage konkret

# 2    Solaranlage konkret

**B**ei PV-Anlagen gibt es hinsichtlich der Grundstruktur drei verschiedenartige Systeme:

- Netzparallelsystem, Einspeisesystem,
- Netzunabhängiges System, Inselsystem,
- direkte Nutzung des Solarstromes.

Die verschiedenen Systeme funktionieren wie folgt:

Beim Netzparallelsystem wird die Sonnenenergie mit Hilfe der Solarmodule in elektrischen Strom umgewandelt, welcher von dem Betreiber der PV-Anlage an den Netzbetreiber (Energieversorgungsunternehmen) verkauft und in das öffentliche Netz eingespeist wird.

Beim netzunabhängigen System ist keine Verbindung zum öffentlichen Stromnetz erforderlich, die Sonnenenergie, die mit Hilfe von Solarmodulen in elektrischen Strom umgewandelt wurde, wird direkt im Haushalt verbraucht. Damit sind Inselanlagen in Bereichen möglich, wo kein Stromnetz existiert, z. B. außerhalb von Siedlungen. Es sind aber auch Stromversorgungen parallel zum und unabhängig vom öffentlichen Netz möglich.

Die Grundsysteme bestehen aus einer Reihe von Elementen. Die einzelnen Komponenten werden im Folgenden beschrieben:

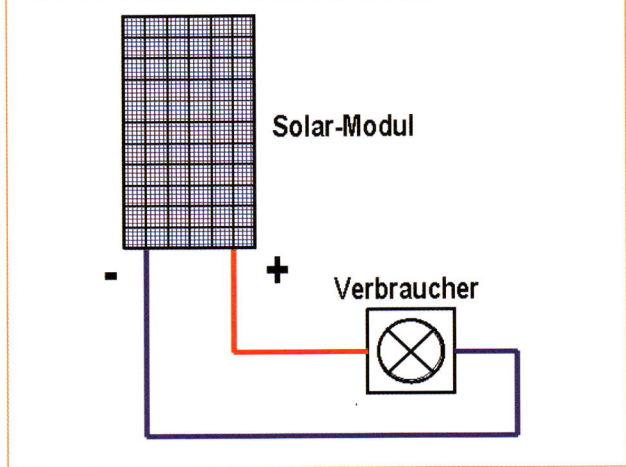

**Abb. 33 –** Prinzipdarstellung einer einfachen PV-Anlage (Direktnutzung). Der mit Hilfe des Solarmoduls durch die Sonne gewonnene Strom versorgt direkt einen elektrischen Verbraucher (Gleichstrom), wie zum Beispiel einen Ventilator oder eine Pumpe.

# 2.1 Netzparallelsystem

Netzgekoppelte Solaranlagen sind mit dem öffentlichen Stromnetz verbunden, in das sie den durch die Sonne gewonnenen Strom einspeisen. Ist viel solare Energie vorhanden, wird auch viel Strom eingespeist. Netzeinspeisesysteme sind dezentrale Kraftwerke, die Ihren Anteil zur Gesamtstrombereitstellung beitragen. Je mehr es davon gibt, desto weniger konventionelle Kraftwerke werden gebraucht. Der Aufbau vieler kleinerer netzgekoppelter Solaranlagen auf Gebäuden ist eine Möglichkeit, die Stromproduktion – mit wachsenden Anteilen – aus regenerativen Energien zu bewerkstelligen.

Vorteil für Sie: Dieses System braucht keinen Speicher in Form eines Akkus, damit ist es sehr wartungsarm und dauerhaft. Das öffentliche Netz ist ein großer Pool, in den Strom hineingegeben und aus dem Strom entnommen wird. Ihre PV-Anlage ist möglicherweise mit der halben Welt vernetzt.

Nachteil: Wenn es eine Störung im öffentlichen Stromnetz gibt (Stromausfall), stehen Sie trotz Ihrer PV-Anlage auf dem Dach ohne Stromversorgung da.

Mit einer Photovoltaikanlage von 10 kWpeak und einer Solar-Generatorfläche von etwa 90 bis 100 m² können Sie im Jahr ca. 9000 bis 10000 kWh Strom an den Netzbetreiber verkaufen.

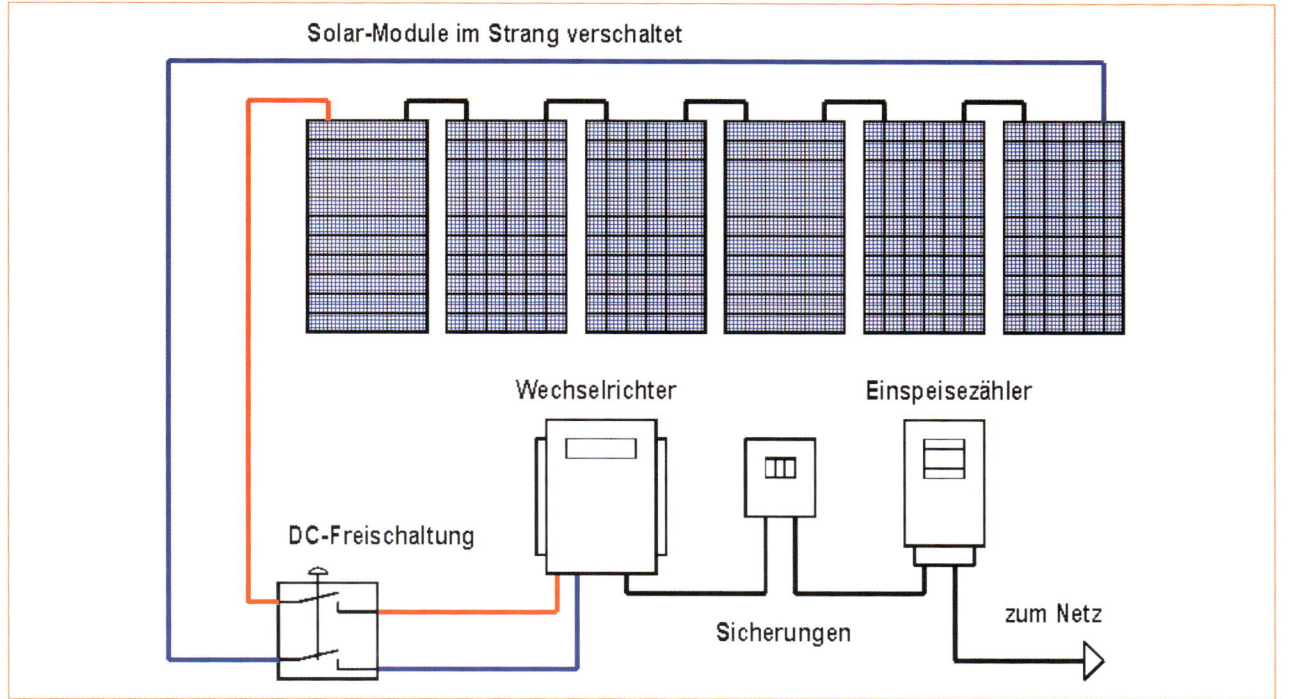

**Abb. 34** – Prinzipdarstellung des Netzparallelsystems mit zu einem Strang zusammengefassten Solarmodulen (oder mehreren Strängen), dem DC-Freischalter, dem Wechselrichter, Sicherungen und dem Einspeisezähler.

# 2.1    Netzparallelsystem

**Das technische Prinzip:**

Mit (möglichst direkter) Ausrichtung zur Sonne wandeln Solarmodule die Sonnenenergie in Gleichstrom um. Um eine größere Leistung zu erzielen, werden mehrere Module (in der Regel in Reihenschaltung) zu Strings zusammengefasst. Einer oder mehrere Stränge werden an einen oder mehrere Wechselrichter angeschlossen, die den Gleichstrom in netzkonformen Wechselstrom umwandeln. Zwischen Wechselrichter und öffentlichem Stromnetz befindet sich noch ein Einspeisezähler. Mit dem Einspeisezähler wird die eingespeiste Energiemenge gemessen, dieser Wert wird zur Abrechnung und Vergütung Ihres Stromes verwendet.

**Module**

Es gibt unterschiedliche Technologien, die das Sonnenlicht in Strom umwandeln.

Die für Solaranlagen am häufigsten zur Verwendung kommenden Modul-Systeme werden nachfolgend dargestellt:

*Module mit Siliziumzellen*

Die Module bestehen aus mehreren Solarzellen (Ausnahme amorphe Module), diese lassen sich in folgende Hauptgruppen unterteilen:

- Module mit amorpher Beschichtung.
- Module mit monokristallinen Zellen.
- Module mit polykristallinen oder multikristallinen Zellen.
- Module mit Drippelzellen für besondere Anwendungen (Forschung), über 30 % Wirkungsgrad. Mehrere Zellschichten übereinander, die verschiedene Lichtspektren nutzen.

Ein Solarmodul ist aus mehreren einzelnen Zellen aufgebaut (mit Ausnahme von Dünnschichtmodulen). Die einzelnen Solarzellen werden aus blockförmigem Silizium (nach einer aufwendigen Reinigung und Bearbeitung des Rohstoffes) als dünne Scheiben hergestellt und weiterverarbeitet. Durch die Herstellung immer dünnerer Zellen wird versucht, die Kosten zu senken und den Wirkungsgrad zu verbessern.

*Amorphe Solarzellen*

Homogen schimmernde Solarzellenfläche, meist rötlich oder auch beige, im Alltag z. B. zu finden in Taschenrechnern, Solaruhren und Messeinrichtungen. Einfachere Herstellung im Vergleich zu den beiden unten vorgestellten Typen. Bei der Herstellung wird das Silizium direkt auf das Trägermaterial aufgedampft. Als Trägermaterial kommen meist Glas, seltener durchsichtiger Kunststoff oder spezielle Folien in Betracht.

Guter Wirkungsgrad auch bei diffusem Licht. Gesamtwirkungsgrad liegt unter dem der poly- und monokristallinen Zellen, bei durchschnittlich 10 %.

Die Leistungsfähigkeit nimmt im Laufe der Jahre ab – Haltbarkeit und Leistungsgarantie betragen meist 10 bis 25 Jahre. Aufgrund des geringeren Wirkungsgrades sind größere Einzelmodule und Flächen erforderlich. Die Module sind in der Regel intern auf Betriebsspannung verschaltet.

Die Energieamortisation, d. h. der Zeitraum, bis die zur Herstellung aufgewendete Energie wieder von der Sonne geerntet werden kann, liegt unter einem Jahr.

Weitere Vorteile von amorphen Modulen sind neben dem günstigen Preis auch eine geringere Empfindlichkeit gegenüber Teilverschattungen und guter Ertrag bei diffusem Licht.

# 2.1 Netzparallelsystem

Abb. 35 – Amorphes Solarmodul.

Abb. 36 – Polykristalline Solarzellen.

## Mein Hinweis

Bei Verwendung von Dünnschichtmodulen in Kombination mit trafolosen Wechselrichtern ist zu prüfen, ob am Solargenerator oder Gestell (Netz-)Spannungen gemessen werden können.

Zudem muss der Wechselrichter an die Spannung der Module angepasst sein, ansonsten verringert sich die Langzeitstabilität, d. h. die Leistungsabgabe der Module lässt schneller nach.

Bei Verwendung von Dünnschichtmodulen ist darauf zu achten, dass der ausgewählte Wechselrichter dafür geeignet ist. Wechselrichter mit Trafo sind in der Regel unproblematisch. Trafolose Wechselrichter können zu einer schnelleren Alterung der Dünnschichtmodule führen.

*Poly- oder multikristalline Solarzellen*
Bläuliche, glimmerartige, aus willkürlichen Kristallstrukturen (in den unterschiedlichsten Richtungen) bestehende Oberfläche. Häufigste Zellenart, da das Preis-Leistungs-Verhältnis am günstigsten. Herstellung aufwendiger als bei amorphen Zellen ist. Das Siliziumrohmaterial wird in rechteckige Blöcke gegossen, die in 0,2 bis 0,5 mm dicke Scheiben zersägt werden. Die Oberfläche wird dotiert, d. h. gezielt verunreinigt, um die negative Schicht (obere Seite) zu erhalten. Zur Abnahme des Stromes benötigt man Leiterbahnen. Silizium ist von Natur aus matt-silberfarben, doch die Oberfläche wird in der Regel dunkelblau gefärbt, damit das Licht besser absorbiert wird.

Wirkungsgrad ca. 11 bis 15 %. Haltbarkeit über 30 Jahre, Leistungsgarantie 20-30 Jahre. Energieamortisation 1 bis 4 Jahre.

*Monokristalline Solarzellen*
Bläuliche, homogene Oberfläche, die Kristalle liegen im Bereich von Tausendstel Millimetern und sind mit dem bloßen Auge nicht zu erkennen. Herstellung aufwendig, z. B. Tiegelziehverfahren mit quadratischen

# 2.1 Netzparallelsystem

**Abb. 37 –** Monokristalline Solarzellen.

und rechteckigen Stangen (früher rund). Der weitere Herstellungsprozess entspricht dem der poly- und multikristallinen Solarzellen. Haltbarkeit und Leistungsgarantie ähnlich wie bei den polykristallinen Zellen. Sonderformen: hochkantig, eingefräste Leiterbahnen (Rechen), damit mehr aktive Zellenoberfläche bei gleichzeitig guter Leitfähigkeit erreicht wird. Wirkungsgrad 13,5 bis 18 %. Energieamortisation 2 bis 6 Jahre.

Die Modulausführungen sind unterschiedlich, z. B. Glas-Glas, Glas-Folie, mit Rahmen oder rahmenlos.

Meist sind die Solarzellen in einen speziellen Kunststoff (Modul-Laminat) eingebettet und mit einer frontseitigen Abdeckung aus hochtransparentem Glas ausgestattet. Wichtig sind: UV-Stabilität, Schutz vor Feuchtigkeit und Temperaturstabilität (thermische Ausdehnung). Damit möglichst viele Module in Reihe verschaltet werden können, sollte die Spannungsfestigkeit (Systemspannung) mindestens 750 Volt oder mehr betragen. Außerdem muss der Modulrahmen verwindungssteif sein, damit die Zellen bzw. die Verbindungen bei mechanischer Belastung nicht brechen.

Demgegenüber gibt es auch flexible Module, die sich besonders gut für den mobilen Einsatz und spezielle Dachformen eignen.

*Moduldaten*
Je nach Verwendungszweck gibt es verschiedene Modulgrößen mit Leistungen von 5 W bis über 250 Wpeak. Die Modul-Nennspannungen sind 12 Volt, 24 Volt und größer. Für den Einspeisebetrieb werden Module ab 24 Volt Nennspannung verwendet. Die Leerlaufspannung eines Moduls mit 24 Volt Nennspannung kann bis zu ca. 40 Volt betragen (je nach Anzahl der Solarzellen pro Modul). Der optimale Leistungspunkt des Moduls ist ein Produkt aus Spannung und Strom und wird mit Umpp/Impp angegeben (U = Spannung beim maximalen Leistungspunkt, I = Strom beim maximalen Leistungspunkt). Leerlaufspannung und Kurzschlussstrom für sich gemessen sind jeweils höher.

Bei größeren PV-Anlagen mit einer großen Anzahl von Modulen ist es sinnvoll, Module mit annähernd gleicher Leistung zu einem Strang zusammenzufassen. Dieses Auswahlverfahren wird „Matchen" genannt. Die Modulleistungsangabe finden Sie in der den Modulen beigefügten Liste, in der die Module mit Seriennummern und den gemessenen Leistungsdaten aufgeführt sind. Bei den Matches werden aus allen gelie-

**Mein Tipp**

Beim Auswählen der Module sollten Sie unbedingt auf die Angabe der Leistungstoleranzen achten. Diese wird angegeben mit +/– und %. Als Beispiel: Ein Modul mit 155 W und +/–3 % Toleranz kann eine Leistungstoleranz von 150 W bis 160 W haben. Oft hat es dann leider nur 150W, was bei dieser Angabe zulässig wäre.

ferten Modulen möglichst gleiche Leistungswerte zusammengeführt. Praktisch sieht dies dann so aus, dass eine Person die Seriennummern mit den Leistungswerten durchsieht und eine zweite die den Leistungen gleichwertigen Module auf verschiedene Stapel sortiert. Zuletzt werden daraus die Stränge gebildet.

*Verschaltung der Module*
Module können untereinander sowohl in Reihe als auch parallel verschaltet werden. Bei einer Reihenschaltung erhöht sich die Spannung bei gleich bleibendem Modulstrom. Durch komplette Verschattung eines Moduls würde der Stromfluss unterbrochen. Damit die Beschattung in der Praxis weniger schlimme Folgen hat, werden Schottkydioden so ins Modul eingebaut, dass der größte Anteil des Stromes bei einer Beschattung am Modul vorbeigeleitet wird. Diese Dioden werden deshalb auch als „Bypassdioden" bezeichnet. Die Reihenschaltung von Modulen als Strang mit einer Spannung von z. B. 720 Volt finden wir bei Anlagen im Netzparallelbetrieb. Die Anzahl der Module in einem Strang ist durch den maximalen Anschlusswert des Wechselrichters (auf der Gleichstromseite) und die maximale Systemspannung der Module definiert.

Werden Module parallel verschaltet, so bleibt die Spannung gleich und es erhöht sich der Strom. Diese Anwendung ist z. B. im Inselbetrieb mit einer Systemspannung von 12 oder 24 Volt sinnvoll. In der Parallelverschaltung können später weitere Module zur Erhöhung des Ladestromes hinzugefügt werden.

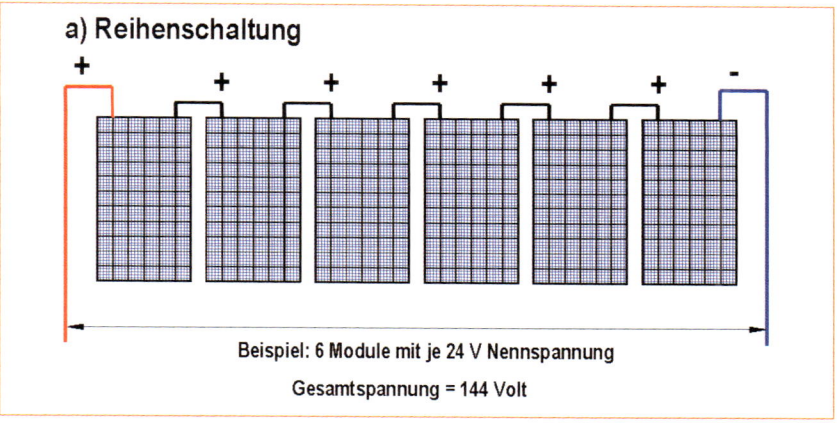

**a) Reihenschaltung**

Beispiel: 6 Module mit je 24 V Nennspannung
Gesamtspannung = 144 Volt

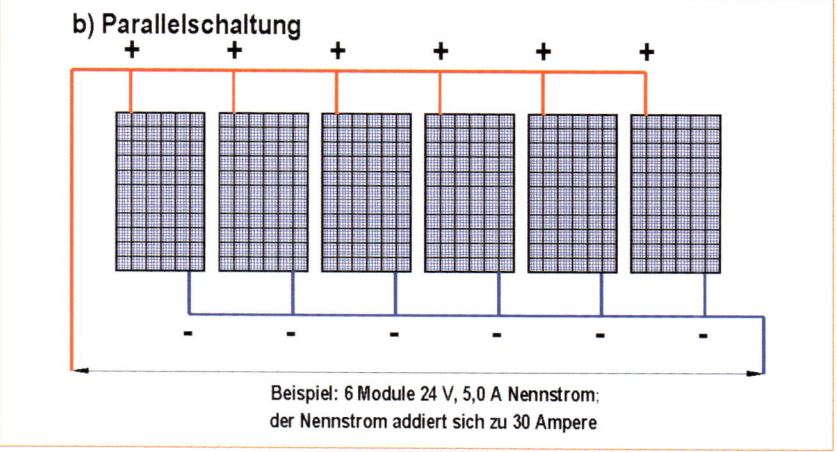

**b) Parallelschaltung**

Beispiel: 6 Module 24 V, 5,0 A Nennstrom;
der Nennstrom addiert sich zu 30 Ampere

**Abb. 38 – a)** Reihenschaltung: Der Nennstrom bleibt gleich, die Nennspannung erhöht sich mit der Anzahl der Module. **b)** Parallelschaltung: Die Nennspannung bleibt gleich, der Nennstrom erhöht sich um die Anzahl der Module.

# 2.1 Netzparallelsystem

## Module aus anderen Grundstoffen

Durch die zunehmende Vermarktung von Photovoltaik auf der ganzen Welt wurde das Rohprodukt Silizium Anfang dieses Jahrtausends knapp und damit teurer. Es wurden zahlreiche Materialien gesucht und gefunden, die eine kostengünstigere Solarzellenproduktion möglich machen sollen. Einige davon sind hier aufgeführt. Bisher kann darüber jedoch keine Euphorie aufkommen. Alltagstauglich sind derzeit die CIS-Module, die (neben Ankündigungen einiger japanischer Hersteller) seit 2007 von der Firma Würth-Solar produziert werden (Adresse und Link siehe Anhang). Die wesentlichen Alternativen in der Übersicht:

- Graetzelzelle, sehr preiswert und viel versprechend. Problem: bisher geringe Beständigkeit der Leistungsabgabe.
- CIS-Technologie (Kupfer-Indium-(Gallium)-Diselenid), sehr viel versprechend. Zellenwirkungsgrad von über 20 % (Labor), Modulwirkungsgrade > 11%.
- CdTe-Zellen (Cadmium-Tellurid), bisher Produktion in USA.

Im Moment gibt es leider noch keinen großen Durchbruch zu richtig günstigen Alternativen.

## Unterkonstruktion

Die unterschiedlichen Möglichkeiten zur Montage der Unterkonstruktion werden weiter unten im Kapitel „Montage der Solaranlage" entsprechend den baulichen Vorgaben beschrieben.

## Netzeinspeisegeräte, Wechselrichter

Bei Netzeinspeisegeräten, hier als Wechselrichter bezeichnet, gibt es unterschiedliche Systeme und Konzepte zur Umwandlung des solaren Gleichstromes in netzkonformem Wechselstrom. Grundsätzlich ist eine galvanische Trennung zwischen dem solaren Gleichstrom und dem Netzwechselstrom erstrebenswert. Dies bedeutet, dass keine leitende Verbindung zwischen Gleichstromquelle und Wechselstromkreis bestehen sollte. Je nach Hersteller gibt es Wechselrichtersysteme mit Trafo-, trafoloser oder Hochfrequenzübertragung. Die Anforderungen, die der Netzbetreiber an das vom PV-Anlagenbetreiber gelieferte Produkt „Strom" stellt, sind bezüglich der Sicherheit und Stabilität der Spannung und der Qualität des Stromes sehr hoch. Diese Anforderungen hat der Wechselrichter zu erfüllen, um die allgemeine Betriebserlaubnis zu bekommen und damit an das öffentliche Netz angeschlossen werden zu dürfen.

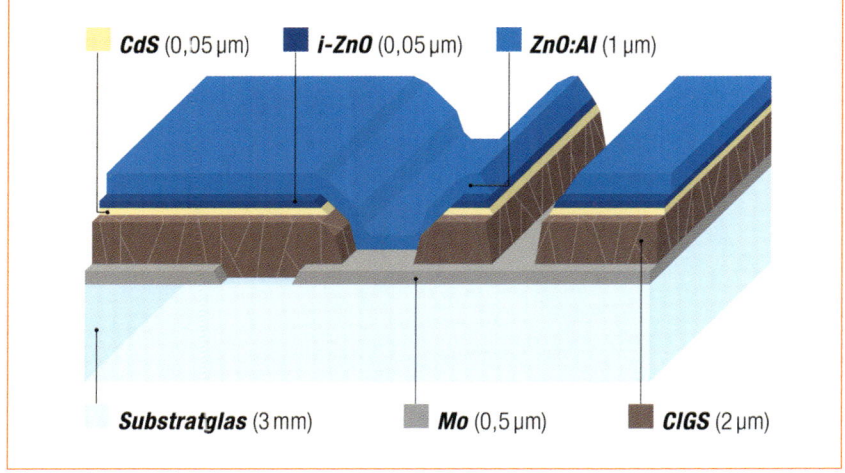

**CdS** (0,05 μm) **i-ZnO** (0,05 μm) **ZnO:Al** (1 μm)

**Substratglas** (3 mm) **Mo** (0,5 μm) **CIGS** (2 μm)

**Abb. 39** – CIS-Technologie. Quelle (7)

# 2.1 Netzparallelsystem

Grundsätzliche Kriterien und Eigenschaften von Wechselrichtern sind:

- Netzüberwachung (z. B. ENS) und Abschaltung im Fehlerfall, bei Netzfehlern bzw. bei Netzabschaltung,
- Geringer Eigenstromverbrauch (aus dem PV-Gleichstromkreis)
- Störungsarmer Betrieb,
- Geringe Emissionen bezüglich Hochfrequenz und Geräusche.

Des Weiteren gibt es die Wechselrichter mit unterschiedlichen Eigenschaften, um sie optimal an den Solargenerator (Solargenerator = alle Modulstränge zusammengefasst) anzupassen und einen sinnvollen Betrieb zu gewährleisten, wie z. B.

*Hohe Effizienz (guter Wirkungsgrad)*
Der Wirkungsgrad eines Wechselrichters ist abhängig von der verwendeten Technik, von den Umgebungsbedingungen, aber auch vom Energieangebot des Solargenerators. Im Handel erhältliche Wechselrichter haben einen Wirkungsgrad von mindestens 90 % bis zu derzeit 96 %, wenn mehr als 10 % der angegebenen Nennleistung verarbeitet werden.

*Leistungsangabe, Nennleistung*
Die Leistungsangabe eines Wechselrichters wird in kW Nennleistung angegeben. Da der Solargenerator die angegebenen kWpeak-Werte nur bei optimalen Bedingungen erreicht (die eher selten sind), ist es üblich, beim Einsatz der Wechselrichter über deren Nennleistung zu gehen (z. B. 105 %). Konkret: Ein Solargenerator mit insgesamt 24,7 kWpeak wird an mehrere Wechselrichter mit einer Nennleistung von insgesamt 22,5 kW Nennleistung angeschlossen (4 x 5 kW

und 1x 2,5 kW). Es wird also eine vorübergehende geringfügige Überlastung der Wechselrichter in Kauf genommen (bei extremer Solarstrahlung), um diese im überwiegenden Betrieb bei normaler Solarstrahlung in einem besseren Wirkungsgradbereich (Auslastung) zu betreiben.

*Anschluss Modulstränge, Anzahl*
Es gibt Strangwechselrichter mit nur einer Eingangsstufe. Daran können zwar mehrere Modulstränge angeschlossen werden, in-

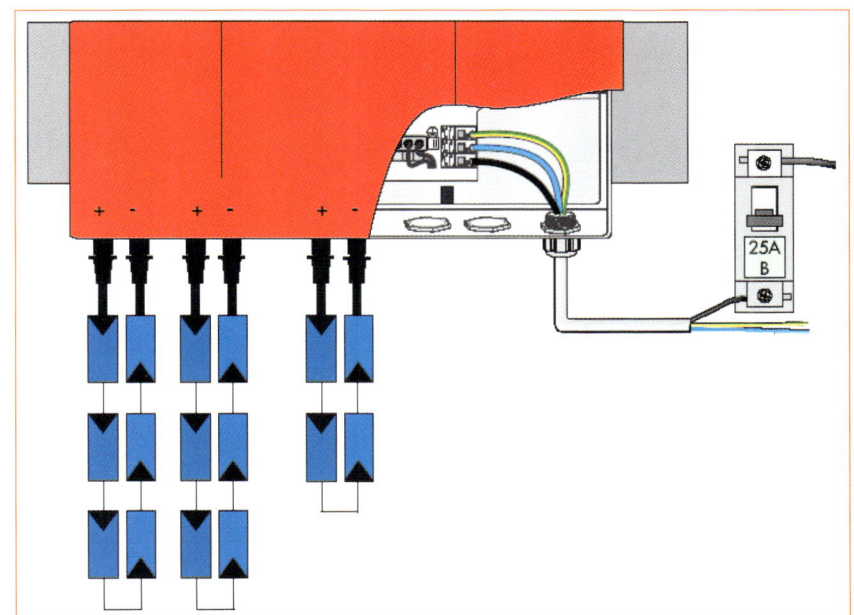

**Abb. 40** – Prinzipschaltbild Anschluss an Multistrangwechselrichter. Von den drei angeschlossenen Strängen hat einer weniger Module im Strang als die beiden anderen. Quelle (3)

# 2.1 Netzparallelsystem

tern sind diese dann aber parallel zusammengeführt. Hier müssen alle Stränge die gleichen Spannungswerte und die gleiche Besonnung haben, sonst bestimmt der schwächste Strang die Ernte.

Bei einer Nennspannung eines Moduls von 24 Volt beträgt die Leerlaufspannung des Moduls bis zu 40 Volt. Werden Module als Strang in Reihe geschaltet, ist die maximale Systemspannung zu beachten (Beispiel 750 Volt). Die Gesamt-Leerlaufspannung des Stranges muss unter der Systemspannung liegen!

Bei unterschiedlichen Strängen empfiehlt es sich, den Multistrangwechselrichter zu verwenden. Hier besteht die Anschlussmöglichkeit mehrerer Modulstränge mit einer unterschiedlichen Anzahl von Modulen (in Reihen-schaltung) und damit unterschiedlichen Spannungen bzw. unterschiedlicher Besonnung auf die Stränge.

Multistrangwechselrichter besitzen mehrere Eingangsstufen, über die die einzelnen Stränge mit dem MPP (Maximum-Power-Tracker) unabhängig bearbeitet und optimal angepasst werden.

*Master-Slave-Prinzip*
Um mit der Leistungsabgabe des Solargenerators die Wechselrichter optimal auszulasten, gibt es die Möglichkeit, mehrere Wechselrichter im „Master-Slave-Prinzip" zu koppeln.

Zunächst wird bei geringerer solarer Einstrahlung der Gleichstrom von einem Wechselrichter (dem Mas-

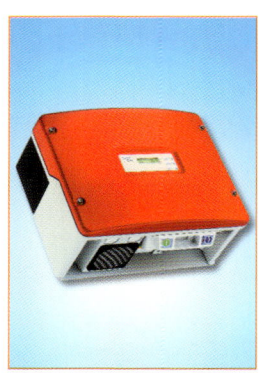

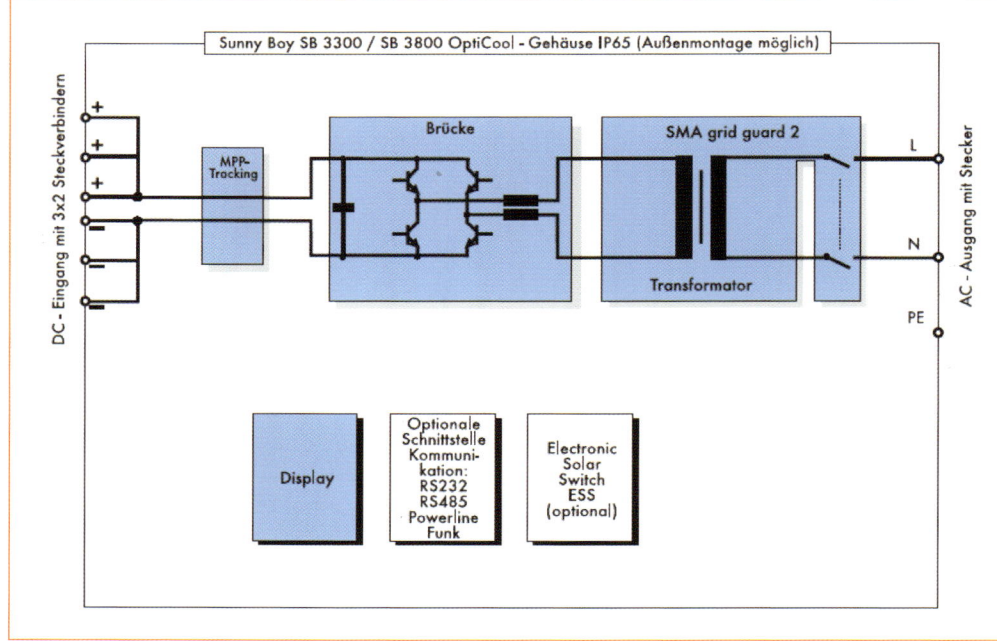

**Abb. 41 –** Wechselrichter Sunny Boy SB 3300 / SB 3800 (Außenmontage möglich), Nennleistung bis 4 kW und Blockschaltbild mit Trafo. Quelle (3)

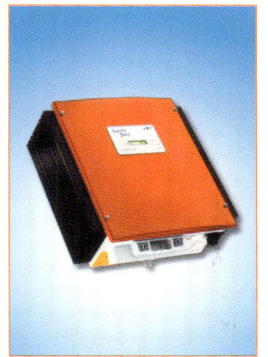

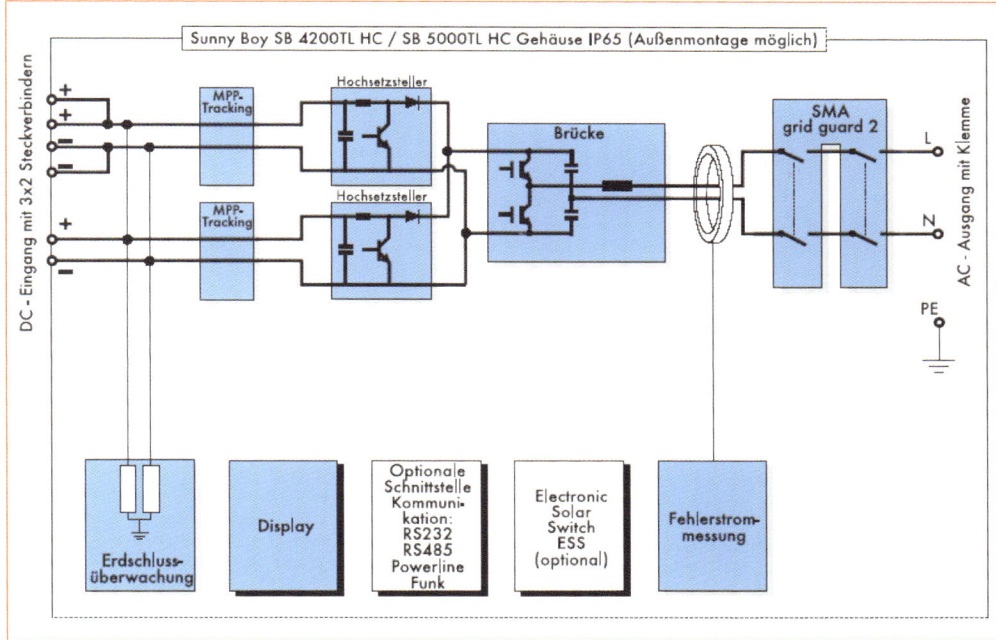

**Abb. 42** – Wechselrichter Sunny-Boy SB 4200TL / SB 5000TL (Multi-String), transformatorloser Solarwechselrichter für drei unabhängige PV-Strings (siehe Blockschaltbild). Quelle (3)

ter) bearbeitet, bei höherer Einstrahlung und damit höherer Leistung des Solargenerators werden dann weitere Wechselrichter (Slaves) vom Masterwechselrichter dazugeschaltet.

**Verkabelung**

Die gleichstromseitige Verkabelung zur Verbindung der Module untereinander und der Verbindung der Stränge mit dem Wechselrichter ist auf dem Dach der Witterung direkt ausgesetzt. Sonne, Wind, Regen und Schnee wirken 20 bis 30 Jahre lang auf die Kabel ein. Deshalb sollten diese, wo immer möglich, in den Aluminiumprofilen oder in Kabelkanälen verwahrt und

eingebunden sein. Grundsätzlich hat die Verkabelung einige Bedingungen zu erfüllen:

- Die Kabel müssen UV- und ozonbeständig sein.
- Der Querschnitt (mm²) sollte so sein, dass die Leitungsverluste unter 1 % liegen (in der Regel 2,5 bis 4 mm², abhängig von der Leistung und der Kabellänge).
- Die Isolation um den Leiter hat doppelt zu sein (für den Kurzschlussfall).
- Die Verbindungen sollten zugfest und korrosionsbeständig sein.

# 2.1 Netzparallelsystem

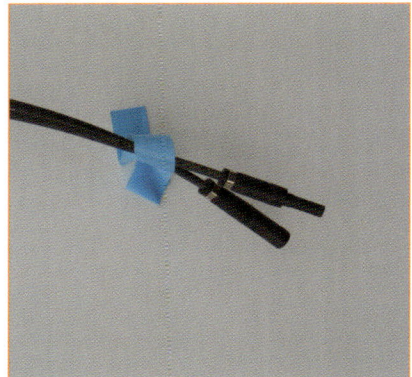

**Abb. 43** – MC-Stecker zur Verbindung der Module untereinander.

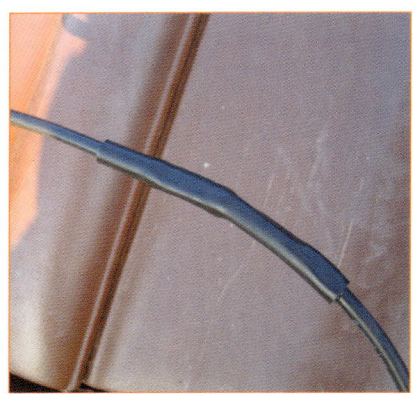

**Abb. 44** – Elektrische Kabelverbindung des Modulstranges zum Wechselrichter mit einem Quetschverbinder und Schrumpfschlauch als zusätzlichem Schutz. Achtung, der Schrumpfschlauch muss übergezogen werden, bevor die beiden Kabelenden mit dem Quetschverbinder zusammengefügt werden.

Die Verbindung der Module untereinander kann mit den an den Modulen befindlichen Kabelstücken und den daran angebrachten Steckern und Buchsen problemlos hergestellt werden.

Sie sollten auf eine gute Steckverbindung achten! Die Stecker und Buchsen müssen so einrasten, dass sie nicht mehr auseinandergezogen werden können. Stecker und Buchsen sind eindeutig dem Pluspol und dem Minuspol zugeordnet und dürfen im Stringsystem nicht vertauscht werden.

Bevor Sie mit der Verkabelung beginnen, ist es hilfreich, wenn Sie sich einen Verdrahtungsplan machen, in dem die Solarstränge, bestehend aus den Modulen, eingezeichnet werden. Die Planung sollte berücksichtigen, wo zu einer be-

stimmten Tageszeit evtl. Schatten hinfällt und welche Stellen erst später von der Sonne beschienen werden. Auch sollten die Kabellängen der einzelnen Stränge möglichst ähnlich sein. Gleich besonnte/beschattete Module sollten, wenn

möglich, in einem Strang zusammengefasst werden.

Die Kabel sind bereits auf dem Dach bei der Montage der Module eindeutig zu markieren: String 1+, String 1–, String 2+, String 2– usw. Wenn Sie mit dem Kabelbündel

# 2.1 Netzparallelsystem

beim Wechselrichter stehen, könnte es ansonsten Schwierigkeiten mit der Zuordnung geben. Die Polarität lässt sich mit einem Multimeter noch herausfinden. Die Zuordnung bei mehreren Strängen (oder Strings) wird dann aber schon zum Kniffelspiel. Auch ist es gut, bei mehreren Strängen nach System vorzugehen. Zuerst String 1 fertig verdrahten, dann Nr. 2 usw.

**DC-Freischaltung**
Seit Juni 2006 ist für PV-Anlagen ein DC-Freischalter zwischen dem Solargenerator und dem Einspeise-

wechselrichter vorgeschrieben (siehe DIN VDE 0100-712). Dieser ermöglicht die Unterbrechung des vom Solargenerator kommenden Stromes. Für Anlagen, die vor 2008 an das Netz gehen, gilt eine Übergangsfrist. Während dieser Frist muss der Solargenerator zwar freischaltbar sein, die Freischaltung könnte jedoch auch über die Trennung der Steckverbindungen am Wechselrichter erfolgen, wovon ich im Betrieb dringend abraten möchte (solange dort Strom fließt!). Das Gefahrenpotenzial der harmlos erscheinenden PV-Module als Gleich-

Gefordert ist bei der Freischaltung:

Eine sichere allpolige Trennung des PV-Generators vom Wechselrichter

stromquelle wird häufig, selbst von erfahrenen Handwerkern, unterschätzt. Der manchmal zu beobachtende kleine Funke beim Einstecken eines Netzsteckers (Notebook, TV, usw.) würde sich in einem Gleichstromnetz vor allem beim Ausstecken (Trennfunke) zu einem kräftigen Lichtbogen ausbil-

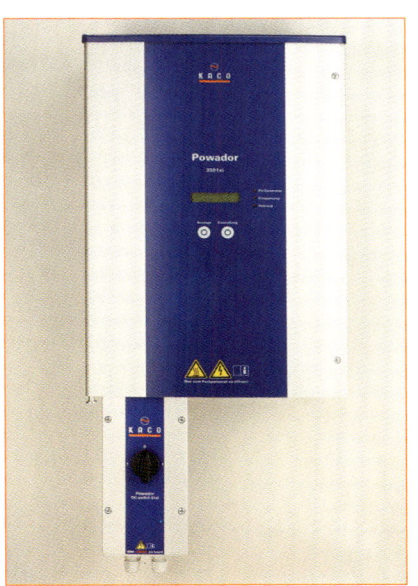

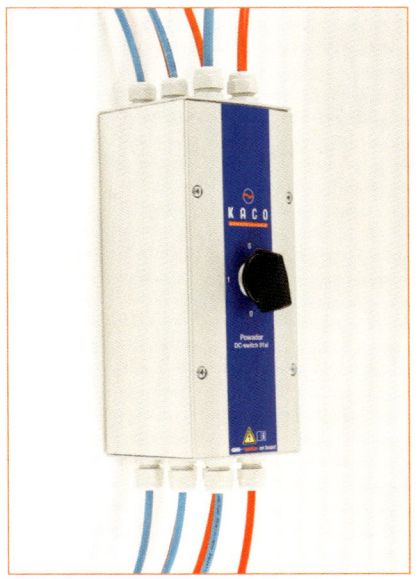

**Abb. 45 – a)** Beispiele für externe DC-Lasttrenn-Schalter für alle trafolosen Powador-Wechselrichter der Fa. Kaco. Die Wandmontage (z. B. unterhalb des Wechselrichters) kann auch im geschützten Außenbereich erfolgen (Schutzart IP54). **b)** DC-Freischalter der Serie 00xi: 1000 VDC. Quelle (6). **c)** Typ 01xi wie zuvor, jedoch für bis zu fünf Stränge. Quelle (6)

# 2.1 Netzparallelsystem

den. Immerhin haben wir es bei Netzeinspeiseanlagen mit Gleichspannungen von meist über 500 Volt und Strömen von einigen Ampere zu tun.

Für die DC-Freischaltung sind folgende Varianten möglich:

- ein externer DC-Lasttrenner, der zwischen Solargenerator und Wechselrichter geschaltet wird,
- ein in den Wechselrichter integriertes Trennrelais (bei Multistringwechselrichter zu finden),
- ein unter Last betätigbarer PV-Steckverbinder mit Trennelektronik.

Ein Beispiel eines externen DC-Trennschalters aus dem Hause Kaco, der sich eignet, den Solargenerator elektrisch vom Wechselrichter zu trennen, auch wenn dieser noch in Betrieb ist, sehen Sie in Abb. 45. Seine Aufgabe ist die Freischaltung des angeschlossenen PV-Generators mit allen Strängen im Falle eines Serviceeinsatzes. Der Schalter ist so konzipiert, dass der Wechselrichter auch im Nennlastbetrieb oder Kurzschlussfall sicher vom Photovoltaik-Generator getrennt werden kann.

Eine gute Lösung hat auch die Firma SMA mit einem unter Last betätigbaren PV-Steckverbinder entwickelt. Beim sogenannten ESS (Electronic Solar Switch) wird mittels einer parallel angeordneten Elektronikschaltung die Trennung der PV-Stecker unter Last möglich. Die Schaltung versorgt sich aus der Spannung über den Kurzschlussstecker und ist getrennt und unabhängig von der Elektronik des Gerätes. Da der Kurzschlussstecker nur im Falle einer Freischaltung (Herausziehen der Stecker) betätigt wird, nutzen sich die Kontakte im Betrieb nicht ab und die verursachten Verluste sind gering.

Dieses Konzept erscheint installationsfreundlich und erhöht die Sicherheit beim „intuitiven Freischalten" durch das Steckerziehen.

## Wichtiger Hinweis

Sämtliche herkömmlichen Gleichstrom-Steckverbinder dürfen jedoch ausschließlich lastlos betätigt werden und sind nicht dazu geeignet, einen über den Stecker fließenden Gleichstrom zu trennen, ohne dabei beschädigt zu werden.

### Überwachung

Eine Photovoltaikanlage ohne Leistungsüberwachung ist wie ein Auto ohne Tacho! Es fährt zwar, aber der Fahrer weiß nicht, wie schnell und wie weit. Die Betreiber vieler Photovoltaikanlagen bemerken erst am Ende des Jahres, wenn sie die Abrechnung der Einspeisevergütung überprüfen, dass die Anlage einen Defekt hat. Dann ist meist schon sehr viel Zeit vergangen und die erhoffte Ernte verloren.

Es gibt zwar ein rotes Lämpchen, das die Störung des Wechselrichters anzeigt, dieser ist aber meist an einem Platz montiert, auf den sie nicht jeden Tag schauen.

Die übliche und in der Regel bei jedem Wechselrichter verfügbare Überwachung ist die über verschiedenfarbige LEDs, welche die Betriebszustände anzeigen. Eingebaute Displays sind aussagekräftiger und zeigen außerdem die konkreten Leistungswerte bzw. eine entsprechende Störung an, aber eben meist auch nur im Keller.

Sinnvoll, vor allem bei größeren Anlagen, sind Leistungsüberwachungen mit Daten-Schnittstellen und Datenloggern. Werte werden ausgelesen, gespeichert und verglichen und bei fehlerhaften Parametern wird der Betreiber gewarnt.

Die Warnung kann dann z. B. drahtlos über das Mobiltelefon (SMS) oder eine Mailbox erfolgen. Oder ein entsprechendes Anzeigegerät kann an einem auffälligen Platz angebracht werden, z. B. im Wohnzimmer.

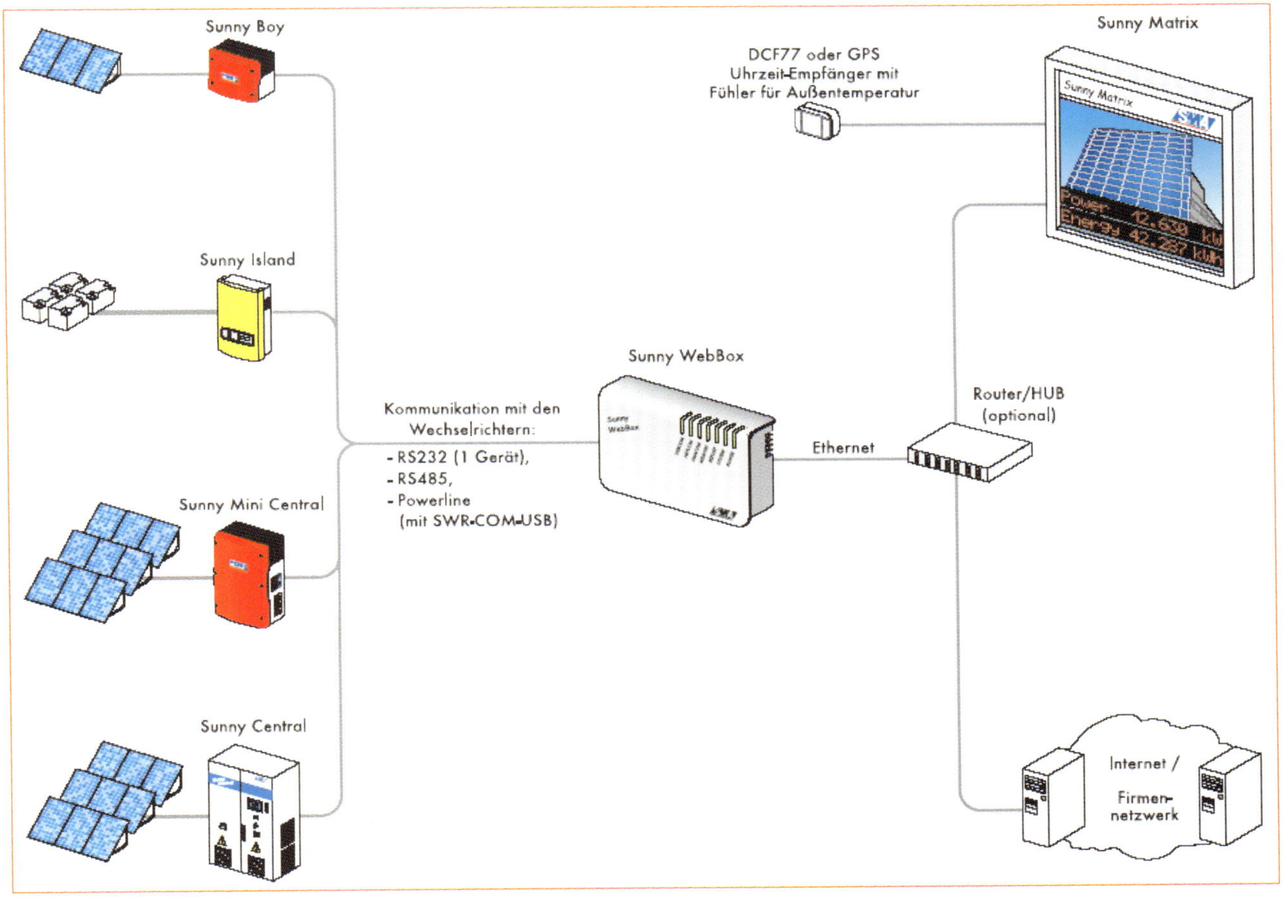

Sunny Boy

Sunny Island

Sunny Mini Central

Sunny Central

DCF77 oder GPS
Uhrzeit-Empfänger mit
Fühler für Außentemperatur

Sunny Matrix

Sunny WebBox

Kommunikation mit den
Wechselrichtern:

- RS232 (1 Gerät),
- RS485,
- Powerline
  (mit SWR-COM-USB)

Ethernet

Router/HUB
(optional)

Internet /
Firmen-
netzwerk

**Abb. 46 –** Prinzip der Fernüberwachung. Die von den Wechselrichtern kommenden Daten werden von der WebBox gespeichert und über einen Router oder über das eingebaute Modem weitergeleitet. Vorteil: Bei Störungen können Sie oder auch der Installateur eine Mail oder eine SMS erhalten. Quelle (3)

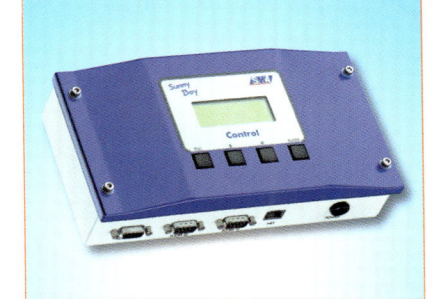

**Abb. 47 –** Fernüberwachung sunny-Boy Control. Die Daten der Solaranlage können entweder direkt auf Ihrem PC oder via Internet über das Sunny Portal abgerufen werden. Quelle (3)

## 2.1 Netzparallelsystem

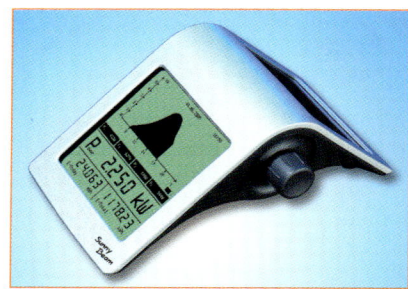

**Abb. 48** – Sunny Beam mit drahtlosem Kontakt zu den Wechselrichtern. Sofort nach dem Netzanschluss der Solaranlage können Sie hiermit drahtlos alle Anlagenwerte bequem vom Wohnzimmer aus überwachen. Die Stromversorgung des Sunny Beam erfolgt durch eine Solarzelle auf der Rückseite des Gerätes. Quelle (3)

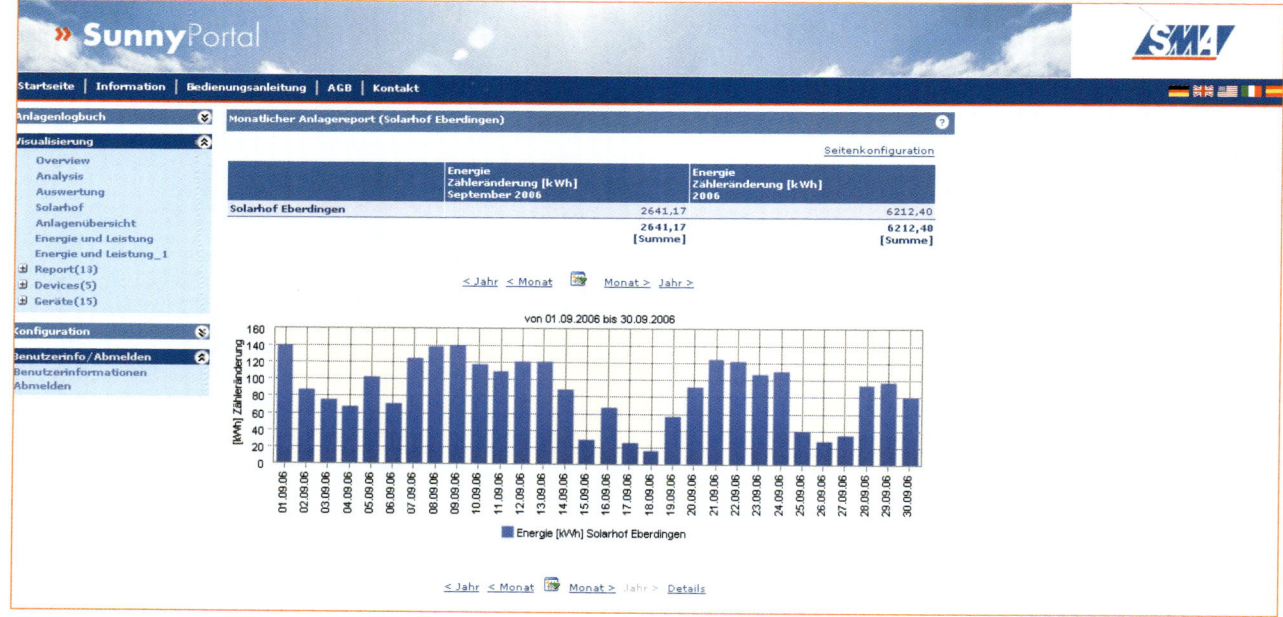

**Abb. 49** – Grafik aus der über das Internet abrufbaren Fernüberwachung (Sunnyportal), Überwachungsgegenstand ist die weiter oben beschriebene PV-Anlage mit 24,7 kWpeak. Quelle (3)

# 2.1 Netzparallelsystem

## Mein Hinweis

Eine Leistungseinbuße muss nicht immer durch einen technischen Defekt hervorgerufen werden, manchmal reichen auch ein paar Blätter auf den Modulen!

*Fernüberwachung*

Eine weitere Steigerung ist ein Abgleich mit bezüglich Anlagengröße und Standort vergleichbaren Anlagen, der über das www (world wide web) ständig und automatisch durchgeführt wird. Die Warnmeldung bei einer Störung oder nicht direkt nachvollziehbaren vorübergehenden Leistungseinbuße kann dann auch über SMS oder Mail erfolgen.

### Netzanschluss

Der von der Photovoltaikanlage aus dem Sonnenlicht gewonnene Strom wird über einen separaten Zähler, den Einspeisezähler, in das öffentliche Netz abgegeben. Der Zähler kann geliehen oder auch gekauft werden. Ich empfehle den Kauf eines gebrauchten und geprüften Zählers. Für den Fall, dass im hauseigenen Zählerkasten genügend Platz vorhanden ist, kann der Rückspeisezähler dort mit eingebaut werden. Wenn nicht, muss ein zusätzlicher, neuer oder auch gebrauchter Zählerkasten gesetzt werden, der den Bestimmungen des Energieversorgungsunternehmens entsprechen muss.

Die erforderlichen Kosten für den direkten Netzanschluss einschließlich Einspeisezähler trägt der Anlagenbetreiber, also Sie.

Der Netzanschluss an den Einspeisezähler muss von einem autorisierten (vom Energieversorgungsunternehmen zugelassenen) Elektroinstallateur durchgeführt werden.

**Abb. 50** – Einspeisezähler und Sicherungen, die Übergabestelle zum öffentlichen Netz.

# 2.2 Netzunabhängiges Inselsystem

Wie schon weiter oben angedeutet, besteht der wesentliche Unterschied zu Netzeinspeisesystemen darin, dass beim netzunabhängigen System keine Verbindung zum öffentlichen Stromnetz erforderlich ist. Für die Speicherung der Sonnenenergie, also des elektrischen Stromes, benötigt man dann aber einen Akku. Der Strom wird direkt oder zeitlich versetzt aus dem Speicher im Haushalt verbraucht. Damit funktionieren diese Systeme zum einen in Bereichen, in denen kein Stromnetz existiert, wie z. B. außerhalb von Siedlungen. Es sind aber auch Stromversorgungen parallel zum und unabhängig vom öffentlichen Netz möglich. Dafür gibt es zahlreiche sinnvolle Anwendungen: Denken Sie nur an eine mit Solarstrom versorgte Hausnummernbeleuchtung, die an der Außenwand völlig autark und ohne Leitungsverlegung funktionieren kann.

### Solarmodule

Die Module für autonome, vom Netz unabhängige Systeme unterscheiden sich von denen im Netzeinspeisesystem grundsätzlich nicht. Bei einem Inselsystem werden möglicherweise kleinere Module mit geringerer Spannungsfestigkeit (Systemspannung) verwendet.

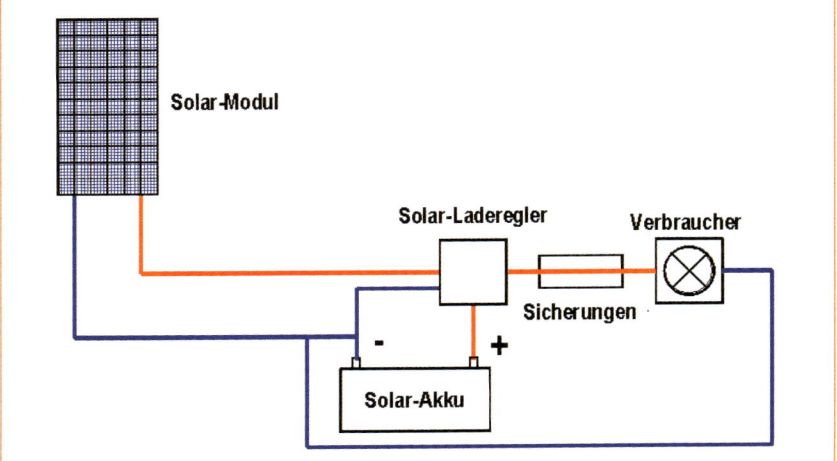

**Abb. 51 –** Prinzip des solaren Inselsystems, bestehend aus Solarmodul, Solar-Laderegler, Solarakku, Sicherungen und Verbrauchern, wie z. B. Beleuchtung, Kühlschrank und Radio. Die roten Leitungen sind der Pluspol, die blauen der Minuspol.

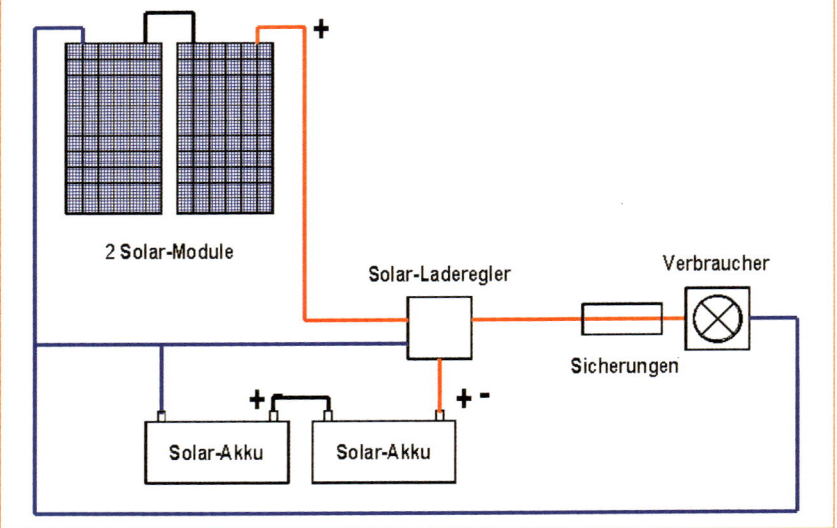

**Abb. 52 –** Verschaltung von zwei Solarmodulen mit je 12 V in Serie für 24 V (oder auch zwei Module mit 24 V in Serie für 48 V). Bei 48 V benötigt man auch einen für die Spannung geeigneten Solar-Laderegler und vier Akkus.

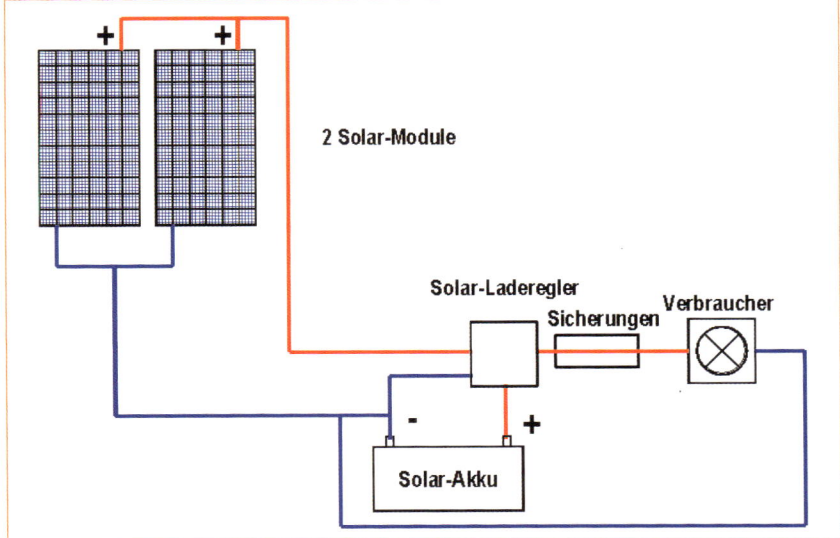

**2 Solar-Module**

**Solar-Laderegler**

**Sicherungen**

**Verbraucher**

**-**    **+**

**Solar-Akku**

**Abb. 53 –** Verschaltung der Solarmodule parallel zur Erhöhung des Ladestromes. Der Solar-Laderegler muss so gewählt werden, dass er den höheren Ladestrom verarbeiten kann. Bei zwei Modulen mit einem maximalen Strom von 5 Ampere sind das immerhin 10 Ampere Ladestrom.

Zusätzliche Funktionen sind je nach Ausstattung des Ladereglers verfügbar, z. B.:

● Temperaturnachführung,
● Tiefentladeschutz und/oder Tiefentladeabschaltung,
● manuelle oder automatische Umschaltung von 12 auf 24 Volt Betriebsspannung,
● Gasungsregelung,
● gepulste Ladung,
● LCD-Anzeige,
● Schnittstelle zum PC,
● selbstlernendes Ladesystem.

Es gibt eine ganze Reihe von unterschiedlichen Laderegler-Systemen. Die wesentlichen im Handel angebotenen Solarregler sind folgende:

*Zweipunktregler:*
Für Inselanlagen mit kleiner Leistung und geringer Anforderungen geeignet. Spannungsgesteuerte Regelung in Serie zum Akku. Der Akku wird vom Solarmodul getrennt, wenn die Ladespannung überschritten wird. LEDs zeigen z. B. an, ob der Akku geladen wird oder bereits im Bereich der Ladeendspannung ist.

Mit dieser Technik werden die Akkus zwar nicht optimal geladen und es wird auch nicht die optimale Lebensdauer der Akkus erreicht. Es gibt aber durchaus sinnvolle

Die Betriebsspannung des direkten Gleichstromniederspannungsnetzes wird in der Regel bei 12, 24 oder 48 Volt gewählt. Die Akkus werden über einen Laderegler kontrolliert geladen und die Verbraucher im Niederspannungsbereich betrieben.

**Regler**
Solar-Laderegler sorgen dafür, dass die vom Solarmodul kommende Energie, je nach Technik des Ladereglers, optimal an den Akku angepasst und der Akku (mehr oder weniger) optimal geladen wird. Weiterhin kann der Laderegler dafür sorgen, dass der Akku nicht zu tief entladen wird.

Je nach verwendetem Akkutyp muss der Regler die Parameter des Akkus berücksichtigen. Bleigelakkus haben z. B. eine niedrigere Ladeschlussspannung (2,39 Volt pro Zelle) als Bleisäureakkus (2,45 Volt pro Zelle).

## 2.2 Netzunabhängiges Inselsystem

**Abb. 54** – Einfacher und preiswerter Zweipunktregler. Quelle (4)

Anwendungen für den Zweipunktregler, so z. B., wenn mit einem Solargenerator mehrere Akkus geladen werden sollen (siehe auch Abb. 55).

*Serieller Shuntregler (Längsregler):*
Für kleine und mittlere Inselanlagen eignet sich der Shuntregler. Die Regelung des Ladestromes wird in Abhängigkeit von der Ladespannung durchgeführt.

Während des Ladevorgangs erhält der Akku kurzzeitig Stromim-

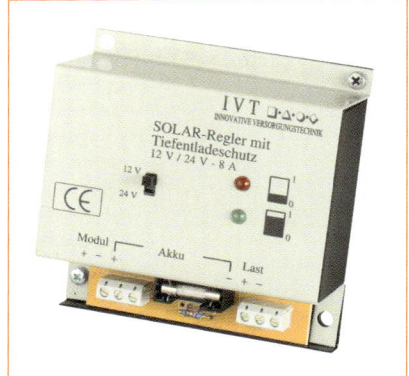

**Abb. 56** – Shuntregler mit Ladezustandsanzeige und Umschalter für 12 und 24 Volt. Quelle (4)

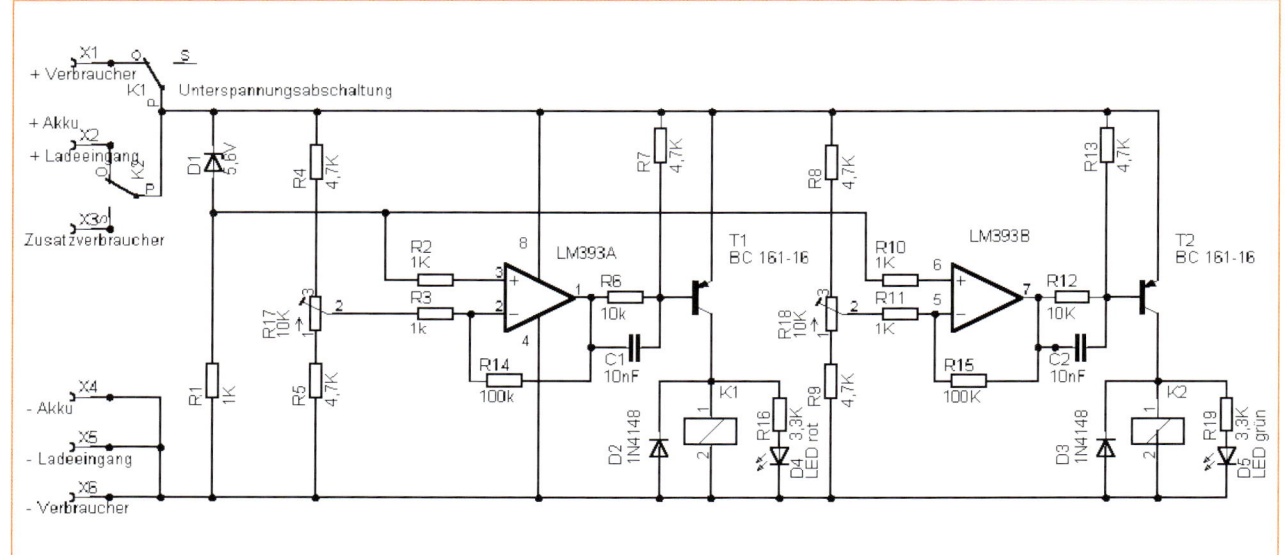

**Abb. 55** – Schaltp an-Beispiel eines Zweipunktreglers, bei dem die einstellbare Unter- und Überspannung jeweils mit einem Relais geschaltet wird. Damit können **a)** bei Unterspannung (Akku entladen) mit dem Relais K1 Verbraucher von dem Akku getrennt werden und **b)** bei Überspannung (Akku ist voll geladen) mit Relais K2 ein weiterer Akku vom Solargenerator geladen oder ein weiterer Verbraucher, wie z. B. ein Ventilator versorgt werden.

pulse, die, je nach Ladespannungshöhe, kürzer oder länger sind (Pulsweitenmodulation).

Dieses Ladeverfahren führt zu einer höheren Lebensdauer des Akkus im Vergleich zum Zweipunkt-regler und führt auch zu einer vollständigeren Nutzung der Ladekapazität des Akkus.

*Intelligenter Solar-Laderegler mit Microcontroller:*
Ein Solar-Controller ermöglicht ein präzises und schonendes Laden des Akkus. Die Werte für Schalt-schwellen, z. B. für Über-/Unterspannung, Last-Ab-schaltung und Rücksetzung, werden durch den Con-troller erfasst und gesteuert. Der Solar-Controller kann z. B. mit einer Tiefentlade-Vorwarnung und mit LC-An-zeige sowie RS-232-Schnittstelle ausgestattet sein.

Die Lade- und Überwachungsparameter sind be-reits fertig programmiert und können zum Teil durch den Betreiber softwaremäßig programmiert werden. Nachteil: Wenn das Programm abstürzt oder spinnt, ist es meist schwierig zu reparieren.

Als Beispiel das Leistungsangebot des „Solar-Lader-egler mit Microcontroller SCD 10" der Fa. Conrad-Elek-tronic:

*Intelligenter Solar-Laderegler
mit Microcontroller, SCD 10*
Der Solar-Controller mit LC-Anzeige und RS-232-Schnittstelle garantiert präzises und schonendes Laden der Solarakkus. Die Schaltschwellen z. B. für Über- und Unterspannung, Last-Abschaltung und Rücksetzung werden über den eingebauten Micro-Controller exakt und temperaturstabil gesteuert. Der Solar-Controller ist damit bestens für alle Anwendungen mit zentraler Masse (–) geeignet, da die Last-Abschaltung im Plus-kreis (+) erfolgt. Und durch die Serienregelung können auch Solarakkus parallel zu anderen Stromquellen, z. B. Standard-Netzgeräten, nachgeladen werden. Der So-

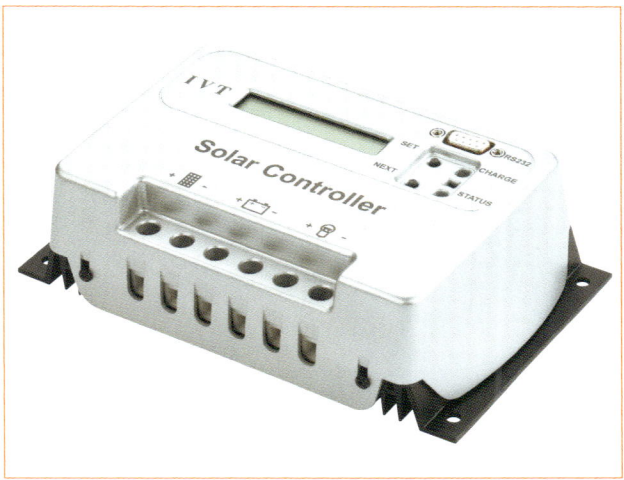

**Abb. 57** – Komfortabler Laderegler mit Microcontroller und Anzeigedisplay. Quelle (4)

lar-Controller ist mit einer Tiefentlade-Vorwarnung ausgestattet. Besondere Punkte:

- LCD-Anzeige: Strom, Spannung, Temperatur.
- Min.-/Max.-Werte.
- LED-Statusanzeige für Ladezustand .
- RS-232-Schnittstelle zur Weiterverarbeitung der Daten am PC .
- Grundlage der Regelung: ladezustandsgesteuert.
- Art der Regelung: Serie.
- Temperaturnachführung.

**Akku/Speicher**
Die größte Schwachstelle der Inselanlage ist der erfor-derliche Energiespeicher. Der Anspruch ist, möglichst viel der gewonnenen Solarenergie mit einem möglichst hohen Wirkungsgrad (d. h. mit möglichst wenig Verlust über die Zeit) zu speichern und verwenden zu können.

Daher ist es manchmal sinnvoll, die Solarenergie zu dem Zeitpunkt, zu dem sie vorhanden ist (tagsüber), direkt in der Energieform zu speichern, in der sie gebraucht wird. So z. B. Wasser für die Bewässerung oder die Spülung direkt in einen erhöhten Wasserspeicher (Lageenergie) zu bringen oder Kühlenergie in Form von Kühlakkus im Kühlschrank zu speichern.

Solange die Sonne scheint, kann das Wasser direkt mit dem vom Solarmodul kommenden Strom mit Hilfe einer Solarpumpe in den erhöhten Wasserbehälter gepumpt werden. Der Kühlschrank läuft von einer Schaltuhr gesteuert nur tagsüber, die Kühlung in der Nacht wird von dem m Kühlschrank integrierten Kühlakku geleistet. Damit kann der Solarakku für andere Aufgaben wesentlich entlastet werden.

Schwieriger wird es bei Verbrauchern, die in der Nacht benötigt werden, wie z. B. Licht, oder bei denen im Voraus nicht bekannt ist, wie hoch der Energieverbrauch sein wird. In diesen Fällen ist derzeit noch ein Energiespeicher in Form eines Akkus erforderlich. In naher Zukunft werden jedoch Energiespeicher mit Wasserstofftechnologie die Akkus ablösen. Die Wasserstofftechnologie wird die vom Solargenerator kommende Energie mit Hilfe von Brennstoffzellen nahezu verlustfrei speichern und zu einem späteren Zeitpunkt wieder zur Verfügung stellen können.

Von den vielfältigen Akkutechnologien, die zur Verfügung stehen, eignen sich für den Inselbetrieb der für die Solaranwendung modifizierte Bleisäureakku und der Bleigelakku am besten.

*Bleisäure-Akkumulatoren*
Im Prinzip entspricht dieser Akkutyp der Autobatterie, wie wir sie von unserem Kfz kennen. Aber nur im Prinzip. Die Autobatterie ist dafür gemacht, kurzzeitig hohen Strom zum Anlassen des Kfz-Motors zur Verfügung zu stellen, dann wird sie wieder von der Licht-

**Mein Hinweis**

Beim Nachfüllen von destilliertem Wasser in die Kammern des Bleisäureakkus alte Kleidung oder eine Schürze tragen. Die evtl. austretenden Spritzer enthalten ätzende Salzsäure und hinterlassen auf der Kleidung kleine Löcher, die erst nach dem Waschen sichtbar werden.

maschine aufgeladen. Der Bleisäure-Solarakku dagegen muss über Nacht über einen längeren Zeitraum Strom abgeben können und sollte die von dem Solargenerator geladene Energie möglichst lange und ohne große Verluste speichern. Und dies über Jahre. Es ist zwar möglich, eine Autobatterie an der solaren Inselanlage zu betreiben, Sie werden aber damit langfristig wenig Freude haben.

Beim Bleisäure-Solarakku ist, je nach Laderegler-Typ, der Wasserstand in den Kammern zu prüfen und von Zeit zu Zeit müssen diese mit destilliertem Wasser aufgefüllt werden. Ansonsten braucht der Bleisäure-Solarakku keine Wartung.

Die angegebene Kapazität der Solarakkus erscheint auf den ersten Blick im Verhältnis zur Akkugröße sehr hoch und viel versprechend im Vergleich zu einer Autobatterie. Dies hat folgenden Grund: Die Kapazitätsangaben beziehen sich auf die Entladezeit. Je geringer der Entladestrom, desto mehr Kapazität kann aus dem Akku entnommen werden. Dies hängt mit der Reaktionszeit innerhalb des chemischen Prozesses im Bleisäureakku zusammen. Bei der Autobatterie beträgt die Entladezeit 20 Stunden und die Kapazität wird dementsprechend mit C20 angegeben. Beim Solarakku wird von einer 100-stündigen Entladezeit ausgegangen. Bei einer Angabe von 100 Ah (Amperestunden) besagt dies, dass 100 Stunden lang eine Entladung von 1 Ampere stattfinden kann. In der Praxis sieht das meist anders aus, sodass Sie sich nicht wundern sollten, wenn der Akku schneller entladen ist.

*Bleigel-Akkumulatoren*
Im Bleigelakku ist der Elektrolyt in einer gelartigen Masse gebunden. Die Kontrolle und das Nachfüllen von destilliertem Wasser entfallen damit. Dieser Akkutyp darf spannungsmäßig nicht überladen werden, sonst fängt der Elektrolyt an auszugasen (abzublasen). Im Gesamten gesehen ist der Bleigelakku eine pflegeleichte Speicherkomponente.

Wichtig ist, dass der Laderegler auf diesen Akkutyp eingestellt ist, vor allem was die Ladeendspannung betrifft. Auch die beim Bleisäureakku erforderliche Gasungsfunktion muss hier deaktiviert werden. Eine konstante Ladespannung mit 2,35 Volt pro Zelle wird empfohlen.

Weitere Vorteile diese Akkutyps sind die Möglichkeit langer Lagerzeiten ohne Ladung, geringer Kapazitätsverlust (niedrige Selbstentladung), erneute Aufladbarkeit auch nach Tiefentladungen und eine hohe Zyklenfestigkeit (der Akku kann sehr oft, 500- bis 1000-mal, geladen und entladen werden).

In der Anschaffung kosten Gelakkus mehr als Bleisäureakkus.

### Verkabelung
Die Verkabelung kann mit einem zweiadrigen Kabel erfolgen. Je nach Leitungslänge und Anschlusswert der Verbraucher sind entsprechende Kabelquerschnitte zu wählen.

Wenn Strom durch ein Kabel fließt, entstehen durch den Innenwiderstand des Leiters „Kabel" Verluste. Die Verluste sollten nicht höher als max. 1 % sein. In Abb. 59 sind die maximalen Entfernungen bei entsprechenden Kabelquerschnitten für 12 Volt angegeben. Bei 24 Volt kann der Strom bei gleicher Leitungslänge etwa verdoppelt werden. Den Strom eines Verbrauchers können Sie wie folgt ermitteln:

Als Beispiel gehen wir von einer 12-Volt-Halogenlampe mit 10 Watt Leistung aus. Die Wattangabe (10 Watt) geteilt durch die Spannung (12 Volt) ergibt einen Strom

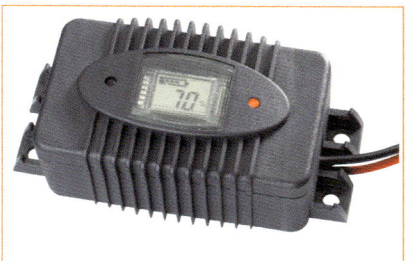

**Abb. 58 –** Der Bleiakku-Aktivator verhindert die Sulfatierung bei Akkus (Bleisäure und Bleigel), die selten genutzt werden. Er erzeugt regelmäßig Stromimpulse (100 A). Die Stromaufnahme des Gerätes beträgt ca. 0,5 mA, die aus dem Akku entnommen werden. Ich habe damit vor allem bei Bleigelakkus an der Insel-Solaranlage gute Erfahrungen gemacht. Quelle (4)

von 0,83 A. Entsprechend Abb. 59 sollte die Zuleitung zu dieser Halogenlampe bei einem Kabelquerschnitt von 1,5 mm² in etwa 5 m nicht überschreiten. Kritisch wird es

| Querschnitt bei 12 Volt | 0,5 A | 1,5 A | 2,5 A | 10 A |
|---|---|---|---|---|
| Querschnitt bei 24 Volt | 1,0 A | 3,0 A | 5,0 A | 20 A |
| 0,75 mm² | 6 m | 1,5 m | 1,0 m | – – |
| 1,5 mm² | 12 m | 3,0 m | 2,0 m | 0,5 m |
| 2,5 mm² | 20 m | 5,0 m | 3,0 m | 0,8 m |
| 4,0 mm² | 32 m | 8,0 m | 5,0 m | 1,3 m |
| 6,0 mm² | 48 m | 12,0 m | 8,0 m | 2,0m |
| 10,0 mm² | 80 m | 20,0 m | 13,0 m | 3,3 m |

**Abb. 59 –** Kabellängen und Querschnitte (Hin- und Rücklauf, Verlust max. 1 % (über den Daumen).

vor allem bei Verbrauchern mit hohem Strombedarf, wie z. B. Wechselrichtern. Diese sollten in unmittelbarer Nähe des Akkus mit dicken Kabeln angeschlossen werden.

**Verbraucher**

Wird eine Inselanlage neu eingerichtet, so ist es sinnvoll, bei der Wahl der Verbraucher auf eine gute Energieeffizienz (Wirkungsgrad) zu achten. Damit können mit geringem Aufwand Energie und Kosten für Solarmodule gespart werden. Viele Gebrauchsgeräte in 12- oder 24-Volt-Ausführung gibt es bei Elektronikfirmen und im Campingbedarf standardmäßig zu kaufen.

*Sicherungen*

Bevor Verbraucher, egal welcher Art, an das Niederspannungsnetz der Solaranlage angeschlossen werden, sind diese mit Sicherungen abzusichern. Zu diesem Zweck gibt es spezielle Sicherungssysteme für den Solar-Niederspannungsbereich. Es können auch Sicherungssysteme aus dem Kfz- und/oder Campingbereich verwendet werden. Die Sicherungen sind so zu bemessen, dass der Kurzschlussstrom die Sicherung auslöst, bevor das Leitungsnetz beschädigt wird (siehe auch Abb. 59).

*Beleuchtung*

Für solarversorgte Inselnetze mit 12-Volt-Spannungsbereich gibt es zahlreiche Energiesparleuchten mit ausreichenden Beleuchtungsleistungen von 3 Watt bis zu 18 Watt. Eine 12-Watt-Energiesparkompaktlampe entspricht der Helligkeit einer Glühlampe mit 60 Watt und kann, je nach Schalthäufigkeit, bis zu 10.000 Betriebsstunden verwendet werden.

Noch haltbarer und sparsamer sind LEDs. Superhelle LEDs, wie z. B. die Luxeon™ Emitter oder Luxeon™ Star, gibt es von 1 Watt bis 5 Watt Leistung in verschie-

**Abb. 60 –** Eine wichtige Komponente ist, wie hier abgebildet, ein Sicherungshalter für Stecksicherungen, wie sie auch im Kfz verwendet werden. Quelle (4)

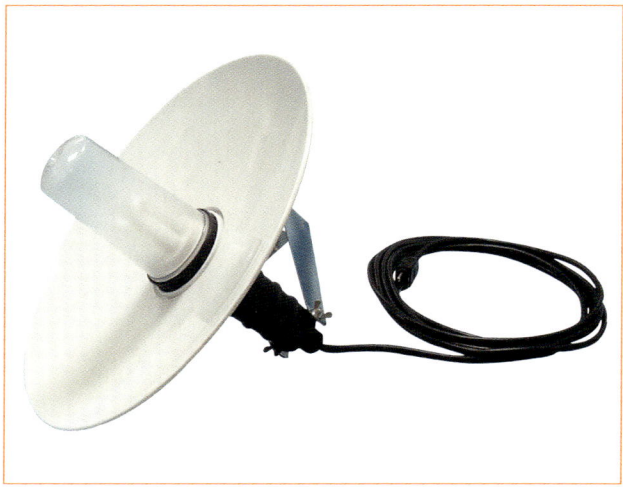

**Abb. 61 –** Die Leuchte Multilight wird mit einer sparsamen Energiesparlampe für 12 Volt Niederspannung bestückt. Quelle (4)

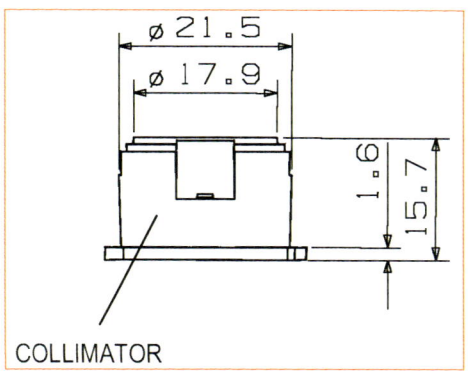
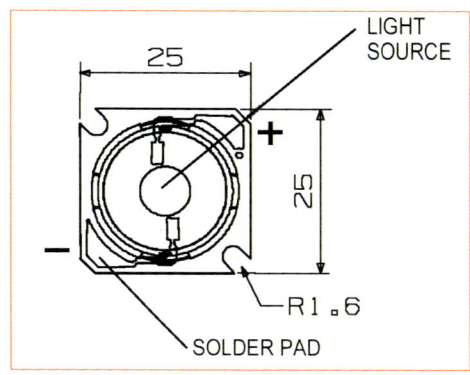

**Abb. 62** – Superhelle LEDs, wie z. B. die Luxeon™ Star mit integrierter Linse und einem Abstrahlwinkel von 10°. Die Abmessungen helfen bei der Planung eigener Konstruktionen. Quelle (4)

denen Farben und Ausführungen und mit unterschiedlichen Abstrahlungswinkeln. Durch den geringen Stromverbrauch und eine Lebensdauer von bis zu 50.000 Stunden eignen sie sich auch sehr gut für die Verwendung im Solarnetz. Kreative können sie außerdem bestens für selbst entworfene Beleuchtungseinrichtungen einsetzen.

Aber es gibt auch tolle Leuchten zu kaufen, die bereits mit LEDs bestückt sind.

*Kühlschrank*
Kühlschränke lassen sich mit Solarenergie gut betreiben. Gerade bei ausreichendem Sonnenschein ist der Bedarf an Gekühltem auch besonders hoch. Geeignete Kühlschränke sind am besten über den Campingbedarf oder bei Solarausrüstern zu beziehen. Es gibt mehrere technische Varianten, wobei bei ernsthaftem Gebrauch eigentlich nur ein Kompressorkühlschrank sinnvoll ist. Der Übersicht halber die möglichen Varianten:

- Kühl-Wärmebox mit Peltier-Elementen, preiswert, aber schlechter Wirkungsgrad.
- Absorberkühlschränke, hoher Stromverbrauch, sinnvoller mit Gasbetrieb.
- Kompressorsysteme für Niederspannung oder mit eingebautem Wechselrichter.

*Pumpen, Lüftungssysteme*
Pumpen und Lüftungssysteme eignen sich sehr gut für den solaren Direktbetrieb. Sie sind damit weitgehend wartungsfrei (abhängig von der Antriebsart). Bei viel

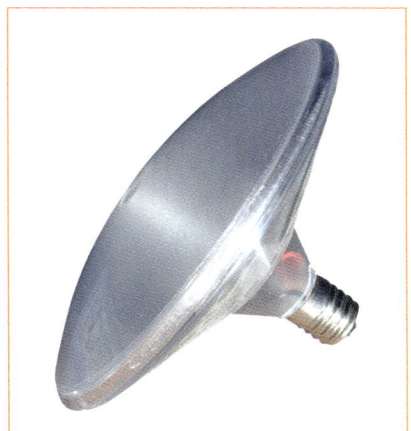

**Abb. 63** – LED-Lampe luna, mit integrierter Hochleistungs-LED und Schraubfassung für das Niederspannungsnetz. Quelle (4)

## 2.2    Netzunabhängiges Inselsystem

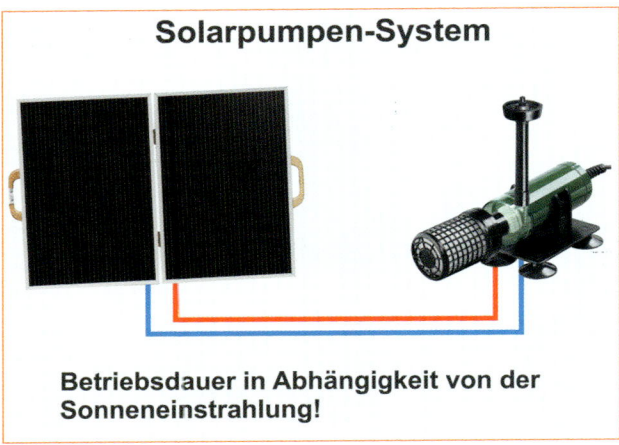

**Abb. 64 – a)** Solarpumpe im Direktbetrieb und **b)** die Pumpe im Detail. Quelle (4)

Sonnenschein ist oft auch viel Lüftung nötig, so zum Beispiel in einem an das Gebäude angegliederten Wintergarten.

*Radio, Fernseher, Computer und Peripherie*
Viele Geräte der Unterhaltungselektronik haben bereits 12-/24-Volt-Anschlüsse für den Betrieb der Geräte z. B. im Auto- und Campingbereich. Diese können direkt am Gleichstromnetz der Solaranlage betrieben werden.

Speziell bei Notebooks oder Handyladegeräten ist lediglich ein Autoadapter erforderlich, um diese am 12-/24-Volt-Solarnetz betreiben zu können. Es handelt sich dabei um einen kleinen DC/DC-Wandler, der den Gleichstrom des Solarnetzes mit hohem Wirkungsgrad (wenig Verluste) in die für das Notebook oder Ladegerät benötigte Spannung umwandelt. Meist kann die Ausgangsspannung des Wandlers durch einen Wahlschalter an die Betriebsspannung des Notebooks angepasst werden.

**Abb. 65 –** DC/DC-Wandler für den Anschluss des Notebooks an die Solaranlage. Durch die Umschaltmöglichkeit der Ausgangsspannung und durch die Steckadapter kann der Wandler auch für andere elektronische Geräte verwendet werden. Quelle (4)

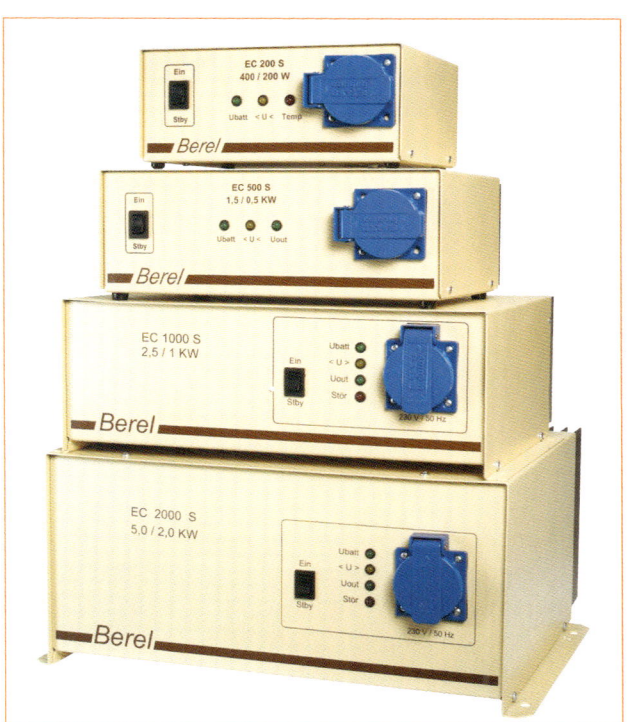

*Spannungswandler*

Sollen am Solarnetz 230-Volt-Verbraucher angeschlossen werden, so können diese über einen Spannungswandler, der die Systemspannung des Solarnetzes von z. B. 24 Volt auf 230 Volt Wechselstrom umwandelt, betrieben werden.

Bei den Spannungswandlern gibt es unterschiedliche technische Systeme, die sich durch die Art der abgegebenen Wechselspannung (230 V) und den Preis unterscheiden:

- Trapezwechselrichter,
- sinusähnliche Wechselrichter,
- Sinuswechselrichter.

Trapezwechselrichter sind sehr robust und preiswert und für einfache Elektromaschinen gut geeignet. Bei Drehstrommotoren, die mittels eines Anlaufkondensators dem Zwei-Phasen-Antrieb angepasst wurden, wie z. B. bei Waschmaschinen oder einem normalen 230-Volt-Kühlschrank, versagt der Trapezwechselrichter.

Der sinusähnliche Wechselrichter kann für die meisten elektronischen Geräte und auch Ladegeräte gut verwendet werden.

**Abb. 66** – Spannungswandler/Wechselrichter von links nach rechts: Trapezwechselrichter, sinusähnlicher Wechselrichter und Sinuswechselrichter (unten). Quelle (4)

## 2.2 Netzunabhängiges Inselsystem

Mit dem Sinuswechselrichter, dem teuersten und aufwendigsten Gerät, können alle Elektrogeräte wie am normalen Stromnetz betrieben werden.

Sie sollten beachten, dass Wechselrichter zu den „dicken" Stromverbrauchern gehören und nur bei Bedarf an den Akku angeschlossen werden sollten.

*Kleinverbraucher*

Kleinverbraucher wie Antennenverstärker, Klingel/Sprechanlage, Telefonanlagen, Wasseraufbereitung (Entkalkungseinrichtungen), Alarmanlagen usw. eignen sich besonders gut für eine „kleine Solarlösung". Diese Geräte verbrauchen im Prinzip wenig Strom, dies aber 24 Stunden am Tag und 365 Tage im Jahr.

Die oben genannten Kleinverbraucher haben in der Regel eine Versorgungsspannung von 12 bis 15 Volt und werden meist mit einem Steckernetzteil am 230-Volt-Stromnetz betrieben. Wenn Sie das Steckernetzteil einmal anfassen, werden Sie feststellen, dass es warm ist und einen leisen Brummton von sich gibt. Durch eine Messung mit einem Energiesparmessgerät können Sie feststellen, dass das Steckernetzteil für sich allein schon einen Stromverbrauch von ca. 3 bis 4 Watt hat.

Wenn Sie den Stromverbrauch nur für das Netzteil auf ein ganzes Jahr ausrechnen, so ergibt das allein ca. 25 bis 35 kWh!

Ich empfehle für jedes Haus mindestens eine kleine Solaranlage mit einer Leistung von ca. 50 bis 100 Watt an Solarmodulen, um die Kleinverbraucher auf dem Dach zu versorgen!

Es könnte ein Komplettset sein, wie z. B. bei Satellitenanlagen, welches bei diesen enormen Stückzahlen auch nicht viel mehr kosten würde.

Als Beispiel in Abb. 67 ein Blockschaltbild für die Realisierung einer Solaranlage zur Versorgung der Kleinverbraucher.

---

**Rechenbeispiel**

Ein Kleinverbraucher hat einen Stromverbrauch (gemessen am Steckernetzteil) von 5 Watt/h. Pro Tag sind dies (5 x 24) = 120 Wh und pro Jahr (120 x 365) = 43.800 Wh oder umgerechnet 43,8 kWh! Nehmen wir an, wir haben zehn dieser Verbraucher, dann sind das bereits 438 kWh elektrische Energien!

---

Wenn Kleinverbraucher über einen Pufferspeicher mit einer kleinen Solaranlage betrieben werden, können Sie auf Dauer eine ganze Menge an Energie und Geld sparen. Und der große Vorteil: Bei einem Stromausfall laufen die Geräte weiter, was z. B. bei einer Telefonanlage von großem Nutzen sein kann.

*Elektromobil / Solarmobil*

Mit zunehmender Verteuerung und Verknappung der Betriebsstoffe von Kraftfahrzeugen, der Zunahme von Feinstaub und der $CO_2$-Diskussion wird der Betrieb von Elektrofahrzeugen immer sinnvoller. Autos, aber auch Fahrräder mit elektrischen Hilfsantrieben (Pedelec = Fahrrad mit elektrischem Hilfsantrieb, der über die Pedale gesteuert wird und dadurch zulassungsfrei ist), Elektromofas und Elektroroller bis hin zu drei- und vierrädrigen Elektroleichtfahrzeugen sind als Zweitfahrzeuge eine sinnvolle Ergänzung zur Mobilität. Sie als Nutzer werden dadurch ein Stück unabhängiger und sparen eine Menge Geld. Elektrofahrzeuge haben durch den hohen Wirkungsgrad des Elektromotors von 60 bis 80 % und der guten mechanischen Ankopplung des Elektroantriebes (im Vergleich zum Verbrennungsmotor) Verbrauchswerte (Energieäquivalent) von 1 Liter auf 100 km und weniger.

Da Sie Ihre eigene Tankstelle zuhause haben, bedeutet das ein Stück mehr Unabhängigkeit von den konventionellen Versorgungssystemen der Ölmultis.

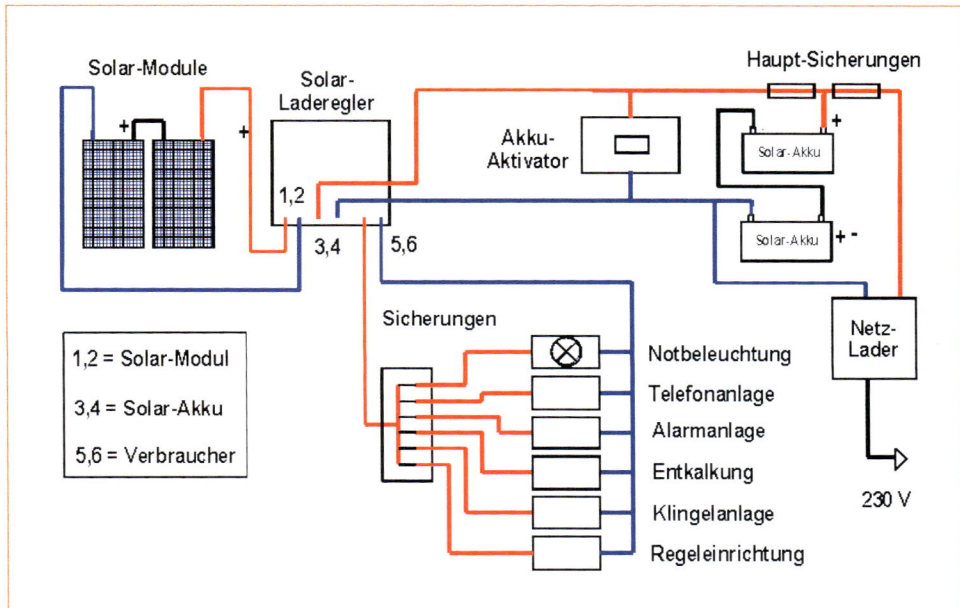

**Abb. 67 –** Blockschaltbild einer Solar-Inselanlage für Kleinverbraucher. Ist ein Stromnetz vorhanden, können die Akkus im Unterspannungsfall durch einen automatischen Netzlader aufgeladen werden (z. B. im Winter, wenn die Solarstrahlung nicht ausreicht).

**Abb. 68 –** Pedelec, Liegerad mit elektrischem Hilfsantrieb. **a)** Ohne und **b)** mit Verkleidung.

## 2.2 Netzunabhängiges Inselsystem

**Abb. 69 –** Kleines einsitziges Elektromobil (City El) mit PV-Modulen auf dem Dach in „Ladestellung".

# 3 Montage der Solaranlage

# 3.1 Grundsätzliche Montageprinzipien

Bei Solaranlagen wird von einer durchschnittlichen Nutzungsdauer von etwa 30 Jahren ausgegangen. Dementsprechend sind alle Materialien dauerhaft zu wählen. Dies bedeutet bei den Modulen und der Unterkonstruktion, dass korrosionsbeständige Materialien wie Aluminium, Edelstahl (V4A) usw. verwendet werden. Wichtig sind auch UV- und ozonbeständige Kabel sowie geeignete Kunststoffmaterialien und entsprechende konstruktive Lösungen, damit Schwitzwasser, Stauwärme und andere dem Gebäude abträgliche Erscheinungen dauerhaft unter Kontrolle sind.

Zunächst einmal möchte ich auf die prinzipielle Art der Befestigung eingehen. Solaranlagen können starr fixiert oder auch beweglich installiert werden. Fest installierte Solaranlagen sind in der Lage und Ausrichtung dauerhaft fixiert. Dadurch gibt es keinen bzw. wenig mechanischen Verschleiß und wenig Wartungsaufwand. Der gesparte Aufwand für die Nachführung (optimale Ausrichtung zur Sonne) kann dann in eine größere Fläche der Solaranlage investiert werden, um ähnliche Ergebnisse wie bei einer Nachführung zu bekommen.

Das automatisch immer zur Sonne ausgerichtete System ist mechanisch deutlich aufwendiger. Eine einfachere Lösung wäre die Nachführung durch manuelles Verstellen. Z. B. könnte vier Mal im Jahr der Neigungswinkel der Solaranlage von Hand verändert und damit dem aktuellen Sonnenwinkel angepasst werden. Dies ist bei kleineren Anlagen, z. B. im Bereich einer Balkonbrüstung, sehr sinnvoll.

Nachführungen mit automatischen Einrichtungen und Steuerungen, z. B. mit einem Getriebemotor und einer entsprechenden Sensorik, sind für Photovoltaikanlagen und vor allem für Inselanlagen sinnvoll. Dort kommt es darauf an, dass gerade in der sonnenarmen Zeit (im Winter) jeder Sonnenstrahl genutzt wird.

Je nachdem, ob die Nachführung einachsig oder zweiachsig ausgeführt wird, können Sie mit bis zu 45 % Mehrertrag rechnen.

# 3.2 Einachsige Nachführungen

Der Solargenerator wird im Uhrzeigersinn in Ost-West-Richtung (erste Achse) dem Sonnenstand kreisförmig „nachgeführt".

Die jahreszeitliche Neigung, d. h. der Anstellwinkel (zweite Achse), wird bei den einachsigen Nachführungen entweder einmal auf einen Mittelwinkel eingestellt oder von Zeit zu Zeit manuell verändert. Gerade im Winter, wenn durch die kürzeren Tage weniger Son-

nenenergie geerntet werden kann und die Sonne sehr flach am Horizont „steht", kann es wirtschaftlich sinnvoll sein, den Winkel der Module entsprechend auszurichten.

Ein Spezialfall einer horizontalen Nachführung ist der, in dem die Mittelachse des oder der Module entsprechend der Tageszeit gekippt wird (siehe auch Abb. 70). Dadurch sind die Modulflächen morgens und

**Abb. 70** – Solarmodulanordnung mit automatischer Nachführung über die Mittelachse, Morgenstellung.

**Abb. 71** – Jahreszeitliche Winkelverstellung durch eine Kippvorrichtung und den Seilzug.

## 3.2    Einachsige Nachführungen

**Abb. 72** – Das Foto zeigt einen nach-geführten Solargenerator mit folgen-den Eckdaten. Fläche: 13 m x 6 m, Leistung: ca. 10 KWpeak, Gewicht (bewegliche Teile): 4to. Das Getriebe zwischen dem Elektromotor und der Antriebstrommel stammt von einem VW-Passat! Diese Anlage wird im Moment über zwei Zeitschaltuhren gesteuert. Die eine gibt dem Motor alle 10 min. „Strom", die andere stellt über Nacht die Ausrichtung nach Osten wieder her. Die Anordnung von Hand und mit Spanngurten zu bewe-gen, hat sich als völlig unmöglich erwiesen.

**Abb. 73** – Details der mechanischen Steuerung.

abends steil und damit rechtwinklig zur Sonne, in der Mittagszeit flach und dementsprechend auch wieder rechtwinklig zur Sonne ausgerichtet. Die jahreszeitliche Achse (Winkel) wird hier manuell jeweils alle paar Wochen oder Monate angepasst.

### Nachführung mit Antennenrotor

Für die Montage einer drehbaren Anlage auf dem Hausdach eignen sich sehr gut Antennenrotoren. Auch wenn diese neu gekauft werden müssen (wie z. B. bei Conrad-Elektronik oder auch über Ebay), lohnt sich doch die meist preiswerte Anschaffung im Gegensatz zur aufwendigen Mechanikbastelei. Das Steuergerät wird nicht gebraucht, kann aber für eine eventuelle manuelle Steuerung der Anlage aufgehoben werden. Sinnvoll ist diese Variante auch, weil Antennenrotoren für die Außenmontage konstruiert und hergestellt worden sind. Sie sind mechanisch robust und einiger-

**Abb. 74 –** Montage auf dem Dach mit einem handelsüblichen Antennenrotor. Beim Solargenerator handelt es sich um drei Module zu je 25 W (parallel), welche ein 12-Volt-Inselsystem mit Kleinverbrauchern versorgen. Oben sind die zwei Röhrchen mit den LDRs für die automatische Ausrichtung zur Sonne zu erkennen.

## 3.2 Einachsige Nachführungen

maßen wasserdicht, sodass von einer langen Funktions-
fähigkeit ausgegangen werden kann. Auch die Dreh-
geschwindigkeit mit 1 bis 1,5 Umdrehungen pro Minu-
te, bei 360° Drehbereich, ist für unsere Anwendung gut
geeignet.

Die Durchführung durch das Dach und die Abdichtung können mit Material ausgeführt werden, wie es
zur Abdichtung für Antennenmaste im Handel erhältlich ist. Für das Mastmaterial kann Wasserleitungsrohr
verwendet werden (schwer, aber in unserem Fall geeignet, da es sich nur um ein kurzes Stück handelt). Die
Solarmodule können dann ebenfalls mit Mastschellen
und Aluminiumprofilen aus dem Antennenbau und der
Satellitentechnik mit einer 45°- bis 50°-Neigung an das
Maststück oberhalb des Antennenrotors befestigt werden. Nicht zu vergessen: Der Sensor sollte so hoch über
den Solarmodulen befestigt werden, dass zu keiner
Jahreszeit Schatten auf die Module fällt. Auch sollte der
Sensor nicht unter die Module montiert werden, da hier
durch die Beschattung Irritationen auftreten können
und damit der Solargenerator falsch ausgerichtet
werden könnte. Falls erforderlich, kann ein zusätzlicher
Sturmsensor an der westlichen Giebelseite, mindestens
50 cm über dem First, montiert und installiert werden.

**Abb. 75 –** Befestigung mit Satellitenteilen, vom Schrott
oder gekauft, bestens geeignet, um die Module zu montieren. Die Winkelverstellung für den Neigungswinkel des
Solargenerators wird gleich exklusiv dazu geliefert.

# 3.3 Zweiachsige Nachführungen

Wer sich schon einmal auf einem Südhang und zum Vergleich auf einem Nordhang im Liegen gesonnt hat, hat den Unterschied bemerkt: Auf dem Südhang ist es um einiges wärmer. Der Südhang ist direkt nach Süden ausgerichtet und durch die Hanglage fallen die Sonnenstrahlen ungefähr rechtwinklig auf unseren Körper. Beim Nordhang ist es ein sehr flacher Winkel zur Sonne und damit fällt weniger Sonnen-energie („Strahlen") auf jeden cm² Haut. Genauso verhält es sich bei den Solarmodulen. Die gefühlte Wärme entspricht der elektrischen Energie, die durch die Module umgewandelt wird.

Zweiachsige Nachführungen gibt es für verschiedene Anlagengrößen, wie in Abb. 76 dargestellt, bereits fertig zu kaufen.

**Abb. 76** – Zweiachsige, automatisch nachgeführte Solaranlage.

**Abb. 77** – Rückseite der Anlage mit der Unterkonstruktion und dem Stellmotor.

## 3.4 Indachmontage oder Aufdachmontage, Vor- und Nachteile

Was bedeutet Indachmontage? Das bedeutet, dass anstelle von Ziegeln Solarmodule bündig in das Dach montiert werden. Vorstellen können Sie sich das genau wie bei einem Dachfenster. Es gibt auch Dachfenster-Firmen, die nach dem gleichen System sowohl Ihre Dachfenster wie auch die Solaranlage in das Dach einbauen.

Die Indachmontage hat Vorteile: Sie sparen Ziegel. Das Dach und die Solaranlage sind auf einer Ebene, was von unten gesehen ein einheitlicheres Bild ergibt. Wind und Sturm haben weniger Angriffsfläche und die Leitungsanschlüsse sind nicht sichtbar, da sie sich unter der Dachhaut befinden.

Doch leider gibt es auch einige wesentliche Nachteile: Der Wirkungsgrad der Solaranlage ist geringer (es gibt weniger Abkühlung auf der Rückseite der Module), damit steigt die Zelltemperatur, wodurch wiederum die Modulspannung und die Leistungsabgabe absinken. Die Abdichtung zwischen den Modulen und der bestehenden Dachfläche ist komplizierter und damit aufwendiger. Sind die Randbleche unsachgemäß eingebaut, besteht die Gefahr von Undichtigkeiten am Dach.

Ist ein Modul defekt und muss ausgetauscht werden, so kann es sein, dass systembedingt alle Module samt der Bleche ausgebaut werden müssen.

Bei der Aufdachmontage benötigt man lediglich ein Untergestell zwischen dem Hausdach und der Solaranlage, um Module und Dachsparren mechanisch stabil zu verbinden. Das Problem von Undichtigkeiten kann hier zwar auch auftreten, aber nur dann, wenn ein Ziegel, z. B. im Bereich der Dachhaken, beschädigt oder unsachgemäß eingebaut ist.

**Montageort: Flachdach**
Ein Flachdach mit einer großen zusammenhängenden Fläche ist für eine Solaranlage ideal geeignet. Durch die Möglichkeit einer variablen Aufständerung können die ideale Neigung und die direkte Ausrichtung nach Süden erreicht werden.

Das Gestell für die Aufständerung ist aufwendiger, die Montage und Betreuung der Solaranlage können dafür relativ leicht durchgeführt werden. Je nach Dach und Höhe ist der Aufwand für die Absturzsicherung

**Mein Tipp**

Bei Indachmontage Module durchmessen (Funktion, Leistungsabgabe), bevor das Dach vollständig geschlossen wird.

**Fazit**

Die Aufdachmontage ist grundsätzlich einfacher und leistungsfähiger. Falls keine besonderen gestalterischen Gründe dagegensprechen, würde ich die Aufdachmontage vorziehen.

Abb. 78 – Photovoltaikanlage auf dem Flachdach montiert.

## 3.4    Indachmontage oder Aufdachmontage, Vor- und Nachteile

(Gerüst) kleiner. Die Dachhaut (Dachdichtung) ist unbedingt zu schützen, auch während der Arbeiten auf dem Dach. Spitze Schrauben, Bleche und Werkzeuge sollten tunlichst vom Dach ferngehalten werden. Die statische Belastung durch eventuelle zusätzliche Beschwerung der Unterkonstruktion (damit Wind und Sturm die An-

**Abb. 79 –** Konstruktionsdetails einer PV-Anlage auf dem Flachdach. Dieser Selbstbauer hat als Unterlage Betonrandsteine verwendet und das Untergestell einfach daraufgestellt.

lage nicht vom Dach abheben) ist zu prüfen. Eine Betonplatte von 40 x 60 cm wiegt je nach Dicke über 20 kg. Die Verkabelung/Leitungsführung sollte so vorgenommen werden, dass die Dachhaut nicht verletzt wird.

Ein weiterer Vorteil des Flachdaches: Bei höheren Gebäuden ist die Solaranlage von unten wenig sichtbar.

Die Photovoltaikanlage ist auf dem Flachdach problemlos mit einem Standardsystem zu realisieren.

Eine zusätzliche Anregung wäre z. B. ein Dachgarten mit Pergola, auf dem die Solaranlage montiert werden kann.

**Montageort: auf geneigten Dächern**
Geneigte Dächer sind mit Sicherheit der häufigste Montageort. Als Dachform gibt es das Giebeldach, das Walmdach, das Satteldach (Schrägdach), Gaupen und Kombinationen aus den verschiedenen Dachformen.

Ideal sind großflächige, nach Süden geneigte Scheunendächer.

Aus gestalterischen Gesichtspunkten eignen sich bei Baudenkmälern die Gaupen zur Montage recht gut. Vor allem, wenn es sich um Schleppgaupen handelt, die Richtung Süden ausgerichtet sind.

Bei geeigneter Ausrichtung und Dachneigung gibt es die Möglichkeiten der Aufdachmontage ebenso wie die der Indachmontage mit standardisierten Komponenten. Das zusätzliche Gewicht der Solaranlage erfordert im Normalfall keine statischen Maßnahmen am Dachstuhl. Trotzdem sollten die statischen Grundlagen (siehe weiter oben) geprüft sein.

Wichtig ist auch die Prüfung eventueller Beschattungen durch Nachbardächer, Gaupen, Kamine, Antennenanlagen, Bäume usw.

## 3.4 Indachmontage oder Aufdachmontage, Vor- und Nachteile

**Abb. 80 –** Montagebeispiel auf dem Schrägdach (während der Verdrahtung).

PV-Generator. Dank des Flächengewichts von nur 4 kg/m² kann mit diesem Produkt auch bei Dächern mit geringer statischer Belastbarkeit eine PV-Anlage verwirklicht werden.

Die in der dauerhaften Dichtungsbahn aus EVA (Ethylen-Vinyl-Acetat-Terpolymer) eingebetteten Dünnschicht-Solarmodule sind in Serie verschaltet und mit Bypass-dioden ausgestattet. Die Zellen bestehen aus drei übereinander liegenden Schichten (Tripletechnologie), die unterschiedliche Wellenlängen des Lichts nutzen und damit einen guten Wirkungsgrad haben.

Die Dachbahnen können von der Rolle direkt auf die Dachdämmung verlegt werden (abhängig

**Montage bei Tonnen- und Spezialdächern**

Bei Ausrichtung nach Süden sind auch gewölbte Dachflächen für eine Solaranlage gut geeignet. Für die gewölbte Dachfläche sind aber besondere Konstruktionen erforderlich oder die Dachabdichtung wird in Kombination mit flexiblen Solarmodulen verwendet.

Die von der Firma Alwitra entwickelte und mit europäischen Innovationspreisen ausgezeichnete Evalon®Solarbahn ist eine dichtende Dachbahn und gleichzeitig ein

**Abb. 81 –** Eine flexibles Solarmodul von der Rolle, Dachdichtung und Solargenerator in einem, geeignet für alle Dachformen. Quelle (8)

# 3.4 Indachmontage oder Aufdachmontage, Vor- und Nachteile

**Abb. 82** – Tonnendach einer Halle, ausgestattet mit der in Abb. 81 gezeigten dichtenden Solarbahn. Quelle (8)

Natursteinfassaden) wirtschaftlich und optisch sinnvoll sein, vor allem bei unverschatteten und optimal nach Süden ausgerichteten Fassaden. Die Unterkonstruktion kann aus Standardelementen, wie für Dachflächen angeboten, aufgebaut werden. Außerdem ist die Vergütung für PV-Fassadenanlagen (im Vergleich zu Dachflächen) nach dem EEG höher.

Weiterhin besteht eine gute Möglichkeit, Solaranlagen als Beschattungselement über Fenstern anzuordnen. Die Neigung kann hierbei optimiert werden und es können Module mit Lichtdurchlässigkeit verwendet werden, sodass

vom Dachaufbau). Die Solar-Bahnen werden mit verschiedenen Nennleistungen angeboten und auch mit Zubehör wie Wechselrichter, DC-Freischalter usw. geliefert (Liefernachweis und Link im Anhang).

## Montageort: Fassade

Die Montage der Solarmodule an einer senkrechten Fläche, wie z. B. an einer Hausfassade, bringt zwar eine geringere solare Ernte und damit weniger Energie als eine optimal geneigte Fläche. Dies kann aber bei Fassadensanierung und Verkleidung (z. B. anstelle teurer

**Abb. 83** – CIS-Module, als durchscheinendes Gestaltungselement im Dach. Quelle (7)

## 3.4 Indachmontage oder Aufdachmontage, Vor- und Nachteile

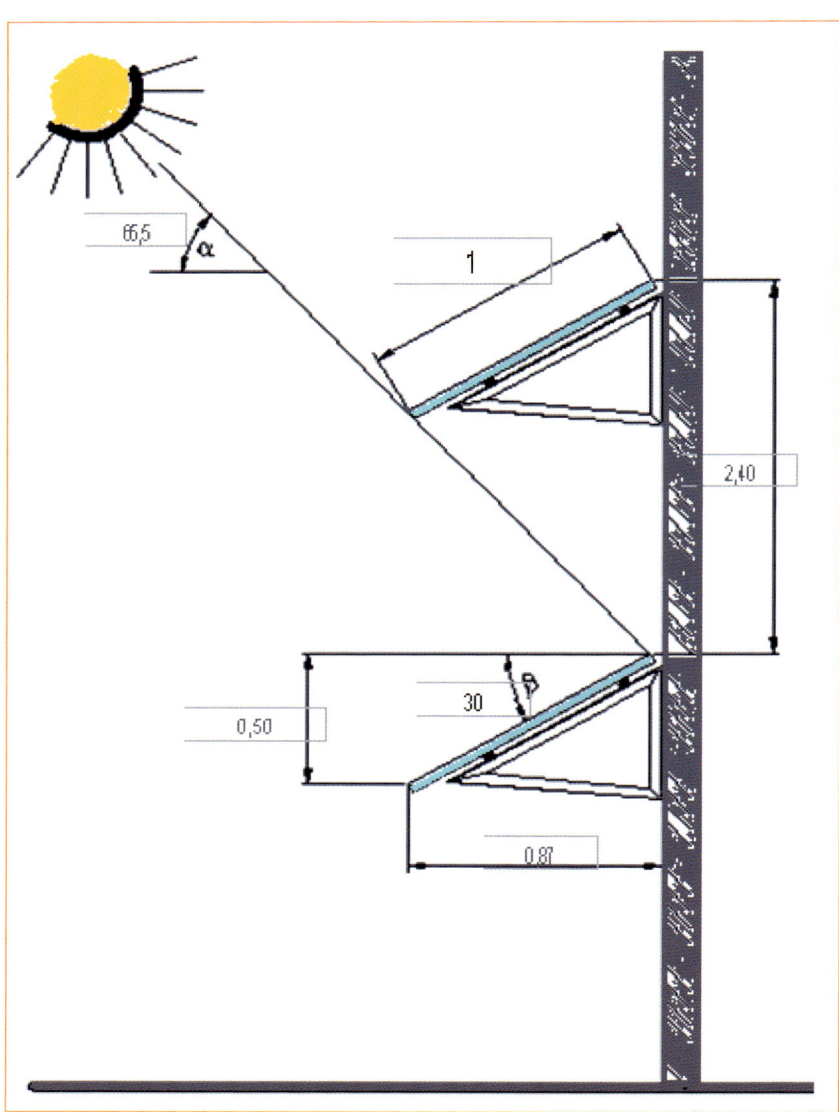

eine angenehme diffuse Strahlung durchs Fenster fällt.

Bei Gebäuden in Betonskelett-bauweise, wie z. B. Plattenbauten, ist es möglich, eine für das Gebäude optisch aufwertende und gliedernde Fassadengestaltung durch die Solaranlage zu erreichen.

*Montage des Solargenerators an einer Brüstung*
Balkonbrüstungen, Absturzelemente, Brüstungsmauern usw. mit Ausrichtung nach Süden eignen sich sehr gut zur Anbringung von Solaranlagen (siehe oben). Da gibt es viele reizvolle Möglichkeiten, mit den Solar-Elementen gestalterisch zu spielen – entweder als einzelne Senkrechtelemente oder in der Neigung optimal zur Sonne ausgerichtete Modulfelder.

Auch auf weiteren Bauelementen wie Wetter-, Sicht- und Sonnenschutz, Pergolen, Überdachungen, Vordächern, Teilbereichen von Gewächshäusern, Sichtschutzzäunen, Lärmschutzelementen bis hin zu Kunstobjekten lässt sich die Montage konstruktiv gut realisieren.

**Abb. 84 –** Bei übereinander angeordneten, geneigten Modulen an der Fassade sind, ähnlich wie beim Flachdach, entsprechende Abstände einzuhalten, um eine gegenseitige Beschattung der Module zu vermeiden. Quelle (5)

## 3.4 Indachmontage oder Aufdachmontage, Vor- und Nachteile

**Abb. 85 –** CIS-Module als guter gestalterischer und technischer Sonnenschutz. Quelle (7).

eine gute elektrische Verbindung (Kontakt) zum Modulgestell herzustellen.

Ob das metallische Gestell einer Solaranlage durch zusätzliche Blitzschutzmaßnahmen gesichert werden muss, liegt im Ermessen des Eigentümers und evtl. der Versicherung. Bei Gebäuden ohne Blitzschutzanlage wird das Risiko eines Blitzeinschlages durch die Montage einer Solaranlage grundsätzlich nicht erhöht. Deshalb wird dort in der Regel auf einen Blitzschutz verzichtet.

Ist das Gebäude dagegen mit einer bestehenden Blitzschutzanlage ausgestattet, sollte die Solaranlage miteinbezogen werden. Auch ist zu prüfen, ob der bestehende Blitzschutz durch die Solaranlage gestört wird. Und es ist leider möglich, dass bestehende Blitzschutzanlagen, die nicht mehr der Norm entsprechen, aber durch den Bestandsschutz noch zulässig sind, durch die hinzukommende Solaranlage die Zulässigkeit verlieren.

### Leitungstrasse
Normalerweise befinden sich der Stromzähler und der Hausanschluss im Keller. Aber wie kommt die elektrische Energie vom Standort des Solargenerators (Dach) in den Keller?

### Potenzialausgleich und Blitzschutz
Potenzialausgleich ist für alle metallischen Teile einer elektrischen Anlage grundsätzlich vorgeschrieben (gemäß DIN VDE 0100 Teil 712). Dies betrifft natürlich auch Montagegestelle und Modulrahmen bei PV-Anlagen. Bei thermischen Solaranlagen gehen die Ansichten auseinander, da es sich hier nicht um elektrische Anlagen handelt.

PV-Anlagen sind unbedingt in den Potenzialausgleich einzubinden.

Der Anschluss wird an der Erdungsschiene des Hauptpotenzialausgleichs, meist beim Stromzähler oder im Heizkeller, vorgenommen (so wie dies bereits bei einem evtl. vorhandenen Antennenmast ausgeführt wurde). Mit einem gelb-grünen Kabel von mind. 10 mm² Querschnitt ist durch Kabelschuhe und eine korrosionsfeste Zahnscheibe

## 3.4 Indachmontage oder Aufdachmontage, Vor- und Nachteile

Hierbei gilt es, den kürzesten Weg mit dem geringsten Aufwand und möglichst wenig Eingriffen in die Bausubstanz zu finden. Nachfolgend einige beispielhafte Lösungsvorschläge, die bereits in mehreren Gebäuden erfolgreich umgesetzt wurden.

**Abb. 87 –** Zur Not kann auch ein vorhandener Ziegel durch Ausschlagen des Falzes umgestaltet werden. Damit kein Regenwasser entlang der Kabel in das Dachinnere rinnt, ist der Kabelbogen nach unten durchhängend zu installieren. Es ist auch möglich, einen vorhandenen Lüfterziegel umzugestalten. Die Leitungen sollten zusätzlich durch ein Schutzrohr geschützt werden.

**Abb. 86 –** Im Handel gibt es für die meisten Ziegelformen sog. Solarziegel mit Öffnungen, durch die die Solarleitungen gelegt werden können.

**Abb. 88 –** Die Abdichtung unter den Ziegeln an der Dachbahn ist auch wichtig, sonst funktioniert die Dampfbremse nicht mehr optimal.

## 3.4 Indachmontage oder Aufdachmontage, Vor- und Nachteile

### Einführung in das Dach

Zunächst sind (beim Dachstandort) die von den Modulen kommenden Leitungen unter das Dach (unter die Ziegel) zu bringen. Eine komplette Verlegung auf dem Dach (auf den Ziegeln) wäre zwar möglich, sieht aber nicht besonders gut aus und bietet wenig Schutz für die Leitungen. Vor allem im Bereich der Dachkante sollte das Kabel „unsichtbar" verlegt werden.

Befinden sich die Leitungen unter den Ziegeln, so ist meist ein weiteres Durchdringen durch die Dachbahn, die Dampfbremse und die Dachdämmung erforderlich, um in das Innere des Hauses zu kommen. Die Durchdringungen der Dachbahn und die Dampfbremse sind unbedingt an der Oberfläche wieder sorgfältig abzudichten.

### Leitungstrasse im Haus

*Versorgungsschacht*

Bei einer fälligen Sanierung der Abwasser-, Wasser- und Elektroleitungen ist es sinnvoll, zentrale und kompakte Leitungstrassen herzustellen, sofern diese nicht schon bei der ursprünglichen Planung des Gebäudes vorgesehen worden sind. Dabei kann der Platzbedarf für die Leitungen der Solaranlage mit eingeplant werden.

Manchmal ist es möglich, Leitungen vom Dach zum Keller ohne großen Aufwand im Treppenhaus zu verlegen. Oft zieht sich das Treppenhaus über mehrere Stockwerke durch das ganze Haus. Die Solarverkabelung kann dann z. B. in einer Ecke (Kehle), einer Nische oder auch künstlerisch gestaltet in das Treppengeländer integriert werden.

*Im Kamin*

In Häusern mit mehrzügigen Kaminen besteht manchmal die Möglichkeit, einen unbenutzten Kamin zur Leitungstrasse umzufunktionieren.

Meist kann damit die kürzeste Verbindung vom Dach zum Keller hergestellt werden – mit jeweils einem Durchbruch im Dachbereich und im Keller und mit einem Leerrohr im Kamin, in dem die Kabel verlegt werden.

### Leitungstrasse über die Außenwand

Gibt es keine Möglichkeiten innerhalb des Gebäudes, die Leitungen vom Dach zum Keller zu verlegen, so sollten die sichtbaren Eingriffe und der bauliche Aufwand trotzdem so gering wie möglich gehalten werden. Der schnellste Weg ist dann meist „außen runter". Um die

**Abb. 89** – Leitungsverlegung im Kabelkanal, die einfachste Möglichkeit, wenn es auf die Optik nicht so sehr ankommt.

## 3.4    Indachmontage oder Aufdachmontage, Vor- und Nachteile

**Mein Tipp**

Messen Sie die Solarleitung aus und machen Sie einige Fotos, bevor der Dämmputz aufgebracht wird. Dies ist bei späteren Wanddurchbrüchen und Befestigungen an der Fassade hilfreich, um die Solarleitung nicht zu beschädigen.

Fassade so wenig wie möglich zu beeinträchtigen, auch hierzu einige mögliche Vorgehensweisen.

*Solarleitung im Regenfallrohr*
Um eine gestalterisch ansprechende Lösung zu finden, benötigt man eine unauffällige Verkleidung für die Solarkabel. Dazu eignet sich beispielsweise gut ein Regenfallrohr aus demselben Material wie die bereits an der Gebäudefassade angebrachten Regenfallrohre (Kunststoff, Zinkblech, Kupfer). Idealerweise befindet sich das zusätzliche Regenfallrohr auf der gegenüberliegenden Traufseite des schon vorhandenen Regenfallrohres. Dann fällt es gar nicht auf. Oder das als Leerrohr hinzukommende Regenfallrohr wird parallel zum vorhandenen Regenfallrohr montiert. Das fällt auch nicht sehr auf, wie Sie der Abbildung 90 entnehmen können.

Wichtig ist, dass die Anschlüsse oben am Dach und unten zum Keller hin unauffällig ein- und ausgeführt werden. So ist es möglich, die Kabel direkt vom Regenfallrohr in die Unterdachverschalung zu führen und unter den Ziegeln bis zum Solargenerator zu verlegen.

*Bei einer Fassadensanierung*
Soll die Außenwand eines Gebäudes ohnehin mit einem zusätzlichen Dämmputz oder einer Fassadenverkleidung versehen werden, so kann die Solarleitung direkt auf der Außenwand befestigt werden. Durch den Dämmputz ist sie später nicht mehr zu sehen. Trotzdem ist es sinnvoll, die Leitungen in ein Leerrohr einzuziehen.

**Abb. 90 – a)** Solarleitungen verlegt im Regenfallrohr. **b)** Anbindung am Dachrand. Die Kabel laufen durch die Unterdachverschalung direkt unter den Ziegeln zum Modulfeld.

# 4   Das können Sie leicht selbst erledigen

# 4 Das können Sie leicht selbst erledigen

Was Sie sich zutrauen können und wollen, wissen Sie selbst natürlich am besten. Für die Arbeiten auf dem Dach und an einer Fassade sind die erforderlichen Vorkehrungen für Ihre Sicherheit zu treffen.

Bei Ihren Eigenleistungen stellen sich die Fragen: Wo kann am sinnvollsten Geld gespart werden und wo kommt das eigene Potenzial am wirkungsvollsten zum Einsatz? Sofern der Zeitfaktor keine Rolle spielt, stellt sich natürlich auch die Frage, ob Sie Freude daran haben, die Arbeiten selbst auszuführen, auch wenn Sie dafür länger brauchen als ein Fachmann.

**Leistungsabgrenzung:**

Viele Handwerker sind Lösungen gegenüber, bei denen der Bauherr die kniffeligen Anteile realisiert, sehr aufgeschlossen. Wichtig ist, dass die Arbeiten beim Ausarbeiten des Angebots und nochmals bei der Beauftragung und Gewährleistung klar abgegrenzt werden. Ist der Bauherr sich bei bestimmten Positionen noch nicht sicher, ob er diese selbst ausführen wird, so sind diese festzulegen mit dem Hinweis: „Ausführung bei Bedarf".

Wichtig ist auch die terminliche Abstimmung. Vorbereitungen durch Sie als Bauherr sollten rechtzeitig durchgeführt werden. Gegenseitige Behinderungen erzeugen ein schlechtes Klima und sind nach Möglichkeit zu vermeiden.

## Grundsätzliches

Sie als Bauherr und Bauherrin kennen Ihr Objekt am besten und sind hoch motiviert, eine gute und dauerhafte Lösung zu finden, auch da Sie die Solaranlage für längere Zeit haben werden. Sie haben die Möglichkeit, sich zwischendurch immer wieder mit der Lösung eines kniffeligen Problems zu beschäftigen, bis Sie mit dem Ergebnis zufrieden sind.

Der Handwerker hat einen großen Erfahrungsschatz, die fachliche Ausbildung, das erforderliche Handwerkszeug, die Möglichkeit zur kostengünstigen Materialbeschaffung und die Fachkontakte. Sein Problem ist, dass er unter Zeitdruck steht. Er sucht nach gut handhabbaren Lösungen, die in kurzer Zeit, mit garantiertem Erfolg und mit wenig Risiko umzusetzen sind.

# 4.1 Übersicht über die Arbeiten in 12 Schritten

Schauen Sie sich die nachfolgende Checkliste und das folgende Kapitel hinsichtlich Ihrer Eigenleistungen an. Entscheiden Sie, was und wie viel Sie davon selbst erledigen können und wollen. Bedenken Sie auch, was geschieht, falls Sie zwischendurch verhindert sein sollten.

Die folgende Checkliste können Sie durchgehen und bezüglich Ihrer Arbeitsanteile ausfüllen. Weitere Angaben zu den einzelnen Positionen finden Sie dann im nachfolgenden Text.

## Wichtiger Hinweis

Die nachfolgende Beschreibung zeigt Ihnen grundsätzliche Tricks aus der Praxis auf, die zusätzlich zu der systembedingten Montageanleitung (des Anlagenherstellers) zu Hilfe genommen werden können. Die systembedingte Montageanleitung hat bei widersprüchlichen Angaben den technischen Vorrang, da nur durch diese die Funktion durch den Hersteller gewährleistet wird.

**Checkliste für Ihre Vorüberlegungen**

| Pos. | Art der Arbeiten | Übernehme ich ganz selbst | Übernehme ich zum Teil | Mithilfe der Fachfirma |
|------|------------------|---------------------------|------------------------|------------------------|
| 1 | Vorarbeiten | | | |
| 2 | Modulstandort festlegen, Wechselrichterstandort festlegen | | | |
| 3 | Leitungstrasse festlegen und Kabelkanäle bzw. Durchbrüche herstellen | | | |
| 4 | Dachhaken und Unterkonstruktion montieren | | | |
| 5 | Module montieren | | | |
| 6 | Module elektrisch verbinden | | | |
| 7 | Wechselrichter montieren | | | |
| 8 | Leitungsverlegung von Modulen zum Wechselrichter | | | |
| 9 | Wechselrichter an Zählerplatz anbinden | | | |
| 10 | Zählerkasten und Sicherungen montieren | | | |
| 11 | Einspeisezähler anschließen und mit dem öffentlichen Netz verbinden | | | Nur durch autorisierte Fachfirma |
| 12 | Solaranlage in Betrieb nehmen, Anmeldung bei Energieversorger | | | |

**1. Vorarbeiten, Vorbereitungen**

- Den Montageort der PV-Anlage auf Eignung (Ausrichtung, Statik usw.) prüfen.
- Wo befinden sich die Übergabestelle zum öffentlichen Netz, der Zählerkasten usw.?
- Sind alte Installationen auf dem Dach zu entfernen (z. B. alte Antennenanlage, Schneefanggitter usw.)?
- Benötigt man Ersatzziegel oder spezielle Solarziegel zur Durchführung der Solarleitungen?
- Ist es erforderlich, ein Gerüst aufzustellen oder den Arbeitsbereich auf andere Weise zu sichern (z. B. durch ein Fangnetz, Sicherheitssystem wie Hüfthaltegurt usw.)?
- Erforderliche Materialien zusammenstellen und besorgen.
- Spezielles Werkzeug besorgen.

Für die Montage und Installation der PV-Anlage benötigen Sie eigentlich nur gewöhnliche Werkzeuge, wie z. B. Hammer, Schraubendreher, ein Sortiment an Gabelschlüssel, Steckschlüssel, Rätsche, Multimeter (Vielfachmessgerät), Innensechskantschlüssel, Akkuschrauber, Bohrmaschine usw.

Lediglich bei Kabelanschlüssen und der Verwendung der systemeigenen Steckverbindungen können

beim Anschluss der Modulstränge und am Wechselrichter besondere Zangen zum Konfektionieren der Stecker erforderlich sein. Dieses Problem lässt sich aber auch mit einem guten Quetschverbinder lösen (siehe auch Abb. 44).

Bei den Arbeiten auf dem Dach, vor allem bei steilen Dächern, kann ich einen Beckengurt oder Hüfthaltegurt, wie er auch von Bergsteigern verwendet wird, sehr empfehlen.

Zusätzlich ist eine Materialtasche, wie sie z. B. von Zimmerleuten verwendet wird, sehr hilfreich, um Schrauben, Beilagscheiben, Kleinwerkzeuge usw. darin aufzubewahren. Gerade, wenn Sie es nicht gewohnt sind, auf dem Dach zu arbeiten, ist es gut, so viel wie möglich schon am „Boden" vorzubereiten und z. B. die Schrauben in die Schienen vorzumontieren oder Halterungen komplett zu machen.

**2. Modulstandort festlegen, Wechselrichterstandort festlegen**

Nachfolgende Hinweise beziehen sich vor allem auf die Montage einer Aufdachanlage.

Bei einer Indachmontage entfallen einige Punkte zur Unterkonstruktion.

**Mein Tipp**

Bei steilen Dächern ist es hilfreich, die Werkzeuge mit einem dünnen Seil anzubinden und mit einem kleinen Karabiner auf dem Dach einzuhaken.

**Mein Tipp**

Bei den ersten Schritten auf dem Dach können Betonziegel, um einen festeren Stand zu haben oder um nachzusehen, wo der Sparren liegt, einfach hochgeschoben werden. Weiterhin helfen beim Gehen auf dem Dach Leitern, die in vorhandene Dachhaken eingehängt und mit einem Gurt gesichert werden.

**Abb. 91** – Beim ersten Blick auf das geschlossene Dach stellt sich die Frage: Wo befinden sich die Sparren, auf die die Dachhaken für die Unterkonstruktion geschraubt werden können?

**Abb. 92** – Der Blick auf die Dachrinnenhalter (bei einer freiliegenden Dachrinne) verhilft zu mehr Klarheit! Dort, wo die Dachrinnenhalter befestigt sind, befinden sich meist auch die Sparren. Auch die Dachfenster und der Kamin werden meist von Sparren flankiert (die Fläche breiterer Dachfenster umfasst mehrere Sparrenfelder). Ansonsten müssen Ziegel herausgenommen werden, um die Sparren zu finden. Die Sparrenabstände variieren von meist 60 bis 75 cm.

**91**

**Abb. 93** – Das Modulfeld – bezogen auf die Sparrenlage – ausmessen, am besten die Unterkonstruktion (waagrechte Schienen, je nach System) auf das Dach legen. Modulfeld in der Höhenlage durch eine Latte auf dem Dach ermitteln. Auf Beschattungen und Dachdurchdringungen wie Lüftungsstutzen, Kamine, Antennenmasten usw. achten. Den Solargenerator so hoch wie möglich anordnen. Jedoch wenigstens eine bis zwei Reihen Ziegel zwischen den Befestigungspunkten und den Firstziegeln frei lassen. Die Firstziegel, oft auch die darunter liegenden Ziegel, sind bei älteren Häusern meist in Mörtel gesetzt und lassen sich schwer herausnehmen. Bei neueren Häusern sind die Firstziegel mit Klammern verbunden oder verschraubt und können meist nur herausgenommen werden, wenn man von einer Seite beginnend alle Firstziegel abdeckt!

Nach unten hin sollte mindestens noch eine, besser zwei Ziegelreihen Abstand zwischen Dachrinne und Modulkante sein, damit Regenwasser und Schnee vom Solargenerator in die Dachrinne gelangen können.

Die Schienen der Unterkonstruktion entweder in vorhandene Dachhaken auf das Dach oder in die Dachrinne legen, dann sehen Sie gleich die erforderlichen Abmessungen (in der Breite) wie: „Von diesem Sparren auf der linken Seite bis zu dem Sparren auf der rechten Seite kann das Modulfeld liegen". Die Schiene der Unterkonstruktion sollte am Ende max. 30 bis 50 cm über dem letzten Sparren auf der jeweiligen Seite überragen (je nach System).

### 3. Leitungstrasse festlegen

Siehe auch Kapitel „Leitungstrasse".

Wenn geklärt ist, wo der Solargenerator und der Wechselrichter montiert werden sollen, können die Leitungstrasse festgelegt und die Verkabelung vorbereitet werden. Die Solarleitung sollte an einer oder auch zwei günstigen Stellen aus dem Dach kommen und in den Profilschienen der Unterkonstruktion zu den Modulen geführt werden.

Für die einzelnen Modulstränge sind die Kabel unverwechselbar zu markieren und auf Länge zum Solarwechselrichter herzurichten. Einzurechnen sind die erforderlichen Wege aus dem Dachraum, durch den Solarziegel und in der Profilschiene (Unterkonstruktion) bis hin zum Modulanschluss. Anschlüsse auf dem Dach besser nicht zu kurz bemessen! Die Kabel können auf dem Dach zumeist in den Aluprofilen der Unterkonstruktion geführt werden. Die Befestigung kann mit UV-stabilen Kabelbindern (schwarz) erfolgen. Zusätzlich sind möglicherweise Kabelschutzrohre oder Kabelkanäle nötig.

*Durchbrüche*

Durchführungen und Durchbrüche für die Kabel sind oft kniffelig und zeitaufwendig. Wer an seinem Haus Umbauten und Sanierungen vornimmt, weiß, wie und wo die Leitungen am leichtesten zu verlegen sind.

Es ist sinnvoll, zuerst mit einem dünnen langen Bohrer die „Suchbohrung" durchzuführen und erst danach den Durchbruch im benötigten Durchmesser zu machen.

---

**Mein Hinweis**

Die Kabel und vor allem die Steckverbindungen sind so zu sichern, dass sie sich nicht (z. B. durch Sturm) lösen können und nicht direkt auf dem Dach liegen.

---

**Mein Tipp**

Bevor Sie durch die Wand bohren, prüfen Sie die Stelle mit einem Leitungsprüfer auf Rohre, Kabel und Metallteile!

---

**Abb. 94** – Durch die waagrechten Schienen (Breite aller Module einer Reihe) und die Länge der Module (Höhe des Strangs) wird klar, welche Abmessungen das Modulfeld hat. Sind die Befestigungspunkte klar, so können die Ziegel an diesen Stellen herausgenommen und an einem abrutschsicheren Platz, wie z. B. auf dem Gerüst, deponiert oder durch ein Dachfenster zur vorübergehenden Lagerung ins Hausinnere gereicht werden.

### Mein Tipp

Werden sehr flache Dächer mit Dachhaken bestückt, ist Vorsicht geboten. Unter 30° Dachneigung kann in Verbindung mit dem Dachhaken unter Umständen nur eine eingeschränkte Dichtigkeit erreicht werden.

### Mein Tipp

Den Dachhaken mit etwas Spielraum an die Ziegel anpassen. Notfalls zwischen dem Dachhaken und dem Sparren etwas unterlegen (dünnes wasserfestes Holzbrettchen oder Alublech). Knirscht der Haken am Ziegel, so bricht der Ziegel bei Belastung, z. B. durch die Module, durch. Der Austausch des gebrochenen Ziegels ist nach Montage der Module sehr aufwendig.

**4. Dachhaken und Unterkonstruktion herstellen**

**Abb. 95** – Je nach Ziegelart müssen Sie einen Teil der Ziegelwulst (Falz) mit dem Hammer entfernen, damit der Dachhaken nicht auf dem Ziegel knirscht bzw. der Dachhaken den darunter liegenden Ziegel durch den Druck nicht zum Brechen bringt.

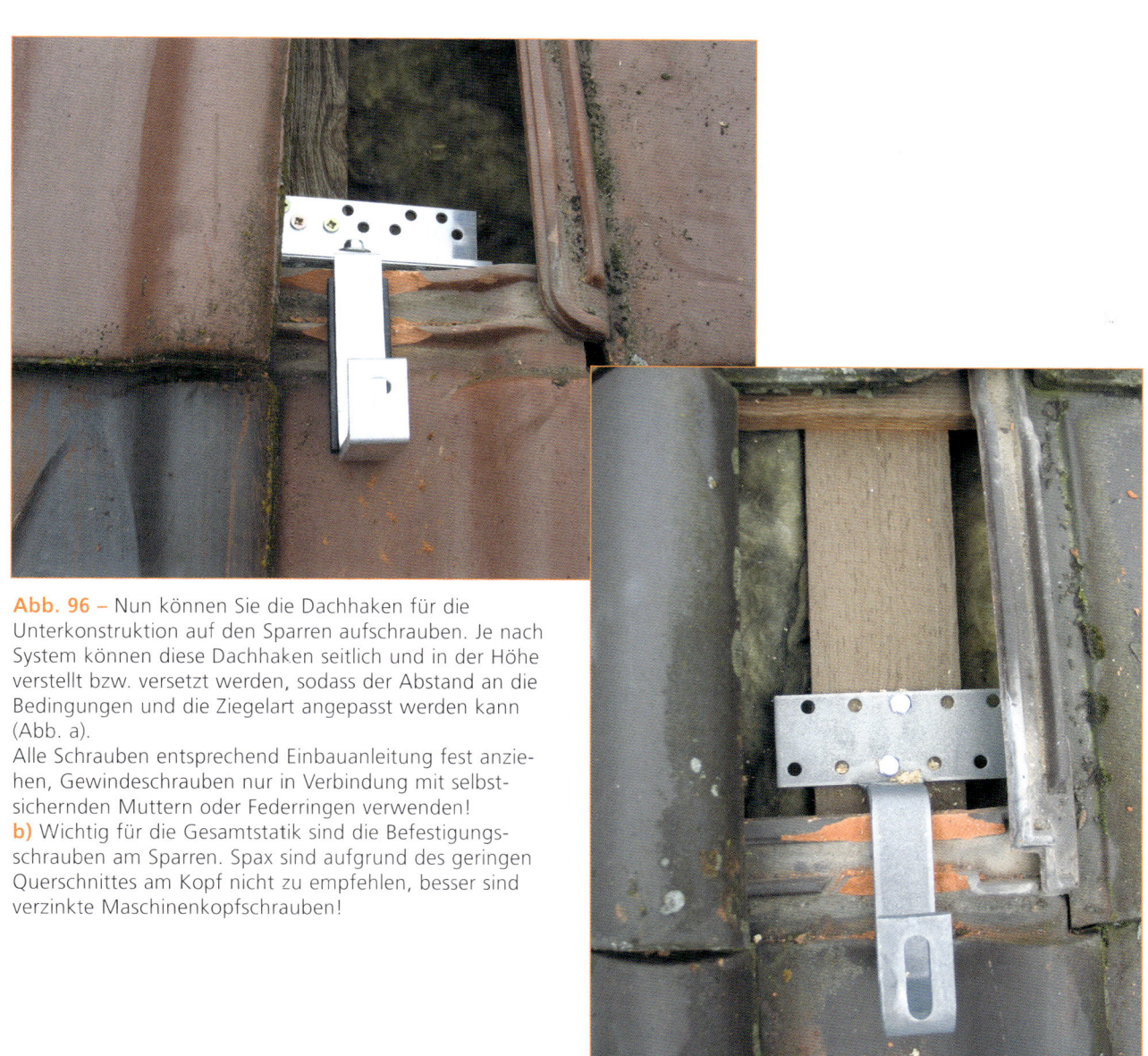

**Abb. 96 –** Nun können Sie die Dachhaken für die Unterkonstruktion auf den Sparren aufschrauben. Je nach System können diese Dachhaken seitlich und in der Höhe verstellt bzw. versetzt werden, sodass der Abstand an die Bedingungen und die Ziegelart angepasst werden kann (Abb. a).
Alle Schrauben entsprechend Einbauanleitung fest anziehen, Gewindeschrauben nur in Verbindung mit selbstsichernden Muttern oder Federringen verwenden!
**b)** Wichtig für die Gesamtstatik sind die Befestigungsschrauben am Sparren. Spax sind aufgrund des geringen Querschnittes am Kopf nicht zu empfehlen, besser sind verzinkte Maschinenkopfschrauben!

# 4.1 Übersicht über die Arbeiten in 12 Schritten

**Abb. 97 –** Je nach Ziegelart müssen Sie auch einen Teil des Ziegelwulstes (Falz) des darüber liegenden Ziegels mit dem Hammer entfernen, damit der Ziegel gut auf dem Dachhaken zum Liegen kommt. Die Ziegelsplitter am besten gleich in einem angebundenen Eimer entsorgen, damit sie nicht beim Gehen auf dem Dach stören.

**Abb. 98 –** Sind Sie auf dem Dach alleine, so ist es beim Einsetzen des Ziegels im Bereich des Dachhakens hilfreich, einen Keil oder Meterstab so unter den darüber liegenden Ziegel zu schieben, dass der Ziegel gut eingeschoben werden kann. Sind Sie zu zweit, kann die zweite Person den oberen, nach rechts versetzten Ziegel anheben, sodass Sie den Ziegel über dem Dachhaken hineinschieben können.

*Sonderdachhaken*

Für nahezu alle gewöhnlichen und ungewöhnlichen Ziegelformen und Dachausbildungen gibt es auf dem Markt passende Dachhaken.

Sonderdachhaken für Schiefer oder Tegalit bis hin zu solchen, die den im südlichen Europa verwendeten „Mönch und Nonne"-Ziegeln angepasst sind, liefern Firmen für Solar-Montagetechnik wie z. B.

die Schletter GmbH (siehe auch Adressen im Anhang).

Auch für Dächer mit Well-Eternit-Eindeckung oder Trapezblecheindeckungen gibt es spezielle Befestigungsteile. Üblicherweise wird beim Welldach eine Stockschraube durch die Dachhaut mit der Unterkonstruktion verschraubt. Durch eine eingefügte Dichtung, z. B. aus Kautschuk oder Teflon, werden die

Montagebohrungen ausreichend isoliert.

Für Blechdächer mit stehenden Blechfalzen werden spezielle Blechfalzklammern angeboten, auf die die Unterkonstruktion der Solaranlage montiert werden kann.

Beim Altbau kann es sinnvoll sein, eine durchgängige Aufdachdämmung oberhalb der Sparren anzubringen (zur Wärmedämmung). Die Befestigung der Dachhaken ist dann mit einem Abstandshalter, dessen Länge der Dachdämmung entsprechen sollte, aufzuschrauben.

*Gestell der Unterkonstruktion*

Die Unterkonstruktion für die Solaranlage besteht meist aus Aluminiumprofilen, die je nach System waagrecht oder dachparallel auf die Dachhaken aufgeschraubt werden. Die Schienen sind entsprechend der Systembeschreibung auf die Dachhaken zu montieren, auszurichten und mit dem vorgeschriebenen Drehmoment anzuziehen (Vorsicht, nach „fest" kommt

**Abb. 99** – Sonderdachhaken für Aufdachdämmung (oberhalb der Sparren). Quelle (5)

„ab"!). Alle Verschraubungen auf Festigkeit kontrollieren! Durch Langlöcher kann die Unterkonstruktion an die Ziegel- und Sparrenabstände angepasst und ausgerichtet werden.

**5. Module montieren**

Siehe auch das Kapitel „Montage der Solaranlage".

Die Module auf das Dach zu bringen, ist normalerweise nicht schwierig. Allerdings werden die Module in immer größeren Abmessungen hergestellt und damit immer schwerer (z. B. beträgt das Gewicht eines 150-Watt-Moduls ca. 15 kg).

Ein Glücksfall, wenn ein Gabelstapler zur Verfügung steht. Mit dem Stapler kann eine ganze Palette Solarmodule zur Dachkante gehoben und die Module können auf dem Dach verteilt werden. Je nach Dachschräge werden sie zwischengelagert oder gleich Stück für Stück festgeschraubt. Wichtig ist auch, dass die Kabelanschlüsse/Stecker

**Abb. 100** – Alu-Gestell auf einem nur leicht geneigten Dach mit zusätzlicher Aufständerung, um einen Anstellwinkel von 30° zu erhalten.

gleich mit dem Stecker des zuvor montierten Moduls verbunden werden. Nach dem Ablegen des Moduls die Steckerverbindung mit einem Kabelbinder an der Montageschiene befestigen, damit diese nicht auf dem Dach zu liegen kommt (Feuchtigkeit!). Kabel beim ersten und letzten Modul eines Strangs unter dem Modul herausführen und entweder gleich verlängern oder obernalb des Moduls festbinden.

Nachdem das oder die ersten Module in der Reihe montiert wurden, diese(s) ausrichten und prüfen, ob der Winkel zur Profilschiene und zur Dachkante 90° beträgt. Für den 90°-Winkel kann auch Pythagoras zu Hilfe genommen werden: Mit einem Maßband oder einer Schnur werden die Strecken 3,0 m, 4,0 m und als Hypotenuse 5,0 m abgemessen, um zu einem rechtwinkligen Dreieck und damit zum 90°-Winkel zu kommen. Bei mehreren übereinander liegenden Modulreihen sollten Sie auch prüfen, ob alle Profilschienen auf der Anfangseite genau bündig ausgerichtet sind. Sind diese Bedingungen nicht erfüllt, bekommen Sie Probleme

**Wichtiger Hinweis**

Wird auf dem Dach montiert, ist der Bereich unterhalb des Daches abzusperren und zu sichern. In diesem Bereich darf sich niemand aufhalten. Leicht kann einmal Werkzeug oder Material vom Dach herunterfallen.

**Abb. 101 –** Transport der Module auf das Dach mit einem Dachdeckeraufzug. Dies ist vor allem dann sinnvoll, wenn ohnehin Dacharbeiten ausgeführt werden müssen. Ansonsten lassen sich Dachdeckeraufzüge auch tageweise ausleihen.

# 4.1 Übersicht über die Arbeiten in 12 Schritten

**Abb. 102** – Seitlicher Abschlusswinkel zur Befestigung des Moduls am Montageprofil.

**Mein Tipp**

Wird die Unterkonstruktion (Aluprofil) für die Verlegung der Kabel genutzt, so ist darauf zu achten, dass sich kein Wasser darin ansammeln kann. Zur Not an den tiefsten Stellen ein paar Löcher bohren, damit das Wasser abfließen kann.

mit der Ausrichtung der Solarmodule zueinander (im Feld) und es kann dann passieren, dass der Solargenerator schief auf dem Dach liegt.

Wird das Dach ohnehin saniert, besteht eventuell die Möglichkeit, in Absprache mit den Dachdeckern deren Dachdeckeraufzug zur Beförderung der Module auf das Dach zu benutzen.

**6. Module elektrisch verbinden**

Zum Verbinden der einzelnen Module den vorher erstellten Stringplan zur Hand nehmen. In aller Regel haben die Module fertige Kabelanschlüsse mit Steckern und Buchsen, die jeweils nur zusammengesteckt werden müssen. Damit wird automatisch der Pluspol eines Moduls mit dem Minuspol des nächsten Moduls verbunden. Auch ist auf den Steckern meist die Polarität aufgedruckt. Achten Sie bitte darauf, dass die Stecker gut einrasten. Schwierig kann es werden, wenn zwei Modulreihen miteinander verbunden werden müssen und die vorhandenen An-

schlusskabel dafür zu kurz sind. Dann muss meist ein Stück Solarkabel mit Stecker und Buchse angefertigt werden. Beim System werden diese Kabelstücke eher selten mitgeliefert. Eine andere Möglichkeit ist, die Verlängerungen mit Quetschverbindern herzustellen. Dann allerdings sollten Sie die Polaritäten sorgfältig prüfen! Bei der Reihenschaltung immer den Minuspol mit dem Pluspol bzw. den Pluspol mit dem Minuspol verbinden.

Aus wie vielen Modulen ein Strang besteht, hängt von der Anlagenprojektierung ab. Grundsätzlich gilt: Die Gesamtleistung der PV-Anlage ist in möglichst wenig Strängen mit gleicher Modulanzahl und gleicher Ausgangsspannung so aufzuteilen, dass die maximale Systemspannung der Module und der Wechselrichter nicht überschritten wird (siehe auch Kapitel „Module"). Die Anlagenprojektie-

**Mein Tipp**

Kabel der einzelnen Strings unbedingt während der Montage entsprechend markieren.

**Abb. 103** – Die Kabelverbindungen (in Übergangsbereichen) sollten vor dem endgültigen Zusammenfügen möglichst zusätzlich mit einem Schutzrohr, z. B. vor pickenden Vögeln, geschützt werden. Das Kabel kann mit einer Zugvorrichtung durch das Profil eingezogen werden.

rung machen Sie am besten mit einer entsprechenden Software (siehe auch im Kapitel: „Bedarfsermittlung, Simulationsprogramme").

### 7. Wechselrichter montieren

Der Montageort für den oder die Wechselrichter ist sorgfältig zu wählen. Es versteht sich von selbst, dass ein Einspeisewechselrichter nicht in explosionsgefährdeten oder feuchten Bereichen, wie z. B. in unmittelbarer Nähe eines Gastanks oder unter einem Wasserhahn, installiert werden sollte.

Die Einspeisewechselrichter sind meist schwer, die Montage sollte an einer stabilen Wand erfolgen. Im Wohnbereich die Montage bitte nicht an Gipskartonwänden und Holzverschalungen durchführen, um hörbare Vibrationen zu vermeiden. Es könnten beim Betrieb des Wechselrichters Geräusche entstehen, die als sehr störend empfunden werden.

Der Wechselrichter sollte an einem Ort montiert werden, dessen Umgebungstemperatur nicht unter –20° C und über +50° C liegt (systembedingt). Des Weiteren ist

direkte Sonneneinstrahlung zu vermeiden. Bei einer Montage im Außenbereich ist auf die Schutzart zu achten (IP 65) und das Gerät sollte regengeschützt senkrecht montiert werden.

Für den besten Bedienungskomfort ist eine senkrechte Montage auf Augenhöhe (Display) sinnvoll. Bei der Montage mehrerer Wechselrichter sind entsprechende Abstände untereinander einzuhalten, damit die Abwärme der Wechsel-

richter entweichen kann. Ebenso sind entsprechende Abstände (systembedingt) zu seitlichen Wänden, der Decke und anderen Objekten einzuhalten.

### 8. Leitungsverlegung von den Modulen zum Wechselrichter

Die vom Solargenerator kommenden und zum Einspeisezähler führenden Leitungen werden am besten in Kabelkanälen verlegt. Das spart Arbeit und sieht ordentlich aus.

### Wichtiger Hinweis

Um Schäden und Gefahrensituationen zu vermeiden, sind bei Arbeiten an der PV-Anlage folgende Regeln zu beachten:

Der PV-Generator ist vor dem Anschluss an den Wechselrichter auf korrekte Polarität zu prüfen.

Die Netzzuschaltung (über den Leitungsschutzschalter in der Einspeiseleitung) ist der letzte Schritt einer Inbetriebnahme.

Die Netztrennung (durch den Leitungsschutzschalter in der Einspeiseleitung) ist der erste Schritt jeder Anlagenwartung.

### Mein Hinweis

Die DC-Steckverbindungen am Wechselrichter dürfen im Betrieb (unter Last) nicht abgezogen werden. Dies führt zu Beschädigung der Stecker und kann zu Personenschäden führen.

Die Steckverbindungen müssen so gesichert sein, dass sie nicht unbeabsichtigt (z. B. auch von Kindern) herausgezogen werden können. Der Plus- und der Minuspol eines Stranges sollten unmittelbar nebeneinander liegen, ansonsten entsteht zwischen den Leitern ein magnetisches Feld, welches zu Problemen führen kann.

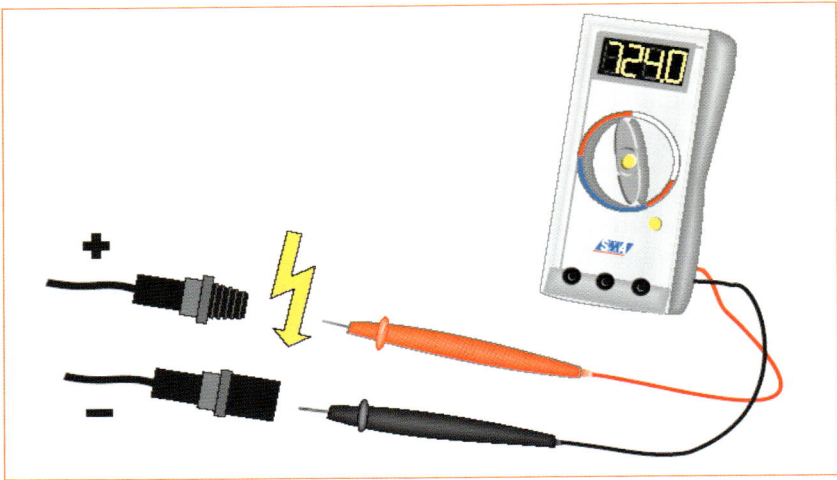

**Abb. 104 –** Mit einem Multimeter (Schalterstellung: Gleichspannung) können Sie Polarität und Spannung jedes Stranges überprüfen. Vorsicht: Pole nicht berühren! Quelle (3)

Bevor Sie die vom Solargenerator kommenden Kabel an den Wechselrichter anschließen, ist es sinnvoll, die Polarität (mit aller notwendigen VORSICHT vor Berührung) zu überprüfen.

### 9. Wechselrichter an den Zählerplatz anbinden

Die Anbindung des Solarwechselrichters an die bestehende Stromversorgung dürfen Sie nicht selbst herstellen.

Sie können den Anschluss aber vorbereiten, z. B. die Kabelkanäle montieren und die Wechselstromleitung vom Wechselrichter zum Zählerkasten, in dem der Einspeisezähler installiert wird, verlegen.

Um die Kabelverluste so gering wie möglich zu halten, prüfen Sie bitte die Kabellängen und entnehmen den erforderlichen Kabelquerschnitt der Tabelle in Abb. 105.

### 10. Zählerkasten und Sicherungen montieren

Sofern im vorhandenen Hauszählerkasten noch Platz für den Ein-

### Mein Hinweis

Der elektrische Anschluss des Einspeisezählers darf und kann nur von einem durch die Netzversorger autorisierten Fachmann durchgeführt werden.

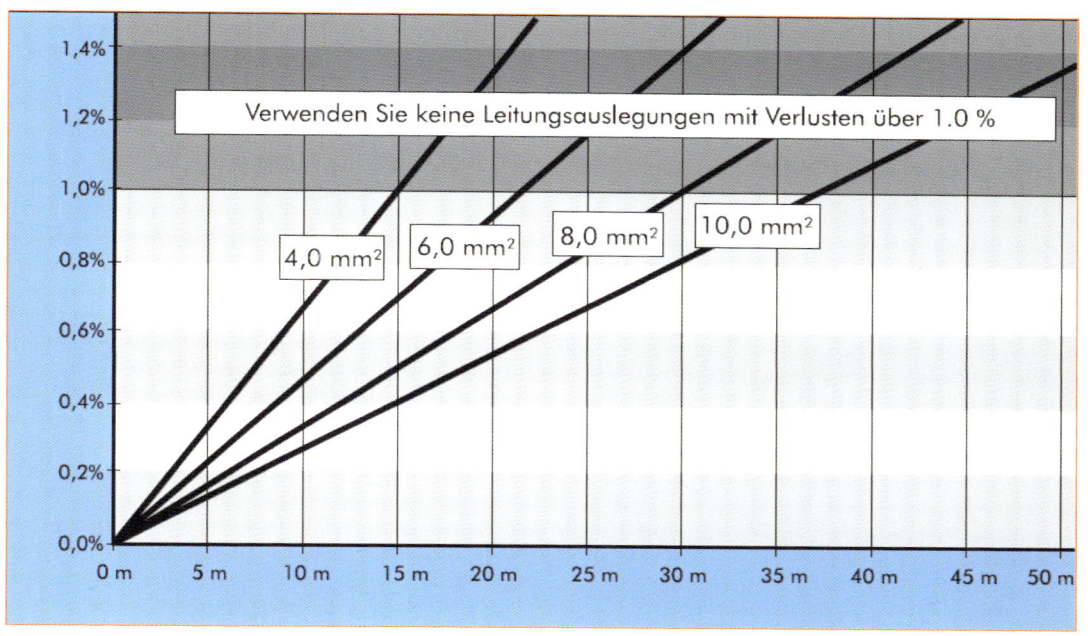

**Abb. 105** – Ermittlung des Kabelquerschnittes bei entsprechender Leitungslänge. Die Querschnitte sind so zu wählen, dass der Leitungsverlust unter 1.0 % bleibt. Quelle (3)

speisezähler und die Übergabesicherungen ist, können Sie diesen Punkt überspringen. Ansonsten sollten Sie sich einen kleinen Zählerkasten, gebraucht oder neu aus dem Baumarkt, besorgen. Es sollte Platz für einen Einspeisezähler und – auf einer darunter liegenden Schiene – für die Sicherungen sein.

Sie können den Kasten an geeigneter Stelle aufstellen bzw. an die Wand schrauben.

**11. Einspeisezähler anschließen und mit dem öffentlichen Netz verbinden.**
Der Verknüpfungspunkt zwischen Ihrer Solaranlage und dem öffentlichen Stromnetz ist der Netzeinspeisepunkt. Der durch die PV-Anlage aus der Sonnenstrahlung umgewandelte Strom wird über den Einspeisezähler in das öffentliche Stromnetz abgegeben bzw. eingespeist.

Den elektrischen Anschluss zum öffentlichen Stromnetz darf nur ein

autorisierter Elektrofachmann durchführen. Dieser schließt den Einspeisezähler und die erforderlichen Sicherungen an und stellt die Verbindung zum öffentlichen Stromnetz her.

**12. Solaranlage in Betrieb nehmen, Anmeldung beim Energieversorger**
Der autorisierte Elektrofachmann hat den Einspeisezähler installiert, jetzt können Sie den Zählerstand des Einspeisezählers ablesen und

den Wert in das Anmeldeformular für das Energieversorgungsunternehmen eintragen. Dieser Wert ist der Anfangswert (Zählerstand), auf den sich die Vergütungsabrechnung gründet.

Nun folgt der möglicherweise spannendste Augenblick bei der Installation der Solaranlage.

### Wichtiger Hinweis

Die Verbindungen der Verkabelung entweder bei bedecktem Himmel oder bei abgedecktem Solargenerator ausführen. Gefahr von Lichtbogen.

Wenn die Arbeiten an der restlichen Anlage fertiggestellt sind, können nun der DC-Trennschalter und die Sicherungen geschlossen werden und sofern die Sonne scheint, fangen die Wechselrichter an zu brummen oder zu ticken, das Zählerrädchen macht die ersten Umdrehungen und dann wird der erste Strom von Ihrer Photovoltaikanlage in das öffentliche Stromnetz gebracht!

Herzlichen Glückwunsch, Sie sind jetzt selbstständiger Kraftwerksbetreiber!

# 5 Die Solaranlage steht still

# 5    Die Solaranlage steht still

*H*ilfe … Die Solaranlage steht still, die rote Warnlampe am Wechselrichter leuchtet!
*Was ist los, was kann ich tun?*

Solaranlagen sind sehr sicher und arbeiten durch die über Jahrzehnte ausgereifte Technik in aller Regel wartungsarm und sehr zuverlässig. Trotzdem kann es Störungen geben oder den Anschein haben, dass eine Betriebsstörung auftritt. Gerade für diesen Fall ist es sinnvoll, zuerst einmal die möglichen Ursachen zu verstehen. Dazu soll und kann dieses Kapitel beitragen.

## Wichtiger Hinweis

Um Schäden und Gefahrensituationen zu vermeiden, sind bei Arbeiten an der PV-Anlage folgende Regeln zu beachten:

- Die Netztrennung (durch den Leitungsschutzschalter in der Einspeiseleitung) ist der erste Schritt jeder Anlagenwartung.
- Den PV-Generator mit dem DC-Freischalter freischalten, sofern vorhanden.
- In den normalen Installations-, Wartungs- und Betriebssituationen kann dann der PV-Generator über die Steckverbinder vom Wechselrichter getrennt werden.

# 5.1 Störungen, Ursachen, Behebung

In nachfolgender Tabelle sind einfache Betriebsstörungen und sichtbare Schäden an der Solaranlage aus den Erfahrungen des praktischen Betriebes aufgeführt. Sofern noch Garantieleistung besteht, sollten Sie zuerst mit dem Installateur bzw. dem Hersteller in Kontakt gehen, bevor Sie selbst Hand anlegen. Meldet der Wechselrichter „Störung", besteht evtl. die Möglichkeit, den Störungscode über das Display des Wechselrichters abzulesen und mit dem Support des Anlagenherstellers bzw. der Wechselrichterfirma Kontakt aufzunehmen.

| Störung | Ursache | Behebung |
| --- | --- | --- |
| Leistung ungenügend, Wechselrichter heiß | Wechselrichter schaltet öfter ab, Umgebungstemperatur zu hoch | Zusätzliche Lüftung herstellen |
| Leistung ungenügend, Wechselrichter schaltet öfter ab | Netzstörungen | Entstörung, wenn möglich Anschluss an andere Phase der Netzleitung |
| Anlage arbeitet nicht, Anzeige „Störung" | Wechselrichter defekt | Störungscode herauslesen und Support mitteilen Wechselrichter austauschen |
| Anlage arbeitet nicht, keine Anzeige am Wechselrichter | DC-Trennschalter unterbrochen | Funktion prüfen oder prüfen lassen, wenn defekt, austauschen |
| Anlage arbeitet nicht, Anzeige „Netzstörung" | Arbeiten am öffentlichen Netz, Stromausfall | Abwarten, eventuell bei Netzversorger nachfragen |
| Leistung ungenügend | Modul defekt, Bypassdiode defekt | Module auf sichtbare Schäden überprüfen (siehe Abb. 107), einzelne Stränge ausmessen. Module austauschen |
| Leistung ungenügend | Steckverbindung/Zuleitung/Sicherung defekt | Sichtprüfung der Steckverbindungen, mechanische Prüfung auf festen Sitz; kontakt herstellen, evtl. neue Stecker montieren; defekte Sicherungen nach Mängelbehebung ersetzen. |
| Leistung ungenügend | Module verschmutzt, teilverschattet, z. B. durch Blätter | Module reinigen |
| Wasser dringt in das Haus ein | Ziegel unvollständig eingedeckt, Ziegel unter dem Dachhaken gebrochen | Bei Trockenheit mit Gießkanne Schadstelle einkreisen, zur Not Module abnehmen und Stelle abdichten |

## 5.1 Störungen, Ursachen, Behebung

**Abb. 106 –** Obwohl die Zellen defekt aussehen, sind sie in Ordnung. Es handelt sich um ein 27 Jahre altes Modul, bei dem die Solarzellen allmählich die Absorptionsbeschichtung verlieren.

Bei modernen Solaranlagen ist es ähnlich wie bei unseren Autos. Je moderner und komplexer die Solaranlagen werden, desto schwieriger wird es, die Ursachen einer Störung eindeutig herauszufinden.

Die meisten Wechselrichter haben jedoch ein ausgeklügeltes Diagnosesystem, mit dem relativ schnell die Störungsursache herausgefunden werden kann. Möglicherweise sind auch mehrere Ursachen für eine Störung verantwortlich. Im Zweifelsfall bitten Sie den Solarexperten um einen Servicetermin.

 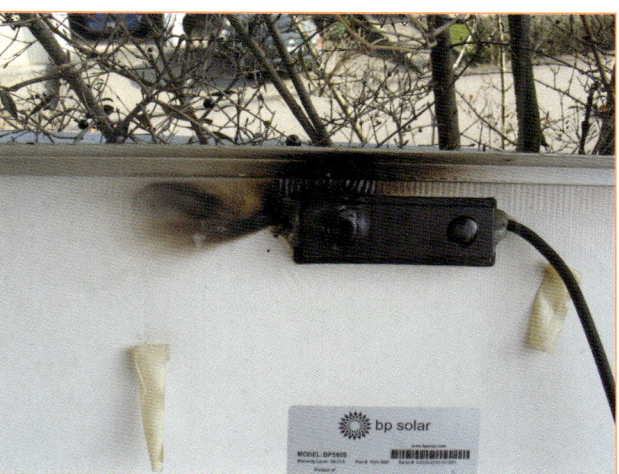

**Abb. 107 –** Schadhaftes Modul, zu sehen ist der Schaden in Form eines Brandfleckes und des gesprungenen Abdeckglases als Folge (Vorderseite), auf der Rückseite ein Durchschmoren an der Kabeldose.

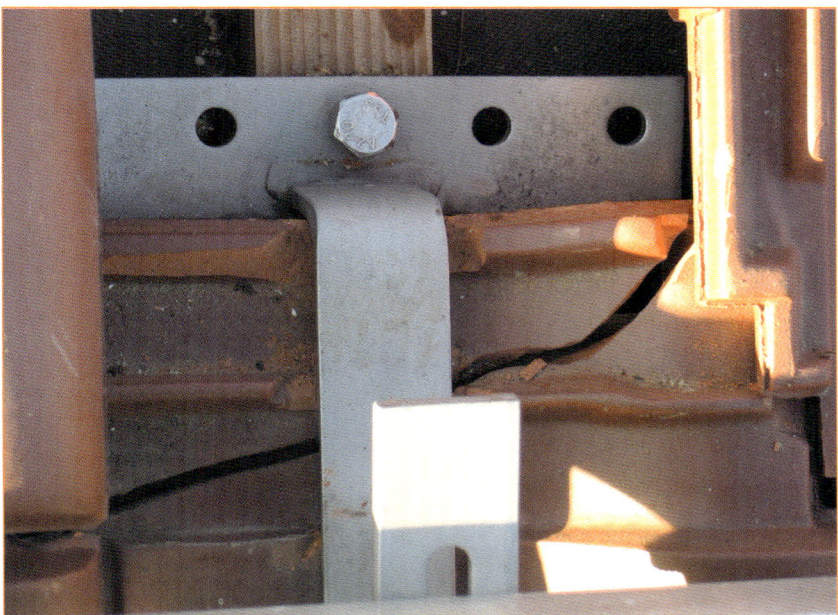

**Abb. 108 –** Unter dem Dachhaken gebrochener Ziegel, an dieser Stelle ist dann das Regenwasser in den Dachraum eingedrungen.

## 5.2    Wartung der Solaranlage, Gewährleistung

Wie jede technische Anlage benötigt auch Ihre Solaranlage eine regelmäßige Wartung. Da eine PV-Anlage sehr wartungsarm ist, beschränken sich die Wartungsarbeiten auf Leistungskontrolle und Sichtprüfungen.

Weitere Empfehlungen zur Wartung finden Sie auch im Handbuch oder in den Wartungsunterlagen des Systemherstellers.

Sollte eine Fachfirma an der Installation beteiligt gewesen sein, so ist es sinnvoll, dass der Handwerker die Inbetriebnahmen der Anlage durchführt und ein dementsprechendes Betriebsprotokoll sowie die Planunterlagen der Anlagenverschaltung erstellt. Auch stehen Ihnen im Rahmen der Gewährleistung (BGB 5 Jahre lang) eine Mängelbehebung bzw. entsprechende Garantieleistungen zu. Des Weiteren steht Ihnen eine Leistungsgarantie für die Solarmodule zu. Diese geht aus den Unterlagen (Besondere Gewährleistungsbedingungen des Solarmodulherstellers) hervor und wird in der Regel angegeben wie folgt (als Beispiel):

„Für die im Folgenden aufgelisteten Standard-Solarmodultypen wird eine Modulleistung während eines Zeitraumes ab Auslieferung an den Endkunden von:

12 Jahren von mindestens 90 % sowie
25 Jahren von mindestens 80 % gewährleistet.

Die im Datenblatt ausgewiesene und bei Auslieferung spezifizierte Minimalleistung wird gewährleistet mit den im Beiblatt und auf den Modulen aufgelisteten Modulnummern."

Die Modulleistungen wurden vor Auslieferung vom Hersteller unter Standardtestbedingungen gemessen (25 °C Zellentemperatur, Einstrahlung 1000 W/m² und Spektrum AM 1,5).

Dieses Messprotokoll sollten Sie sich unbedingt aushändigen lassen und über die Lebensdauer des Solargenerators aufheben. Ansonsten wird es schwierig, z. B. nach 23 Jahren einen Leistungsabfall nachzuweisen, der von der gewährleisteten Leistung abweicht.

| Nr. | Wartungsarbeiten | Gegenstand | Maßnahme | Zeitintervall, Jahre |
|---|---|---|---|---|
| 1 | Kontrolle Einspeisezähler | Zähleranzeige verändert sich | Sichtkontrolle, notieren des Zählerstandes | Zu Beginn mehrmals |
| 2 | Solargenerator, Modulbefestigung | Verschmutzung? Mechanische Schäden? Verschraubungen fest? | Sichtkontrolle | 1 x pro Jahr |
| 3 | Verkabelung | Mechanische Beschädigung, z. B. durch Tiere | Sichtkontrolle | 1 x pro Jahr |

# 6 Anhang

# 6.1 Förderung

Die Förderungen und die Finanzierungsmöglichkeiten von PV-Anlagen verändern sich ständig. Daher möchte ich Ihnen die entsprechenden Ansprechstellen als Hilfe zur Hand geben, bei denen Sie sich nach den aktuellen Möglichkeiten erkundigen können.

Grundsätzlich kann ich die Umweltbank und die Kreditanstalt für Wiederaufbau (KFW) empfehlen. Beide kennen sich mit der Finanzierung von PV-Anlagen gut aus. Des Weiteren erhalten Sie Informationen bei Ihrem Energieversorgungsunternehmen, bei Banken und Sparkassen, der kommunalen Baubehörde und auf dem Rathaus Ihrer Stadt oder Gemeinde.

Für ein Energiespardarlehen sollten folgende Unterlagen vorhanden sein (je nach Bundesland):

- detaillierter Kostenvoranschlag/Angebot,
- aktuelle Grundbuchabschrift (unbeglaubigt),
- Planungsunterlagen des Gebäudes,
- Einkommensnachweise,
- Kopie Gebäudeversicherungspolice,
- Fotos vom Gebäude,
- Beschreibung der Anlage.

# 6.1 Förderung

| Institution | | | Internet |
|---|---|---|---|
| KFW<br>Tel. 01801-335577 | | Kreditanstalt für<br>Wiederaufbau | www.kfw-foerderbank.de |
| Umweltbank AG<br>D-90489 Nürnberg<br>Fax 0911-5308-259 | | Finanzierung von<br>PV-Anlagen | solarkredit@umweltbank.de |
| BSW<br>Tel. 08000 12-333 | Bundesverband<br>Solarwirtschaft | Energieeinsparprogramm<br>Altbau<br>Impulsprogramm Altbau | www.impuls-programm-<br>altbau.de<br>www.Energiesparcheck.de |
| L-Bank Karlsruhe | | | www.energiespar@l-bank.de |
| BINE | | Informationsdienst<br>Förderungen | www.energieförderung.info/ |
| Solarfördervereine | | | |
| Solarenergie Förderverein e. V. | | Informiert über<br>Umwandlung und<br>Förderung von Solarstrom | www.sfv.de |
| Stuttgart Solar e. V. | Gemeinnütziger<br>wissenschaftlicher Verein | Verein für Sonnenenergie | www.stuttgart-solar.de |
| DBV-Winterthur<br>D-50996 Köln<br>Tel. 0180-3202160 | Beispiel:<br>Versicherung für<br>Solaranlagen | | |

## 6.2 Einstrahlungsscheibe

Nachfolgend die Bastelanleitung zur Anfertigung der Einstrahlungsscheibe:

1. Die Scheiben Nr. 1 und Nr. 2 aus Abb. 109 mit einer Schere oder einem scharfem Messer ausschneiden.
2. In der Scheibe Nr. 1 zusätzlich mit dem Messer das weiße Sichtfenster herausschneiden.
3. Kleben Sie die Scheibe Nr. 2 auf eine alte CD (für irgendwas müssen die ja auch noch gut sein!).
4. Unter die CD noch eine Unterlegscheibe aus Karton, Durchmesser ca. 3 cm, dazufügen.
5. Die drei Scheiben (Nr. 1 + Nr. 2 + Unterlegscheibe) jeweils in der Mitte durchstoßen.

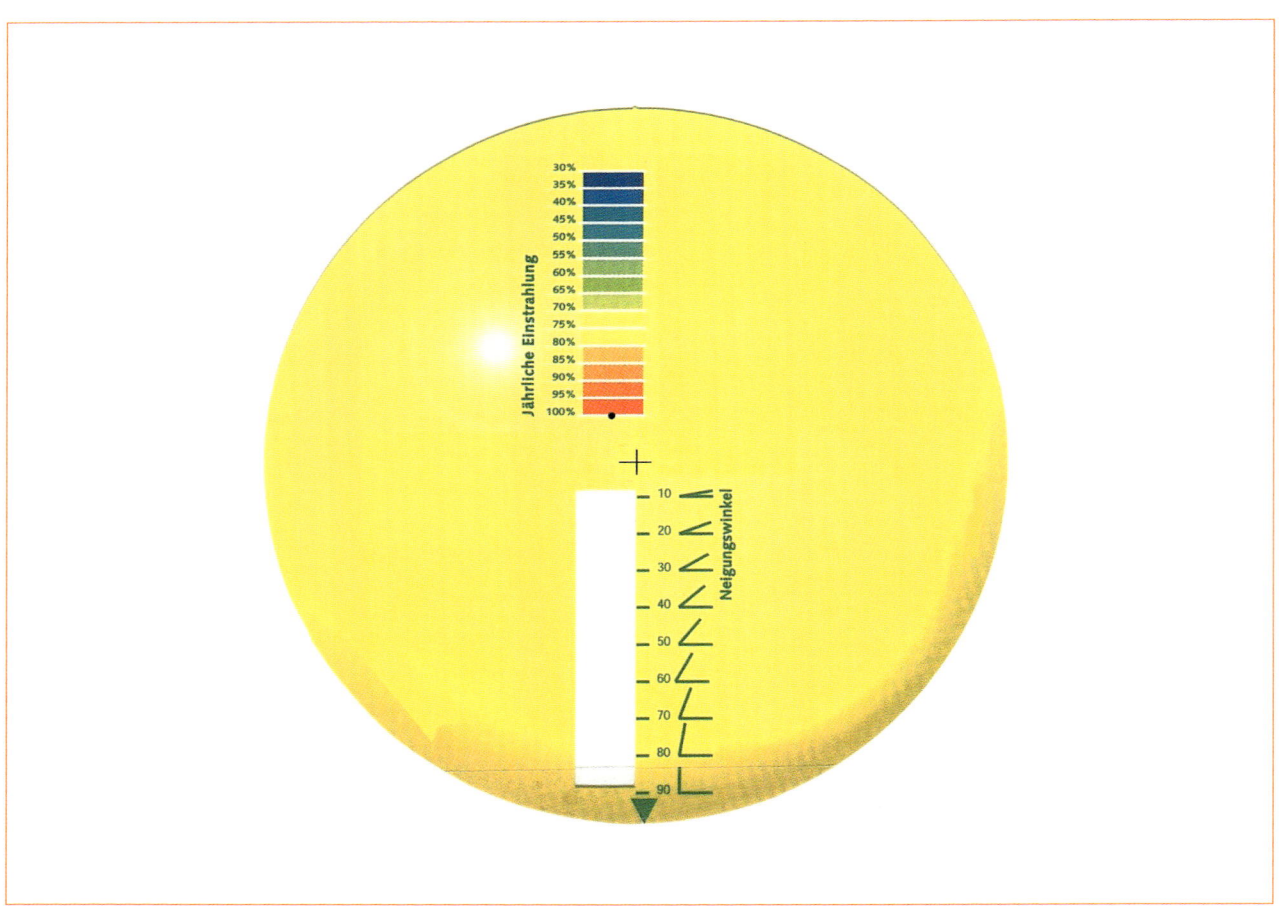

**Abb. 109** – Scheibe Nr. 1 mit einem Durchmesser von 9,7 cm und Scheibe Nr. 2 mit einem Durchmesser von 12 cm (evtl. Größe beim Kopieren anpassen).

## 6.2 Einstrahlungsscheibe

6. Die Scheiben übereinander legen. Scheibe Nr. 1 oben, Scheibe Nr. 2 unten, darunter die CD und zuletzt die Unterlegscheibe. Mit einer Postklammer, einer Niete oder einer Schraube die Scheiben drehbar fixieren.

7. Im Sichtfenster lässt sich nun die solare Einstrahlung ablesen, indem die obere Scheibe auf die entsprechende Himmelsrichtung eingestellt wird (passend zur Himmelsrichtung und zum Neigungswinkel).

Viel Erfolg beim Basteln Ihrer Einstrahlungsscheibe!

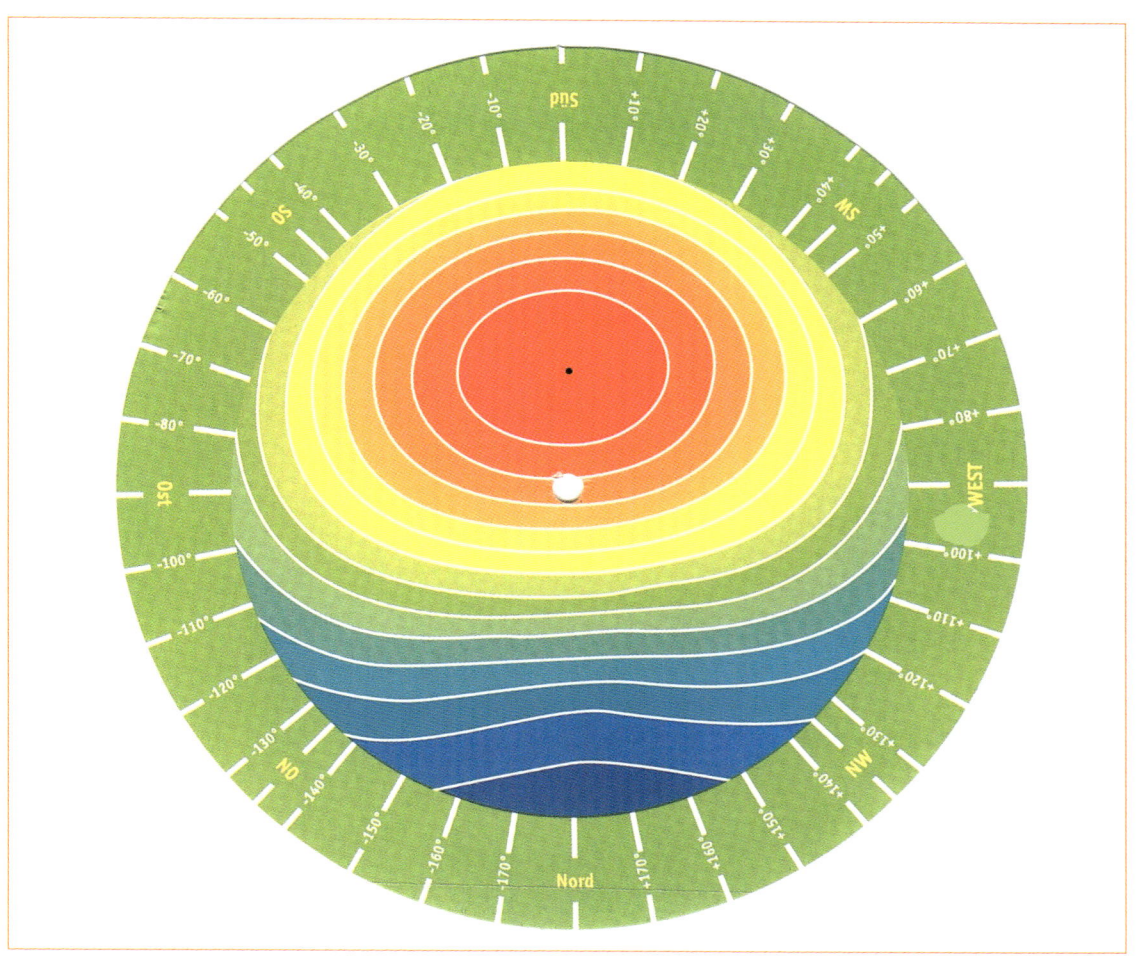

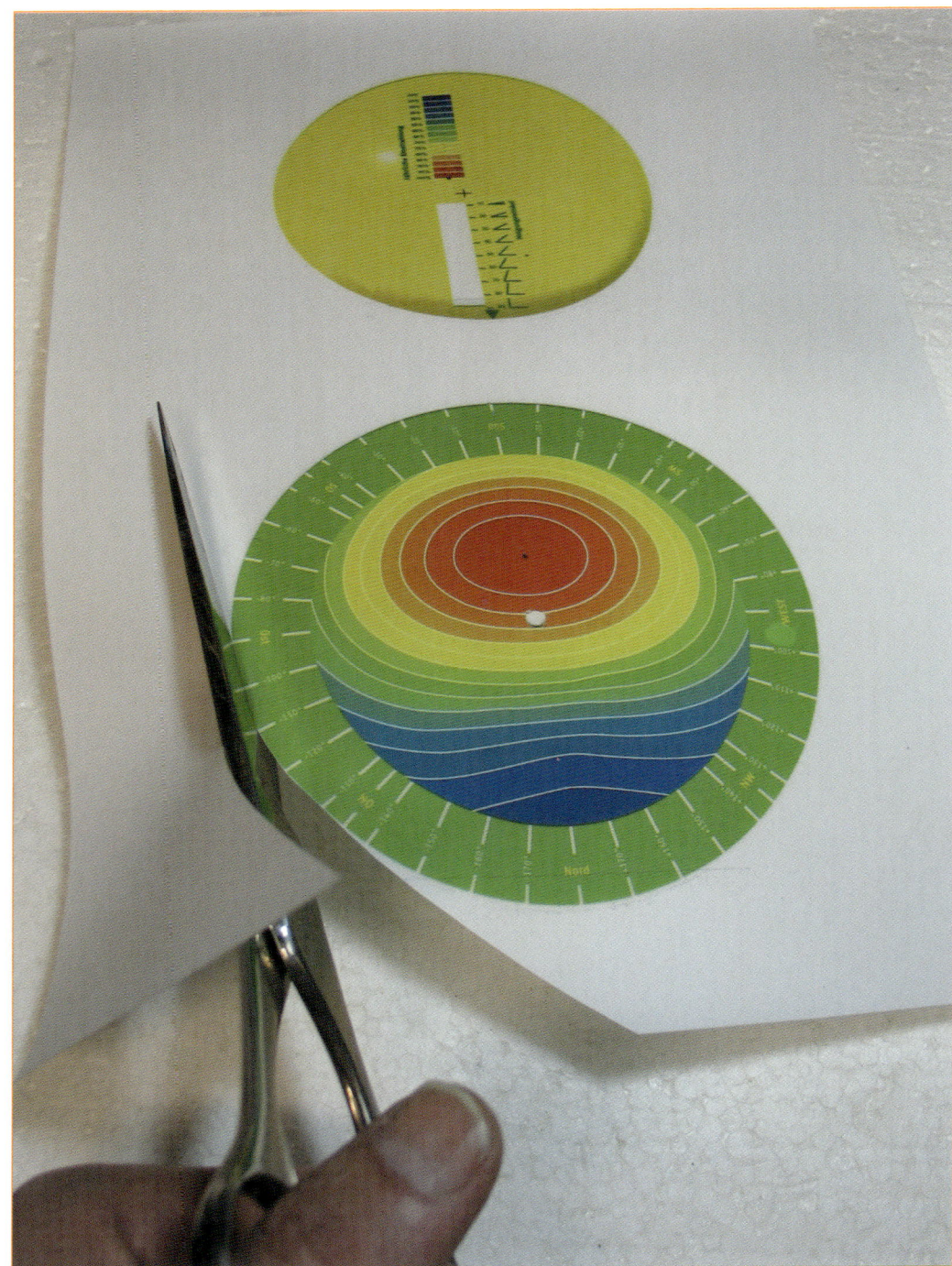

**Abb. 110 –** Ausschneiden der Scheiben mit der Schere.

# 6.3 Sonnendiagramme

Das Sonnendiagramm aus Abb. 112 einscannen und auf eine transparente Folie kopieren (z. B. Overheadfolie). Entsprechend Abb. 113 ein Holzbrettchen (ca. 20 mm dick) mit der Stichsäge aussägen. Die Folie auf diesem halbrunden Holzbrettchen mit Reißnägeln fixieren. Zur besseren Anwendung können Sie an das halbrunde Brettchen unten noch einen Griff anschrauben (Holzstab oder Fahrradgriff). Dann, wie auf dem Foto abgebildet, das Holzbrettchen waagrecht halten oder auf eine waagrechte Fläche auflegen und über die eingesägte vordere Ausbuchtung in Richtung der Sonnenkurve (z. B. für 21. März) schauen. Die Markierung mit einem Kompass in Richtung Süden ausrich-

ten. Wenn Sie nun durch die Folie in Richtung Süden schauen, sehen Sie am Horizont die Schatten werfenden Hindernisse und im Vordergrund die Sonnenbahn entsprechend der Jahreszeit.

Das in Abb. 112 abgedruckte Diagramm ist für den 49. Breitengrad (Mitteldeutschland) berechnet. Andere Breitengrade verändern das Diagramm geringfügig. Eine Möglichkeit, das Diagramm auch für andere Breitengrade zu nutzen (über den Daumen), ist: Wenn Ihr Standort südlicher (z. B. auf dem 48. Breitengrad) liegt, heben Sie das Brettchen etwas an. Ist der Standort nördlicher (z. B. auf dem 50 Breitengrad), neigen Sie das Brettchen etwas nach vorne.

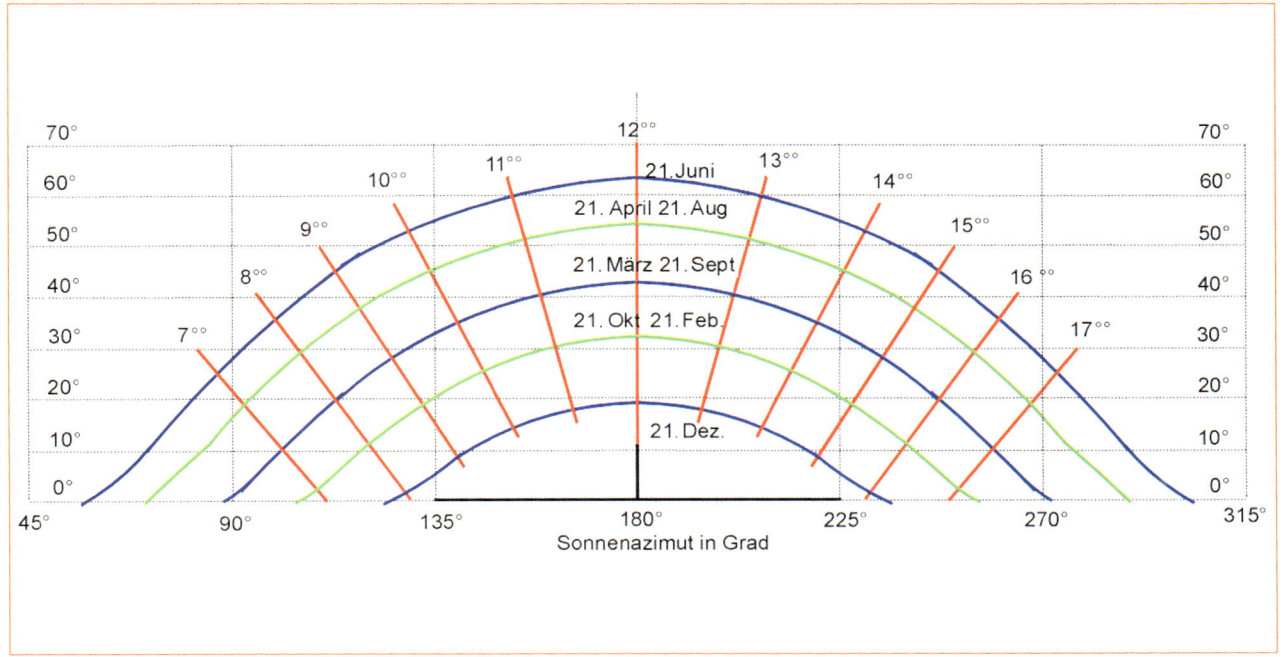

**Abb. 111** – Das Diagramm ist für eine geografische Breite von 49° ausgelegt (Mitteldeutschland). Es sind die Sonnenbahnen aufgezeichnet. Der Höchststand ist am 21. Juni, 12 Uhr mittags, der Tiefststand am 21. Dezember. Die Kurve für April entspricht der Kurve für August, die für März der für September und die für Februar der für Oktober.

## 6.3 Sonnendiagramme

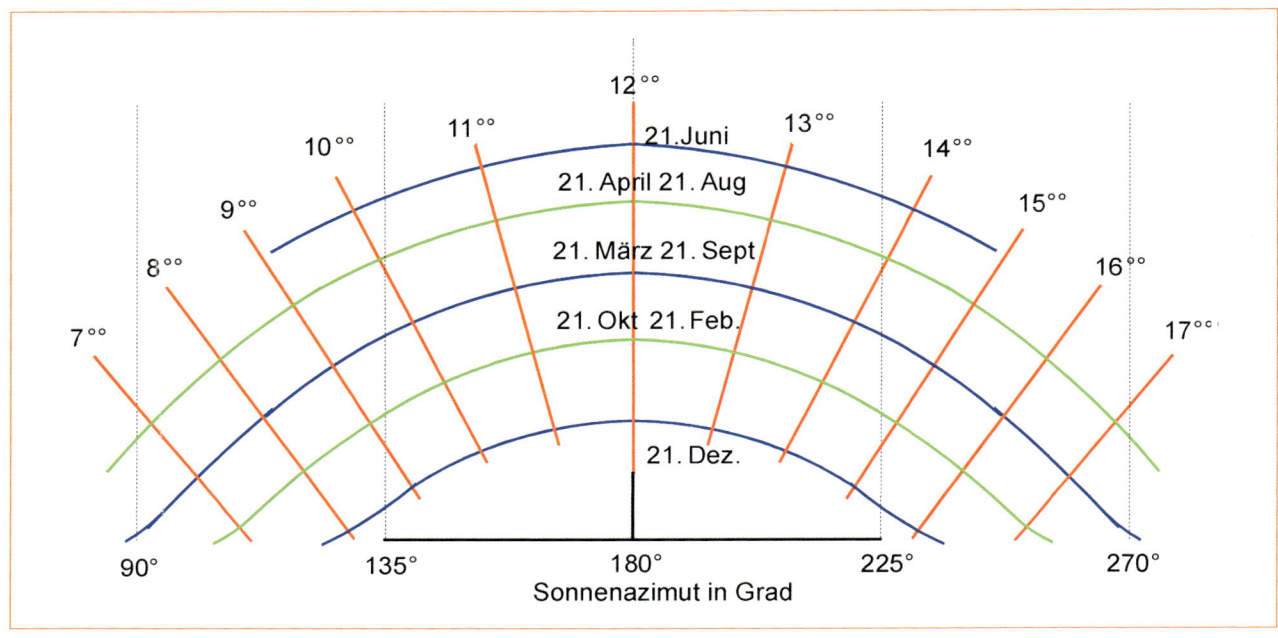

**Abb. 112** – Eir Ausschnitt des Sonnendiagramms zum Kopieren auf eine durchsichtige Overheadfolie. Die Länge des Diagramms sollte zur Darstellung von 90° bis 270° des Sonnenazimutes ca. 24 cm betragen (Größe beim Kopieren anpassen, mit dem Kopierer vergrößern).

Bedeutende Schattenwerfer werden so auf jeden Fall erkannt und können mit e nem Folienschreiber auf der Folie festgehalten werden!

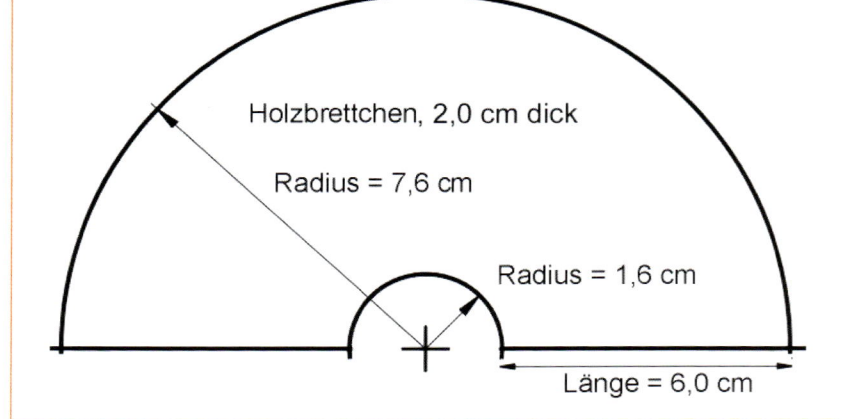

**Abb. 113** – Das halbrunde Holzbrettchen entsprechend der Zeichnung mit einer Stichsäge aussägen.

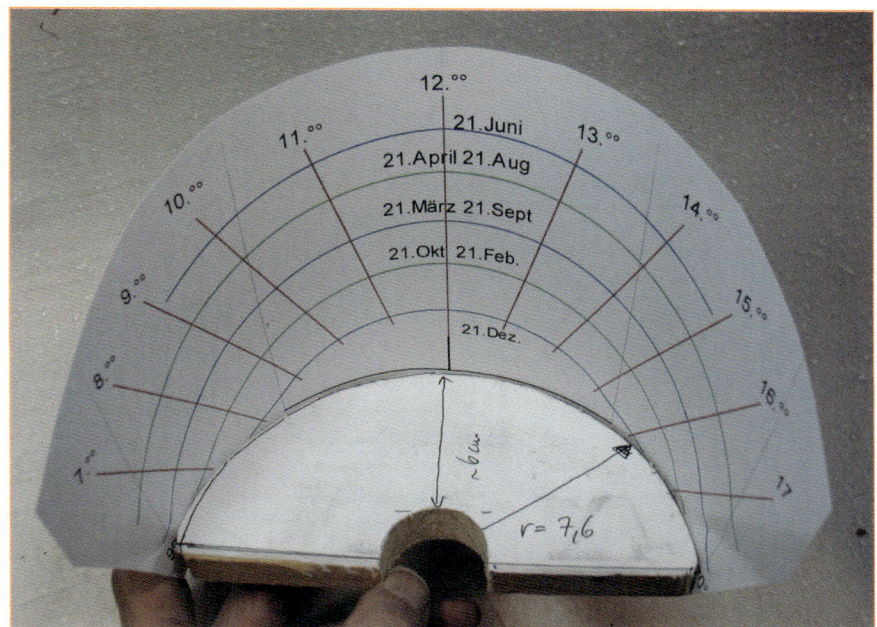

**Abb. 114** – Diagramm im Entwicklungsstadium auf dem halbrunden Holzbrettchen mit Reißnägeln befestigt.

**Abb. 115** – Sonnendiagramm in der praktischen Anwendung.

# 6.4 Projektierungsbeispiel

Berechnung und Auslegung einer (für das private Dach) beispielhaften PV-Anlage mit ca. 5 kWpeak (4,3 kWp).

Im Folgenden wird mit Hilfe einer Simulationssoftware die Anlagenauslegung geplant und berechnet.

Nach dem Download und der Installation des Simulationsprogramms werden in die Eingabefenster die Rahmenbedingungen wie die geografische Lage, die geplante Anlagengröße, die Leitungswege und die Auswahl der Komponenten wie Solarmodule und Wechselrichter eingegeben.

### Solarstrahlung und Lage

Durch die Eingabe der geografischen Lage (Pos 1) ermittelt das Programm die globale Sonneneinstrahlung (Pos 2).

Durch die Angabe von Dachausrichtung (Pos 3) und Dachneigung (Pos 4) und mit Hilfe von gespeicherten Erfahrungswerten errechnet das Programm den spezifischen Ertrag (Pos 8).

### Voraussichtlicher Ertrag

Anhand des spezifischen Ertrages (Pos 8) und der Einspeisevergütung (Pos 6) sowie der Leistung des Solargenerators (Pos 9-13) und der Leistungsdaten des ausgewählten Wechselrichters wird die Jahresvergütung (Pos 7) errechnet.

### Anlagenauslegung

Das Programm prüft, ob die eingegebene Anlagenkonfiguration optimal funktionieren kann und gibt dies durch entsprechende Kommentare wie: „optimal" (in grüner Schrift), „in Ordnung" (blau) oder auch „Fehler" (in rot) an.

### Leitungen und Verluste

In dieser Simulation wurde absichtlich von großen Entfernungen bei den Leitungslängen ausgegangen, um die Problematik der Leitungsverluste deutlich zu machen. Je kürzer die Leitungen sein können, desto besser!

**Abb. 116** – PV-Anlage projektiert auf einem Süddach mit ca. 30°

| Pos | Parameter | |
|---|---|---|
| 1 | PLZ-Gebiet: | 71111 (Süddeutschland) |
| 2 | Einstrahlung (global): | 1100 kWh/m² pro Jahr |
| 3 | Ausrichtung: | Süden (0°) |
| 4 | Dachneigung: | 30° |
| 5 | Eingespeiste Leistung | 4015,67 kWh |
| 6 | Einspeisevergütung (2007) | 0,492 EUR |
| 7 | Jahresvergütung | 1975,71 EUR |
| 8 | Spezifischer Ertrag | 929,55 kWh/kWp |
| 9 | PV-Modul | 120 Wp |
| 10 | Modultemperatur min. | −10°C |
| 11 | Modultemperatur max. | +70°C |
| 12 | Anzahl Module pro Strang | 12 |
| 13 | Anzahl der Stränge | 3 |

**Mein Tipp**

Durch Reihenschaltung von kleineren Modulen, z. B. 120 bis 150 Watt, benötigt man zwar mehr Module pro Strang (oder weitere Stränge), um auf die gleiche Leistung zu kommen, dafür ist aber der Modulstrom kleiner, was sich wiederum positiv auf die Verluste (z. B. im Kabel) auswirkt. Kleinere Module bedeuten zwar mehr Montageaufwand, lassen sich aber leichter auf das Dach bringen und, je nach Situation, gestalterisch besser anordnen. Profifirmen bauen aufgrund des geringeren Montageaufwandes gerne größere Module ein.

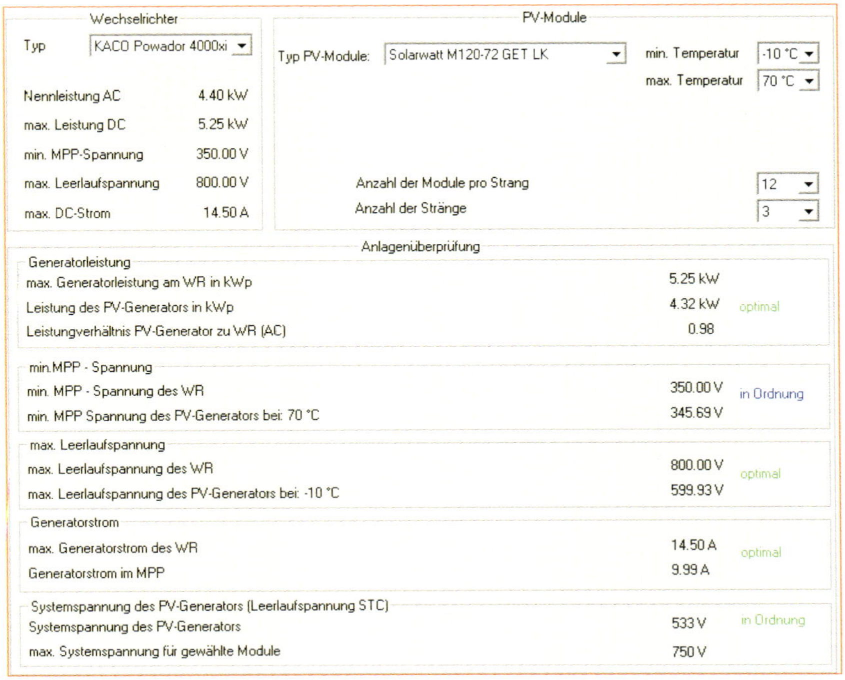

### Wechselrichter

| Typ | KACO Powador 4000xi |
|---|---|
| Nennleistung AC | 4.40 kW |
| max. Leistung DC | 5.25 kW |
| min. MPP-Spannung | 350.00 V |
| max. Leerlaufspannung | 800.00 V |
| max. DC-Strom | 14.50 A |

### PV-Module

| Typ PV-Module: | Solarwatt M120-72 GET LK |
|---|---|
| min. Temperatur | -10 °C |
| max. Temperatur | 70 °C |
| Anzahl der Module pro Strang | 12 |
| Anzahl der Stränge | 3 |

### Anlagenüberprüfung

**Generatorleistung**

| max. Generatorleistung am WR in kWp | 5.25 kW | |
| Leistung des PV-Generators in kWp | 4.32 kW | optimal |
| Leistungverhältnis PV-Generator zu WR (AC) | 0.98 | |

**min.MPP - Spannung**

| min. MPP - Spannung des WR | 350.00 V | in Ordnung |
| min. MPP Spannung des PV-Generators bei 70 °C | 345.69 V | |

**max. Leerlaufspannung**

| max. Leerlaufspannung des WR | 800.00 V | optimal |
| max. Leerlaufspannung des PV-Generators bei -10 °C | 599.93 V | |

**Generatorstrom**

| max. Generatorstrom des WR | 14.50 A | optimal |
| Generatorstrom im MPP | 9.99 A | |

**Systemspannung des PV-Generators (Leerlaufspannung STC)**

| Systemspannung des PV-Generators | 533 V | in Ordnung |
| max. Systemspannung für gewählte Module | 750 V | |

**121**

**Abb. 117** – Benutzeroberfläche mit Auswahlmöglichkeit des Wechselrichters und der Module. Das Programm prüft, ob die Komponenten zueinander passen und in der Kombination optimale Erträge bringen. Für den Fall, dass der ausgewählte Wechselrichter nicht zu den ausgewählten Modulen passen sollte, wird eine Empfehlung abgegeben. Quelle (6)

# 6.4 Projektierungsbeispiel

| Pos | DC-Leitungen | Maßangabe |
|---|---|---|
| | PV-Generator – Anschlusskasten | |
| | Einfache Länge: | 10,00 m |
| | Leitungsquerschnitt: | 4 mm² |
| | | |
| | Anschlusskasten – Wechselrichter | |
| | Einfache Länge: | 25,00 m |
| | Leitungsquerschnitt: | 4 mm² |

| Pos | AC-Leitungen | Maßangabe |
|---|---|---|
| | Wechselrichter – Einspeisezähler | |
| | Einfache Länge: | 10,00 m |
| | Leitungsquerschnitt: | 4 mm² |

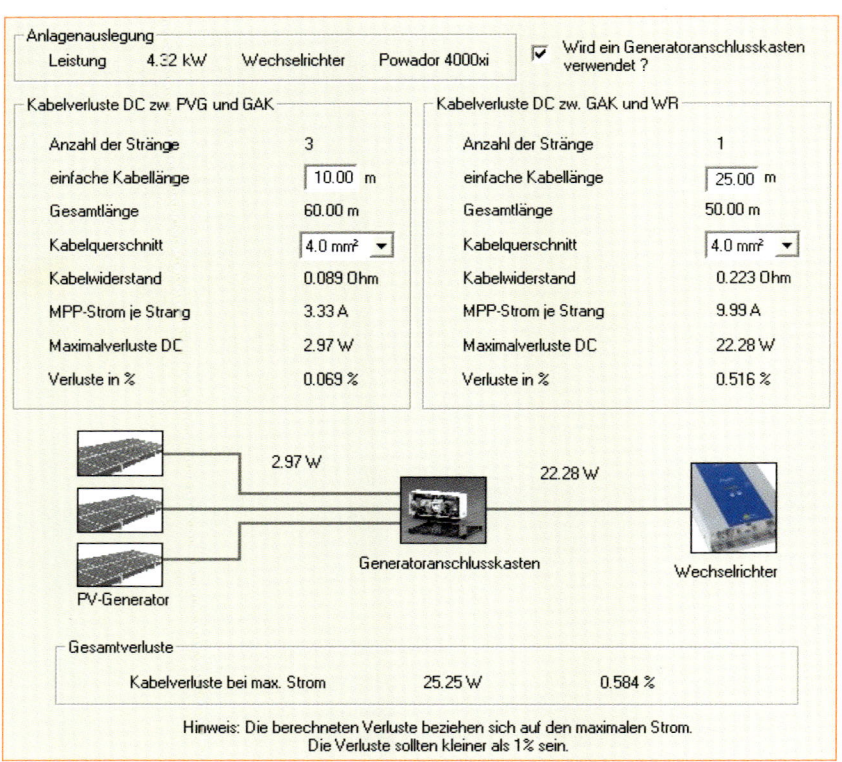

Abb. 118 – In die Fenster dieser Benutzeroberfläche können Sie die Kabelwege für die Gleichstromseite, d. h. für die Verbindung zwischen Solargenerator und Wechselrichter, eingeben und erhalten die entsprechenden Verluste in Prozent- und Leistungsangabe. Ist der Verlust größer als ein Prozent, so sollten Sie unbedingt Kabel mit einem größeren Querschnitt verwenden. Quelle (6)

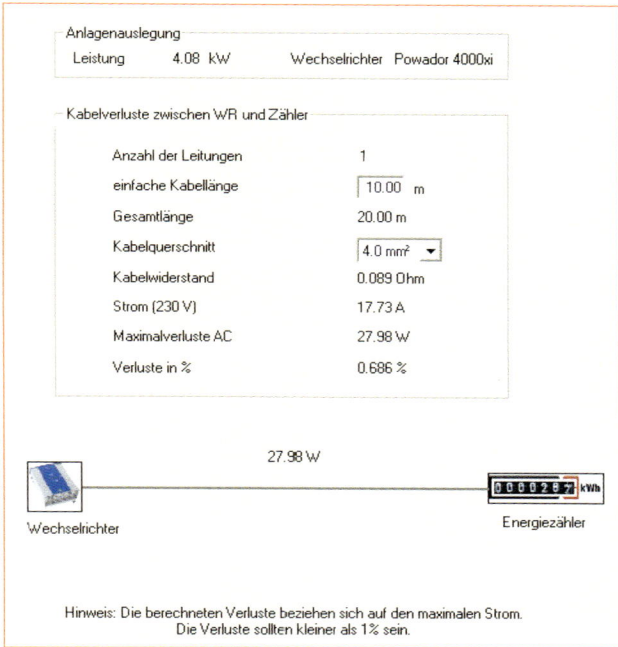

Abb. 119 – Schließlich ist noch die Kabellänge zwischen Wechselrichter und Einspeisezähler zu ermitteln und einzugeben. Auch hier sollte der Kabelverlust unter einem Prozent liegen. Selbst Fachleute unterschätzen die Kabelverluste zwischen dem Wechselrichter und dem Einspeisezähler häufig. Sie sehen am Beispiel, dass bei einer Leitungslänge von 10 m und einem Kabelquerschnitt von immerhin 4 mm² der Verlust bei 0,7 % liegt. Quelle (6)

**Erträge**

Entsprechend der jahreszeitlichen Sonneneinstrahlung und des spezifischen Ertrages aus Pos. 8 werden die monatlichen Erträge berechnet.

| Monat | kW/h | Monat | kW/h |
|---|---|---|---|
| Januar: | 83,03 | Juli: | 602,28 |
| Februar: | 153,11 | August: | 524,59 |
| März: | 308,43 | September: | 361,40 |
| April: | 422,83 | Oktober: | 207,30 |
| Mai: | 558,82 | November: | 101,08 |
| Juni: | 630,30 | Dezember: | 62,50 |
| | | | |
| 1. Halbjahr | 2156,52 | 2. Halbjahr: | 1859,15 |
| | | **Gesamtjahr:** | **4015,67** |

**Hinweis**

Die berechneten Erträge sind simuliert und stellen somit nur eine Schätzung dar.

## 6.4 Projektierungsbeispiel

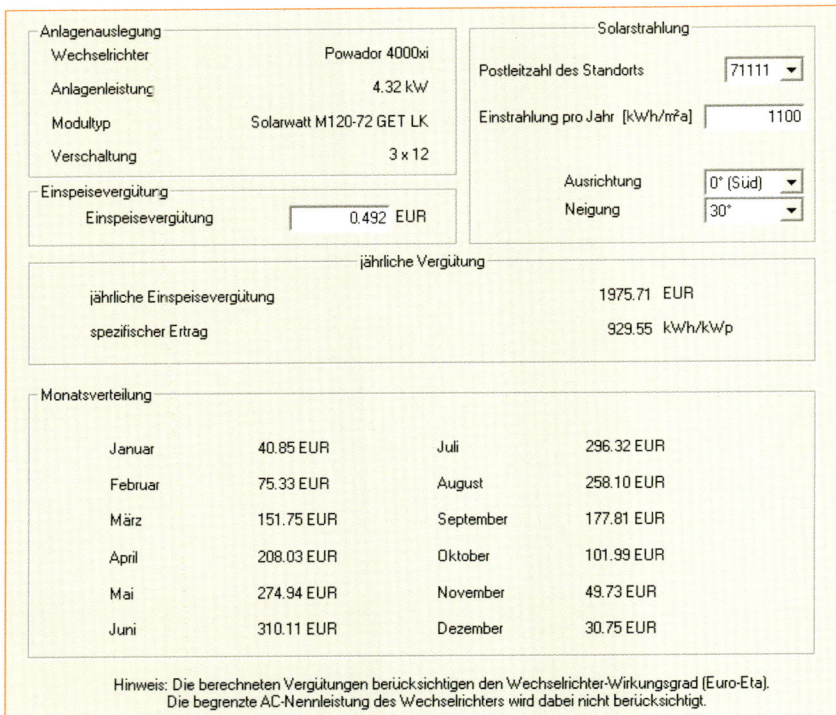

Anhand der simulierten und errechneten Erträge können Sie nun die Amortisationsdauer Ihrer PV-Anlage berechnen (der Zeitraum, bis die Erträge Ihrer Solaranlage die aufgewendeten Kosten ausgeglichen haben).

In den darauf folgenden Jahren erwirtschaftet Ihr Solarkraftwerk die Einspeisevergütung direkt für Ihren Geldbeutel. Bei guten Modulen und einer sorgfältig ausgeführten Anlagentechnik kann die Gesamtlebensdauer einer PV-Anlage weit über 30 Jahre betragen. Auch wenn die gesetzliche Einspeisevergütung nach 20 Jahren abgelaufen sein wird, so bin ich mir doch sicher, dass Strom auch in Zukunft gut verkauft werden kann.

In diesem Sinne, wünsche ich Ihnen gute Erträge auf lange Zeit!

**Abb. 120 –** Nach Eingabe des Vergütungssatzes, entsprechend dem EEG, errechnet das Programm die monatliche und jährliche Einspeisevergütung, die Sie für Ihren Solarstrom vom Energieversorger erhalten. Quelle (6)

# 6.5 Quellenverzeichnis

Mit freundlicher Genehmigung der angegebenen Firmen und Institutionen wurden die mit Quelle (x) versehenen Abbildungen zur Veröffentlichung in diesem Buch freigegeben und von den Firmen zur Verfügung gestellt.

An dieser Stelle möchte ich mich ganz herzlich bei diesen Firmen und den zuständigen Mitarbeitern und Mitarbeiterinnen für die freundliche Unterstützung bedanken.

1   Deutscher Wetterdienst, Klima- und Umweltberatung Hamburg,
www.dwd.de

2   Darstellungen mit Hilfe des Programms: Polysun-4 Institut für Solartechnik SPF
www.polysun.ch

3   Fa. SMA Technologien AG
www.SMA.de

4   Fa. Conrad Elektronic
www.conrad.biz

5   Fa. Schletter Solar-Montagetechnik GmbH
www.solar.schletter.de

6   Fa. Kaco Gerätetechnik GmbH
www.kaco-geraetetechnik.de

7   Fa. Würth Solar GmbH & Co. KG
www.wuerth-solar.de

8   Fa. Alwitra GmbH & Co.
www.alwitra.de

# 6.6    Nützliche Adressen

Conrad Elekronik
www.conrad.biz
Alle Komponenten und Software
Vertrieb

SMA Technologie AG
D-34266 Niestetal
www.SMA.de
Wechselrichter und Zubehör
Simulationsprogramme
Hersteller-Vertrieb, Service

Fronius International GmbH
A-7600 Wels-Thalheim
www.fronius.com
Wechselrichter und Zubehör
Simulationsprogramme
Hersteller-Vertrieb, Service

Kaco Gerätetechnik GmbH
D-74235 Erlenbach
www.kaco-geraetetechnik.de
Wechselrichter und Zubehör
Simulationsprogramme
Hersteller-Vertrieb, Service

Fa. Würth Solar GmbH & Co. KG
D-74523 Schwäbisch Hall
www.wuerth-solar.de
CIS Module, komplette
PV-Anlagen und Zubehör
Hersteller-Vertrieb, Service

Solar Fabrik Group
D-79111 Freiburg
www.solar-fabrik.com
Solartechnische Produkte
Hersteller-Vertrieb

Solarwatt AG
D-01109 Dresden
www.solarwatt.de
Solarmodule Mono- und
Polykristallin
Hersteller-Vertrieb

Solara AG
D-22765 Hamburg
www.solara.de
Solarmodule Mono- und
Polykristallin
Windgeneratortechnologie
Hersteller-Vertrieb

Schletter Solar-Montagetechnik
GmbH
http://solar.schletter.de
Untergestelle, Dachhaken für alle
Anwendungen, Simulationspro-
gramme für statische Berechnun-
gen
Hersteller-Vertrieb
Zahlreiche Profi-Konstruktions-
programme

Fa. Sonnenkraft GmbH
D-93049 Regensburg
A-9300 St. Veit/Glan
I-37135 Verona
www.sonnenkraft.com
Solarsysteme, Photovoltaik
Hersteller-Vertrieb

Alwitra GmbH & Co.
D-54229 Trier
www.alwitra.de
Dichtungsbahnen und Solar-
dichtungsbahnen und Zubehör
Hersteller-Vertrieb

Paradigma, 76307 Karsbad
www.paradigma.de
Solarsysteme, Energie- und
Umwelttechnik
Hersteller-Vertrieb

DGS
www.dgs.de
Webseite der Deutschen Gesellschaft für Sonnenenergie
Verein, Beratung, Hilfe

Solarserver
www.solarserver.de
Internetportal zur Sonnenenergie
Austausch

Institut für Solartechnik SPF
CH-8640 Rapperswil
www.polysun.ch
Simulationsprogramme
Vertrieb von Profiprogrammen und
Testversionen

Eurosolar
D-53113 Bonn
www.eurosolar.org
Europäische Vereinigung für
erneuerbare Energien
Informationen

# Register

**A**

Akku 58, 63, 68
Alarmanlagen 68
Amortisationszeit 11
Anlagendimensionierung 10
Anstellwinkel 73, 98
Auflastberechnung 28
Aufständerung 78, 98
Außenbereich 54, 101
Autoadapter 66
Autobatterie 62
Azimut 24

**B**

Betonplatten 21
Betriebskosten 33, 34
Betriebsstörung 106
Bewässerung 62
Bleigelakkus 59, 63
Brennstoffzellen 62
Bypassdioden 47, 80

**C**

Carport 29

**D**

Dachausrichtung 14, 17
Dachbahn 80, 85
Dachdichtung 21, 79, 80
Dachdurchdringung 21
Dachfenster 31, 78
Dachhaut 21, 78, 79, 97
Dachlast 28
Dachsanierung 28
Dachstuhl 28, 79
Dachziegel 12

**Dämmputz** 86
Dampfbremse 85
DC-Lasttrenner 54
Diagnosesystem 108
Drippelzellen 44
Dünnschichtmodule 45

**E**

Eigenkapital 13, 33
Einsparpotenziale 11
Einspeisezähler 14, 16, 40, 44, 57, 89, 101, 103
Einstrahlungsscheibe 19, 114, 115
Energieamortisation 44, 46
Energieeffizienz 64
Energieinhalt 10
Energiespardarlehen 113
Energiesparkompaktlampe 64
Energiesparmaßnahmen 12
Erdungsschiene 83

**F**

Falz 85, 96
Feinstaub 68

**G**

Gasungsregelung 59
Genehmigung 13, 16, 125
Globalstrahlung 17, 18
Graetzelzelle 48
Gummischutzmatte 21

**H**

Halogenlampe 63
Hausnummernbeleuchtung 58

**K**

Kabelquerschnitt 63, 102
Kippvorrichtung 75
Kirchen 30
Kleinverbraucher 68
Kohlendioxid 11
Kühlschrank 58, 62, 65

**L**

Ladekapazität 61
Laderegler 58, 59, 61, 63
Ladeschlussspannung 59
Ladestrom 59
Leerlaufspannung 46, 50
Leistungsbeschreibung 40
Leistungsgarantie 44, 46
Leistungsüberwachung 54
Lüfterziegel 85
Luxeon™ 64, 65

**M**

Mängelbehebung 107
Matchen 46
Mindestabstände 16
Multimeter 53, 90, 102
Multistrangwechselrichter 50

**N**

Nennspannung 46, 47, 50
Notebook 53, 66

**P**

Pedelec 68
Plattenbauten 82
Pufferspeicher 68

127

**Q**

Quetschverbinder  52, 90

**R**

Regenfallrohr  86

**S**

Sanierung  12, 28, 85
Schadstoffemssionen  11
Schaltuhr  62
Schattenmesser  24
Schmutzablagerungen  20
Schneefanggitter  90
Schneelast  28
Schnittstelle  59, 61
Schottkydioden  47
Schutzart  101
Schwitzwasser  72
Silizium  11, 44, 45, 48

Sinuswechselrichter  67, 68
Solarfassade  17, 32
Solarziegel  85, 90, 93
Sonnenbahn  22, 24, 117
Sonnenbahnindikator  25, 26
Sonnenkurve  117
Sonnenschutz  82
Spannungsfestigkeit  46, 58
Sparren  28, 95, 97
Steckverbindung  52, 107
Stromausfall  43, 68, 107
Sturmsensor  76

**T**

Telefonanlagen  68
Temperaturnachführung  59, 61
Trapezwechselrichter  67
Trennrelais  54

**U**

Unterdachverschalung  86
UV-Stabilität  46

**V**

Verkehrswert  33

**W**

Wärmedämmung  12, 32, 97
Wasserstofftechnologie  62
Wintergarten  66

**Z**

Zählerkasten  57, 89, 90, 102, 103
Zahnscheibe  83
Zellenwirkungsgrad  14 , 48

Ulrich E. Stempel

# Thermische Solaranlagen für Alt- und Neubauten selbst planen und installieren

FRANZIS
DO IT YOURSELF

IM HAUS BAND **17**

Ulrich E. Stempel

# Thermische Solaranlagen

## für Alt- und Neubauten selbst planen und installlieren

### Leicht gemacht, Geld und Ärger gespart!

Mit 122 farbigen Abbildungen

**Bibliografische Information der Deutschen Bibliothek**

Die Deutsche Bibliothek verzeichnet diese Publikation in der Deutschen Nationalbibliografie; detaillierte Daten sind im Internet über **http://dnb.ddb.de** abrufbar.

## Wichtiger Hinweis

Alle Angaben in diesem Buch wurden vom Autor mit größter Sorgfalt erarbeitet bzw. zusammengestellt und unter Einschaltung wirksamer Kontrollmaßnahmen reproduziert. Trotzdem sind Fehler nicht ganz auszuschließen. Der Verlag und der Autor sehen sich deshalb gezwungen, darauf hinzuweisen, dass sie weder eine Garantie noch die juristische Verantwortung oder irgendeine Haftung für Folgen, die auf fehlerhafte Angaben zurückgehen, übernehmen können. Für die Mitteilung etwaiger Fehler sind Verlag und Autor jederzeit dankbar.

Internetadressen oder Versionsnummern stellen den bei Redaktionsschluss verfügbaren Informationsstand dar. Verlag und Autor übernehmen keinerlei Verantwortung oder Haftung für Veränderungen, die sich aus nicht von ihnen zu vertretenden Umständen ergeben.

Evtl. beigefügte oder zum Download angebotene Dateien und Informationen dienen ausschließlich der nicht gewerblichen Nutzung. Eine gewerbliche Nutzung ist nur mit Zustimmung des Lizenzinhabers möglich.

**Satz:** DTP-Satz A. Kugge, München
**art & design:** www.ideehoch2.de
**Druck:** Legoprint S.p.A., Lavis (Italia)
Printed in Italy

**ISBN** 978-3-7723-**5917-5**

# Vorwort

**E**s ist Sommer, beim Nachbarn läuft die Heizung an und es riecht auf einmal nach schlecht verbranntem Heizöl. Früher war das bei mir auch so! „Na ja", sagt mein Nachbar, „irgendwie muss ich das Wasser ja warm bekommen!" Und er meint: „Sie haben es gut mit Ihrer Solaranlage!" So wie es aussieht, braucht er schon bald wieder eine neue Heizung. Diese ständigen Kaltstarts …

Liebe Leserin, lieber Leser, natürlich tun wir mit einer Solaranlage Gutes für uns und unsere Umwelt, aber das besondere ist – langfristig sparen wir viel Geld!

Dieses Buch handelt von thermischen Solaranlagen, wie sie funktionieren und was Sie selbst zum Bau Ihrer eigenen Solaranlage beitragen können.

Viel Erfolg bei Ihrer Solaranlage wünscht Ihnen

Ulrich E. Stempel

# Danksagung

**D**ank gebührt allen Mitstreitern für eine lebenswerte Zukunft. Namentlich möchte ich mich bei meiner Partnerin Antje Heußner für ihre Unterstützung und bei meinem Lektor Herrn Wahl für sein Vertrauen und seine Unterstützung in meine Arbeit bedanken.

**Wichtiger Hinweis**

Beachten Sie bitte bei all Ihren Arbeiten die Unfallverhütungsvorschriften!

# Inhaltsverzeichnis

| **1** | **Planung der Solaranlage und Grundsätzliches** | 8 |
|---|---|---|
| 1.1 | Sonnenenergie, eine kostenlose Energiequelle | 10 |
| 1.2 | Sinn und Nutzen von Solaranlagen | 11 |
| 1.3 | Solarenergie im Altbau | 12 |
| 1.4 | Voraussetzungen für die Solaranlage | 18 |
| 1.6 | Wirtschaftlichkeit | 40 |

| **2** | **Solaranlage konkret** | 42 |
|---|---|---|
| 2.1 | Kollektor | 43 |
| 2.2 | Verschaltung der Kollektoren | 45 |
| 2.3 | Speicher und Wärmetauscher | 46 |
| 2.4 | Schichtenspeicher | 49 |
| 2.5 | Solarstation | 50 |
| 2.6 | Durchflussmenge, Durchflussmengenmesser | 52 |
| 2.8 | Verrohrung, Leitungen, Solarkreislauf | 58 |
| 2.9 | Entlüfter | 62 |
| 2.10 | Solarflüssigkeit | 63 |

| **3** | **Montage der Solaranlage** | 69 |
|---|---|---|
| 3.1 | Grundsätzliche Konstruktionsprinzipien | 70 |
| 3.2 | Indachmontage oder Aufdachmontage, Vor- und Nachteile | 71 |

# Inhaltsverzeichnis

**4    Anbindung an das Heizungssystem**                    75

4.1    Nachheizen                                            76

**5    Das können Sie leicht selbst erledigen**              77

5.1    Übersicht der Arbeiten in zwölf Schritten             79

**6    Die Solaranlage steht still**                         97

6.1    Störungen, Ursachen, Behebung                         98

6.2    Wartung der Solaranlage                              100

**7    Anhang**                                             103

7.1    Förderung                                            104

7.2    Einstrahlungsscheibe                                 105

7.3    Sonnendiagramme                                      107

**Schemata-Übersicht**                                     111

**Quellenverzeichnis**                                     123

**Stichwortverzeichnis**                                   125

7

# 1 Planung der Solaranlage und Grundsätzliches

# 1.1 Sonnenenergie, eine kostenlose Energiequelle

Die Sonne liefert in Deutschland im Jahresdurchschnitt auf einen Quadratmeter ungefähr 1000 kWh Energie – das entspricht dem Energieinhalt von rund 100 Litern Heizöl oder 100 Kubikmetern Erdgas. Wie vie Energie daraus genutzt werden kann, hängt von mehreren Faktoren ab. Wesentlichen Einfluss haben die richtige Einschätzung des Verbrauchs und die daraus resultierende Größe der Solaranlage. Auch der Kollektortyp, die Kollektorneigung und die Ausrichtung der Solaranlage zur Sonne beeinflussen den Ertrag.

Damit die Solarenergie wirtschaftlich genutzt werden kann, müssen außerdem die Anlagenkomponenten sinnvoll dimensioniert und gut aufeinander abgestimmt werden.

Steigende Energiepreise machen Solaranlagen jetzt und in Zukunft immer sinnvoller. Die Sonne stellt keine Rechnung! Je eher Sie Ihre Solaranlage realisieren, desto mehr Energie können Sie von der Sonne ernten und dadurch Geld einsparen.

# 1.2 Sinn und Nutzen von Solaranlagen

Neben Maßnahmen zur Modernisierung des Gebäudes wie Dämmung der Außenhaut (Fassade und Dach), Fenster mit gutem K-Wert, passiver Energiegewinn durch großflächige, nach Süden gerichtete Glasflächen, trägt eine Solaranlage ganz wesentlich zur positiven Energiebilanz des Gebäudes bei. Wenn hier der Begriff „Solaranlage" verwendet wird, so sind die beiden folgenden Systeme gemeint.

## Photovoltaik

Sonnenenergie wird mit Hilfe von Solarmodulen in elektrischen Strom umgewandelt, welcher entweder in das öffentliche Netz eingespeist wird (Netzparallelbetrieb) oder, bei einer Inselanlage, direkt im Haushalt verbraucht wird.

## Photothermie oder Thermie

Die Solarstrahlung (Wärmestrahlung) wird mit Hilfe von Kollektoren als absorbierte Strahlung gesammelt und dem Haushalt zur Verfügung gestellt.

Die thermischen Solaranlagen können sowohl zur Brauchwasserwärmung als auch zur Raumheizung und zur Kühlung herangezogen werden.

Aufgrund der steigenden Öl- und Gaspreise entscheiden sich immer mehr Menschen, Solarenergie auch für die Behaglichkeit in ihrem Wohnraum zu nutzen. Durch die geringeren Laufzeiten, bzw. im Sommerhalbjahr gänzliches Abstellen der konventionellen Heizungsanlage, wird der Heizkessel geschont und hält damit auch sehr viel länger. Kollektoren sammeln die Wärmestrahlung der Sonne. Und dies nicht nur im Sommer! Selbst im Winter bei klirrenden Minustemperaturen wird durch die ausgezeichneten thermischen Wirkungsgrade moderner Kollektoren die Sonnenstrahlung genutzt. Die Wärmeenergie kann dann entweder zur Wassererwärmung und/oder zur Heizungsunterstützung genutzt werden. Im Sommerhalbjahr wird das Warmwasser fast komplett durch die Solaranlage bereitgestellt. Im Winterhalbjahr wird das Wasser durch die Solaranlage zumindest vorgewärmt. Die Solaranlage als Heizungsunterstützung kann 30-60 % der sonst erforderlichen Heizenergie einsparen.

Geräuschlos, emissionsfrei und ohne belastende Rückstände!

Ideal ist auch die Kombination mit Holzheizungen. Sei es mit dem preiswerteren Scheitholz oder mit dem etwas emissionsfreieren und komfortableren Heizsystem der Pellet-Heizung.

Durch die steigende Akzeptanz der Solarenergie und die damit gesteigerte Serienanfertigung sind die Systeme inzwischen preiswert und ausgereift. Auch durch zusätzliche staatliche und kommunale Förderungen macht sich die Anlage mindestens innerhalb ihrer Lebensdauer bezahlt. Durch Eigenleistungen, z. B. bei der Montage, können Sie die Amortisationszeit und damit die Wirtschaftlichkeit der Anlage noch weiter verbessern.

Gut geplante und funktionstüchtige Solaranlagen leisten einen bedeutenden Beitrag zur Reduktion von Schadstoffemissionen, insbesondere von Schwefeldioxid ($SO_2$), Stickoxiden ($NOX$), und Kohlenwasserstoffen. Besondere Bedeutung bei den Schadstoffen hat das Kohlendioxid ($CO_2$), das bei der Verbrennung fossiler Energieträger entsteht. Es verstärkt den „Treibhauseffekt" und verändert damit das Weltklima. Solarenergie kann entscheidend helfen, die Emissionen dieses „Klimagases" zu senken und damit unsere Umwelt zu erhalten.

## Hinweis

Seit 2002 findet die EnEV (Energieeinsparordnung) Anwendung. Die Verordnung hat das Ziel, den Energiebedarf von Gebäuden zu senken und damit den Klimaschutz zu verbessern.

# 1.3 Solarenergie im Altbau

**M**it dem Begriff „Altbau" sind alle bestehenden Häuser gemeint. Der Architekt spricht hierbei von „Sanieren im Bestand".

Natürlich lassen sich die Informationen, die Sie im Buch finden, genauso gut auch für Neubauten sinnvoll nutzen.

Ein wichtiger Grund, das Thema Sanierung von Altbauten und bestehenden Häusern in den Vordergrund zu stellen, ist, dass bestehende Gebäude ein enormes Energieeinsparpotential haben. Die Nutzung von regenerativen Energien wie der Solarenergie ist hier eine sinnvolle und zeitgemäße Ergänzung neben baulichen Energiesparmaßnahmen wie Wärmedämmung, Einbau von Fenstern mit gutem K-Wert und einer effektiven Heizungsanlage.

Zudem glauben viele, dass sich Solaranlagen nur in Neubauten besonders gut integrieren lassen, weil sie von Anfang an zusammen mit dem Gebäude geplant werden können. Das sehe ich anders!

**Abb. 1 –** Solarthermie im Altbau.

**Info**

Haben Sie gewusst, dass in Deutschland ca. 70 % der Bauten älter als 25 Jahre sind und dass diese etwa 95 % der Wärmeenergie verbrauchen?

Dieses Buch zeigt deshalb für Sie Wege auf, wie eine Solaranlage gut in ein bestehendes Gebäude installiert werden kann.

Bei der Sanierung eines bestehenden Gebäudes sind Solaranlagen unbedingt mit einzubeziehen. Dabei ergeben sich Kosteneinsparungen durch Kombinationen und Nutzung der bereits vorhandenen Sanierungsstrukturen, z. B. wenn das Dach komplett neu gedeckt werden muss und die Solaranlage so installiert wird, dass dadurch weniger Dachziegel benötigt werden. Oder das für andere Arbeiten

(wie z. B. für die Fassadensanierung) aufgestellte Gerüst wird für die Installation der Solaranlage mitgenutzt.

Die wesentlichen thermischen Solarsysteme werden entsprechend ihrer Verwendung und ihres Einsatzes nachfolgend beschrieben.

**Warmwasserbereitung –
der Klassiker**

Klassisch und bewährt sind Warmwassersysteme. Sicher haben Sie in südlichen Ländern schon einfache Solaranlagen auf den Dächern gesehen. Die Anlagen bestehen in der

Regel aus einem Kollektorfeld und einem darüber angeordneten, waagrecht liegenden oder auch stehenden Speicher. Da in diesen Ländern keine oder wenig Frostgefahr besteht, können diese Anlagen als Einkreisanlage ausgeführt werden, d. h. Nutzwasserkreislauf und Solarkreislauf sind zusammengelegt. Außerdem arbeiten diese Solaranlagen meist als Thermosiphonanlagen (warmes Wasser dehnt sich aus, wird dadurch leichter und steigt nach oben. Kaltes Wasser zieht sich zusammen, wird schwerer und sinkt nach unten) und benötigen keine Pumpe und zusätzlichen Strom für die Umwälzung.

Das Schwerkraftprinzip lässt sich auch als Zweikreisanlage für unsere Breiten anwenden:

- Solarkreislauf mit Frostschutzmittel
- Warmwasserkreislauf mit Trinkwasser aus der Wasserleitung

Um das Warmwasser auch in sonnenarmen Zeiten zur Verfügung zu haben, kann der Solarspeicher zusätzlich mit einer elektrischen Heizpatrone ausgestattet werden oder mit dem vorhandenen Heizkessel nachgeheizt werden.

Das Schwerkraftsystem funktioniert aber nur dann, wenn der

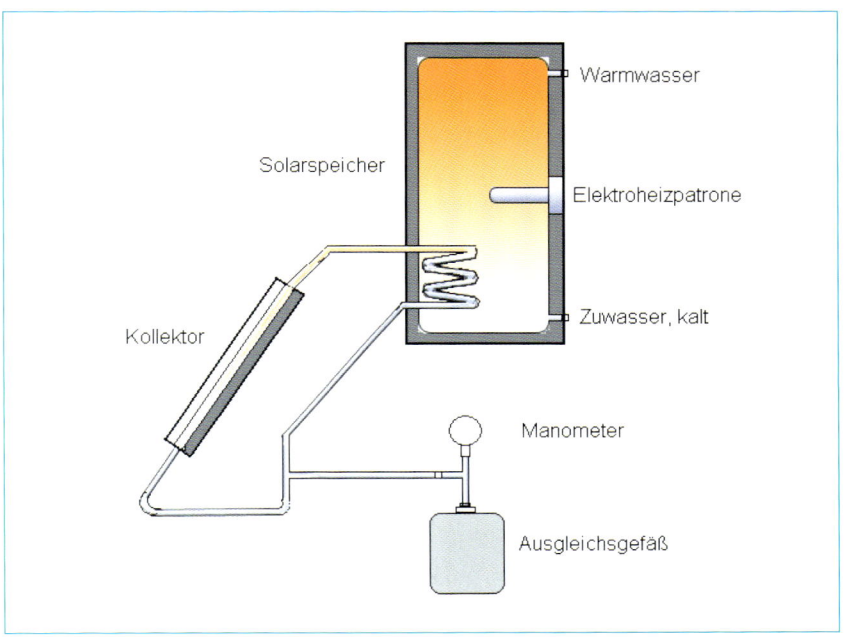

**Abb. 2** – Prinzip einer einfachen Thermosiphonanlage. Das kalte Wasser im unteren Bereich des Speichers sinkt nach unten zum Kollektor, wird dort durch die Sonneneinstrahlung erwärmt, dehnt sich aus und wird dadurch leichter, steigt nach oben in den Solarspeicher, gibt die Wärme an das Speichermedium im Solarspeicher ab, wird wieder schwerer, sinkt im Wärmetauscher wieder nach unten und nimmt wieder Wärme auf… Quelle (2)

Speicher über dem Kollektor angeordnet wird. Bei älteren Gebäuden mit steiler Dachschräge und Platz im Dachbodenbereich, vor allem wenn die Hausheizung mit einer Gastherme erfolgt, kann dies eine sehr sinnvolle Lösung sein.

Anstatt, wie in Abb. 2, mit elektrischer Heizpatrone, kann der Solarspeicher mit einem weiteren Wärmetauscher, z. B. für die Gastherme, ausgestattet sein.

Steht die Heizungsanlage im Keller, so befindet sich das Kollektorfeld höhenmäßig über dem Solarspeicher.

Der Solarkreislauf besteht dann aus Kollektor, Solarpumpstation und Wärmetauscher im Speicher. Die Aufgabe: Beförderung der Son-

## 1.3 Solarenergie im Altbau

nenwärme über die Solarflüssigkeit vom Dach in den Speicher.

Das Medium für den Wärmetransport ist meist Wasser, das mit einem ausreichenden Frostschutz versehen wird.

Der Warmwasserkreislauf ist direkt an die Trinkwasserversorgung angeschlossen. Das in den Speicher einfließende kalte Wasser aus der Trinkwasserleitung wird aufgewärmt und durch den Wasserdruck des nachfließenden kalten Wassers zu den Warmwasserzapfstellen befördert.

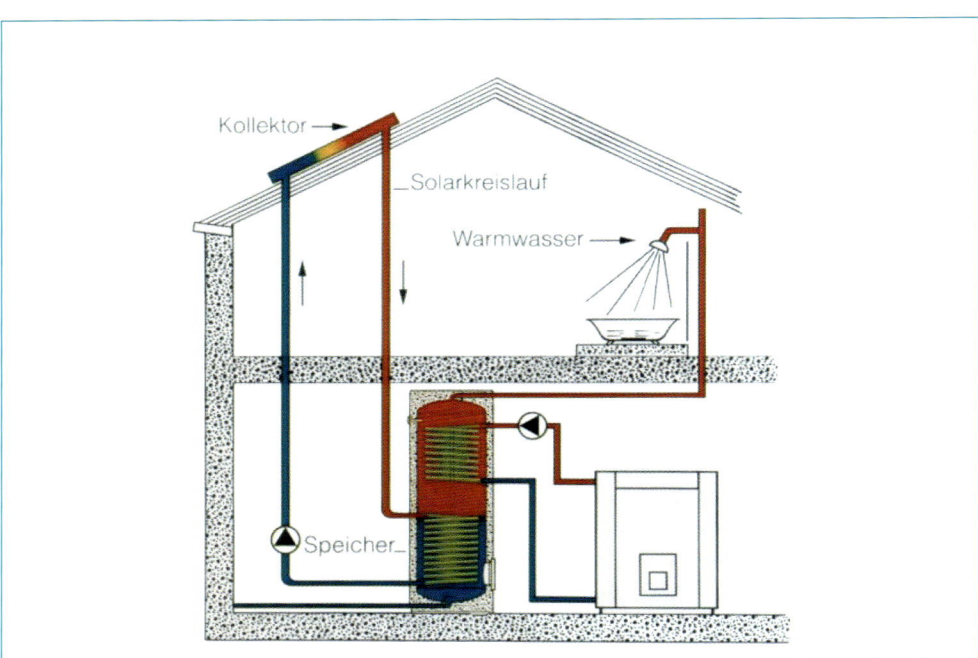

**Abb. 3 –** Prinzipdarstellung, Solarspeicher im Keller. Quelle (8)

## Heizungsunterstützung und Warmwasserbereitung – besonders effektiv

Zusätzlich zur Warmwasserbereitung kann mit der Solarenergie auch der Innenraum des Hauses beheizt werden. Dazu braucht es eine größere Fläche an Kollektoren und auch einen größeren Speicher, um die eingefangene Wärme längerfristig zu speichern. Bezüglich der Einsparungen sind Solaranlagen, die die Heizung unterstützen, noch sinnvoller und wirtschaftlicher. Damit können Sie bis zu 60 % der Energie sparen, die ansonsten von der konventionellen Heizung in Form von Öl, Gas oder Holz verbraucht werden würde.

Für die Heizungsunterstützung durch die Sonne eignen sich am besten Niedertemperatur-Heizkörper und Fußboden-/Wandheizungen. Damit können selbst bei niedrigem Temperaturgefälle gute Werte erzielt werden. Konkret bedeutet das, dass mit 30-40°C Vorlauftemperatur aus der Solaranlage der Wohnraum auf 20°C gut beheizt werden kann.

Gerade in Gebäuden mit Naturstein und Lehmmaterialien sind Wandheizungen besonders gut geeignet.

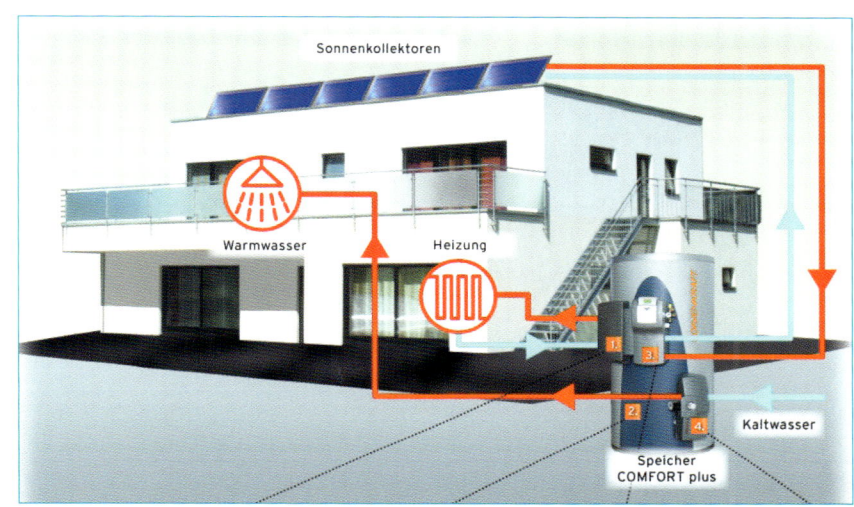

Abb. 4 – Prinzip einer solaren Warmwasserbereitung (mit Heizungsunterstützung). Quelle (1)

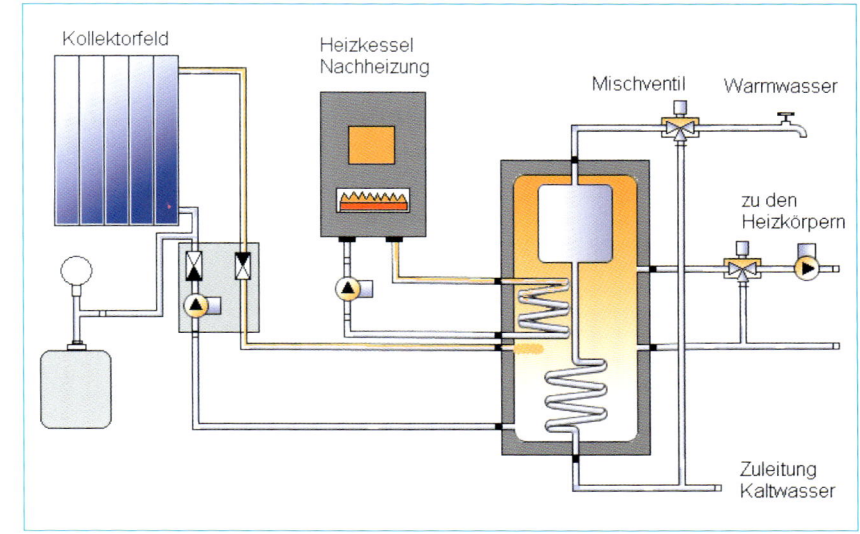

Abb. 5 – Prinzip der solaren Heizungsunterstützung. In der Regel wird hierbei ein „Speicher im Speicher-System" verwendet. Der innere separate Speicher dient der Warmwasserversorgung, im Hauptspeicher wird die Wärme für die Heizkörper gespeichert. Quelle (2)

# 1.3 Solarenergie im Altbau

**Warmluftsysteme, Heizung und Warmwasser**

Warmluftsysteme sind sehr im Kommen. Sie eignen sich hervorragend für den Heimwerker, da sie problemlos selbst installiert werden können. Es entfallen Dichtigkeit und Druckproblematik im Vergleich zum Wasser-Kollektorsystem, zumindest auf der Kollektorseite.

Das Prinzip: Ein Teil des Daches wird, am besten „Inndach", mit Warmluftkollektoren bestückt.

Sinnvoll ist dieses System vor allem dann, wenn das Gebäude bereits ein Warmluft-Heizungssystem hat. Bei älteren Gebäuden mit eingebautem Kachelofen ist dies der Fall. Die vorhandenen Luftverteilungsschächte können für die

Wärmeverteilung aus den Sonnenkollektoren genutzt werden. Natürlich sind im Rahmen der Haussanierung Schallschutzmaßnahmen und hygienische Maßnahmen für die Warmluftverteilung durchzuführen.

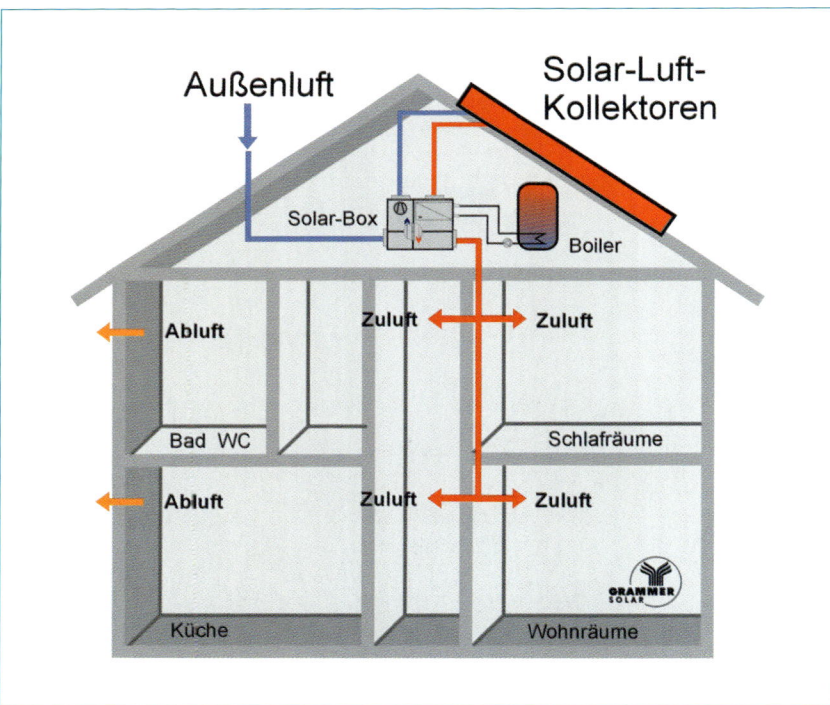

**Abb.6** – Ein einfaches, solares Zuluftsystem der Firma Grammer-Solar, das in jedes bestehende oder neue Gebäude eingebaut werden kann. Es ermöglicht die solare Durchlüftung und gleichzeitig die Heizungsunterstützung des Gebäudes. Bei Dauernutzung des Gebäudes ist ein zusätzliches Heizsystem notwendig. Quelle (3)

---

**Betriebsweise**

Außenluft wird bei solarem Angebot über den Kollektor angesaugt und über ein einfaches Verteilersystem in die einzelnen Räume transportiert. Bei Anlagen mit netzbetriebenem Ventilator ist eine Nutzung der Anlage zur Durchlüftung auch ohne solare Einstrahlung möglich.

**Solare Warmwasserbereitung**

Mit der SolarBox und dem darin integrierten Luft-Wasser-Wärmetauscher kann die Anlage zusätzlich auch zur Warmwasserbereitung eingesetzt werden.
Quelle (3)

Diese Art der Solaranlage sorgt gleichzeitig für die Erwärmung der Luft wie auch für den Luftaustausch und die Frischluftzufuhr. Damit entfällt die Lüftung über die Fenster. Entscheidend ist hierbei die Platzierung der Ansaugstelle für die Außenluft. Natürlich sollte die Frischluftzufuhr nur gute, unverbrauchte Luft in das Gebäude bringen.

Dieses System ist auch hervorragend geeignet, um eine zu Wohnraum umgebaute Scheune mit Warmluft zu beheizen und nur zeitweise genutzte Wochenendhäuser mit solarer Warmluft zu durchlüften und trocken zu halten.

## Technische Daten

| | |
|---|---|
| Bruttokollektorfläche | 20 m² (Maße: 20 x 1 m) |
| Therm. Nennleistung | 13,4 kWp |
| Gesamtgewicht | 610 kg |
| Luftvolumenstrom | 660 - 2.300 m³/h |
| Einsatzbereich nach Rauminhalt | 500 - 2.000 m³ Raumvolumen |
| Einsparung an z.B. Heizöl | bis zu 1.400 l/a |
| Reduzierung an $CO_2$-Emissionen | 4,1 t/a |

Glasabdeckung ( Einscheiben-Sicherheitsglas )

1.003

2.500

Trennblech

Flanschrahmen ( feuerverzinkt )

Dämmung ( Mineralwolle, 60 mm )

Alu-Rippenabsorber

Stahlblechgehäuse ( feuerverzinkt )

**Abb. 7 –** Detail des Warmluftkollektors. Quelle (3)

# 1.4  Voraussetzungen für die Solaranlage

Nachdem Sie nun einen Teil dieses Buches gelesen haben, werden Sie sicher schon ein paar Mal prüfend auf Ihr Dach geschaut haben, wo denn da eine Solaranlage montiert werden könnte.

Die Grundvoraussetzungen für den Standort und die Montage der Solaranlage sind zuerst einmal zu prüfen.

Ist Ihr Dach für eine Solaranlage denn überhaupt geeignet?

Brauchen Sie für Ihre Solaranlage vielleicht sogar eine Genehmigung?

Und dann gibt es da noch einige Rahmenbedingungen, die die Leistungsfähigkeit Ihrer Solaranlage beeinflussen können.

Zunächst zum Leistungsbedarf und damit dem Platzbedarf auf dem Dach. Er ist abhängig davon, welches thermische System Sie auswählen, d. h. ob Sie nur das Warmwasser oder zusätzlich eine Heizungsunterstützung mit der Solaranlage bereitstellen möchten und wie viele Personen mit der Solaranlage versorgt werden sollen. In Abb. 8 finden Sie eine Tabelle mit überschlägigen Werten („über den Daumen gerechnet") zum Flächenbedarf der Kollektoren und des Speichervolumens bezogen auf die Anzahl der Personen im Haushalt.

Weitere Rahmenbedingungen, wie z. B. die Gebrauchsgewohnheiten und auch die Qualität einer Solaranlage entscheiden mit darüber, ob Sie mehr oder weniger Fläche für die Kollektoren benötigen.

Nach der Richtlinie VDI 2067, Blatt 12 (Energiebedarf für Trinkwassererwärmung), wird von einem durchschnittlichen Warmwasserbedarf von 30-60 Litern pro Person und Tag ausgegangen.

Durch Erfahrungen aus der Praxis kann von einem Warmwasserverbrauch von 40 Litern pro Person im Mittel (bei ca. 45°C warmem Wasser) ausgegangen werden.

Die Größe des Kollektorfeldes können Sie für Ihre Situation mit der folgenden Formel ermitteln:

**Brauchwassermenge** (40 Liter x Personen) x 2, dividiert durch 50 (Liter) ergibt das **Kollektorfeld** (m²)

| Personen | Flächenbedarf, Flach-Kollektoren | Fläche Vakuumröhren | Speichergröße |
|----------|----------------------------------|---------------------|---------------|
| 2-3 | 5,0 m² | 4,0 m² | 300 Liter |
| 4-5 | 7,5 m² | 6,0 m² | 400 Liter |
| bis zu 6 | 10,0 m² | 8,0 m² | 500 Liter |
| bis zu 8 | 12,0 m² | 10,0 m² | 750 Liter |

Abb. 8 – Welche Dachfläche braucht die Solaranlage? Grobe Anhaltswerte (über den Daumen) für die Warmwasserbereitung.

**Mein Tipp**

Sind Wasch- und Spülmaschine auch an der Solaranlage angeschlossen, so ist, stellvertretend für beide Maschinen, eine weitere Person hinzuzurechnen.

**Beispiel einer Berechnung für einen Drei-Personen-Haushalt:**

3 (Personen) x 40 (Liter) x 2 / 50 (Liter) = 4,8 m² Kollektorfläche

Als Faustformel können Sie mit einer Kollektorfläche von ca. 1,5 m² pro Person bei Flachkollektoren und mit ca. 1,2 m² pro Person bei Vakuumröhren kalkulieren.

Entscheiden Sie sich für eine solare Unterstützung der Raumheizung, braucht es größere Kollektorflächen und Speichervolumina, abhängig vom Wärmebedarf

**Abb. 9 –** Speicher im Wohnraum. Quelle (4)

und der Wohnfläche, mindestens jedoch 10-12 m² Kollektorfläche und ein Speichervolumen von mindestens 1000 Litern.

Neben dem Platzbedarf für das Kollektorfeld braucht es auch den Stellplatz für den Speicher, entweder im Heizungskeller oder in einem geeigneten Nebenraum. Da nicht jeder Tag sonnig ist, sollte das Speichervolumen so ausgelegt sein, dass mindestens ein strahlungsarmer Tag überbrückt werden kann. Die Abmessungen des Speichers (Standfläche x Höhe) sind natürlich systemabhängig. Eine Standfläche von 1,2 m x 1,2 m sollte jedoch mindestens verfügbar sein.

Doch es gibt auch Systeme wie z. B. das der Fa. Vaillant GmbH, bei dem der Solarspeicher so gestaltet wurde, dass er auch im Wohnraum aufgestellt werden kann (Abb. 9).

Damit Sie bei der Vorplanung Ihrer Solaranlage auch das Speichervolumen berücksichtigen können, hier eine einfache Formel zur Berechnung des Speichervolumens.

**Formel für Speichervolumen:**
**Speicher** (Liter) = **Warmwasserbedarf** (Liter) x 2

Ausgehend vom Beispiel „Drei-Personenhaushalt" mit einem Warmwasserbedarf von ca. 120 Litern pro Tag ergibt sich damit ein Speichervolumen von 240 Litern. Aufgerundet können Sie von 300 Litern Speichervolumen für diese Anlage ausgehen.

Bei den meisten Solaranlagen-Anbietern finden Sie im Internet Programme zur Online-Dimensionierung der Solaranlage. Nach Eingabe Ihrer Parameter wie Personenanzahl, Ausrichtung, Heizbedarf und des gewünschten Systems (Warmwasser / Heizungsunterstützung) erhalten Sie die dem Anbieter zugeordnete und Ihren Parametern entsprechende Anlagengröße. Damit die Solaranlage preiswert erscheint, sind die Dimensionierungen meist am unteren Level angesiedelt und sollten besser nochmals überprüft werden.

Gibt es partout keine Möglichkeit, die Solaranlage auf das Dach zu bringen, bleiben evtl. noch die Nebendächer oder die Fassade. Die Kollektoren lassen sich als Teil der Außenhülle der Fassade nützen und schützen so gleichzeitig das dahinter liegende Mauerwerk. Natürlich ist der Energieertrag geringer, als wenn die Kollektoren die optimale Ausrichtung haben, aber so eine Solarfassade, die hat nicht jeder!

## Braucht man eine Genehmigung?

Ich kann Sie beruhigen, Solaranlagen sind in der Regel genehmigungsfrei.

Natürlich gibt es Sonderfälle, z. B. beim Denkmalschutz, oder die Form und Neigung der Solaranlage weichen extrem von der Dachform des Gebäudes ab.

Im Zweifel informieren Sie sich und/oder sprechen Sie vorab mit dem für Sie zuständigen Bauamt.

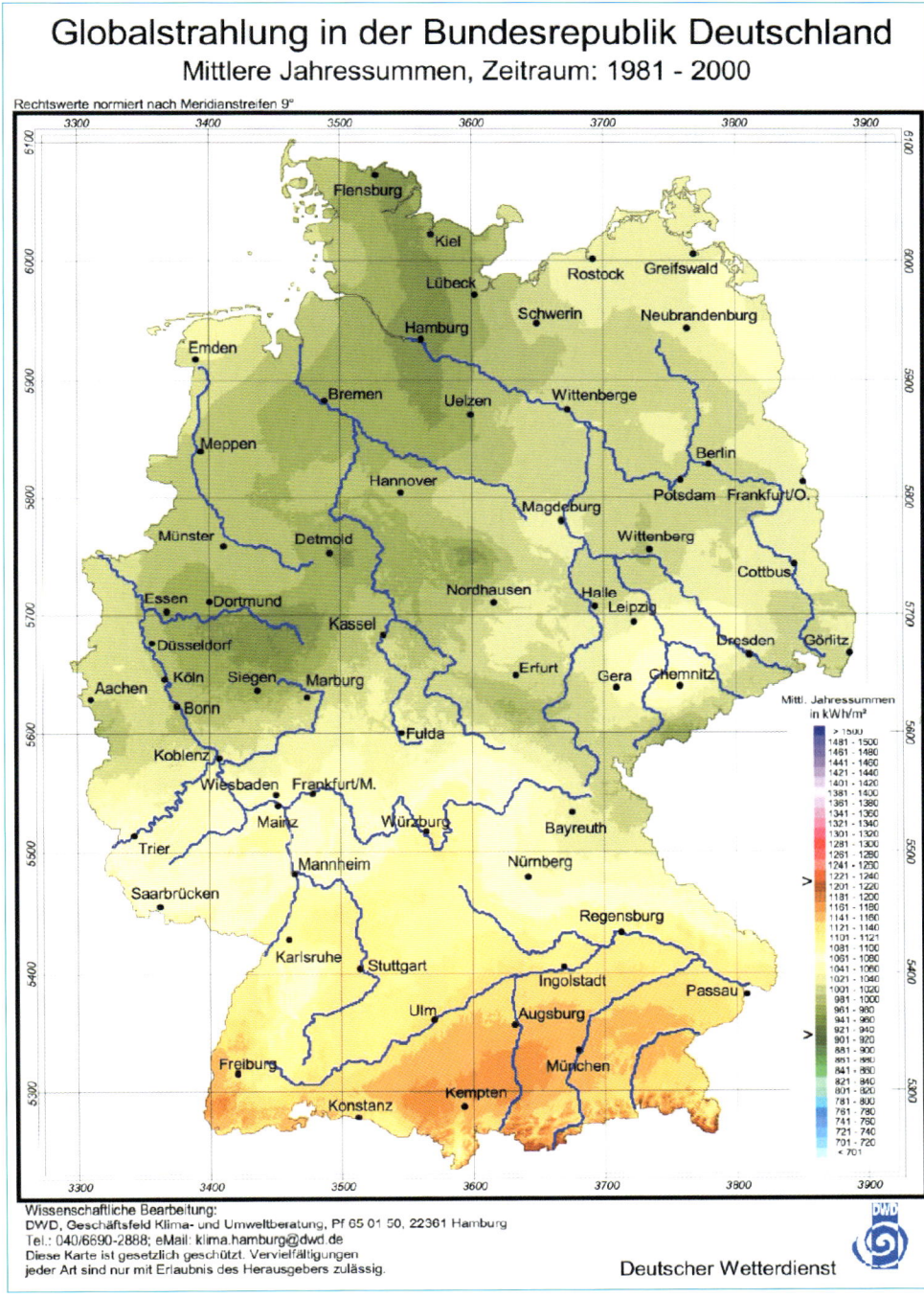

**Abb. 10** – Globalstrahlung, mittlere Jahreswerte im Zeitraum 1981 bis 2000. Sonnenstrahlung/Sonnenenergie pro Jahr und m². Je nach Lage in Deutschland von ca. 930 kWh/ m² bis zu 1200 kWh/ m². Quelle (5)

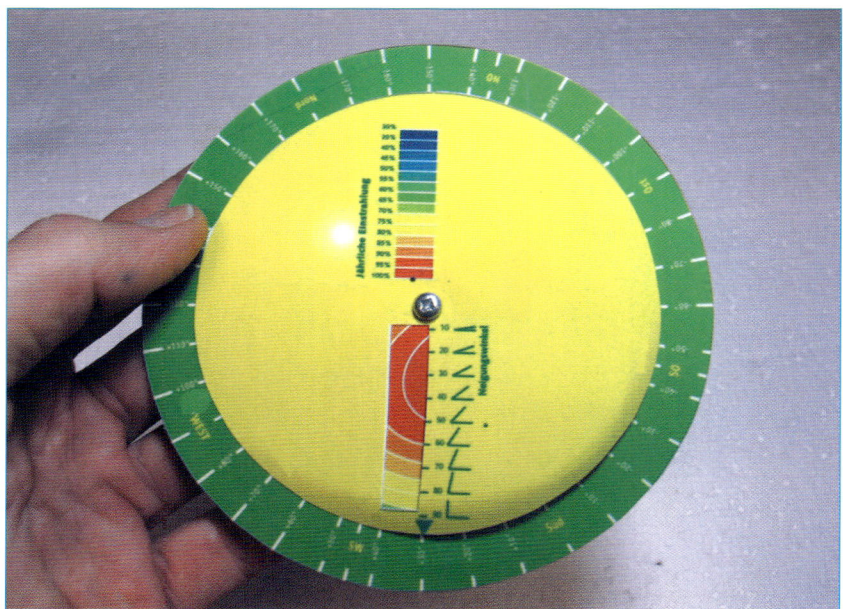

**Abb. 11 –** Mit der Einstrahlungsscheibe können Sie bequem den Energieertrag Ihres Daches ermitteln.

**Dachausrichtung, Dachneigung und mögliche Schattenwürfe**

**Lage (Standort) und Ausrichtung des Daches**

Die durchschnittliche „solare Energiedichte" ist abhängig vom geographischen Breitengrad Ihres Anwesens. Sie können die Globalstrahlung aus der Karte in Abb. 10 ersehen. Der deutsche Wetterdienst zeichnet schon über viele Jahre die Wetterdaten auf und stellt sie in aufbereiteter Form gegen eine geringe Gebühr (z. B. im Internet zum Herunterladen) zur Verfügung. Somit ist es auch für Sie möglich, für jeden zurückliegenden Monat eines Jahres die Daten abzufragen und für Ihre örtliche Lage zu überprüfen. Möglicherweise gibt es auch in Ihrer Nachbarschaft Betreiber von Solaranlagen, die Ihnen sicher gerne Auskünfte zu den Erträgen in „dieser Gegend" geben werden.

Die Schwankung der solaren Einstrahlung ist in der Regel aber nicht so groß, als dass sich eine Solaranlage grundsätzlich nicht lohnen würde. Außer vielleicht bei einem Extremfall, z. B. in einem dunklen schattigen Tal auf einer ehemaligen Mühle, wo im Winterhalbjahr die Sonne nur wenige Stunden auf das Dach scheint. Aber selbst da gäbe es mögliche Lösungen: z. B. einen Spiegel auf dem Bergrücken, der die Sonnenstrahlen zu Ihnen ins Tal bringt.

Die Fragen, die Sie sich mit einem prüfenden Blick auf das Dach eher stellen müssen, sind: Ist die Dachausrichtung günstig und genügt der bauliche Zustand des Daches?

Optimal wäre eine 100 %ige Ausrichtung des Daches nach Süden. Kleinere Abweichungen nach Osten oder Westen sind aber unproblematisch.

Ist das Dach um 45° nach Osten oder Westen gedreht, so können Sie immer noch mit ca. 95 % des Energieertrages rechnen.

Selbst Satteldächer mit West-Ost-Ausrichtung (90° Abweichung vom Süden) bringen noch 70 – 85% des Ertrages. Außerdem besteht bei einer thermischen Solaranlage die Möglichkeit, je ein Kollektorfeld auf das Westdach und ein weiteres auf das Ostdach zu montieren. Mit einem entsprechenden Solarregler wird dann das jeweilige aktive Kollektorfeld mit dem Solarspeicher gekoppelt.

Den für Ihre Situation überschlägigen prozentualen Energieertrag können Sie mit einer Einstrahlungsscheibe bequem selbst ermitteln. Die erforderlichen Unterlagen finden Sie als Bastelbogen im Anhang des Buches.

**Neigung des Daches, Flachdach**

Bei einem Neubau besteht evtl. die Möglichkeit, das Dach passend für die Solaranlage zu optimieren. Bei einem vorhandenen Gebäude geht das nur, wenn größere Umbaumaßnahmen vorgesehen sind. Ansonsten muss man nehmen was da ist.

Die Dachneigung beeinflusst in mehreren Punkten den Energieertrag. Auch hier können Sie die Scheibe zur Hilfe nehmen. Bei einer optimalen Ausrichtung nach Süden liegt der optimale Winkel laut Scheibe bei 30°. Je weiter die Ausrichtungen des Daches nach Osten oder Westen abweicht, desto günstiger scheint ein flacheres Dach zu sein. Bei einer gradgenauen Ausrichtung des Daches nach Osten oder Westen ist der Energieertrag laut Scheibe 90 %, bei einer Dachneigung von 0-30° und bei einer Dachneigung von 30-45° nur noch 85 %.

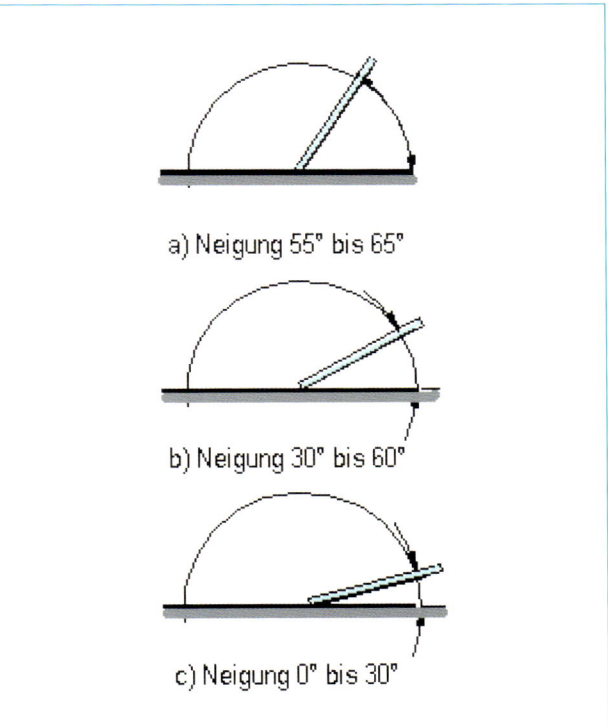

a) Neigung 55° bis 65°

b) Neigung 30° bis 60°

c) Neigung 0° bis 30°

**Abb. 12** – Unterschiedliche Nutzung entsprechend des Dachwinkels und der Jahreszeit:
**a)** Süddächer mit einer Neigung von 55° bis 65° bieten eine bestmögliche Nutzung während des Winters.
**b)** Dächer mit einem Neigungswinkel von 30° bis 60°nach Süden bieten optimale Erträge während der Übergangszeiten.
**c)** Süddächern mit einem Winkel von 0° bis 30° sind für die Nutzung der Sommersonne gut geeignet und bringen bei Diffusstrahlung am meisten Erträge

# 1.4 Voraussetzungen für die Solaranlage

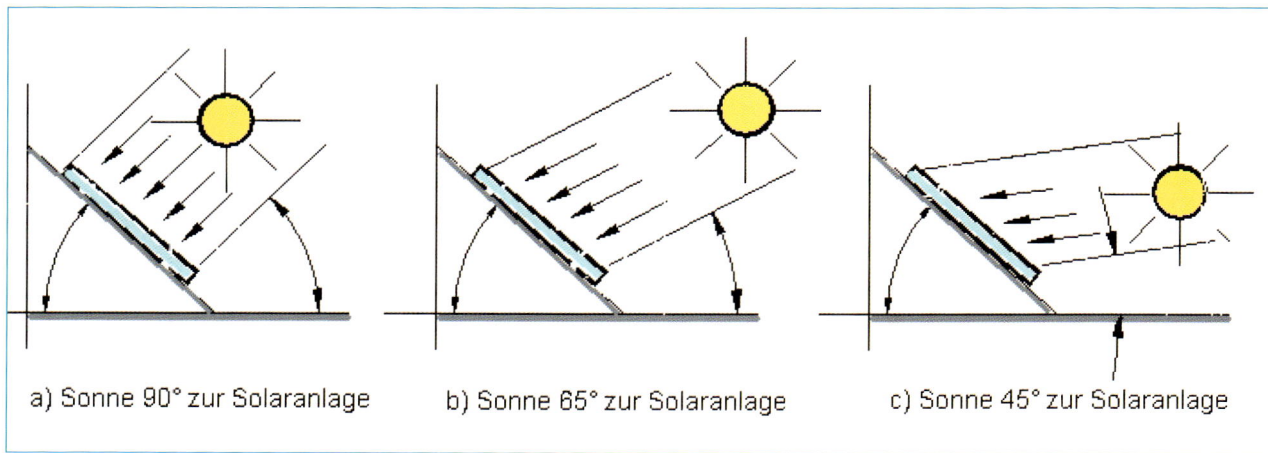

a) Sonne 90° zur Solaranlage  b) Sonne 65° zur Solaranlage  c) Sonne 45° zur Solaranlage

**Abb. 13 –** Stand der Sonne zur Solaranlage **a)** optimal;
**b)** Sonne mit Winkel von 65° zur Solaranlage; **c)** Sonne
mit Winkel von 45° zur Solaranlage.

Dieselbe Dachneigung von 45° nach Süden ausgerichtet, bringt laut Scheibe aber noch 95 % des Energieertrages. Die angegebenen Prozent-Werte sind aber darauf gegründet, dass der Energieertrag optimal über
das Jahr erfolgt. Dies ist bei einer Photovoltaikanlage
gerechtfertigt. Bei einer thermischen Solaranlage muss
aber berücksichtigt werden, dass die Wärme-Energie
mehr in den Übergangszeiten und im Winter benötigt
wird. Im Sommer gibt es meist thermische Energie ohne
Ende. Daher sollten Sie zu dem auf der Scheibe angegebenen Neigungswinkel etwa 15°-20° in der Neigung
für thermische Anlagen dazurechen. Damit wird aus
30° dann 45°-50°.

**Abb. 14 –** Heizungsunterstützende Solaranlage,
Ausrichtung direkt nach Süden, Dachwinkel 55°, zwei
Kollektorfelder mit je drei Kollektoren.

Ein weiterer wichtiger Aspekt, der für eine ausreichende Neigung (Schrägstellung) spricht, ist die Verschmutzung bzw. Selbstreinigung durch den Regen und das Abgleiten von Schnee. Unter 15°-20° Neigung kommt es zu verstärkten Schmutzablagerungen und der Schnee bleibt länger auf dem Kollektor liegen.

Auch ist zu beachten, welchen zulässigen bauartbedingten Neigungswinkel die Hersteller für ihre Kollektoren angeben. In der Regel sind dies Neigungswinkel von 20°-65°.

Hat Ihr Haus ein Flachdach, so gibt es dafür einige gute Möglichkeiten, gerade für Sie als Selbstbauer, um die Solaranlage aufzubauen. Je nach Flachdachdichtung – in der Regel handelt es sich um eine bituminöse Abdichtung mit Kiesabdeckung – gibt es gute Lösungsmöglichkeiten. Wichtig auch hier: Der Zustand der Dachdichtung und die Belastbarkeit des Daches sind vorab zu prüfen.

Sind diese in Ordnung, so ist die einfachste Möglichkeit eine entsprechend konfektionierte Wanne (siehe Abb. 16), die mit dem vor-

**Abb. 15** – Verschmutzung einer Solaranlage (Photovoltaikmodul) durch ungenügende Neigung.

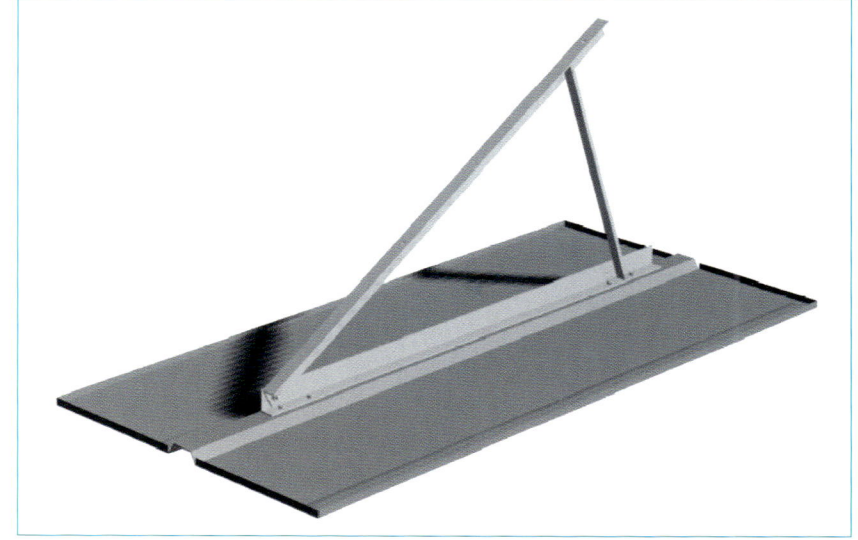

**Abb. 16** – Wanne für Flachdachmontage (Kieswanne). Quelle (6)

handenen Kies gefüllt wird und damit als Beschwerung dient. Darauf wird dann das Untergestell der Solaranlage montiert. Keinesfalls sollte an irgendeiner Stelle die Dachdichtung verletzt werden. Auch die Leitungen sollten nicht durch das Dach geführt werden (außer es gibt dafür bereits eine Dachdurchdringung, wie z. B. einen stillgelegten Kamin). Eine andere Möglichkeit der Unterkonstruktion ist die Verwendung von alten Betonplatten, auf die dann das Untergestell aufgedübelt werden kann. Zwischen Dachdichtung und Wanne bzw. Betonplatten sollten Sie ein dickes Glasfaservlies mit  ca. 300 g/m² oder eine Gummischutzmatte legen, diese schützt vor einer mechanischen Verletzung der Dachhaut!

**Beschattungen**

Die Beobachtung der Schattenwürfe ist durch den laufenden Positionswechsel der Sonne (von der Erde aus gesehen) im Tages- und Jahreslauf recht schwierig. Die scheinbare Bewegung der Sonne entsteht durch die Kombination der Erddrehung mit der Bewegung der Erde um die Sonne. Die Sonnenbahn am Himmel lässt sich mit Kurvendiagrammen, bezogen auf den geographischen Breitengrad und die Jahreszeit, darstellen. Die variierende „Höhe" der Sonne zur Mittagszeit führt dazu, dass ein Schatten werfendes Hindernis im Winter und im Sommer unterschiedliche Auswirkungen hat.

Die Diagrammkurve zeigt auch die unterschiedliche Tageslänge im Sommer und im Winter.

Am besten ist es, wenn das Dach vollkommen frei von Schattenwurf ist. Leider sind solche Dächer selten. Doch ein Trost:

**Abb. 17** – Flachdächer können auch Vorteile haben: Wer seine Solaranlage auf dem Flachdach installiert, kann die optimale Neigung und Ausrichtung wählen.

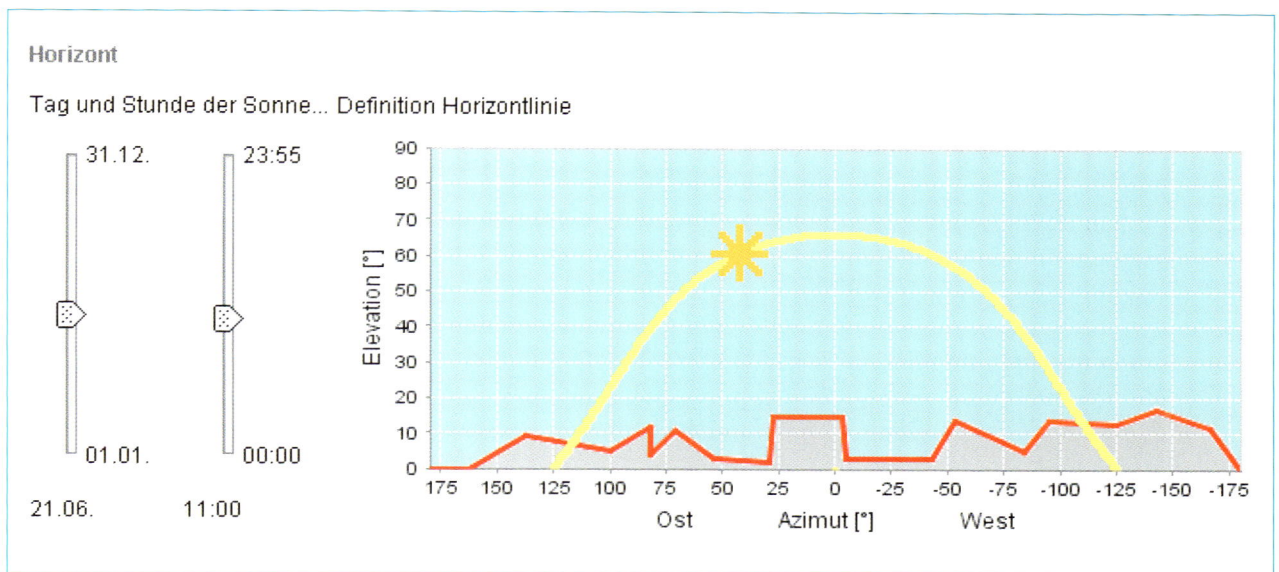

**Abb. 18** – Kurvendiagramm Sommer. Quelle (2)

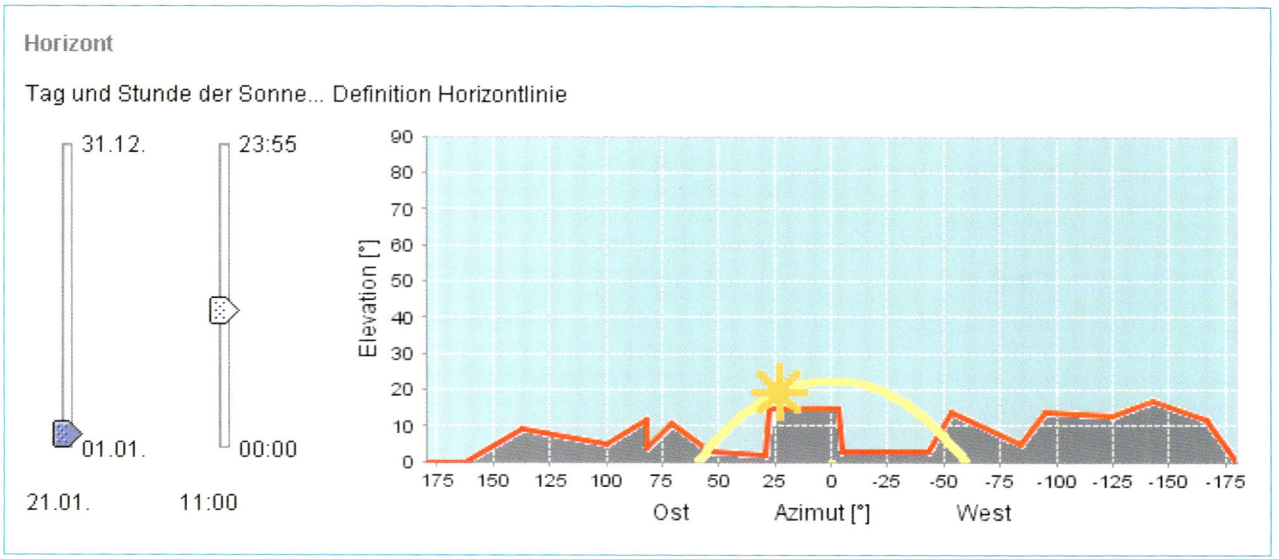

**Abb. 19** – Kurvendiagramm Winter. Quelle (2)

Abschattungen haben vormittags bis ca. 9.00 Uhr und nachmittags ab ca. 17.00 Uhr nur einen sehr geringen Einfluss auf den Energieeintrag, da die Sonne in dieser Zeit sehr tief steht. In der „Kernzeit" hingegen sollte Schattenwurf vermieden werden. Kleinere und harte Schatten sind nur bei Photovoltaikanlagen problematisch. Da kann dann selbst ein Mast, eine Satelliten-Antenne, ein Kamin oder ähnliches den Ertrag um bis zu 50 % schmälern. Grund: Die schwächste Solarzelle zieht den ganzen Strang herunter. Thermische Solaranlagen sind da – Prinzip und Technik sei Dank – etwas großzügiger.

Die Beschattungen sind für das ganze Jahr zu prüfen. Denn speziell in den Übergangszeiten wie Herbst und Frühling braucht es den vollen Einsatz der thermischen Solaranlage. Steht die Sonne im Herbst und im Winter niedriger, so können Hindernisse über dem Horizont Schatten werfen. Ein Laubbaum hat im Sommer Blätter, im Winter ist er laublos und damit durchlässig für die Strahlen der Sonne. Ein Nadelbaum oder ein gebautes Hindernis

**Abb. 20 –** Beschattung einer Photovoltaikanlage durch die eigene Dachgaube.

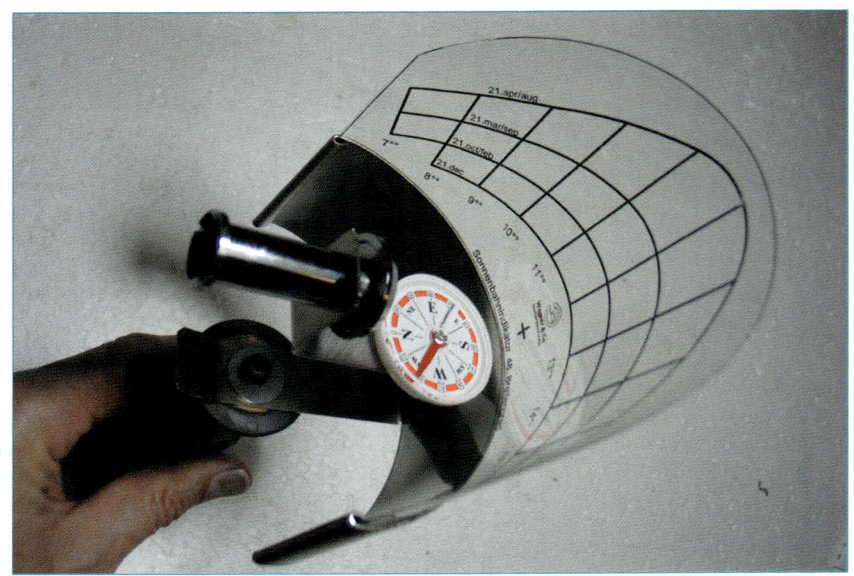

**Abb. 21 –** Profi-Schattenmesser von Wagner & Co mit der Bezeichnung „Sonnenbahn-Indikator"

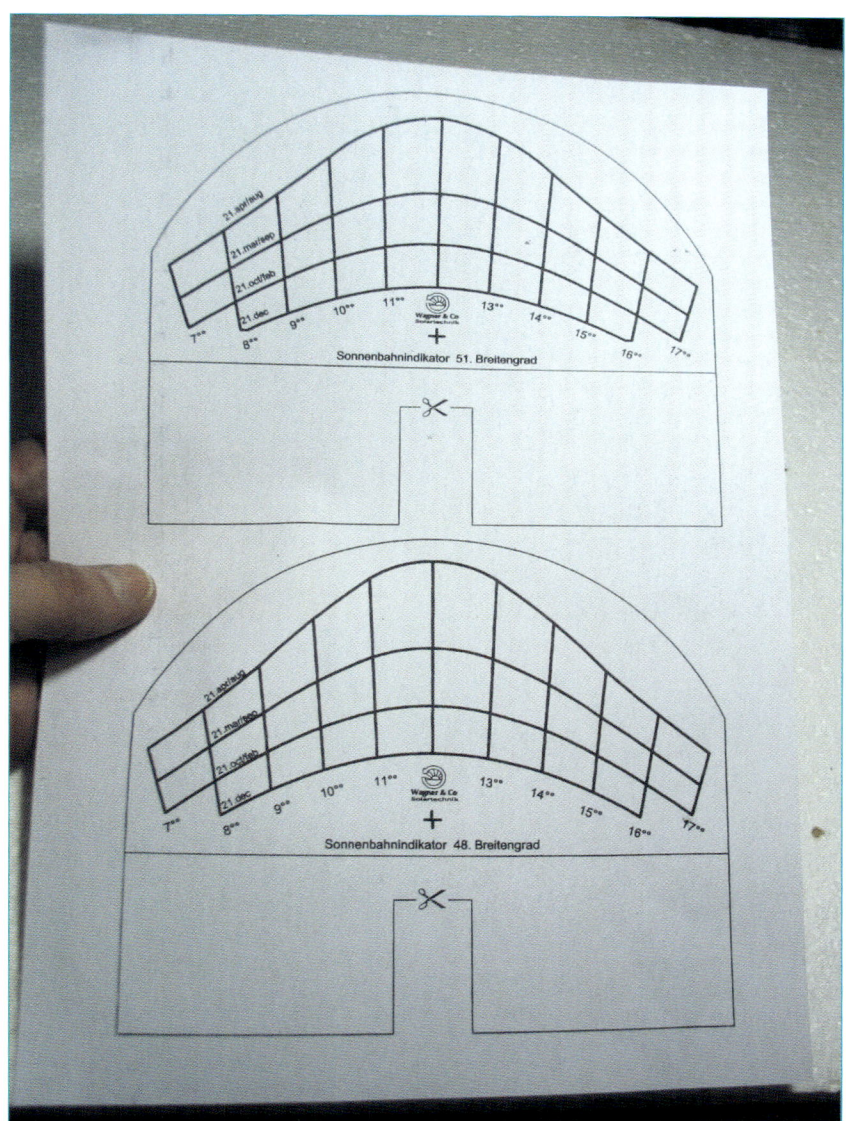

**Abb. 22** – Zu dem Sonnenbahnindikator gibt es zwei Folien mit Diagrammen für den 51. Breitengrad (Norddeutschland) und den 48. Breitengrad (Süddeutschland).

lassen aber auch im Winter das Licht nicht durch.

Auch Dächer und Aufbauten von benachbarten Gebäuden oder vom eigenen Gebäude können zeitweise zur Beschattung der Solaranlage führen.

Eine gute Möglichkeit, sofern Sie die Zeit und die Geduld haben, wäre ein ganzes Jahr lang die für die Solaranlage in Frage kommende Dachfläche morgens, mittags und abends zu beobachten.

Eine weitere und praktikablere Möglichkeit ist es, sich ein Hilfsmittel anzufertigen oder zu kaufen, mit dem Sie die Sonnenlaufbahn und die Schattenhindernisse in kurzer Zeit für das ganze Jahr herausfinden können.

Im Anhang des Buches finden Sie ein Sonnendiagramm, mit dem Sie die Schatten werfenden Objekte selbst überschlägig ermitteln und eintragen können. Natürlich ist das Profigerät aus Abb. 21 perfekt, aber für die ersten Überlegungen hilft Ihnen Ihr Sonnendiagramm gut weiter.

Im Diagramm sind unten die Himmelsrichtungen angegeben (Azimut). Auf der senkrechten Achse ist der Sonnenwinkel verzeichnet. Am 21. Juni steht die Sonne in der Mittagszeit bei der angegeben Breite von 48° bei einem Winkel von etwa

## 1.4 Voraussetzungen für die Solaranlage

64° zur Horizontalen, am 21. Dezember (Tiefststand) bei etwa 18°.

Wenn Sie möchten, können Sie die Schattensilhouette mit einem Filzstift auf dem Diagramm festhalten und dann später in Ruhe die Situation nochmals anschauen.

Werden Kollektoren hintereinander auf dem Flachdach platziert (aufgestellt), so ist zu beachten, dass sich die Kollektoren nicht gegenseitig beschatten.

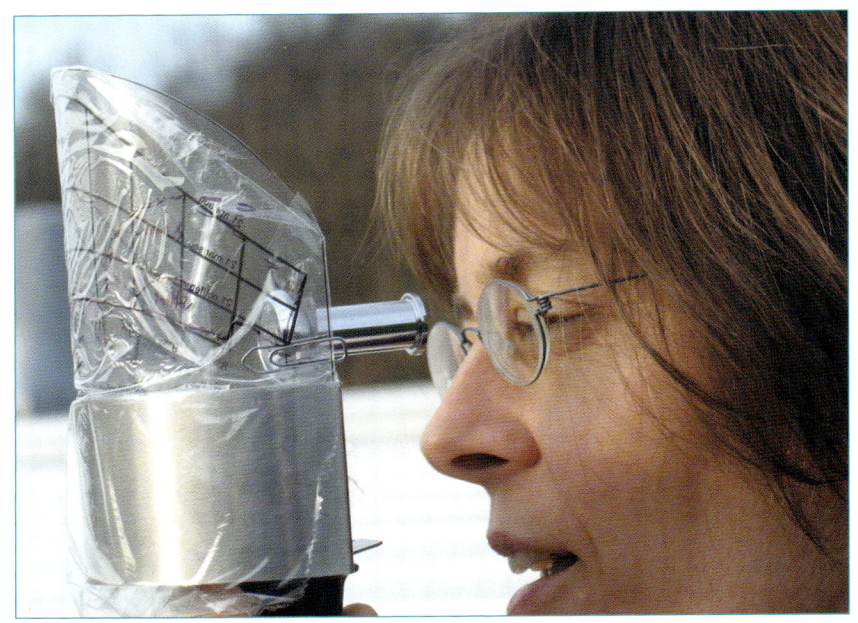

**Abb. 23 –** Anwendung des Sonnenbahnindikators der Fa. Wagner & Co

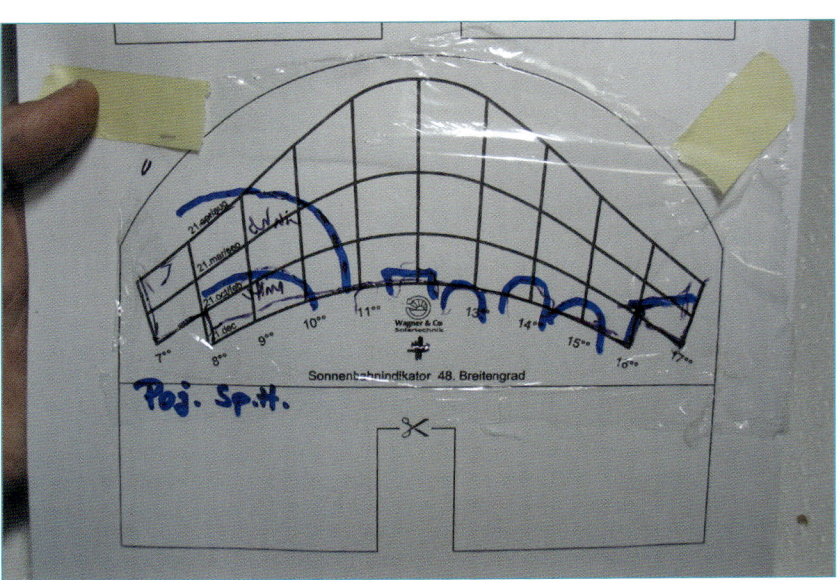

**Abb. 24 –** Zu sehen ist das Sonnendiagramm mit der aufgelegten Folie, auf welche die „Schatten werfenden Objekte" während der Anwendung eingezeichnet wurden. Die Beschattungen können dann in entsprechender Programmen weiterverarbeitet werden.

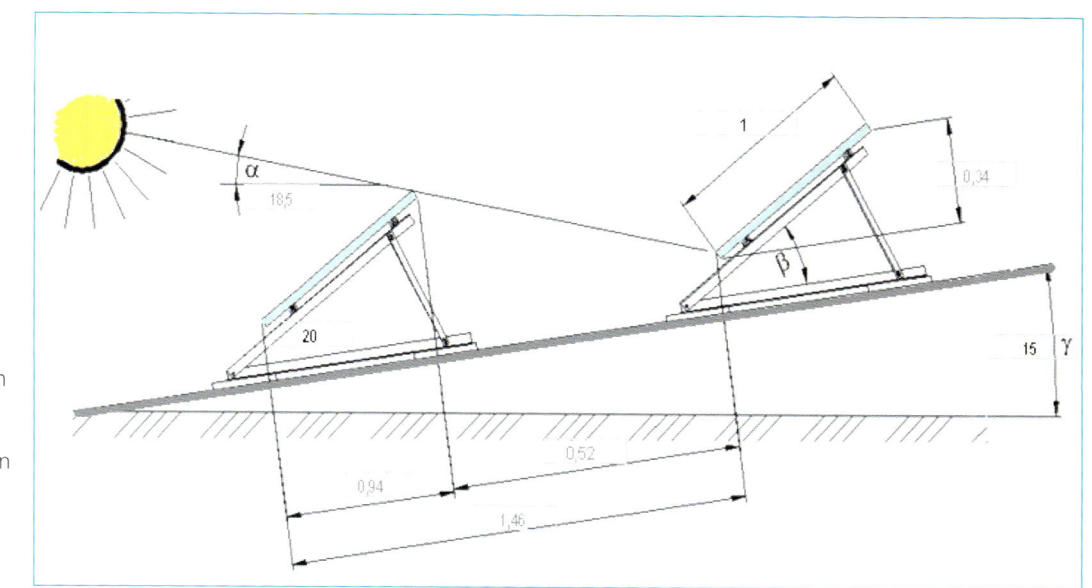

**Abb. 25 –**
Systemzeichnung aus dem Berechnungsprogramm der Fa. Schletter bei leicht geneigtem Dach. Je nach den örtlichen Angaben rechnet das Programm den erforderlichen Abstand der Kollektoren aus. Quelle (6)

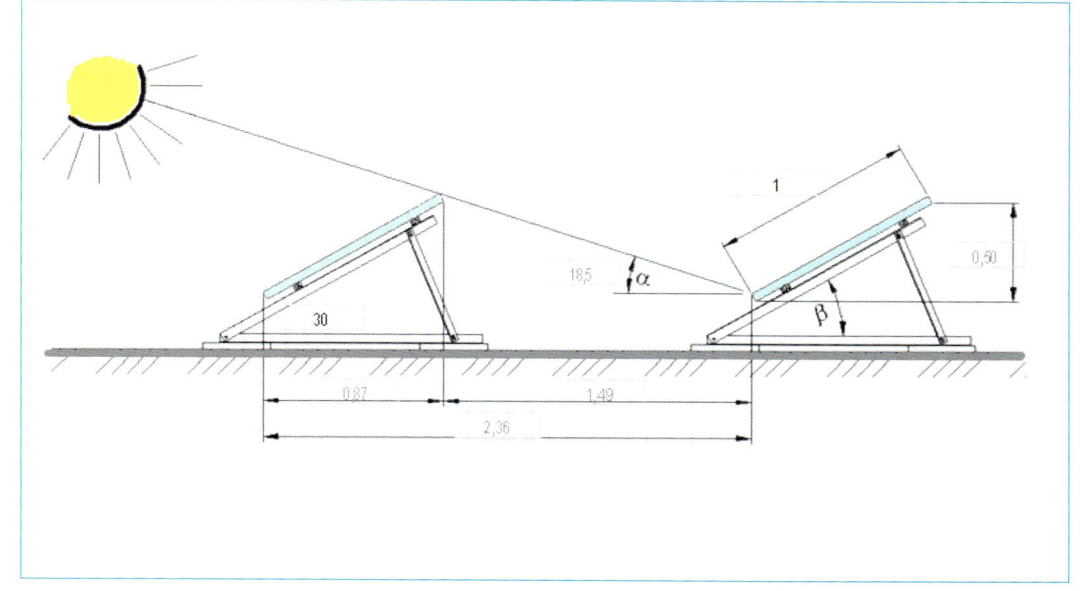

**Abb. 26 –**
Systemzeichnung für ein Flachdach, ansonsten wie Abb. 25. Quelle (6)

# 1.5 Bauliche Voraussetzungen

Der bauliche Zustand Ihres Daches ist ein Punkt, der sich am ehesten ändern lässt oder im Zuge der Sanierung geändert werden muss. Die Dacheindeckung sollte so sein, dass im Bereich (unter) der Solaranlage in den nächsten 20 bis 25 Jahren keine Reparaturen zu erwarten sind. Wer an der Qualität seiner Dachdeckung und an der Stabilität des Dachstuhls zweifelt, sollte auf jeden Fall einen erfahrenen Dachdecker um eine Beratung bitten. Wird dann ohnehin eine Dachsanierung fällig, kann möglicherweise eine Inndachlösung für die Solaranlage interessant werden.

### Statische Voraussetzungen

Die Statische Eignung eines Daches für eine Solaranlage kann natürlich nur am konkreten Objekt sachlich festgestellt werden.

Je nach Dachform und Ausbildung des Daches gibt es unterschiedliche Problematiken.

Steilere Dächer sind für eine zusätzliche Belastung meist weniger problematisch als flachere. Ältere Häuser haben oft eher sehr steile Dächer, die Sparren wurden von unseren Vorfahren meist nach Gefühl dimensioniert und es gibt keine statischen Berechnungen. Hängt z. B. der First des Daches durch, so weist dies entweder auf einen defekten Dachstuhl oder auf eine Setzung der Grundmauern hin. Auch Risse im Giebelbereich geben Hinweis auf mögliche Stabilitäts-Probleme. Ein durch Insekten – wie Holzwurm und Hausbock – zerfressener Dachstuhl muss von einem Fachmann ebenfalls genau unter die Lupe genommen werden.

Im Zweifel ist es besser, einen Zimmermann, Architekten, Bauingenieur oder Statiker zu Rate zu ziehen. Schauen Sie in Ihrem Baugesuch nach statischen Berechnungen zur Dachlast. Überprüfen Sie oder lassen Sie überprüfen, wie viel Schneelast und Sicherheiten vom Statiker eingerechnet worden sind.

Damit Sie ein Gefühl dafür bekommen, mit welchem Gewicht eine Solaranlage zu Buche schlägt, im Folgenden ein paar Zahlen:

Ein Kollektorfeld mit rund 5 m² Brutto-Fläche wiegt ca. 120 bis 150 kg einschließlich Untergestell und Befüllung der Kollektoren mit Solarflüssigkeit. Damit erhalten Sie ein Gewicht von ca. 24 kg bis 30 kg pro m² bei einer thermischen Solaranlage. Photovoltaikanlagen sind leichter.

Bei Sparrenabständen von üblicherweise 65 bis 75 cm wird das Gewicht – bei Befestigung der Dachhaken auf jedem Sparren – mit der Hälfte des m²-Gewichtes auf einem Sparren abgetragen. Viele angebotene Solarsysteme sehen die Befestigung auf jedem zweiten Sparren vor, was dann in unserem Beispiel bedeuten würde, dass dann das gesamte Gewicht des Kollektorfeldes auf nur 3 Sparren lastet!

Daher möchte ich Ihnen empfehlen, die Dachhaken auf jedem Sparren zu befestigen.

Statische Berechnungen und Projektierungssoftware für das Untergestell bietet z. B. die Fa. Schletter GmbH im Internet an. Inzwischen aber nur noch für Händler. Unter Eingabe der Eckwerte berechnet das Programm die statisch erforderlichen Grundlagen.

Bei Flachdächern ist es erforderlich, eine Auflastberechnung für den Sockel des Untergestells durchzuführen. Auch die Windlasten der entsprechenden Windlastzonen sind zu ermitteln und beim Flachdach unbedingt zu berücksichtigen.

Weiterhin spielen die örtlichen Schneelasten und die zu erwartende Schneemenge eine Rolle.

Gelingt es partout nicht, die Solaranlage aus Platz- oder statischen Gründen auf dem Hauptdach des Hauses zu platzieren, gibt es ja vielleicht noch andere Möglichkeiten, wie z. B. ein Nebendach?

# 1.5 Bauliche Voraussetzungen

Abb. 27 – Thermische Solaranlage auf einer Autowaschanlage. Quelle (7)

## Nebendächer zur Aufnahme der Solaranlage

Manchmal ist eine Scheune oder die Garage neben dem Haus perfekt geeignet, um die Solaranlage darauf aufzubauen. Oder es gibt die Möglichkeit, diese auf der Pergola oder dem Carports unterzubringen. Möglicherweise regt der Bau der Solaranlage auch dazu an, ein entsprechendes Nebengebäude wie einen neuen Solar-Carport oder eine Solarpergola zu bauen.

Im Folgenden Beispiele für eine etwas ungewohnte Platzierung von Solaranlagen.

Abb.28 – Solarcarport. Quelle (7)

33

## 1.5 Bauliche Voraussetzungen

**Abb. 29 –** Solaranlage auf dem Wintergarten. Quelle (7)

Je nachdem, welche Abmessungen und Ausbildung das Nebengebäude hat, sind für das neu zu erstellende Nebengebäude Baugenehmigungen (siehe das Baurecht des Bundeslandes) einzuholen. Machen Sie vorab eine vermasste Skizze (mit Grenzabständen, usw.) und reichen Sie diese als Voranfrage bei Ihrem zuständigen Bauamt ein.

In statischer Hinsicht sollten Sie, vor allem bei leichteren Konstruktionen, auch an die Windlast denken. Nicht dass der Wind die Solaranlage abhebt …

**Solaranlage und Denkmalschutz**

Denkmalschutz hört sich nach Problemen und schwierigen Lösungen an. Dies kann sich ändern, wenn wir und die Denkmalschützer Solaranlagen von einem neuen Standpunkt aus betrachten: Eine Solaranlage ist nicht allein ein technisches Hilfsmittel, um damit Energie zu erhalten. Vielmehr können die Elemente zu einer weiteren Gestaltung und Aufwertung des bestehenden Gebäudes beitragen. Dies gilt auch für Baudenkmäler, bei denen Solaranlagen bisher eher weniger in Betracht gezogen wurden. Deshalb ist es sinnvoll, den Kontakt schon frühzeitig mit der zuständigen Denkmalpflegebehörde aufzunehmen, damit unter-

Abb. 30 – Gebäude unter Denkmalschutz mit einer Aufdach-Solaranlage für Warmwasser und Heizungsunterstützung.

### Ein weiteres Argument bei Gesprächen mit dem Denkmalamt

Eine Solaranlage hilft durch die Reduzierung des umweltschädlichen $CO_2$ Baudenkmäler zu erhalten! „Wie das?", fragen sich die fleißigen Mitarbeiter vom Denkmalamt. Ganz einfach! Durch das $CO_2$ wird der Regen sauer, saurer Regen zerstört die Materialien des Baudenkmals… und was gibt es dann noch zu schützen?

# 1.5 Bauliche Voraussetzungen

schiedliche Realisierungsmöglichkeiten diskutiert und abgestimmt werden können.

Gestalterisch wichtig dabei ist, die Elemente der Solaranlage mit gutem Gespür in das bestehende Gebäude einzufügen und nicht einfach die Kollektoren auf das Dach zu klatschen.

Gerade Sie als Bauherrin und Bauherr haben eine Beziehung zu Ihrem Gebäude. Lassen Sie sich von den so genannten Profis nicht einreden, dass allein technische Notwendigkeiten eine für das Haus optisch unbefriedigende Bauweise notwendig machen.

Durch Ihre Eigenleistungen und Beiträge kann das Kosten-Argument nicht mehr die übergeordnete Rolle spielen. Eine optisch befriedigende Lösung hilft nicht nur Ihrem Ansehen und dem Ihres Hauses, sondern auch der Akzeptanz der Solarenergie. Es gilt, die gestalterischen und technischen Aspekte zusammen zu bringen.

Zahlreiche Objekte wie z. B. Kirchen und andere historische Gebäude konnten bisher erfolgreich mit einer entsprechend optisch integrierten Solaranlage realisiert werden.

Das Forschungsprojekt PVACCEPT – auf Initiative von Berliner Architektinnen und Architekten gegründet – hat sich mit der Gestaltungsproblematik im Detail auseinander gesetzt und hat Demonstrations-Projekte in Italien und Deutschland in der Realisierung begleitet und unterstützt. Das Projekt hat sich zwar in der Hauptsache mit der Realisierung von Photovoltaikanlagen beschäftigt. Die gestalterische Herausforderung betrifft jedoch thermische Solaranlagen gleichermaßen. Weitere Informationen zu dem Forschungsprojekt finden Sie auf der Homepage der Initiative unter: *www.pvaccept.de.*

Der grundlegende Unterschied zwischen Neubauten und vorhanden Gebäuden (Altbauten) ist, dass bei dem vorhandenen Gebäude auf bestehende Strukturen mehr Rücksicht zu nehmen ist. 08/15-Lösungen scheiden eher aus, es sind kreative Lösungen gefragt.

## Mein Tipp

Zeichnen oder kleben Sie die einzelnen Kollektoren z. B. im Maßstab 1:50 auf Pappe.

Die Abmessungen finden Sie in den Prospektunterlagen der Hersteller. Das Dach zeichnen Sie ebenfalls auf, Gauben, Kamine, Dachfenster usw. sollten vorhanden sein. Dann spielen Sie mit der Anordnung der Kollektoren auf dem Dach (siehe auch Abb. 34).

# 1.5 Bauliche Voraussetzungen

**Hier nochmals schlechte und gute Beispiele**

**Abb. 31a –** Mit ein bisschen mehr gestalterischem Feingefühl hätte dies eine ganz passable Solaranlage werden können.

**Abb. 31b –** Vorschlag zur Veränderung. Natürlich ist dies Geschmacksache, ich finde jedoch, dass bei so einem auf Symmetrie angelegten Haus es auch gut tut, die Solaranlage ebenfalls symmetrisch anzuordnen. Es wäre auch möglich gewesen, den Kamin auf die andere Dachseite zu versetzen und am Giebel entlang eine Reihe Kollektoren zu setzen. Abgesehen von der optischen Verbesserung, wäre dadurch der Energieertrag auch höher ausgefallen.

# 1.5 Bauliche Voraussetzungen

**Abb. 32 –** Gutes Beispiel: Kollektoren auf einer Gaube platziert. Von unten kaum wahrnehmbar.

**Abb. 33 –** Zwei Felder mit jeweils drei Kollektoren.

# 1.5 Bauliche Voraussetzungen

**Gestaltungsprinzipien:**

**A)** Zugeordnet:

Anbringung der Solaranlage vor bzw. auf der Gebäudehülle. Diese lässt sich damit auch jederzeit wieder demontieren. Beispiel: Eine Solaranlage als Aufdachanlage oder in Form von vor der Fassade montierten Elementen. Vorteile: nachträgliche Installation ohne wesentliche Sanierungsmaßnahmen. Es wird kaum oder gar nicht in die Gebäudehülle eingegriffen. Ein Rückbau ist jederzeit möglich.

**B)** Eingefügt:

Integration und Kombination. Durch die Solaranlage ergeben sich zusätzlich zum Energiegewinn weitere Verbesserungen für das Gebäude. Beispiel: Ein problematisches Dach wird durch die Solaranlage zusätzlich geschützt und aufgewertet. Die Solaranlage ist als zusätzlicher Wetterschutz im Eingangsbereich konstruiert. Eine Solarfassade trägt zur besseren Wärmedämmung und Hinterlüftung der Fassade bei. Diese Maßnahmen sind langfristig wirtschaftlich sinnvoll. Bei einer Gesamtsanierung liegen die Investitionskosten durch Materialeinsparung niedriger als bei dem zugeordneten Konstruktionsprinzip A.

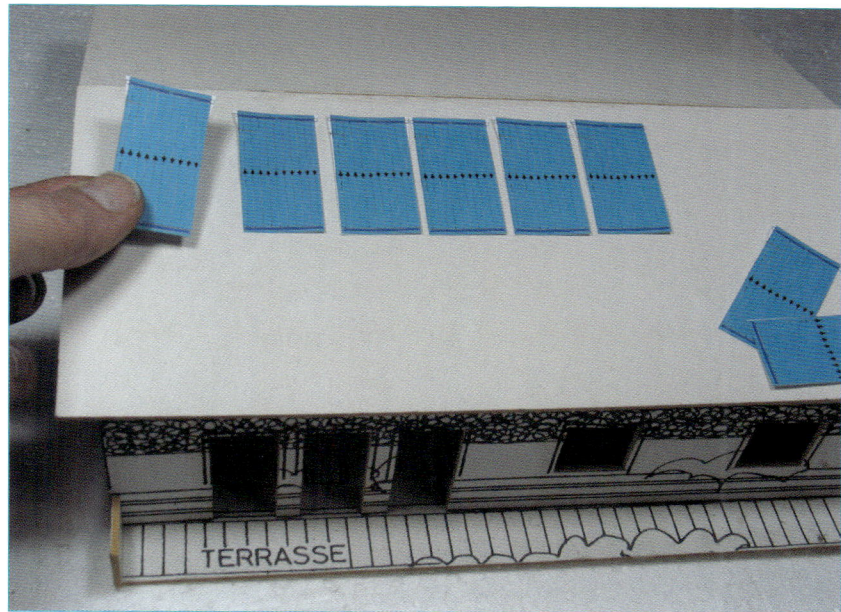

**Abb. 34** – Kollektoren aufgeklebt und ausgeschnitten – wie passen sie am besten auf mein Dach? Für einen geplanten Anbau stand dieses Modell zur Verfügung, aber es funktioniert auch damit, nur die Dachfläche auszuschneiden und die Kollektoren darauf anzuordnen.

# 1.6 Wirtschaftlichkeit

Die Klarheit über die Wirtschaftlichkeit einer Solaranlage wird zu Recht von vielen gefordert. Das Problem: Wer weiß heute, wie sich die Energiepreise in der Zukunft entwickeln werden?

Soviel scheint sicher zu sein, die Energiekosten werden nicht geringer werden. Wenn wir die Wirtschaftlichkeit der Solaranlage nüchtern und ohne Emotionen berechnen wollen, müssen wir eigentlich von den jetzigen Energiepreisen ausgehen und diese dann auf die nächsten 20 Jahre als gleich bleibend annehmen.

### Berechnungen und Simulationsprogramme
Die auf dem Markt angebotenen Berechnungsprogramme sind ganz gut, deshalb hatte ich mir schon überlegt, Ihnen ein Programm beizulegen. Das wäre dann eine sog. Freeware oder auch Shareware gewesen. Wenn Sie das Buch benutzen, ist die möglicherweise schon veraltet und es gibt bessere. Stattdessen finden Sie Internetadressen im Anhang. Dort finden Sie die Programme, mit Hilfe derer Sie direkt Ihre Daten eingeben können und anhand der Berechnungen hoffentlich ein Stück näher zu Ihrer Entscheidung kommen: ja, die Solaranlage gibt Sinn!

Wenn die Grundlagen des Gebäudes und der Wirtschaftlichkeit geprüft sind, geht es an die praktische Umsetzung.

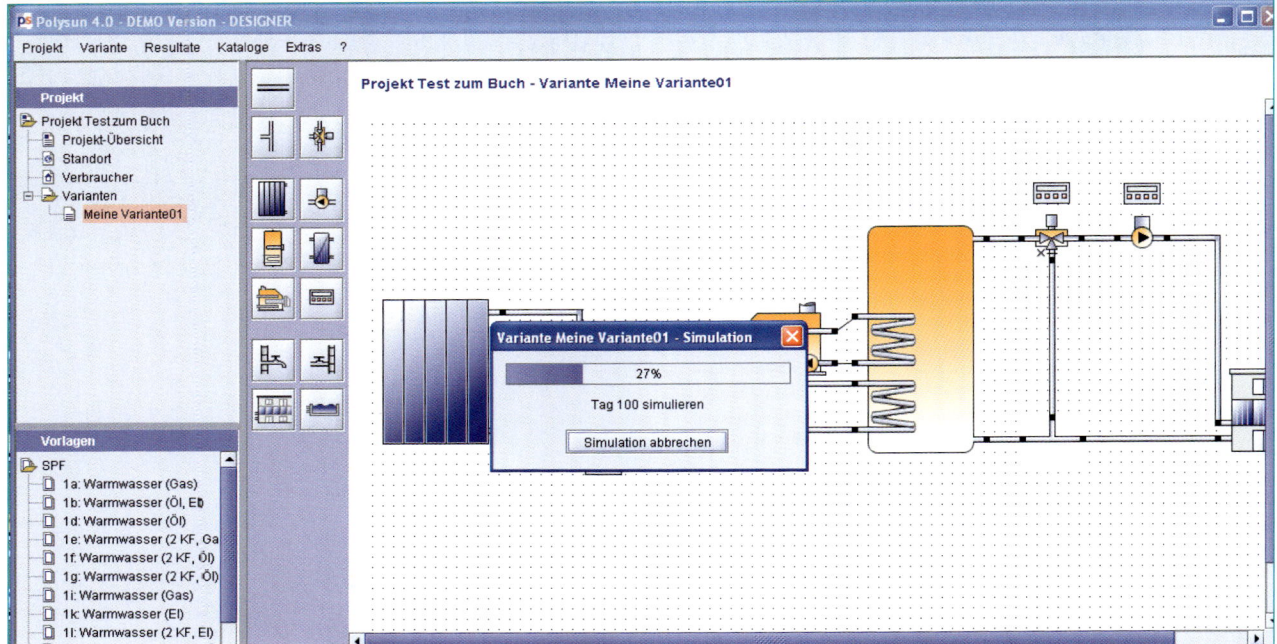

Abb. 35 – Ergebnisse des Simulationsprogramms polysun Ver.4 des Institutes SPF. Quelle (2)

# 2   Solaranlage konkret

# 2 Solaranlage konkret

Die Solaranlage besteht aus einer Reihe von Teilen. Die einzelnen Komponenten werden im Folgenden beschrieben.

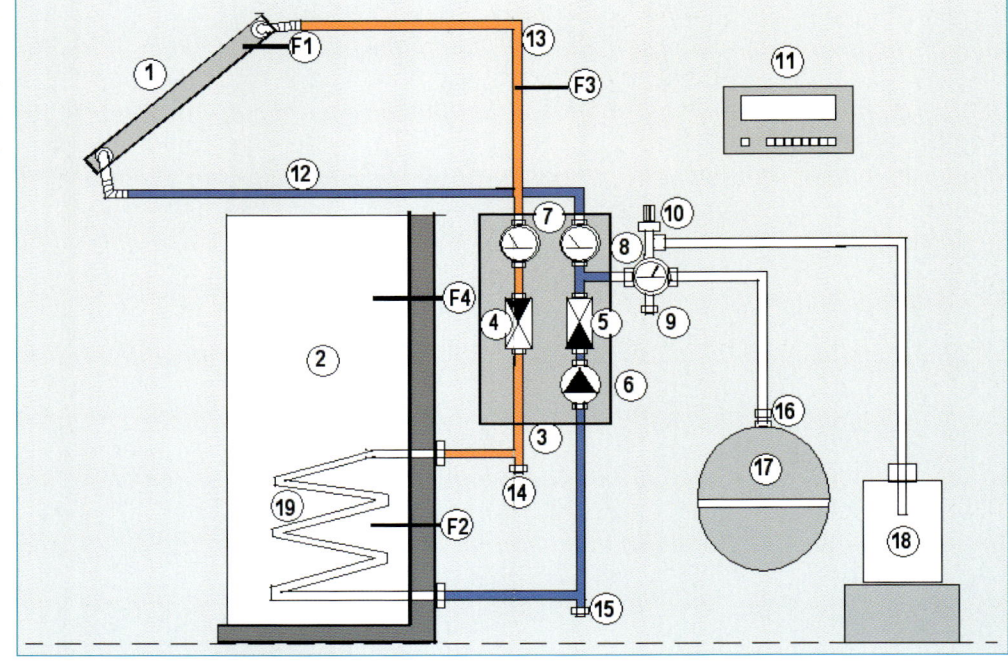

**Abb. 36** – Solarkreisseite mit den Komponenten:

1 Kollektor
2 Solarspeicher
3 Solarstation mit
4 Schwerkraftbremse Vorlauf und Entlüftertopf
5 Schwerkraftbremse Rücklauf
6 Pumpe
7 Temperaturanzeigeinstrumente
8 Manometer
9 KFE-Hahn mit Anschluss zur Befüllung des Solarkreises
10 Sicherheitsventil mit Überlaufanschluss
11 Solarregler
12 Rücklauf zum Kollektor
13 Vorlauf vom Kollektor
14 KFE-Hahn mit Anschluss für die Befüllungspumpe (Spülung)

15 KFE-Hahn zum Entleeren des Solarkreislaufs und Anschluss für die Befüllungspumpe (Spülung)
16 Absperrventil, automatisch (Abschrauben des Ausgleichsbehälters ohne Entleeren des Solarkreises)
17 Ausgleichsbehälter
18 Auffanggefäß für die Flüssigkeit vom Überdruckventil
19 Wärmetauscher im Solarspeicher

**Temperaturfühler:**
F1 = Kollektor
F2 = Speicher unten
F3 = Solar-Vorlauf (warme Seite)
F4 = Speicher oben (Nachheizanforderung)

# 2.1 Kollektor

In den Anfangszeiten der Solaranlagenbauer wurden die Kollektoren noch selbst aus Kupferrohren und Blechen zusammengelötet und in Holzrahmen eingebaut. Dies wäre zwar immer noch möglich, doch lohnt es sich meist nicht mehr. Kollektoren sind inzwischen ausgereifte und preiswerte Serienprodukte.

Es gibt unterschiedliche Systeme, von denen ich die zwei übergeordneten wie Flachkollektor und Röhrenkollektor beschreiben werde.

**Der Flachkollektor**
besteht aus einem Gehäuse, der Dämmung, dem Absorber und einer Glasabdeckung.

**Das Prinzip**
Die Sonnenstrahlung fällt durch das Glas, die kurzwellige Strahlung trifft auf den Absorber und wird in langwellige Wärmestrahlung umgewandelt. Wichtig ist die Verwendung von speziellen Solargläsern, die möglichst wenig Sonnenstrahlung reflektieren und viel zum Absorber durchlassen. Das Glas und die Dämmung sollen außerdem dazu beitragen, dass möglichst wenig Wärme verloren geht. Im Inneren wird die Strahlung vom Absorber aufgenommen und an das Wärmeleitmedium (Wasser mit Frostschutzmittel) weitergeleitet. Die Beschichtung des Absorbers ist für einen guten Wirkungsgrad maßgebend.

Für die Leistungsfähigkeit und den Wirkungsgrad des Kollektors sind weiterhin folgende Kriterien wichtig: Stabiler, verwindungsfreier und dichter Rahmen. Im Kollektor entstehender Wasserdampf muss austreten können, ansonsten beschlägt die transparente Abdeckung, was zu einem Minderertrag führen würde.

Die Materialien und die Wärmedämmung müssen temperaturfest sein. Flachkollektoren können sich in Extremfällen (z. B. bei Stillstand) bis 200°C aufheizen.

Die transparente Abdeckung muss hagelbeständig sein.

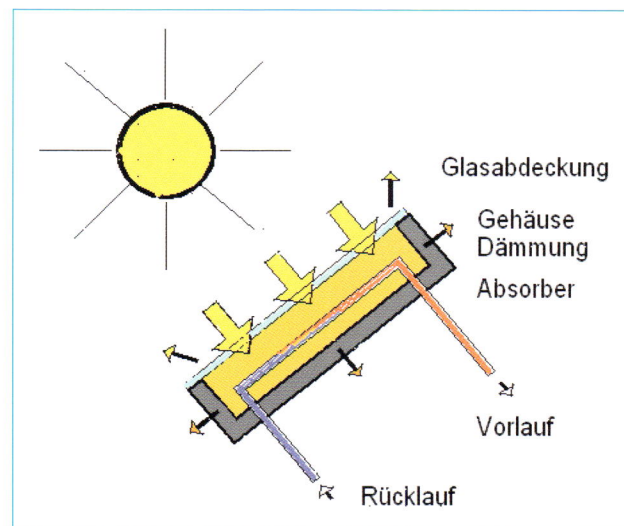

Abb. 37 – Prinzip des Flachkollektors.

Abb. 38 – Typischer Flachkollektor (Fa. Sonnenkraft) in Aufdachmontage.

## 2.1 Kollektor

**Röhrenkollektor**

Im Bereich der Warmwasserbereitung und ganz besonders bei der Heizungsunterstützung sind mit dem Röhrenkollektor ca. 20 % höhere Erträge als mit dem Flachkollektor bei vergleichbarer Fläche möglich. Da die Kosten wesentlich höher sind, ist im Einzelfall das Kosten-Nutzenverhältnis genau zu prüfen.

Das Prinzip: Bei Vakuumröhrenkollektoren ist die Dämmung wie bei einer Thermoskanne als Vakuum ausgeführt. Um die innere Absorberröhre ist eine weitere äußere Glasröhre angeordnet. Im Zwischenraum herrscht ein Vakuum, um Wärmeübertragung von innen nach außen zu verhindern. Dadurch werden die Wärmeverluste im Vergleich zum Flachkollektor stark reduziert. Vakuumkollektoren haben durch die bessere Dämmung im Winter einen höheren Wirkungsgrad.

Es gibt verschiedene Bauarten, z. B. mit außen liegendem oder innerem Reflektionsspiegel oder mit einer Heat-Pipe anstelle durchfließenden Wassers.

Der Vakuumkollektor hat seine Stärken vor allem bei speziellen Anforderungen bezüglich der Gestaltung, Dachausrichtung und auch im Hochtemperaturbereich.

Vakuumkollektoren können im Stillstand Temperaturen bis 300°C erreichen, dies ist bei der Wahl der Materialien wie z. B. den Rohranschlüssen, Dichtungen und der Solarflüssigkeit unbedingt zu beachten.

Bei Brüstungskollektoren oder auch relativ flach angeordneten Kollektoren ist es möglich, durch Drehen des Reflektorspiegels die einzelne Röhre zur Sonne hin auszurichten (systemabhängig).

Abb. 39 – Röhrenkollektor integriert in eine Brüstung über der Garage.

# 2.2 Verschaltung der Kollektoren

Bei den meisten Systemanbietern ist es möglich, die Kollektoren nebeneinander, übereinander (nicht aufeinander) sowie hochkant und quer auf der Dachfläche oder an der Fassade anzuordnen.

**Das verwendete Prinzip:**
Der heiße Ausgang des Einzelkollektors wird mit dem kühlen Eingang des nächsten Einzelkollektors verbunden (Reihenschaltung).

Als Vorlauf wird die warme Seite des Kollektors bezeichnet, das ist die Seite, an der die durch den Kollektor erwärmte Solarflüssigkeit „herauskommt". Dort ist auch der Thermo-Fühler zu installieren.

Als Rücklauf wird die kühle Seite des Kollektors bezeichnet, das ist der Rohranschluss, der vom unteren Bereich des Solarspeichers die abgekühlte Solarflüssigkeit bekommt.

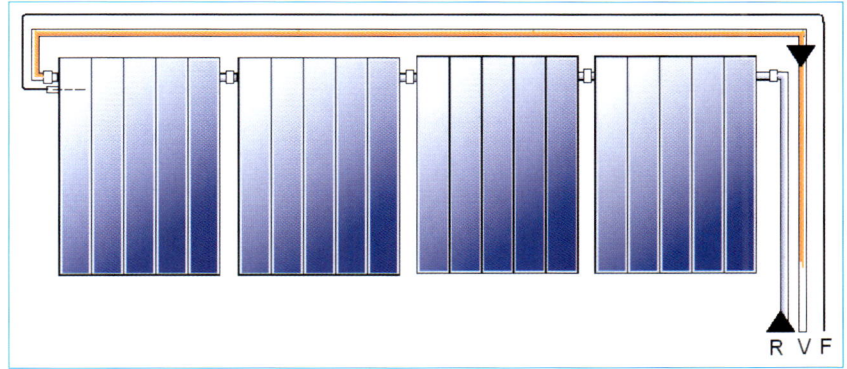

**Abb. 40 –** Reihenschaltung von (Register-)Kollektoren; R =Rücklauf, V =Vorlauf, F = Thermo-Fühler.(2)

## Mein Tipp

Aus Gründen der Wärmeausdehnung sollten nicht mehr als sechs Einzelkollektoren (systembedingt) in einer Reihe (in Serie) verbunden werden. Für den Fall, dass dies unvermeidbar ist, so ist z. B. nach dem sechsten Kollektor eine flexible Verbindung mit einem Dehnungsbogen einzubauen.

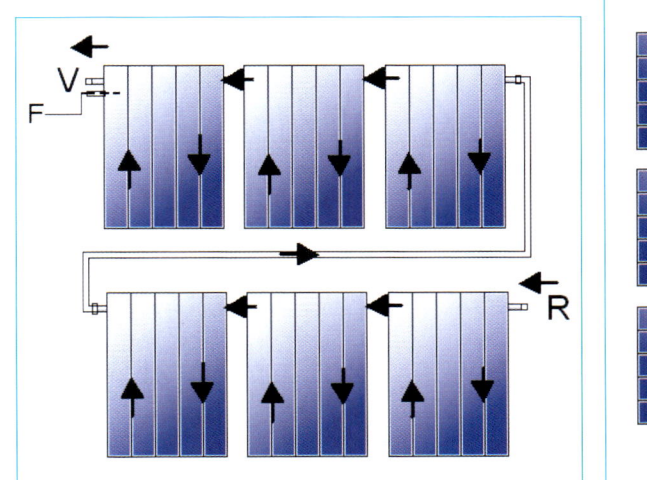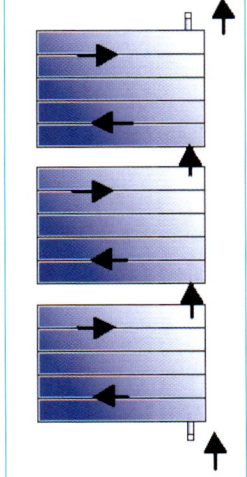

**Abb. 41 –** Verschaltung, Beispiele. **(a)** nebeneinander; **(b)** übereinander. Quelle (2)

# 2.3 Speicher und Wärmetauscher

Die vom Kollektor eingefangene Wärmeenergie soll gespeichert werden, damit, auch wenn die Sonne zwischendurch nicht scheint, über mehrere Tage warmes Wasser zur Verfügung steht. Um die Wärmeverluste möglichst gering zu halten, sind aufwändige Dämmungen um die Speicherwandung angebracht. Für eine günstige Temperaturschichtung (oben heißes, unten kühles Wasser) ist die Speicherform meist hoch und schlank.

Es gibt auch Solarsysteme (z. B. von Paradigma), die ohne Solarspeicher auskommen.

### Brauchwasserspeicher

Das sind Solarspeicher mit einem Fassungsvermögen von 300-1.000 Litern. Dabei handelt es sich meist um bivalente Brauchwasserspeicher, die mit zwei bzw. drei Wärmetauschern ausgestattet sind.

Am unteren Wärmetauscher wird der Solarkreislauf angeschlossen, am oberen Wärmetauscher die Nachheizung. Am dritten Wärmetauscher, sofern vorhanden, kann eine weitere Nachheizmöglichkeit, wie z. B. durch den Kachelofen, angeschlossen werden.

Die Speicher sind für den Korrosionsschutz z. B. auf der Innenseite

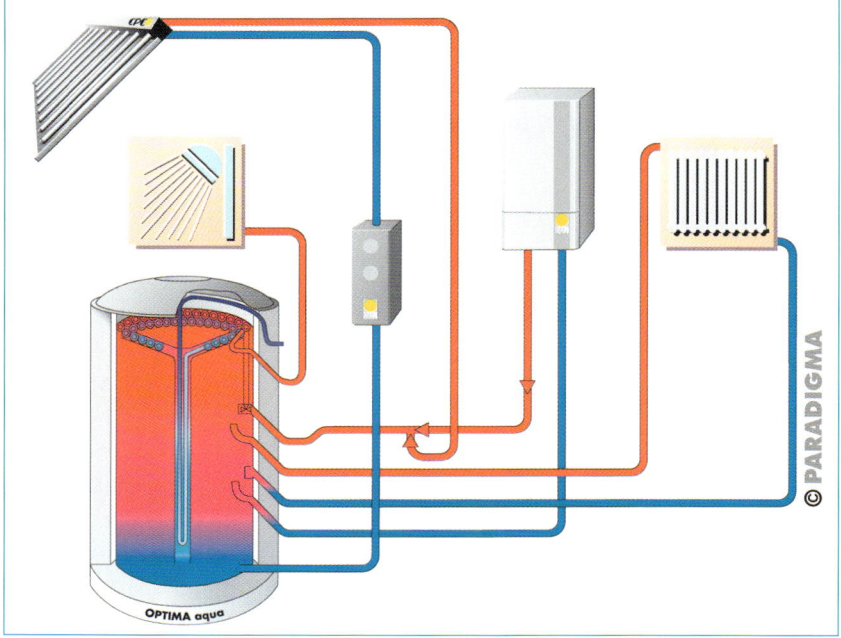

**Abb. 42 –** Aquapaket CPC, Solaranlage ohne zusätzlichen Speicher, Funktionsschema. Quelle (7)

**Abb. 43 –** Aquapaket, Komponenten. Quelle (7)

emailliert und haben zusätzlich eine Magnesiumanode, deren Funktion regelmäßig mittels Prüftaste oder Spannungsmesser kontrolliert werden kann. Die Magnesiumsonde bewirkt – dadurch, dass das edlere Metall an das unedlere des Speichers wandert –, dass die Schadstellen an der Emailleschicht quasi von selbst repariert werden.

Aufgrund einer hohen, schlanken Form ergibt sich eine gute Schichtung der Wärme im Speicher, d. h. das warme Wasser sammelt sich weiter oben, das kalte bleibt unten. Ein strömungsberuhigter Kaltwasser- und Warmwasseranschluss verhindert eine Verwirbelung und damit die Zerstörung der Warm-Kalt-Schichten im Speicher.

Eine gute Dämmung um den Speicher, seitlich, oben und unten hilft, die eingelagerte Wärme möglichst lange zu bewahren. Meist besteht die Speicherdämmungen (systembedingt) aus zwei Hartschalen-Hälften, die zum Transport und zum Durchschieben durch die enge Kellertüre vom Kernspeicher abgenommen und später wieder montiert werden können.

### Speicher für Warmwasser und Heizung

Um die Solarwärme nicht nur für die Warmwasserbereitung zu nut-zen, sondern auch für die Raumheizung, werden in Ein- und Zweifamilienhäusern oft Kombispeicher eingesetzt. Dabei handelt es sich um einen äußeren Pufferspeicher, der einen zweiten, inneren Speicher als Tank im Tank-System beinhaltet. Der innere Speicher sollte aus Edelstahl sein, da die Wärmeübertragung vom außen liegendem Heizungswasser zum innen liegendem Trinkwasser bedeutend besser ist als bei emailliertem Stahl. Diese Arten von Speicher haben einen besseren Wirkungsgrad als reine Brauchwasserspeicher, das direkt nutzbare Volumen an Warmwasser ist dafür aber geringer (systembedingt).

Je nach Wärmebedarf für die Heizung sowie der angeschlossenen Kollektorfläche kommen Kombispeicher mit bis zu 1.300 Litern zum Einsatz.

Für den äußeren Heizungs-Pufferspeicher sind keine weiteren Korrosionsschutzmaßnahmen erforderlich. Der innere Trinkwasserspeicher ist aus Edelstahl. Bei Bedarf kann dieser in Abhängigkeit des Trinkwassers (beim Wasserversorger erfragen) mit einer Fremdstromanode zum dauerhaften Korrosionsschutz ausgestattet werden. Der innere Trinkwasserbehälter kann, je nach Volumen, von oben bis (fast) zum Speicherboden reichen.

Bezüglich der Form und der Dämmung gilt gleiches wie beim Brauchwasserspeicher.

### Speicher mit Plattenwärmetauscher

Die Wärme des im Speicher vorhandenen Warmwassers (Speichermedium) wird über den Plattenwärmetauscher an das zu erwärmende Brauchwasser übertragen. Das Warmwasser aus dem Speicher und das zu erwärmende Trinkwasser haben keinen direkten Kontakt zu einander.

Der Plattenwärmetauscher besteht, wie der Name schon andeutet, aus dünnen, oft profilierten Platten, meist aus Edelstahl. Diese sind mit einem Zwischenraum so angeordnet, dass abwechselnd das Wasser vom Speicher (Speichermedium) und das Brauchwasser in gegensätzlicher Richtung hindurchfließen. Das ganze Gebilde ist zur Wärmedämmung in z. B. PUR-Hartschaumschalen gepackt. Für den Gegenstrom des Speichermediums braucht es eine zusätzliche Pumpe, die von der Elektronik immer dann eingeschaltet wird, wenn weiteres Warmwasser gebraucht wird. Großer Vorteil dieses Systems: Der Warmwasserkreislauf geht nicht durch den ganzen Speicher. Einige Fachleute meinen, dass damit das Legionellenproblem am besten zu beheben sei. (Legionel-

## 2.3 Speicher und Wärmetauscher

len sind Bakterien, die sich in 20-55°C warmem Wasser auf der Wasseroberfläche vermehren. Sie können über die Atemwege in den Körper gelangen und zu gefährlichen Infektionen führen, z. B. zur sog. Legionärskrankheit, schwere Lungenentzündung. Um das zu vermeiden wird bei normalen Warmwasserbereitern empfohlen, das Warmwasser mindestens ein Mal im Monat auf über 60°C zu erwärmen).

Der Speicher hat so gut wie keine Korrosionsprobleme, da das Speichermedium „totes" Wasser (ohne Sauerstoff) ist, welches ständig im Speicher verbleibt.

Nachteile: Hoher Preis, zusätzliche Pumpe und weitere Regeltechnik, zusätzlicher Stromverbrauch.

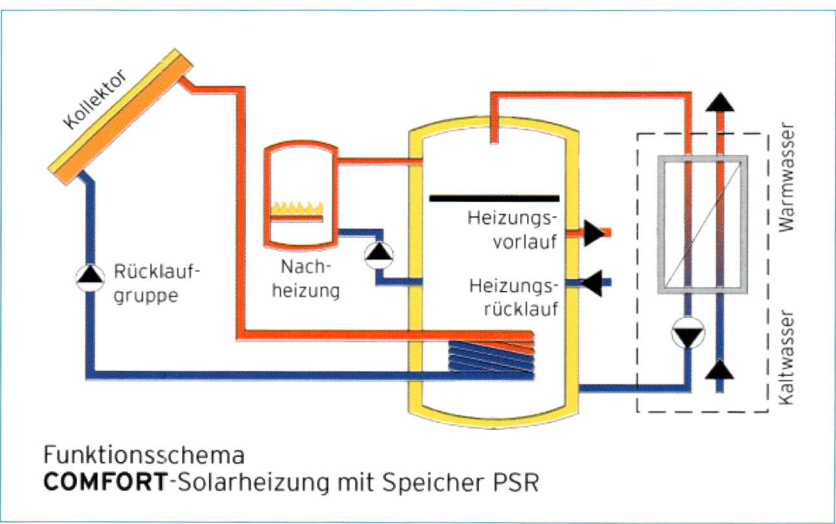

Funktionsschema
**COMFORT**-Solarheizung mit Speicher PSR

**Abb. 44 –** Funktionsschema „Sonnenkraft Comfort-light Frischwassermodul".
Quelle (1)

# 2.4 Schichtenspeicher

Der Schichtenspeicher soll angeblich noch bessere Wirkungsgrade erreichen und beansprucht weniger Stellplatz, ist aber auch kostspieliger.

**Die Funktion**

Eine Regeleinheit und mehrere Anschlüsse am Speicher auf unterschiedlicher Höhe bewirken die kontrollierte Temperaturschichtung des Speichermediums.

Die vom Kollektor kommende Solarflüssigkeit wird so in den Speicher eingespeist, dass möglichst immer Temperaturdifferenz vom Solarmedium zum Speichermedium herrscht. Damit werden auch geringe Solarenstrahlungen optimal genutzt.

Sinnvoll bei Heizungsunterstützung und größeren Kollektorflächen.

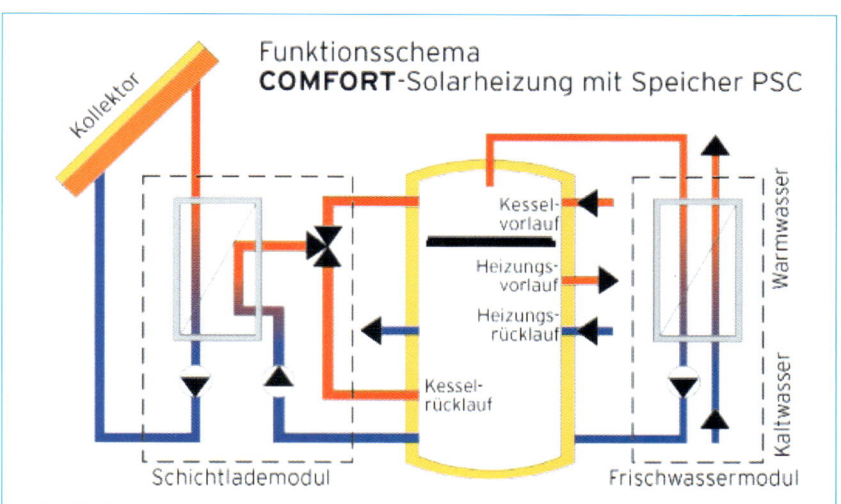

**Abb. 45** – Funktionsschema „Sonnenkraft Comfort Schichtlademodul"
Quelle (1)

## 2.5 Solarstation

Die Solarstation sorgt dafür, dass die von den Kollektoren eingesammelte Wärme in den Speicher kommt.

Solarstationen enthalten alle Komponenten, die für den Betrieb der Solaranlage im Solarkreislauf notwendig sind: die Solarkreispumpe, je nach Ausstattung Thermometer im Vor- und Rücklauf, Anschlüsse mit KFE-Hahn zum Befüllen der Anlage (KFE = Kessel Füll- und Entleerungshahn) sowie einen manuellen Entlüftertopf. Die Stationen sollten mit der notwendigen Sicherheitstechnik ausgestattet sein. Dazu gehören ein Manometer, ein Sicherheitsventil (Überdruck) sowie ein ausreichend dimensioniertes Ausdehnungsgefäß.

Zusätzlich gibt es noch einen Durchflussmesser. Dieser ist sinnvoll, da er den von der Pumpe beförderten Wasserstrom anzeigt.

Da in der Regel bei der Solarstation fast alle Bauteile als Einheit komplett vormontiert sind, besteht hier wenig Installationsaufwand.

**Mein Tipp**

Verwenden Sie auch unbedingt eine Schwerkraftbremse (im Vorlauf und im Rücklauf), diese verhindert eine Zirkulation des Wärmemediums aus dem Speicher zum Kollektor, wenn der Kollektor kälter ist. Ohne Schwerkraftbremse würde sich, z. B. in der Nacht, der warme Speicherinhalt über den Kollektor abkühlen.

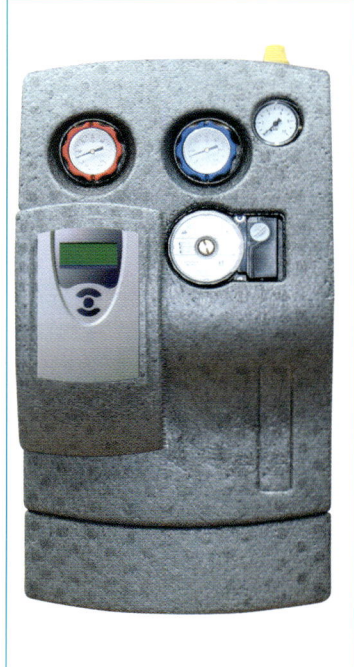
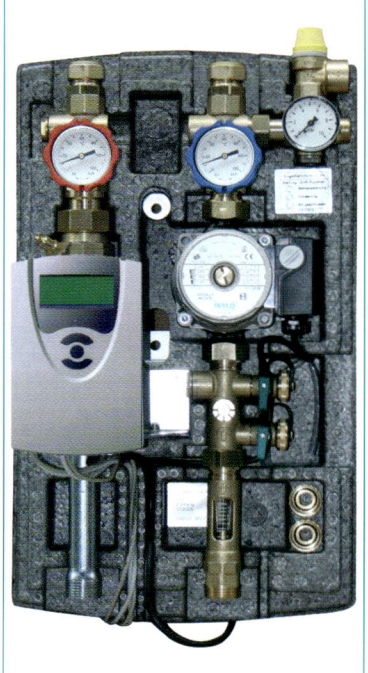
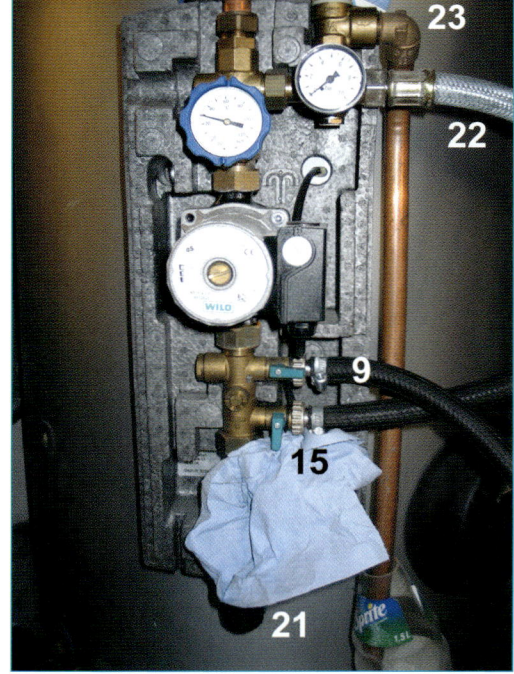

**Abb. 46** – Prinzip und Verschaltung der Solarstation, Quelle (1)

Ziffern Siehe auch Abb. 36/Abb. 100

# 2.5 Solarstation

Die Hersteller von Solaranlagen gehen immer mehr dazu über, die Solarstation direkt an den Speicher montiert zu liefern. Damit entsteht eine kompakte Einheit, der Montageaufwand wird deutlich reduziert. Alle auf das System abgestimmten Armaturen wie Steuerung, Solarstation, Wärmetauscher (und Ausdehnungsgefäß) sind bereits vormontiert und miteinander verbunden. Außerdem sind erforderliche Fittings, Dichtungen und sonstige Teile damit schon abgehandelt und müssen nicht mühsam extra zusammengestellt werden.

Ist die Solarstation separat vom Speicher, sei es weil der Hersteller dies so vorgesehen hat, oder auch weil die Platzverhältnisse dies erforderlich machen, so ist die Solarstation in der Nähe des Speichers an eine stabile Wand zu montieren.

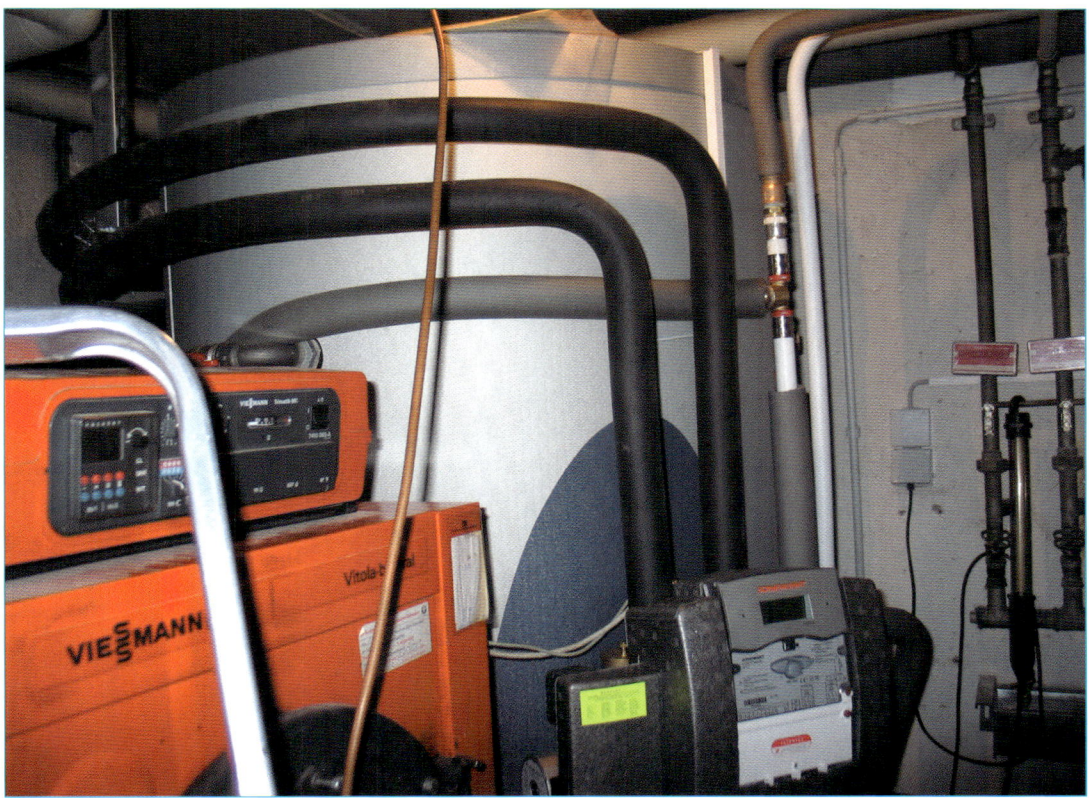

Abb. 47 – Solarstation am Speicher montiert.

## 2.6 Durchflussmenge, Durchflussmengenmesser

Der Durchflussmengenmesser besteht im Prinzip aus einem Stück Rohr mit einem Sichtfenster aus Glas und einem Schwimmer (siehe Abb. 48). Er zeigt an, wie viele Liter Solarflüssigkeit pro Stunde durch den Solarkreis und die Kollektoren fließen.

Bei der Durchflussmenge werden üblicherweise drei Arten unterschieden (siehe Tabelle).

Die meisten der im privaten Bereich angebotenen thermischen Solaranlagen sind High Flow-Systeme.

### Ausgleichsgefäß, Sicherheitsventil

Der Druck der sich ausdehnenden Solarflüssigkeit im geschlossenen Solarkreislauf ändert sich mit der Temperatur. Je höher die Temperatur, desto höher der Druck. Um die unterschiedlichen Volumina auszugleichen, wird das Ausgleichsgefäß in den geschlossenen Kreislauf eingefügt. Das Prinzip: In einem dichten Gefäß befindet sich (in der Mitte) eine Membran, dadurch entstehen zwei Kammern. Die eine Kammer ist mit einem Anschluss versehen. Dieser Anschluss ist mit der kalten Seite des Solarkreislaufs

| Nr. | Art der Durchflussmenge | Liter pro Stunde und m² Kollektorfläche | Vorteile | Nachteile |
|-----|-------------------------|------------------------------------------|----------|-----------|
| 1. | Hoher Durchfluss (High Flow) | 40 | Guter Kollektorwirkungsgrad bei geringem Regelungsaufwand, Kreiselpumpen | Hohe Pumpenleistung, großer Rohrdurchmesser, schlechte Nutzung von geringen Einstrahlungen |
| 2. | Niedriger Durchfluss (Low Flow) | 10-15 | Niedrige Pumpenleistung, spezielle Pumpenart, kleiner Rohrdurchmesser, flexibler bei Temperaturschwankungen, höhere Temperaturdifferenz zwischen Kollektor und Speicher | Geringerer Kollektorwirkungsgrad |
| 3. | Geregelter Durchfluss (Matched Flow) | 10-40 | Geringer Stromverbrauch durch geregelte Pumpe, flexibel bei Temperaturschwankungen vor allem in Übergangszeiten, höchster Anlagenwirkungsgrad | Höhere Kosten durch höheren Regelungsaufwand |

verbunden. Die andere Kammer hat ein Luftpolster, welches über ein Ventil wie ein Fahrradreifen aufgepumpt werden kann (Vordruck). Dehnt sich die Solarflüssigkeit aus, drückt sie auf die Membran und drückt die komprimierbare Luft zusammen. Kühlt sich die Solarflüssigkeit wieder ab, entspannt sich die zusammengedrückte Luft. Somit bleibt der Druck im Solarkreissystem nahezu konstant.

**Abb. 48 –** Durchflussmengenmesser unterhalb der Solarstation.

**Abb. 49 –** Ausgleichsgefäß.

**Mein Tipp**

Bei der Montage des Ausgleichsgefäßes sollten Sie darauf achten, dass es auf der kalten Seite (Rücklauf montiert wird und von der Lage her möglichst tief angebracht wird, damit wenig Wärme in das Ausgleichsgefäß gelangt. Dies deshalb, da die Membran bei höheren Temperaturen schneller verschleißt bzw. kaputt geht. Zum leichteren späteren Austausch des Ausgleichgefäßes sollten Sie zusätzlich ein automatisches Absperrventil im Anschlussbereich des Ausgleichsgefäßes einfügen.

## 2.6 Durchflussmenge, Durchflussmengenmesser

**Abb. 50 –** Automatisches Absperrventil, damit kann das Ausgleichsgefäß ausgetauscht werden, ohne dass der Solarkreislauf entleert werden muss.

Des Weiteren muss sich in diesem Bereich ein Sicherheitsventil befinden. Falls nicht, ist das Sicherheitsventil unbedingt einzubauen, es ist dazu da, die Anlage vor Überdruck zu schützen. Der Ansprechdruck, bei dem das Sicherheitsventil öffnet, ist auf den „druckschwächsten" Teil der Anlage auszurichten. Üblicherweise werden Sicherheitsventile mit 5 bis 6 bar, abhängig von der Anlagenkonzeption, verwendet.

Öffnet das Sicherheitsventil, so wird automatisch so lange Flüssigkeit aus dem Solarkreislauf abgelassen, bis der Druck wieder auf den angemessen Wert fällt. Die Flüssigkeit aus dem Überdruck sollte in einem durchsichtigen Gefäß (z. B. einem 5-10 Liter-Kanister) aufgefangen werden. Durchsichtig deshalb, damit Sie bemerken, wann Flüssigkeit über das Sicherheitsventil abgelassen wurde.

Das Sicherheitsventil tritt auch dann in Kraft, wenn aus irgendwelchen Gründen die Solaranlage längere Zeit „still" steht, d. h. die Flüssigkeit wird nicht mehr umgewälzt, die Temperatur im Kollektor steigt an und damit der Druck.

Die möglicherweise dafür verantwortlichen Gründe finden Sie im Kapitel: „Störungen, Ursachen, Behebung".

### Mein Tipp

Passiert es häufiger, dass durch das Sicherheitsventil Flüssigkeit abgelassen wird, so ist das Ausgleichsgefäß entweder kaputt oder vom Volumen her zu klein und sollte gegen ein größeres ausgetauscht werden.

# 2.7 Solarregler

Der Solarregler ist die zentrale Schaltstelle der Solaranlage. Moderne Solarregler sind so komplex, dass sie sich um die komplette Steuerung der Solaranlage und auch die mit der Solaranlage in Verbindung stehenden Heizsysteme kümmern. Die Nutzungsparameter können eingegeben werden, alles andere macht der Solarregler.

Die Informationen, die der Solarregler zum Regeln braucht, werden üblicherweise von den Temperaturfühlern geliefert. Bei einfachen Reglern befinden sich je ein Fühler am warmen Ausgang des Kollektors und einer unten bzw. in der Mitte des Speichers. Bei komplexeren Reglern werden bis zu acht Temperaturfühler abgefragt. Und es gibt auch Solarregler ohne Temperaturfühler. Diese erhalten ihre Information über den Druck im Solarkreis. Der Vorteil: Die Leitungen für die Temperaturfühler entfallen.

### Zweipunktregler

In den Anfängen der solaren Anlagentechnik wurden hauptsächlich Zweipunktregler verwendet.
Das Funktionsprinzip:

Es befindet sich je ein Temperaturfühler am Kollektor und einer am Speicher. Die Elektronik vergleicht die Temperatur des Speichers (unten) und des Kollektors auf dem Dach. Sobald die Kollektortemperatur durch die Sonnenstrahlung um eine eingestellte Temperaturdifferenz höher ist, wird durch den Zweipunktregler die Umwälzpumpe im Solarkreislauf eingeschaltet. In der Regel wird eine Temperaturdifferenz von 5-10 C° eingestellt. Verringert sich die Temperaturdifferenz, entweder durch Erwärmung des Wassers im Speicher oder durch Abkühlen des Kollektors (z. B. in der Nacht), so schaltet der Regler die Pumpe wieder aus.

Zweipunktregler lassen sich auch leicht selbst anfertigen. Es gibt aber auch entsprechende Bausätze bei Elektronikfirmen, wie z. B. bei Conrad Electronic.

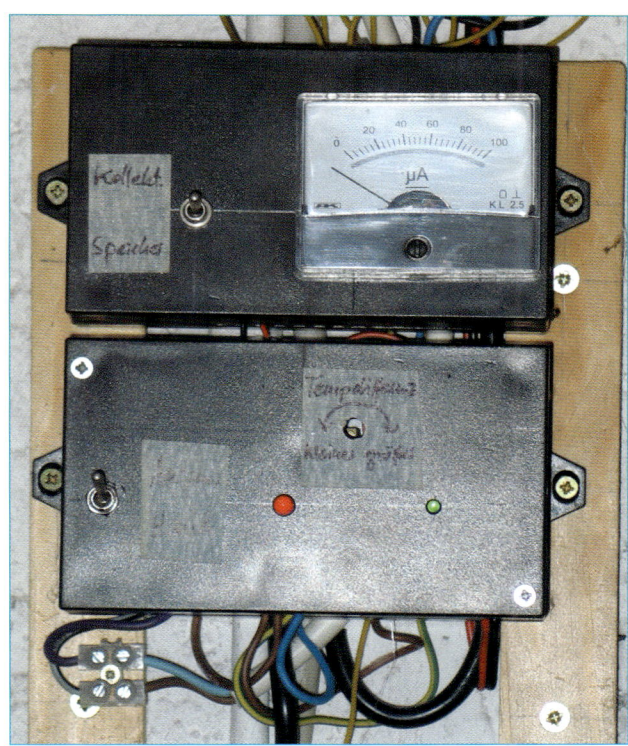

**Abb. 51** – Zweipunktregler anno 1995, von mir selbst gebaut und jahrelang benutzt.

Ganz am Anfang hatte ich gar keinen Solarregler. Das ging deshalb gut, weil der Solarkreislauf von einer Gleichstrompumpe umgewälzt wurde. Die Gleichstrompumpe wiederum wurde von einem Solarmodul (Photovoltaik) versorgt. Der Effekt: Immer wenn die Sonne wenig scheint, läuft die Pumpe mit niedriger Drehzahl. Wenn die Sonne viel scheint, gibt es viel Strom und die Pumpe läuft volle Kraft. Die Solarerträge waren besser als mit dem Zweipunktregler. Leider war eines Tages die Pumpe kaputt …

# 2.7 Solarregler

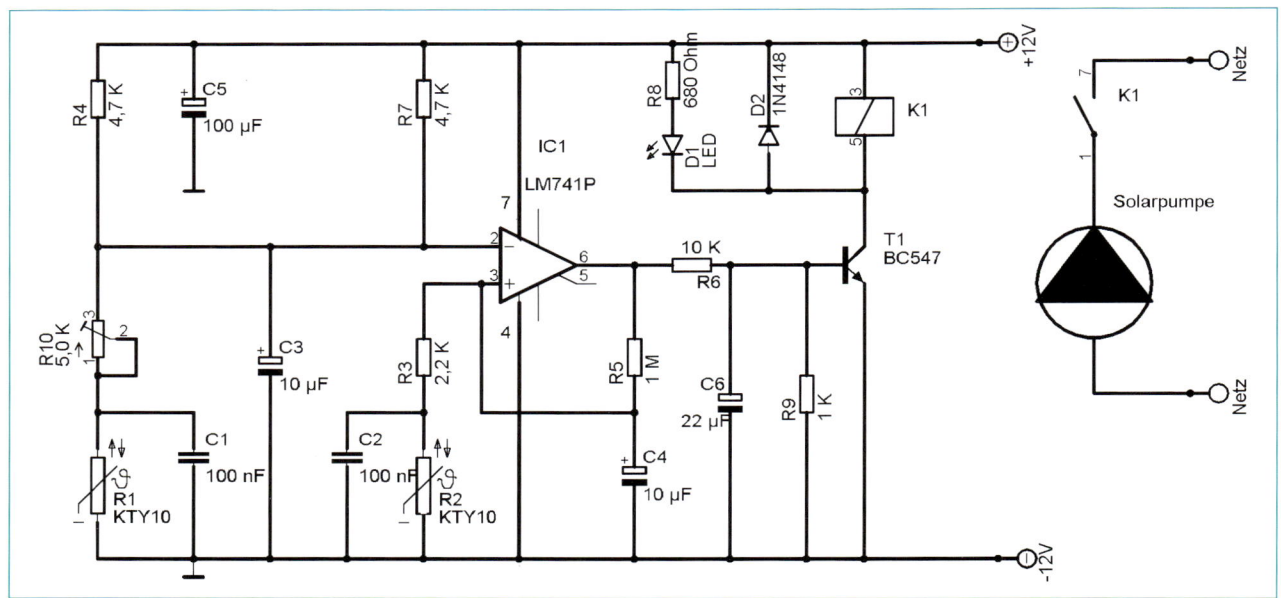

**Abb. 52** – Schaltplan Zweipunktregler für die Elektronikfreaks unter Ihnen. Die Schaltung kann mit Gleichstrom von 10-15 Volt betrieben werden. Die beiden Fühler KTY 10 (Kaltleiter, PTC, bedeutet, diese leiten im kalten Zustand besser) werden am Kollektor und am Speicher so befestigt, dass die Temperatur aufgenommen werden kann. Mit dem Trimmpoti R 10 wird die Temperaturdifferenz eingestellt, damit bei einem entsprechenden Temperaturunterschied zwischen dem Vor- und Rücklauf die Solarpumpe über das Relais K1 eingeschaltet wird.

### Mikroprozessor-Regler

Die mikroprozessorgestützten Regler erfassen sämtliche Betriebsdaten und steuern die notwendigen Schritte zuverlässig, sorgen somit für einen hohen Anlagenwirkungsgrad. Selbst kürzeste Sonnenscheinzeiten werden dadurch effektiver genutzt. Weiterhin sind bei einigen Modellen Datenauswertung der Solaranlage mittels des PC möglich. Und es gibt Regler, die selbst lernend sind, d. h. diese ver-

ändern ihr Programm bezogen auf die realen „Messerfahrungen".

Die in konventionellen Zweipunkt-Regelungen einstellbare Temperaturdifferenzsteuerung zwischen Kollektor und Speicher wird in den neu entwickelten Regelungen durch die individuell verfügbaren Programme im Mikroprozessor auf die konkrete Solaranlage abgestimmt. Damit sollen alle Komponenten optimal angesteuert werden. So können z. B. die Volu-

mina und Temperaturen von Kollektor, Leitungen und Wärmespeicher in dem Regelverhalten der Pumpe berücksichtigt werden. Die Drehzahl der Pumpe und damit das Durchflussvolumen durch den Kollektor werden, je nach solarer Einstrahlung und solarem Ertrag, gesteuert. Weiterhin gibt es eine ganze Reihe von Sicherheitsfunktionen zum Schutz der Solaranlage.

Überhitzungsschutz bedeutet, dass die Regelung diese „Notsitua-

# 2.7 Solarregler

tion" erkennt und z. B. die Solarpumpe einschaltet, obwohl die sonst zutreffenden Parameter nicht gegeben sind. Als Beispiel: Sie sind im Hochsommer im Urlaub und kein warmes Wasser wird abgenommen. Die Sonne heizt den Kollektor und damit die Solarflüssig-

keit immer weiter auf. Durch die Schutzschaltung kann nun die anfallende Hitze z. B. über den Heizkessel ausgetauscht und über den Kamin abgeführt werden. Oder die gespeicherte Wärme wird in der Nacht über den Kollektor wieder abgegeben.

---

**Einige beispielhaften Eigenschaften von Mikroprozessor-Reglern**

- Wärmemengenzählfunktion durch Eingabe der Pumpenleistung
- Drehzahlgeregelte Solarkreispumpe
- Urlaubsschaltung/Überhitzungsschutz
- Hochsommerschaltung/Überhitzungsschutz
- Enteisungsfunktion
- Rückkühlfunktion
- Speichertemperaturbegrenzung
- Nachheizregelung für Pellet-, Öl-, Gaskessel-, Elektroheizung
- Speichersoll- und Mindesttemperatur einstellbar
- 2-Speichersystem (Pumpe/Pumpe oder Pumpe/Ventil)
- Ost-West-Dach-Regelung
- geregelte Rücklaufanhebung/Heizungsunterstützung

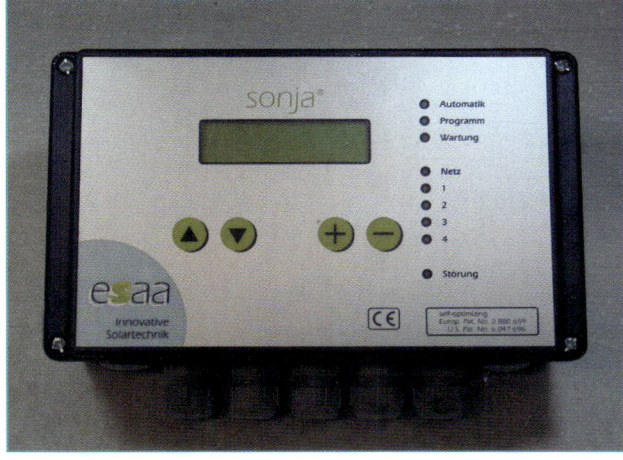

Abb. 53 – Solarregler „sonja SR-5", selbstlernend.

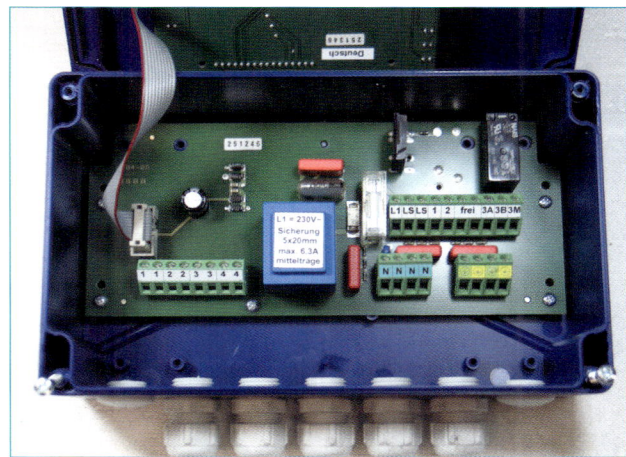

Abb. 54 – Solarregler „sonja", Innenansicht.

57

## 2.8  Verrohrung, Leitungen, Solarkreislauf

Die Rohrleitungen des Solarkreislaufes können nicht mit der üblichen Technik der Hauswasserinstallation bewerkstelligt werden. Normale Pressfittings oder Lötverbindungen mit Weichlot sind nicht zu empfehlen. Die Temperaturen im Solarkreislauf können, vor allem in Kollektornähe, kurzfristig über 150°C steigen. Damit besteht die Gefahr, dass bei weich gelöteten Kupferrohren die Lötung aufgeht.

Grundsätzlich ist Kupfer bestens geeignet, sowohl von der Beständigkeit her als auch arbeitstechnisch.

Sehr gut eignen sich Weichkupferrohre, die es ebenfalls in den gängigen Durchmessern gibt.

Mit einer Biegevorrichtung kann das Rohr, entsprechend den Erfordernissen, ohne Lötung und damit Schwachstelle, vom Kollektor bis zum Speicher verlegt werden.

Handelsüblich sind Ringe (Weichkupfer) mit 25 m und 50 m Länge.

Weichkupferrohre werden im Solarkreislauf mit Klemmringverschraubungen verbunden.

Für Sie als Selbstbauer eignet sich das hochflexible Edelstahl-Rohr sehr gut, da kaum zusätzliches Werkzeug benötigt wird. Hierbei handelt es sich um ein Schnellverrohrungssystem für Solaranlagen zur Verrohrung im Innen- und Außenbereich. Es werden verschiedene Systeme angeboten: das Spiralrohr und das Wellrohr. Das Spiralrohr ist hinsichtlich des Durchflusswertes günstiger, das Wellrohr lässt sich etwas besser verarbei-

ten. Beide Systeme werden derzeit in Längen von 5,0 m bis 50,0 m oder bereits fertig auf Länge konfektioniert angeboten. Weiterhin werden sämtliche Innen- und Außengewinde, Kupplungen, Winkel und T-Stücke angeboten.

**Abb. 55:** Ring Weichkupfer.

**Abb. 56:** Biegevorrichtung für verschiedene Durchmesser von Weichkupferrohren.

> **Hinweis**
>
> Bei der Verwendung von Klemmringverschraubungen im Zusammenhang mit Weichkupferrohren ist vor der Montage der Klemmringverschraubung immer eine Hülse in das Rohr einzubringen. Tun Sie das nicht, ist die Verbindung undicht.

**Abb. 57** – Klemmringverschraubung zur Verbindung von zwei Kupferrohren. Beim Montieren zuerst das Rohr entgraten (Abb. 59) und dann die Hülse aus Abb. 58 einschieben. Danach die Kupferrohre bis zum Anschlag in die Klemmverschraubung einschieben und mit der Wasserrohrzange die Mutter der Klemmverschraubung unter Gegenhaltung anziehen.

**Abb. 58** – Hülse (passend zum Innendurchmesser des Kupferrohrs), die unbedingt in das Weichkupferrohr eingefügt werden muss, bevor die Klemmringverschraubung montiert wird.

a

b

**Abb. 59** – (59a+59b) Weichkupferrohr innen und außen entgraten, sonst können die Hülse und die Klemmringverschraubung nicht montiert werden.

**Das Prinzip**

Das Leitungspaket besteht aus zwei parallelen Edelstahlwellrohren mit Sensorleitung und kompletter Dämmung aus Kautschuk für den Vorlauf und den Rücklauf des Solarkreislaufes. Damit lässt sich die Verrohrung vom Kollektor bis zum Speicher ruckzuck und in einem Stück ohne problematische Anschlüsse erledigen. Die

# 2.8 Verrohrung, Leitungen, Solarkreislauf

**Abb. 60 –** Flachdichtende Fittings mit Dichtung. Die flach-dichtenden Verschraubungen zeichnen sich durch einen breiten Rand des Verbindungsstückes aus.

**Abb. 61 –** Flexrohr mit Rohrabschneider auf die richtige Länge abschneiden. In einer Rinne ansetzen und herumdre-hen. Immer wieder den Rohrabschneider ein kleines Stück weiter zudrehen.

Verlegung um Ecken und durch schwierige Durchfüh-rung ist ebenfalls gut möglich. Es ist sinnvoll, die Verlege-arbeiten zu zweit durchzuführen, da sich das Rohr (vor allem, wenn es ein längeres Exemplar ist) wie eine wider-spenstige Schlange verhält. Wichtig ist auch, vor der Be-stellung die erforderliche Länge genau zu messen (z. B. mit einem Draht). Das richtige Maß ist vor allem deshalb wichtig, da das System nicht ganz billig ist.

Die kleinstmöglichen Biegeradien werden mit 25 mm beim DN 16 und mit 30 mm beim DN 20 ange-geben (systemabhängig). Das Schnellverrohrungs-system (kurz Flexrohr) gibt es auch in verschiedenen vorkonfektionierten Längen (10 m, 15 m, 20 m) und im Durchmesser von DN 15 und DN 20 bis DN 32 (1¼ Zoll). Bei Zuleitungen länger als 15 m ist DN 20 zu empfehlen. Darunter geht DN 16 (in Abhängigkeit von der Kollek-torfläche). Zu bedenken ist auch, dass das Wellrohr einen höheren Reibungswert (Durchflusswiderstand) hat. Daher im Zweifel besser einen „dickeren Durch-messer" wählen. Zur Unterscheidung der Vor- und Rücklaufleitung ist normalerweise eines der Edelstahl-

rohre (herstellerbedingt) mit einem (z. B. blauen) Strich gekennzeichnet.

Zur Befestigung an der Wand, Decke usw. gibt es als Zubehör ovale Rohrschellen.

**Abb. 62 –** Hochflexibles Edelstahl-Rohr (Flexrohr). Vorlauf, Rücklauf und Steuerkabel für den Temperaturfühler am Kollektor.

# 2.8 Verrohrung, Leitungen, Solarkreislauf

Zum Anschluss an die Kollektoren, den Speicher und zum Kuppeln gibt es Anschluss-Sets mit Patentverbindungen wie z. B. Verschraubungsadapter mit Kegeldichtung oder Klick- Verschlüsse. Für die Verarbeitung braucht es lediglich einen Rohrabschneider (für die richtige Länge) und eine Zange sowie einen Schraubenschlüssel.

**Mein Tipp**

Beim Verschrauben der Anschlüsse (z. B. am Kollektor) immer gleich die erforderliche Dichtung einlegen. Für den Hochtemperaturbereich braucht es dafür geeignete Dichtungen. Bei flach dichtenden Anschlüssen zunächst nicht zu fest anziehen.

Für den Solarkreislauf werden je nach Leitungslänge und Kollektorfläche folgende Rohrdurchmesser empfohlen (siehe Abb. 63).

| | | | |
|---|---|---|---|
| Kollektorfläche, m² | bis 7,5 | bis 12 | bis 20 |
| Rohrdurchmesser, Kupfer, mm | 15 | 18 | 22 |
| Rohrdurchmesser, Flexrohr (Edelstahl) | DN 16 | DN 20 | DN |
| 20/DN 25 | | | |

**Abb. 63 –** Die Tabelle gibt Richtwerte an. Bei Leitungslängen größer 20 m oder vielen Bögen/Kupplungen sollten Sie den Rohrdurchmesser eine Dimension größer wählen.

**Mein Tipp**

Werden Vorlauf- und Rücklaufleitungen übereinander angeordnet, so sollte der Vorlauf (warm) über dem Rücklauf (kalt) verlegt werden.

**Dämmung:**

Die Dämmung der Rohre des Solarkreislaufs leisten einen wichtigen Beitrag zum guten Wirkungsgrad! Die Dämmstärke sollte mindestens dem Rohrdurchmesser entsprechen und bis mindestens 150°C temperaturbeständig sein. Mit den billigen Baumarkt-Rohrisolierungen haben Sie da keine Freude!

Gut sind Rohrdämmungen gleichwertig wie ISOVER oder AEROFLEX. Letztgenannte Firma bietet eine Rohrdämmung (für verschiedene Rohrdurchmesser) aus flexiblem EPDM-Kautschuk mit einer hohen Isolierwirkung (? = 0,04 W/mk) an, diese ist bis max. 170°C verwendbar. Da der EPDM-Kautschuk Witterungs- und UV-beständig ist, ist diese Dämmung auch für den Außenbereich hervorragend geeignet.

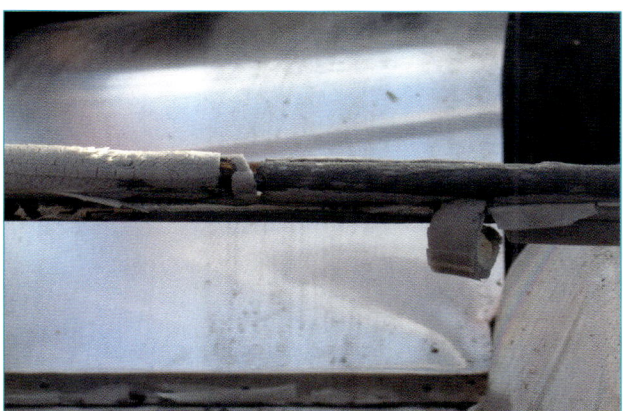

**Abb. 64 –** Rohrdämmung des Solarkreislaufs, da ist das Rohr (im Sommer 2003) leider zu heiß geworden und hat die minderwertige Dämmung dahingerafft!

**Mein Tipp**

Schützen Sie die Dämmung gegen pickende Vögel und nagende Siebenschläfer z. B. mit einem Kunststoff- oder Metallrohr, welches über das Dämmmaterial geschoben wird.

## 2.9 Entlüfter

Wenn sich Luft im Solarkreislauf befindet, ist dies so ähnlich wie bei der Heizung: es gluckert und wird nicht warm. Also, die Luft muss raus!

Grundsätzlich sollte der Solarkreislauf an der höchsten Stelle entlüftet werden, da sich dort die Luft sammelt. Das Problem: Automatische Entlüfter halten die hohen Temperaturen in Kollektornähe nicht aus. Manuelle Entlüfter können an der höchsten Stelle (auf dem Dach) oft nicht bedient werden. Durch sorgfältiges Spülen vor dem Befüllen des Solarkreislaufes mit Solarflüssigkeit und einem großen Entlüftertopf im Keller kann auf den Entlüfter an der höchsten Stelle verzichtet werden.

Der manuelle Entlüftertopf (mit großem Füllvolumen für die anfallende Luft) ist meist bereits in der Solarstation integriert. Dieser sollte am Anfang (nach dem Befüllen der Solaranlage) immer wieder von Hand entlüftet werden.

**Stromversorgung**

Solarstation und Solarregler brauchen eine Stromversorgung, in der Regel aus dem 230 V-Stromnetz. Je nach Anzahl der Pumpen und weiterer Komponenten, wie z. B. Steuerventile, braucht es mehrere Steckdosen.

# 2.10 Solarflüssigkeit

Die Solarflüssigkeit besteht aus Wasser und einem Frostschutzmittel. Vom Wärmetransport aus gesehen ist so wenig Frostschutzmittel wie möglich ideal. Vom Frostschutz her gesehen braucht es in unseren Breiten einen Schutz für bis zu minus 25°C. Wie beim Autokühler wird in der Solaranlage (bei Flachkollektoren) Glykol verwendet. Bei der Solaranlage in der Regel in einem Mischungsverhältnis von 60 % Wasser und 40 % Glykol.

### Die Eigenschaften von Glykol sind:
Biologisch abbaubar, höhere Kriechfähigkeit bei einem Leck, Zink lösend, in Kontakt mit Luft erhöhte Korrosion, höherer Fliesswiderstand (Zähigkeit), weniger Druckbeständig als Wasser, geringerer Wärmetransport als Wasser.

Die zur Verwendung kommende Solarflüssigkeit unterscheidet sich bei Flachkollektoren und Vakuumkollektoren. Bei Vakuumkollektoren darf nur die vom Hersteller fertig gelieferte Mischung ohne Zumischen von Wasser verwendet werden!

| Kollekt. orfläche | Wasser Liter | Frostschutz, Liter | Ges. Solarflüssigkeit |
|---|---|---|---|
| 5,0 m² | 15 | 10 | 25 |
| 7,5 m² | 22,5 | 15 | 37,5 |
| 10,0 m² | 30 | 20 | 50 |
| 15,0 m² | 37,5 | 25 | 62,5 |
| 30,0 m² | 45 | 30 | 75 |

| Flachkollektoren | |
|---|---|
| Mit 40 % Frostschutz | Mit 50 % Frostschutz |
| Gefrierpunkt bei -22°C | Gefrierpunkt bei -32°C |
| Stocktemperatur: -26°C | Stocktemperatur: -44°C |

Stocktemperatur bedeutet, dass die Solarflüssigkeit sulzig wird. Dabei besteht noch keine Gefahr für die Rohrleitungen und den Kollektor.

### Bedarf der Solarflüssigkeit:
Solarkreis ca. 30 lfdm, Rohr mit DN 20, Mischungsverhältnis 60 % Wasser, 40 % Glykol, Frostschutz bis -24°C. Die Angaben sind vom konkreten System abhängig und können im Einzelfall variieren.

### Leitungstrasse
Normalerweise steht der Solarspeicher im Keller, sofern vorhanden, in der Nähe des Heizungskessels. Aber wie kommt die Energie vom Dach in den Keller? Dazu braucht es die Leitungstrasse mit Vor- und Rücklaufleitungen und Fühlerleitung vom Kollektorfeld zum Solarspeicher.

Vielleicht ist es aber auch nochmals eine Überlegung wert, den Warmwasserspeicher im Bereich des Dachgeschosses unterzubringen? Vor allem dann, wenn das Haus zusätzlich mit einer Gastherme beheizt werden soll. Zu beachten ist dabei die statische Möglichkeit, d. h. ob das Dachgeschoss das Gewicht des befüllten Speichers tragen kann!

Auch empfehle ich Ihnen eine flache Sicherheits-Wanne unter dem Speicher, damit eventuell auslaufende Flüssigkeit nicht durch die Decke kommt.

Für den Fall, dass der Solarspeicher aber doch im Keller steht, nachfolgend einige beispielhafte Lösungsvorschläge, die bereits in mehreren Gebäuden erfolgreich umgesetzt werden konnten.

# 2.10 Solarflüssigkeit

Hierbei gilt es. den kürzesten Weg mit dem geringsten Aufwand und möglichst wenig Eingriffen in die Bausubstanz zu finden.

### Einführung in das Dach
Zunächst sind die vom Kollektor kommenden Leitungen unter das Dach (unter die Ziegel) zu bringen. Eine komplette Verlegung auf dem Dach (auf den Ziegeln) wäre zwar möglich, sieht aber nicht besonders gut aus.

Auch die Durchführungen durch die Dachbahn und die Dampfbremse sind sorgfältig wieder abzudichten.

### Leitungstrasse im Haus
*Versorgungsschacht*
Bei Sanierungen der Abwasser-, Wasser- und Elektroleitungen ist es sinnvoll, zentrale und kompakte Leitungstrassen herzustellen, sofern dies nicht schon bei der ursprünglichen Planung des Gebäudes vorgesehen worden sind.

Dabei sind die Leitungen für die Solaranlage mit einzuplanen.

Eine weitere Möglichkeit ohne viel Aufwand vom Dach in den Keller zu kommen, kann das Treppenhaus sein. Oft zieht sich das Treppenhaus über mehrere Stockwerke durch das ganze Haus. Die Solarverrohrung kann dann z. B. in der Ecke (Kehle) zweier Wände oder auch künstlerisch gestaltet in das Treppengeländer integriert werden.

### Im Kamin
In Häusern mit mehrzügigen Kaminen besteht möglicherweise die Gelegenheit, einen unbenutzten Kamin als Leitungstrasse umzufunktionieren.

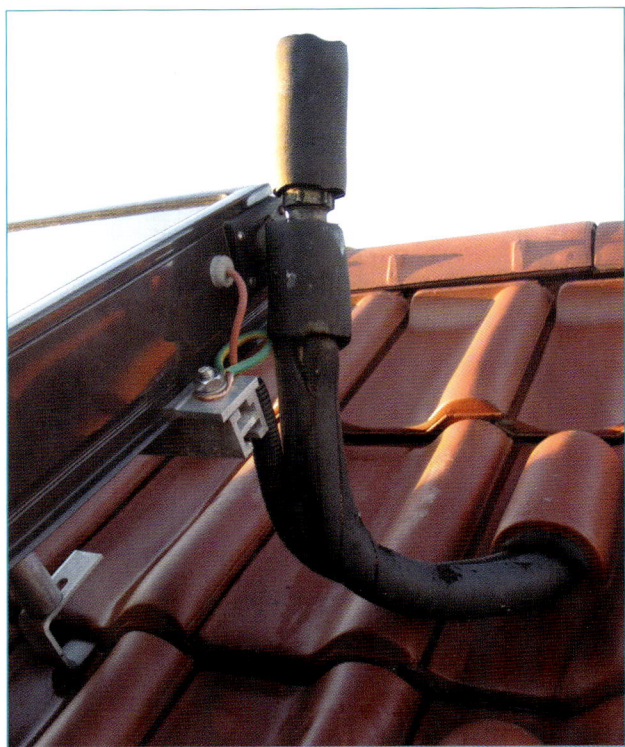

**Abb. 65** – Im Handel gibt es für die meiste Ziegelformen sog. Solarziegel, durch die die Solarleitungen gelegt werden können.

Meist kann damit die kürzeste Verbindung vom Dach in den Heizungskeller hergestellt werden. Mit zwei Durchbrüchen, einer im Dachbereich, der andere im Heizungskeller.

# 2.10 Solarflüssigkeit

**Abb. 66** – Lüfterziegel umgestaltet. Je nach Art lassen sich auch vorhanden Ziegel so umarbeiten, dass die Solarleitungen gut durchgeführt werden können.

**Abb. 67** – Abdichtung auch unter dem Ziegel an der Dachbahn, sonst funktioniert die Dampfbremse und die Dichtung unter den Ziegeln nicht mehr optimal.

# 2.10 Solarflüssigkeit

**Leitungstrasse über die Außenwand**

Ist eine zusätzliche Solaranlage geplant und es gibt keine anderen Möglichkeiten, mit den Leitungen vom Dach in den Keller zu kommen, so sollten die sichtbaren Eingriffe und der bauliche Aufwand trotzdem so gering wie möglich gehalten werden. Der schnellste Weg ist dann meist „außen runter". Um die Fassade so wenig wie möglich zu beeinträchtigen, auch hierzu einige möglichen Vorgehensweisen.

**Solarleitung im Regenfallrohr**

Um eine gestalterisch ansprechende Lösung zu finden, braucht es eine unauffällige Verkleidung für die Solarleitung. Dazu eignet sich beispielsweise gut ein Regenfallrohr, welches der Art der bereits an der Gebäudefassade angebrachten Regenfallrohre (Kunststoff, Zinkblech, Kupfer) entsprechen sollte. Idealerweise befindet sich das zusätzliche Regenfallrohr auf der gegenüberliegenden Traufseite des schon vorhandenen

**Abb. 68** – Solarleitung im Regenfallrohr, die Anbindung am Dach geht direkt unter den Ziegeln, durch den Solarziegel und zum Kollektorfeld.

**Abb. 69** – Solarleitung, unten noch nicht verkleidet.

# 2.10 Solarflüssigkeit

**Abb. 70 –** Verkleidung im Bereich des Lichtschachtes.

Regenfallrohres. Dann fällt es gar nicht auf. Oder das verkleidende Regenfallrohr wird parallel laufend zu dem vorhandenen Regenfallrohr montiert.

Wichtig sind die Anschlüsse oben am Dach und unten zum Keller hin.

**Abb. 71 –** Solarleitung im Regenfallrohr, Anbindung zum Heizungskeller. Die Leitung führt durch das ausgeschnittene Lichtschachtgitter und Kellergitter in den Heizungskeller zum Solarkessel.

# 2.10 Solarflüssigkeit

### Bei einer Fassadensanierung

Steht es sowieso an, dass die Außenwand des Gebäudes mit einem zusätzlichen Dämmputz versehen wird, so kann die Solarleitung direkt auf der vorhandenen Außenwand befestigt werden. Durch den Dämmputz ist sie später nicht mehr zu sehen.

> **Mein Tipp**
>
> Messen Sie die Solarleitung ein und machen Sie ein Foto, bevor der Dämmputz aufgebracht wird. Dies ist hilfreich bei späteren Wanddurchbrüchen und Befestigungen an der Fassade.

**Abb. 72 –** Prinzip der Leitungstrasse unter dem Dämmputz. Das Bild ist zwar bei einem Neubau aufgenommen, vom Ablauf her ist die Vorgehensweise für den Altbau die gleiche.

# 3   Montage der Solaranlage

# 3.1 Grundsätzliche Konstruktionsprinzipien

Bei Solaranlagen wird von einer durchschnittlichen Nutzungsdauer von etwa 30 Jahren ausgegangen. Dementsprechend sind alle Materialien dauerhaft zu wählen. Dies bedeutet bei Modulen, Kollektoren und Unterkonstruktion, dass korrosionsbeständige Materialien wie z. B. Aluminium und Edelstahl (V4A) verwendet werden. UV-beständiges Dämm-, Isolier- und Kunststoffmaterial und entsprechende konstruktive Lösungen, damit Wasser, Dampf, Schwitzwasser, Stauwärme und andere, dem Gebäude abträgliche Erscheinungen, dauerhaft unter Kontrolle sind, sind ebenfalls zu beachten.

Zunächst die prinzipielle Art der Befestigung: Solaranlagen können starr fixiert oder auch beweglich installiert werden. Fest installierte Solaranlagen sind in der Lage und Ausrichtung dauerhaft fixiert. Dadurch gibt es keinen bzw. wenig mechanischen Verschleiß – und wenig Wartungsaufwand. Der gesparte Aufwand für die Nachführung (optimale Ausrichtung zur Sonne) kann dann in eine größere Fläche der Solaranlage investiert werden, um ähnliche Ergebnisse zu bekommen.

Das automatisch immer zur Sonne ausgerichtete System ist mechanisch deutlich aufwendiger. Eine denkbar einfachere Lösung wäre da die Nachführung durch manuelles Verstellen. So könnte vier Mal im Jahr der Neigungswinkel der Solaranlage von Hand verändert und damit dem aktuellen Sonnenwinkel angepasst werden. Dies kann, bei kleineren Anlagen, z. B. im Bereich einer Balkonbrüstung, sinnvoll sein.

Nachführungen mit automatischen Einrichtungen und Steuerungen, wie z. B. mit Getriebemotor und einer entsprechenden Sensorik, wären für eine thermische Solaranlage im Bereich des Altbaus wenig sinnvoll.

> **Hinweis**
>
> Die Anforderung an thermische Solaranlagen und deren Bauteile werden in der EN 12975 (Kollektoren), EN 12976, EN 12977 und der DIN EN 12828 beschrieben.

# 3.2 Indachmontage oder Aufdachmontage, Vor- und Nachteil

Was bedeutet Indachmontage? Die Solaranlage wird anstatt der Ziegel in das Dach montiert. Vorstellen können Sie sich das genau so wie bei einem Dachfenster. Es gibt auch Dachfenster-Firmen, die nach dem gleichen System sowohl ihre Dachfenster wie auch die Solaranlage im Dach einbauen.

**Der Vorteil einer Innendachmontage ist:**

Sie sparen Ziegel und der Wirkungsgrad der Solaranlage ist höher (es gibt weniger Abkühlung auf der Rückseite der Kollektoren).

Das Dach und die Solaranlage sind auf einer Ebene, dies gibt von unten aus ein einheitlicheres Bild.

Der Wind oder ein Sturm haben weniger Angriffsfläche und die Leitungsanschlüsse sind nicht sichtbar, da sie sich unter der Dachhaut befinden.

**Doch leider gibt es auch ein paar Nachteile:**

Der Einbau ist komplizierter und damit aufwendiger. Bei unebenen Dächern sind die Anschlüsse zum bestehenden Dach schwieriger und müssen sorgfältig ausgeführt werden.

Sind die Randbleche unsachgemäß eingebaut, besteht die Gefahr von Undichtigkeiten am Dach.

Abb.73 – Die Indach-Solaranlage gibt ein gutes optisches Bild ab. Quelle (7)

Undichtigkeiten an den Kollektoranschlüssen sind nach dem fertigen Einbau nicht zugänglich und die Schadensstelle ist schwierig zuzuordnen. Ist ein Kollektor defekt und muss ausgetauscht werden, so kann es sein, dass alle Kollektoren samt der Bleche ausgebaut werden müssen (systembedingt).

Bei der Aufdachmontage braucht man zwischen dem Hausdach und der Solaranlage ein Untergestell, wodurch Kollektoren und Dachsparren mechanisch und stabil verbunden sind. Das Problem von Undichtigkeiten kann hier zwar auch auftreten, aber nur dann, wenn ein Ziegel, z. B. im Bereich der Dachhaken, beschädigt ist. Undichtigkeiten an den Kollektoranschlüssen zeigen sich sofort, wenn dann ein kleines Bächlein vom Bereich des Kollektorfeldes in Richtung Dachrinne fließt.

## Mein Tipp

Bei Innendachanlagen sollte unbedingt der Solarkreislauf angeschlossen sein und die Dichtigkeit überprüft werden (abdrücken), bevor das Dach wieder geschlossen wird. Ist das Dach erst wieder zu, sehen Sie nicht, ob die Anschlüsse am Kollektor dicht oder undicht sind.

## 3.2 Indachmontage oder Aufdachmontage, Vor- und Nachteile

**Montageort Flachdach**

Ein Flachdach mit einer großen zusammenhängenden Fläche ist für eine Solaranlage ideal. Durch die Möglichkeit einer variablen Aufständerung können die ideale Neigung und die direkte Ausrichtung nach Süden erreicht werden.

Allerdings besteht ein Mehraufwand für das Gestell der Aufständerung. Die Montage und Betreuung der Solaranlage können dafür relativ leicht durchgeführt werden. Je nach Dach und Höhe besteht ein reduzierter Aufwand für die Absturzsicherung (Gerüst). Die Dachhaut (Dachdichtung) ist unbedingt zu schützen, auch während der Arbeiten auf dem Dach. Spitze Schrauben, Bleche und Werkzeuge sollten tunlichst vom Dach weg bleiben. Die statische Belastung durch evtl. zusätzliche Beschwerung der Unterkonstruktion, damit Wind und Sturm die Anlage nicht vom Dach abheben, ist zu prüfen. Eine Betonplatte mit 40 x 60 cm wiegt je nach Dicke schnell über 20 kg. Die Verrohrung/Leitungsführung sollte so gemacht werden, dass die Dachhaut nicht verletzt wird. Und noch ein weiterer Vorteil des Flachdaches: Bei höheren Gebäuden ist die Solaranlage von unten wenig sichtbar.

Die thermische Solaranlage ist auf dem Flachdach problemlos mit einem Standardsystem zu realisieren.

Zusätzliche Möglichkeiten und Anregungen wären z. B. ein Dachgarten mit Pergola, auf der die Solaranlage montiert werden kann.

Abb. 74 – Thermische Solaranlage auf dem Flachdach aufgestellt. Dieser Selbstbauer hat als Unterlage Betonrandsteine verwendet und das Gestell einfach darauf gestellt.

**Montageort geneigtes Dach**

Geneigte Dächer sind mit Sicherheit der häufigste Montageort. Als Dachform gibt es das Giebeldach, Walmdach, das Satteldach (Schrägdach), Gauben und Kombinationen aus den Dachformen.

Ideal sind große nach Süden geneigte Scheunendächer.

Aus gestalterischen Gesichtspunkten eignen sich bei Baudenkmälern die Gauben ganz gut. Vor allem, wenn es sich um Schleppgauben handelt, die Richtung Süden ausgerichtet sind.

Bei geeigneter Ausrichtung und Dachneigung gibt es die Möglichkeit der Aufdachmontage ebenso wie die der In-Dach-Montage mit standardisierten Komponenten. Das zusätzliche Gewicht der Solaranlage erfordert im Normalfall keine statischen Maßnahmen am Dachstuhl. Trotzdem sollten die statischen Grundlagen (siehe weiter oben) geprüft sein.

Wichtig sind auch die Prüfung eventueller Beschattungen durch Nachbardächer, Gaupen, Kamine, Antennenanlagen, Bäume usw.

# 3.2 Indachmontage oder Aufdachmontage, Vor- und Nachteile

### Montage bei Tonnendächern

Bei geeigneter Ausrichtung und Dachneigung sind auch gewölbte Dachflächen für eine Solaranlage gut geeignet. Für die gewölbte Dachfläche sind aber besondere Konstruktionen erforderlich. Denkbar ist, das Tonnendach dachparallel mit Vakuumröhren zu bestücken, die so gedreht sind, dass der optimale Winkel zur Sonne besteht.

Für Photovoltaikanlagen gibt es für Tonnendächer bereits verschieden Standardsysteme.

### Montageort Fassade

Die Montage der Solaranlage an einer senkrechten Fläche bringt zwar eine geringere solare Einstrahlung und damit weniger Energieernte als eine optimal ge-

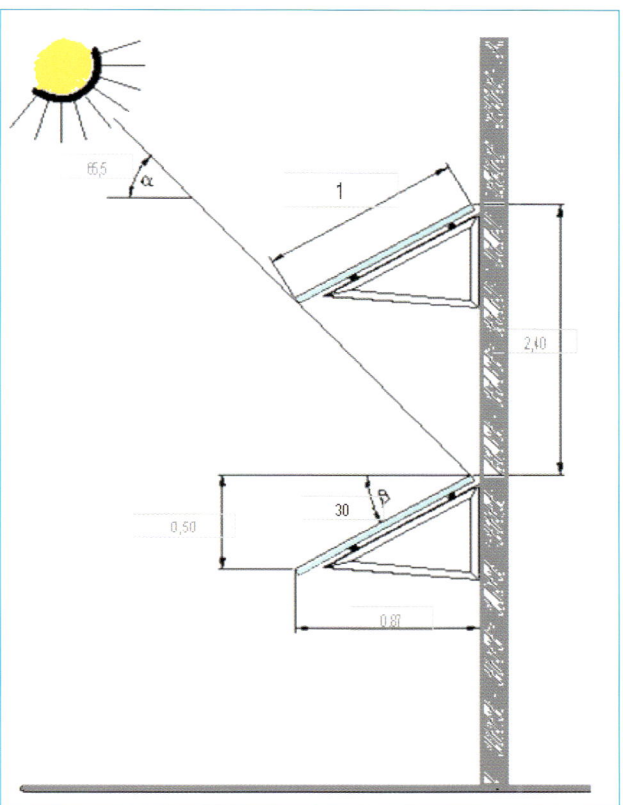

**Abb. 76** – Bei übereinander angeordneten geneigten Kollektoren an der Fassade sind, ähnlich wie beim Flachdach, entsprechende Abstände einzuhalten. Quelle (6)

neigte Fläche. Dies kann aber bei Fassadensanierung und Verkleidung (z. B. anstatt teurer Natursteinfassaden) wirtschaftlich und optisch sinnvoll sein, vor allem bei unverschatteten und optimal nach Süden ausgerichteten Fassaden. Die Unterkonstruktion kann aus Standardelementen wie für die Dachflächen angeboten, aufgebaut werden.

Weiterhin besteht die Möglichkeit, Solaranlagen als Beschattungselement über Fenstern anzuordnen. Die

**Abb. 75** – Fassadenkollektoren mit Vakuumröhren, auch als Gestaltungselement. Quelle (7)

## 3.2 Indachmontage oder Aufdachmontage, Vor- und Nachteile

Neigung kann hierbei optimiert werden und es können Kollektoren mit Lichtdurchlässigkeit, wie z. B. Vakuumröhren, verwendet werden, sodass eine angenehme diffuse Strahlung zur Verfügung steht.

Bei Gebäuden in Betonskelettbauweise wie z. B. Plattenbauten ist es möglich, durch die Solaranlage eine für das Gebäude optisch aufwertende und gliedernde Fassadengestaltung zu erreichen.

### Montage von Brüstungskollektoren

Balkonbrüstungen, Absturzelemente, Brüstungsmauern usw. mit Ausrichtung nach Süden eignen sich sehr gut zur Anbringung von Solaranlagen (siehe oben). Hier gibt es viele reizvolle Ideen, mit den Kollektor-Elementen gestalterisch zu spielen. Entweder als einzelne Senkrechtelemente, oder in der Neigung optimal zur Sonne ausgerichtete Kollektorenfelder.

Weitere Baulichkeiten wie Wetter-, Sicht- und Sonnenschutz, Pergolen, Überdachungen, Vordächer, Teilbereiche von Gewächshäusern, Sichtschutzzäune, Lärmschutzelemente bis hin zu Kunstobjekten sind konstruktiv gut zu realisieren.

### Potentialausgleich und Blitzschutz

Potentialausgleich ist für alle metallischen Teile einer elektrischen Anlage grundsätzlich vorgeschrieben (gemäß DIN VDE 0100 Teil 712). Dies betrifft natürlich auch Montagegestelle und Modulrahmen bei PV-Anlagen. Bei thermischen Solaranlagen gibt es unterschiedliche Ansichten, da es sich hier nicht um eine elektrische Anlage handelt.

Empfehlenswert ist die Einbindung in den Potentialausgleich aber doch.

Der Anschluss wird an der Schiene des Hauptpotentialausgleichs, meist beim Stromzähler oder im Heizkeller, vorgenommen. So wie dies bereits von einem evtl. vorhandenen Antennenmast ausgeführt wurde. Mit ei-

Abb. 77 – Brüstungskollektoren als guter gestalterischer und technischer Abschluss einer Terrasse.

nem gelb-grünen Kabel mit mind. 10 mm² Querschnitt ist eine gute elektrische Verbindung (Kontakt) durch Kabelschuhe und korrosionsfeste Zahnscheibe zum Kollektorgestell herzustellen.

Ob das metallische Gestell einer Solaranlage durch zusätzliche Blitzschutzmaßnahmen gesichert werden muss, liegt im Ermessen des Eigentümers und evtl. der Versicherung. In der Regel wird hier auf einen Blitzschutz verzichtet, da bei Gebäuden ohne Blitzschutzanlage das Risiko eines Blitzeinschlages durch die Montage einer Solaranlage grundsätzlich nicht erhöht wird.

Ist das Gebäude dagegen mit einer bestehenden Blitzschutzanlage ausgestattet, sollte die Solaranlage miteinbezogen werden. Auch ist zu prüfen, ob der bestehende Blitzschutz durch die Solaranlage gestört wird. Und es ist leider möglich, dass bestehende Blitzschutzanlagen, die nicht mehr der Norm entsprechen, aber durch den Bestandsschutz noch zulässig sind, durch die Solaranlage die Zulässigkeit verlieren.

# 4 Anbindung an das Heizungssystem

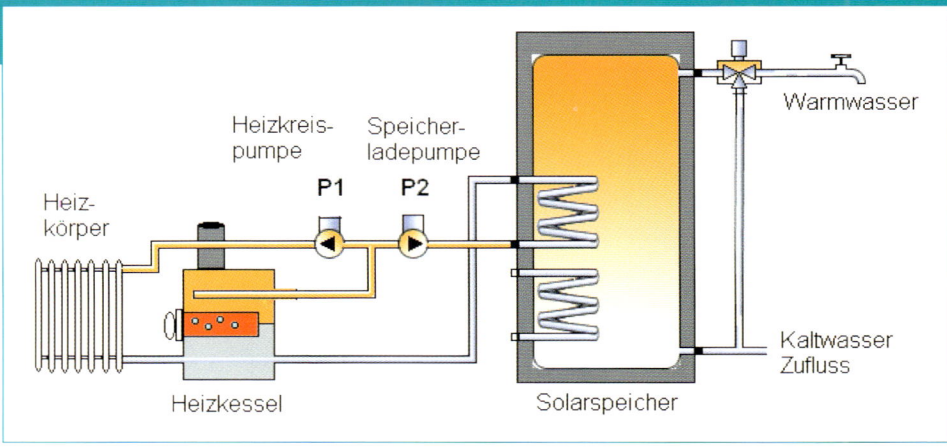

**Abb. 78** – Prinzip des Nachheizens mit dem Heizkessel. Quelle (2)

# 4.1 Nachheizen

Um ausschließlich mit Sonnen-energie zu heizen und das Wasser aufzuwärmen braucht man sehr ausgeklügelte Systeme, die bei einzelnen Projekten auch schon realisiert wurden, leider aber etwas teurer sind.

Bei den eher realistischen Projekten gehen wir von einer solaren Deckung von 30-60 % aus, d. h. dieser Anteil wird direkt durch die Sonne geliefert. In sonnenarmen Zeiten, in den Übergangszeiten und im Winter, wenn die Kraft der Sonne nicht ausreicht, um das Wasser bis zu der erforderlichen Temperatur aufzuheizen, wird dann die Nachheizung für die restlichen 40-70% mit anderen Techniken erforderlich. In der Regel läuft in dieser Zeit die „Heizung" wie z. B. die Zentralheizung, der Kachelofen, der Holzscheit- oder Pelletofen ohnehin. Damit kann dann der Solarspeicher wieder aufgeladen werden.

## Nachheizen mit dem Heizkessel

Eine durchaus sinnvolle und praktikable Lösung ist die Nachheizung des Solarspeichers mit der vorhandenen Zentralheizung, sei es nun Öl, Gas, oder Holz. Je nach Heizungsanlage gibt es verschiedene Möglichkeiten der Anbindung.

Entweder der Nachheizkreis erhält eine zusätzliche Umwälzpumpe, die bei Temperaturanforderung durch den (Solar-)Regler eingeschaltet wird. Oder ein im Heizkreislauf eingefügtes, elektrisch gesteuertes 3-Wege-Regelventil leitet bei Bedarf das Warmwasser in den Solarspeicher.

Die Kombination einer Holzheizung mit Solarenergie ist besonders sinnvoll. Kluge und vorausschauende Bauherren und Baufrauen nutzen den unter Umständen erforderlichen Austausch eines alten überfälligen Heizkessels, um die konventionelle Wärmeerzeugung durch ein regeneratives Energiesystem zu ergänzen. Die Investition lohnt sich gleich mehrfach: der Energiebedarf und damit die Heizkosten sinken, die Heizungsanlage erfüllt die gesetzlichen Auflagen (Energieeinsparverordnung EnEV) und es wird die Energie der Sonne gleich zweifach verwendet.

Scheint die Sonne einmal nicht oder die Einstrahlung ist zu gering, tritt die Holzheizung in Aktion. Der gut wärmegedämmte Solarspeicher wird nun vom Holz-Heizsystem aufgeladen. Je nachdem wie groß das Speichervolumen gewählt wird, reicht eine Holzbefeuerung für mehrere Tage Warmwasser oder Raumheizung.

## Nachheizung mit dem Elektro-Heizstab

In kurzen, sonnenarmen Zeiten und in Übergangszeiten mit vorübergehendem Sonneneinbruch, wenn die Raumheizung noch nicht gebraucht wird, kann es eine sinnvolle, wirtschaftliche Lösung sein, das Wasser ausnahmsweise mit Strom aufzuwärmen.

Die Heizstäbe gibt es mit Leistungen von 2 kW bis über 10 kW Anschlussleistung und meist auch mit der Möglichkeit des wahlweisen Anklemmens an 230 V oder 380 V Drehstrom. Die Heizstäbe sollten vor der Befüllung des Solarspeichers mit Dichtung eingeschraubt werden, ansonsten muss das ganze Wasser wieder abgelassen werden. Um die Kontrolle über diesen Stromverbraucher nicht zu verlieren, rate ich, eine rote Lampe zu installieren, welche anzeigt, wenn der Heizstab aktiv ist. Zusätzlich können Sie noch ein Energie-Verbrauchsmessgerät zwischen Stromnetz und Heizstab einfügen, um den Stromanteil zu ermitteln.

# 5 Das können Sie leicht selbst erledigen

# 5 Das können Sie leicht selbst erledigen

**W**as Sie sich zutrauen können und wollen, wissen Sie selbst natürlich am besten.

Die Frage, die sich bei Ihren Eigenleistungen stellt, ist eher, wo am sinnvollsten Geld gespart werden kann und wo das eigene Potential am wirkungsvollsten zum Einsatz kommt. Wenn der Zeitfaktor keine Rolle spielt, so stellt sich natürlich auch die Frage, ob Sie die Arbeiten aus Lust an der Freude machen, auch wenn es vielleicht bei Ihnen etwas länger dauert.

**Leistungsabgrenzung:**
Viele Handwerker sind für Lösungen, bei denen der Bauherr knifflige Anteile realisiert, sehr aufgeschlossen.

Wichtig ist, dass eine klare Abgrenzung der Arbeiten bei der Angebotsausarbeitung vorliegt und die Abgrenzungen bei der Beauftragung nochmals klar abgestimmt werden. Positionen, bei denen der Bauherr sich noch nicht sicher ist, ob er diese ausführen wird, sind ebenfalls vorab festzulegen mit dem Hinweis: „Ausführung bei Bedarf".

Wichtig ist auch die terminliche Abstimmung. Vorbereitungen durch Sie als Bauherr sollten rechtzeitig durchgeführt werden. Gegenseitige Behinderungen erzeugen ein schlechtes Klima und sind nach Möglichkeit zu vermeiden.

## Grundsätzliches

Sie als Bauherr und Bauherrin kennen Ihr Objekt am besten, sind hoch motiviert, eine gute und dauerhafte Lösung zu finden, auch deshalb, da Sie mit der Solaranlage einige Zeit zusammen sein werden. Sie haben die Möglichkeit, sich immer wieder zwischendurch mit der Lösung eines kniffeligen Problems zu beschäftigen, bis Sie mit dem Ergebnis zufrieden sind.

Der Handwerker hat einen großen Erfahrungsschatz, die fachliche Ausbildung, das erforderliche Handwerkszeug, kostengünstige Materialbeschaffung und die Fachkontakte. Sein Problem: er steht unter Zeitdruck, sucht nach gut handhabbaren Lösungen, die in kurzer Zeit und mit garantiertem Erfolg und mit wenig Risiko umzusetzen sind.

# 5.1 Übersicht der Arbeiten in zwölf Schritten

Schauen Sie sich die nachfolgende Checkliste und das folgende Kapitel hinsichtlich Ihrer Eigenleistungen an. Entscheiden Sie, was und wie viel Sie davon selbst erledigen können und wollen. Überlegen Sie auch, was in dem Fall geschieht, dass Sie zwischendurch verhindert sein sollten.

**Wichtiger Hinweis**

Die nachfolgende Beschreibung zeigt Ihnen grundsätzliche Tricks aus der Praxis auf, die zusätzlich zu der systembedingten Montageanleitung (des Anlagenherstellers) zur Hilfe genommen werden können. Die systembedingte Montageanleitung hat dabei immer den technischen Vorrang, da nur durch diese die Funktion gewährleistet ist.

**Checkliste für Ihre Vorüberlegungen**

| Pos. | Art der Arbeiten | Übernehmen Sie ganz selbst | Übernehmen Sie zum Teil | Übernimmt die Fachfirma |
|---|---|---|---|---|
| 1 | Vorarbeiten | | | |
| 2 | Kollektorstandort festlegen, Speicherstandort festlegen | | | |
| 3 | Leitungstrasse festlegen | | | |
| 4 | Durchbrüche | | | |
| 5 | Leitungsverlegung (Wasser/Elektro), Dämmen | | | |
| 6 | Unterkonstruktion, Dachhaken | | | |
| 7 | Unterkonstruktion, Gestell | | | |
| 8 | Kollektoren montieren | | | |
| 9 | Speicher aufstellen | | | |
| 10 | Speicher an vorhandene Heizungsanlage anbinden | | | |
| 11 | Solarkreislauf an Speicher anschließen | | | |
| 12 | Solarkreislauf befüllen, Solaranlage in Betrieb nehmen | | | |

# 5.1 Übersicht der Arbeiten in zwölf Schritten

**1. Vorarbeiten, Vorbereitungen, Vorüberlegungen**
Zuerst ist es hilfreich und notwendig, das Projekt vorzubereiten:

- Wo soll die Solaranlage hin? (Siehe auch Kapitel Vorrausetzungen)
- Gibt es optische Zusatzüberlegungen, reicht der Platz?
- Wo soll der Speicher stehen?
- Wo ist die beste/kürzeste Verbindung zum Speicher?
- Sind alte Installationen auf dem Dach zu entfernen (z. B. alte Antennenanlage, Schneefanggitter ...)?
- Braucht es Ersatzziegel oder spezielle Solar-Ziegel zur Durchführung der Solarleitung?
- Ist ein Gerüst erforderlich?
- Wo kommen die Materialien her, welches System passt?
- Wie wird das Solarsystem in die vorhandene Heizungsanlage eingebunden?

**2. Kollektorstandort festlegen, Speicherstandort festlegen**
Nachfolgende Hinweise beziehen sich vor allem auf die Montage einer Aufdachanlage.

Bei einer Innendachmontage entfallen einige Punkte zu der Unterkonstruktion. Dafür werden die Kollektoren mit Winkeln direkt auf die Sparren geschraubt.

**Abb. 79 –** Beim ersten Blick auf das geschlossene Dach stellt sich die Frage, wo sind die Sparren, auf die die Dachhaken für die Unterkonstruktion geschraubt werden können?

# 5.1 Übersicht der Arbeiten in zwölf Schritten

**Abb. 80** – Der Blick auf die Dachrinnenhalter bei einer freiliegenden Dachrinne hilft! Dort, wo die Dachrinnenhalter befestigt sind, sind meist auch die Sparren. Auch Dachfenster und der Kamin werden meist von Sparren flankiert (bei breiteren Dachfenstern im Feld mehrere Sparrenfelder). Ansonsten müssen Ziegel herausgenommen werden, um die Sparren zu finden.

---

**Mein Tipp**

Bei den ersten Schritten auf dem Dach können die Betonziegel, um auf dem Dach besser laufen zu können oder um zu schauen, wo der Sparren liegt, einfach hochgeschoben werden.

**Abb. 81** – Kollektorfeld, bezogen auf die Sparrenlage, ausmessen. Am besten die Unterkonstruktion (senkrechte und waagrechte Schienen, je nach System) auf das Dach legen. Kollektorfeld in der Höhelage des Daches ermitteln. Auf Beschattungen und Dachdurchdringungen wie Lüftungsstutzen, Kamine, Antennenmasten usw. achten. Die Solaranlage so hoch wie möglich anordnen, aber wenigstens ein bis zwei Reihen Ziegel unter dem Firstziegel frei lassen. Die Firstziegel und oft auch die darunter liegenden Ziegel sind bei älteren Häusern meist eingemörtelt und lassen sich schwer herausnehmen. Bei neueren Häusern sind die Firstziegel mit Klammern verbunden oder geschraubt und können meist nur dann herausgenommen werden, wenn von einer Seite her alle Firstziegel abgedeckt werden. Der Abstand der Dachhaken (in der Höhe) für die Unterkonstruktion der Kollektoren sollte etwa über vier Ziegelreihen (in der Höhe) reichen (systemabhängig!). Unten sollte zumindest noch eine Ziegelreihe zwischen Dachrinne und Kollektoren liegen, damit das Regenwasser und der Schnee von den Kollektoren in die Dachrinne gelangen können.

# 5.1 Übersicht der Arbeiten in zwölf Schritten

Unterkonstruktion entweder in vorhandene Dachhaken auf das Dach oder in die Dachrinne legen, dann sehen Sie gleich – von diesem Sparren auf der linken Seite bis zum Sparren auf der rechten Seite kann das Kollektorfeld liegen. Die Schiene am Ende sollte max. 30-40 cm über dem letzten Sparren auf der entsprechenden Seite überragen (je nach System).

### 3. Leitungstrasse festlegen

Siehe auch Kapitel „Leitungstrasse".

Wenn klar ist, wo der Kollektor hinkommt und wo der Speicher steht, kann die Leitungstrasse festgelegt und die Verrohrung vorbereitet werden. Die Solarleitung sollte an der höchsten Stelle des Kollektors an-

geschlossen werden und dort auch aus dem Dach kommen.

### 4. Durchbrüche

Durchführungen und Durchbrüche für die Rohrleitungen sind oft knifflig und zeitaufwendig. Wer an seinem Haus Umbauten und Sanierungen macht, weiß, wie und wo er am besten durchkommt, ohne das halbe Haus einzureißen.

Es ist sinnvoll, zuerst mit einem dünnen langen Bohrer die „Suchbohrung" durchzuführen und erst danach den Durchbruch im benötigten Durchmesser zu machen.

Abb. 82 – Je nach System ist der untere Abschluss der Kollektoren durch eine Querschiene herzustellen. In diese werden die Kollektoren bei der Montage zunächst abgelegt bzw. eingehängt, bevor diese festgeschraubt werden können. Diese Schiene sollte später auf jeden Fall dachparallel montiert werden. Die Ausrichtung kann anhand der Ziegelreihen oder durch Abstandsmessung zu relevanten Kanten (z. B. Dachrinne) durchgeführt werden.

### 5. Leitungsverlegung, Dämmen

Siehe auch Kapitel „Leitungstrasse".

Wird ein flexibles Edelstahlrohr verwendet, so ist die Länge vom Kollektor bis zum Solarspeicher gut einzuteilen. Reicht das Flexrohr nur zu einem Kollektoranschluss, so kann der andere Anschluss mit einer Verlängerung aus Kupferrohr und Verbindungen mit Hilfe der Klemmverschraubung angeschlossen werden. Einzurechnen sind die erforderlichen Wege aus dem Dachraum, durch den Solarziegel und möglicherweise noch eine zusätzliche Verlängerung, um das Rohr an den Kollektoranschluss zu bringen. Anschlüsse auf dem Dach besser nicht zu kurz bemessen!

> **Mein Hinweis**
>
> Die Rohrleitung vom Speicher zum Kollektor sollte stetig mehr oder weniger ansteigen. Berg und Tal auf dem Weg bedeutet, es gibt einen Luftsack und der ist schlecht! Diesen Luftsack heraus zu bringen ist nämlich schwierig.

### 6. Unterkonstruktion, Dachhaken

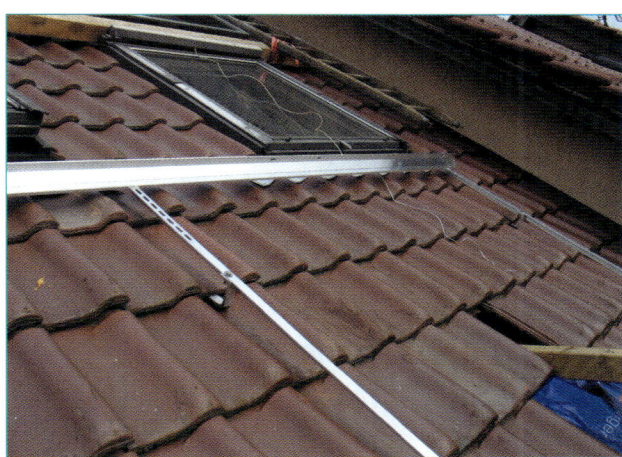

**Abb. 83 –** Durch die waagrechten und senkrechten Schienen wird klar, bis wohin das Kollektorfeld reicht. Sind die Befestigungspunkte klar, so können die Ziegel an diesen Stellen herausgenommen werden und an einem abrutschsicheren Platz, wie z. B. auf dem Gerüst, deponiert werden.

**Abb. 84 –** Je nach Ziegelart müssen Sie einen Teil des Ziegelwulstes mit dem Hammer entfernen, damit der Dachhaken nicht auf dem Ziegel knirscht bzw. der Dachhaken den darunter liegenden Ziegel durch den Druck nicht zum Reißen bringt.

**Abb. 85 –** Nun können Sie die Dachhaken für die Unterkonstruktion auf den Sparren aufschrauben. Je nach System können diese Dachhaken seitlich und in der Höhe verstellt bzw. versetzt werden, so dass der Abstand an die Bedingungen und die Ziegelart angepasst werden kann. Alle Schrauben entsprechend der Einbauanleitung festziehen, Gewindeschrauben nur in Verbindung mit selbstsichernden Muttern oder Federringen verwenden!

### Mein Tipp

Den Dachhaken mit etwas Spiel an die Ziegel anpassen. Notfalls zwischen dem Dachhaken und dem Sparren etwas unterlegen, z. B. ein dünnes wasserfestes Holzbrettchen. Knirscht der Haken am Ziegel, so brechen die Ziegel bei Belastung, z. B. durch den Kollektor, durch. Der Austausch des gebrochenen Ziegels ist nach Montage des Kollektors sehr aufwändig.

**Abb. 86 –** Je nach Ziegelart müssen Sie auch einen Teil des Ziegelwulstes des darüber liegenden Ziegels mit dem Hammer entfernen, damit der Ziegel gut auf dem Dachhaken zum Liegen kommt.

**Abb. 87** – Sind Sie auf dem Dach alleine, so ist es hilfreich, beim Einsetzen des Ziegels im Bereich des Dachhakens einen Keil oder Meterstab beim darüber liegenden Ziegel so einzuklemmen, dass der Ziegel gut eingeschoben werden kann. Sind Sie zu zweit, kann die zweite Person den oberen Ziegel anheben, sodass Sie den anderen hinein schieben können.

## Mein Tipp

Die Dachhaken der Unterkonstruktion am besten an einem regenfreien Tag komplett einbauen und spätestens am Abend das Dach komplett wieder schließen. Man weiß nie, was über Nacht für Wetter kommt!

### Sonderdachhaken

Für nahezu alle gewöhnlichen und ungewöhnlichen Ziegelformen und Dachausbildungen gibt es auf dem Markt passende Dachhaken.

Sonderdachhaken für Schiefer oder Tegalit bis hin zu denen im südlichen Europa verwendeten Mönch- und Nonne-Ziegeln liefern Firmen für Solar-Montagetechnik, wie z. B. die Firma Schletter GmbH (siehe auch Adressen im Anhang).

Auch für Dächer mit Well-Eterniteindeckung oder Trapezblecheindeckung gibt es spezielle Befestigungsteile. Üblicherweise wird eine Stockschraube durch die Dachhaut mit der Unterkonstruktion ver-

schraubt. Durch eine eingefügte Dichtung, z. B. aus Kautschuk, werden die Montagebohrungen ausreichend abgedichtet.

Bei Blechdächern mit stehenden Blechfalzen werden spezielle Blechfalzklammern angeboten. Auf diese kann die Unterkonstruktion der Solaranlage montiert werden.

Beim Altbau kann es sinnvoll sein, eine durchgängige Aufdachdämmung oberhalb der Sparren aufzubringen (zur Wärmedämmung). Die Befestigung der Dachhaken ist dann mit einem Abstandshalter, dessen Länge entsprechend der Dachdämmung sein sollte, aufzuschrauben.

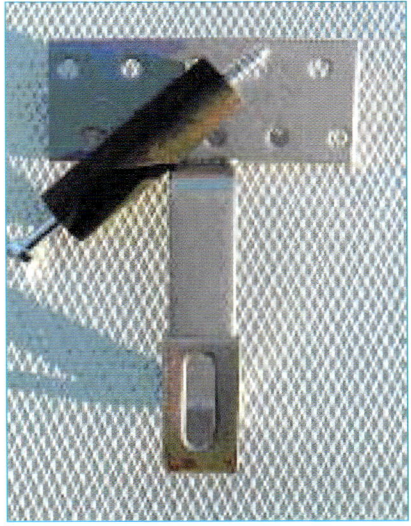

**Abb. 88** – Sonderdachhaken für Aufdachdämmung (oberhalb der Sparren). Quelle (6)

# 5.1 Übersicht der Arbeiten in zwölf Schritten

## 7. Unterkonstruktion Gestell

Die Unterkonstruktion für die Solaranlage besteht meist aus Aluminiumprofilen, die je nach System waagrecht, senkrecht, oder kreuzweise auf die Dachhaken aufgeschraubt werden. Die Schienen sind entsprechend der Systembeschreibung auf die Dachhaken aufzuschrauben, auszurichten und mit dem vorgeschriebenen Drehmoment anzuziehen. Alle Verschraubungen auf Festigkeit kontrollieren! Durch Langlöcher kann die Unterkonstruktion an die Ziegel- und Sparrenabstände angepasst und ausgerichtet werden.

## 8. Kollektoren Montieren

Siehe auch das Kapitel „Montage der Solaranlage".

Die Kollektoren auf das Dach zu bringen ist mit entsprechendem Equipment gut möglich. Bedenken Sie aber, Kollektoren wiegen, je nach Größe, um die 50 kg! Nach meiner Meinung eher etwas für den Handwerker, aber es besteht ja auch die Möglichkeit, dass sich der Solarinstallateur durch Ihre Mithilfe einen Mitarbeiter sparen kann, wodurch Sie wiederum auch sparen können.

Beim Anhängen der Kollektoren an einen Seilzug werden am besten geeignete Gurte um den Kollektor gebunden und diese gegen Abrutschen abgesichert. An der oberen Befestigung sollte eine stabile Latte so eingefügt werden, dass die Gurte beim Anziehen des Zugseiles nicht zusammenrutschen können.

Wird das Dach saniert, besteht die Möglichkeit, in Absprache mit den Dachdeckern, eventuell deren Dachdeckeraufzug zu benutzen.

**Abb. 89 –** Transport der Kollektoren auf das Dach mit einer Seilwinde. Wichtig ist, dass die Haltebänder für eine entsprechende Zugkraft bzw. Traglast vorgesehen sind. Die Haltebänder müssen so befestigt werden, dass sie seitlich nicht abrutschen können.

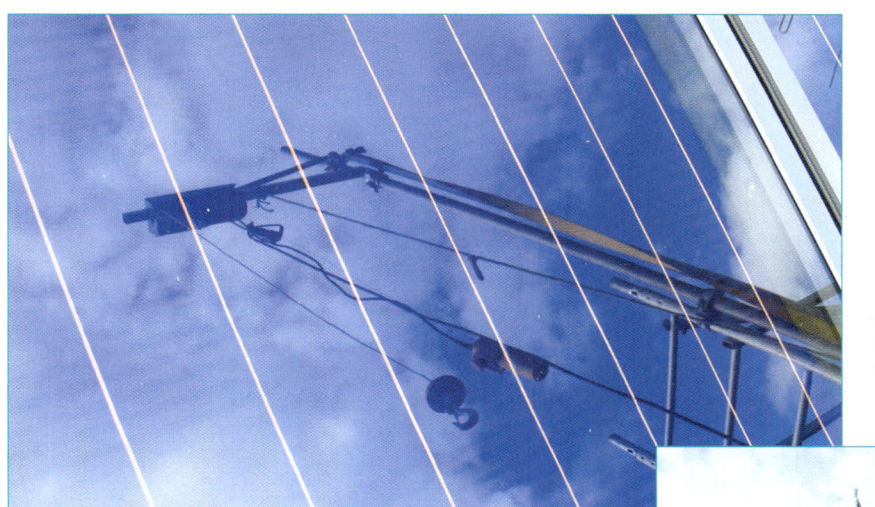

**Abb. 90** – Im Kollektor können Sie die sich spiegelnde Seilwinde (am Gerüst befestigt) sehen.

## Wichtiger Hinweis

Wird auf dem Dach montiert, ist der Bereich unterhalb des Daches abzusperren und zu sichern. Es darf sich in diesem Bereich niemand aufhalten. Es kann z. B. schnell einmal passieren, dass ein Werkzeug oder Material vom Dach herunterfällt.

**Abb. 91** – Transport der Kollektoren auf das Dach mit Dachdeckeraufzug. Dies ist vor allem dann sinnvoll, wenn ohnehin Dacharbeiten ausgeführt werden müssen. Ansonsten lassen sich Dachdeckeraufzüge auch tageweise ausleihen.

**Mein Tipp**

Wenn Vorlauf und Rücklauf der Solarleitung nicht eindeutig markiert sind, vor der Installation der Kollektoren durch das Rücklaufrohr blasen und dieses unten am Speicher entsprechend markieren.

**Abb. 92** – Flexibler Edelstahlschlauch mit Dämmung und Fühlerkabel, auf dem Dach ausgerollt.

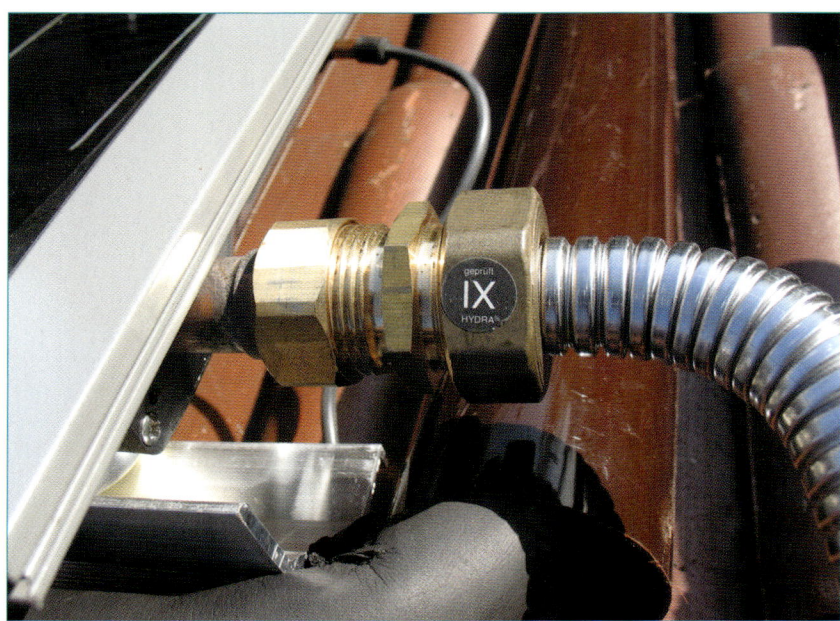

**Abb. 93** – Kollektoranschluss mit Flexrohr und Patentverschraubung. Darunter ist die Verbindung zum unteren Kollektorfeld mit einem braunen Schutzrohr zu erkennen.

# 5.1 Übersicht der Arbeiten in zwölf Schritten

Abb. 94 – Anschluss Thermofühler. Wichtig: unbedingt UV-beständiges, ausreichend temperaturstabiles Kabel verwenden! Den Fühler bis zum Anschlag einschieben und notfalls befestigen.

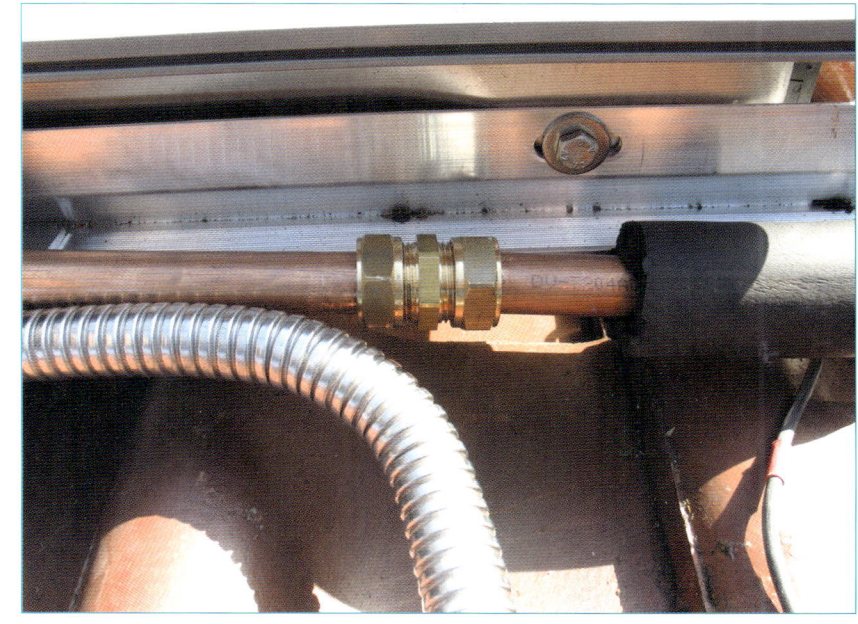

Abb. 95 – Verbindung der Kollektorenfelder untereinander mit Kupferrohr 22 mm und Klemmverschraubungen. Kollektorverbindungen zunächst nur zum Teil mit Dämmschlauch ummantelt. Die Schraubverbindungen erst ummanteln, wenn die Dichtigkeitsprüfung stattgefunden hat, ansonsten ist es schwierig, eine Undichtigkeit zuzuordnen.

**Abb. 96 –** Wenn möglich, sollten die Rohrverbindungen vor dem endgültigen Zusammenfügen zusätzlich mit einem Hüllrohr vor pickenden Vögeln geschützt werden.

### 9. Speicher aufstellen und befüllen

Ist der Platz für den Speicher festgelegt, so ist folgendes Vorgehen nützlich: Den Solarspeicher so ausrichten bzw. drehen, dass die Rohranschlüsse und die Verlegung der Wasserleitungen waagrecht und senkrecht und in 45°- oder 90°-Winkeln erfolgen kann. Dies auch in Bezug auf die vorhandenen Installationen anwenden. Anschlüsse am Solarspeicher sind meist im 1" oder 1½-Zoll-Bereich vorhanden. Deshalb vorher entsprechende Messingfittings, Reduzierfittings, Übergangsstücke und Dichtungen besorgen.

### Die Befüllung des Speichers bedarf einiger Sorgfalt:

Alle Sicherheitsarmaturen (Überdruckventil, Mischer Kalt- und Warmwasser) müssen vor dem Befüllen installiert sein. Auch alle Anschlüsse müssen fertig installiert sein.

Dann den Speicher von unten her befüllen (unterer Befüllstutzen). An der Oberseite des Speichers das Entlüftungsventil öffnen. Je nach Wasserdruck und Speichergröße dauert die Befüllung einige Stunden.

**10. Speicher an vorh. Warmwasserversorgung und Heizungsanlage anbinden**

Die Anbindung des Solarspeichers an die bestehende Warmwasserversorgung sollte mit den Materialien durchgeführt werden, mit denen die vorhandene Wasserinstallation ausgeführt wurde. In bestehenden Gebäuden meist mit Kupfer. Die Kupferinstallation kann in weich-gelöteter Ausführung erfolgen. Auch möglich sind Sandwich-Pressrohrverbindungen. Hierzu benötigen Sie aber ein spezielles Presswerkzeug.

**Mein Tipp**

In Fliessrichtung hinter Kupferleitungen keine verzinkten Rohre installieren. Dagegen kann in Fliessrichtung hinter verzinktem Rohr Kupferrohr verwendet werden.

**Wichtig zu erwähnen:**

Im Kaltwasserzulauf zum Solarspeicher ist ein Überdruckventil mit einem Überlauf vorzusehen (ca. 4 bar, je nach Wasserdruck der Hausinstallation). Dies deshalb, damit das sich im Solarspeicher ausdehnende Wasser (durch die Erwärmung) und der dadurch erhöhte Druck notfalls darüber entweichen können. Bis zu einem gewissen Grad wird dieser im Ausgleichsgefäß der Warmwasserinstallation aufgefangen; wird der Druck zu hoch, tritt das Überdruckventil in Aktion.

Wichtig ist auch ein automatischer Temperatur-Mischer für die Warmwasserversorgung. Im Solarspeicher können, je nach Einstellung, Wassertemperaturen von über 80°C herrschen. Damit würden Sie sich beim Aufdrehen des Warmwasserhahns verbrühen! Der automatische Mischer, zwischen Solarspeicher und Warmwassernetz angebracht, regelt das Warmwasser auf eine verträgliche Temperatur, die Sie einstellen können.

**Abb. 97** – Mischer. Quelle (1)

**Mein Tipp**

Bevor Sie das alte Warmwassersystem abklemmen, sollte die Solaranlage soweit vorbereitet sein, dass eine schnelle Übergabe möglich ist. Sonst gibt es vielleicht einige Tage ohne warmes Wasser!

### 11. Solarkreislauf an Solarstation anschließen

Die vom Kollektor kommenden Rohrleitungen sind an der Solarstation anzuschließen. Beachten Sie dabei unbedingt die richtige Anordnung von Vorlauf und Rücklauf, ansonsten funktioniert die Solaranlage durch die eingebauten Rückflussventile nicht (Schwerkraftbremsen).

### 12. Solarkreislauf befüllen, Anlage in Betrieb nehmen

Der möglicherweise spannendste Augenblick bei der Installation der Solaranlage.

Sollten Sie einen Kompressor zur Verfügung haben, kann es sinnvoll sein, die Anlage mit Pressluft abzudrücken, bevor die Rohre mit Solarflüssigkeit gefüllt werden. Vor allem wenn Rohrabschnitte gelötet wurden und Sie sich unsicher sind, ob alles dicht ist. Denn ist die Anlage an einer Stelle undicht und wurde bereits befüllt, muss alles wieder abgelassen werden und die Lötstellenreparatur ist problematisch. Die Druckluft dagegen kann einfach ohne Folgen wieder abgelassen werden. Bei der Prüfung mit Druckluft wird das zu prüfende Rohrsystem mit bis zu maximal 6 bar gefüllt, dann der KFE-Hahn geschlossen und der Druck eine halbe Stunde später am Manometer überprüft. Ist der Druck nicht wesentlich abgefallen, ist alles dicht. Wenn doch, gibt es eine Undichtigkeit. Dann sind mit einem nassen Lappen alle Löt- und Schraubverbindungen auf heraustretende Luft abzugehen.

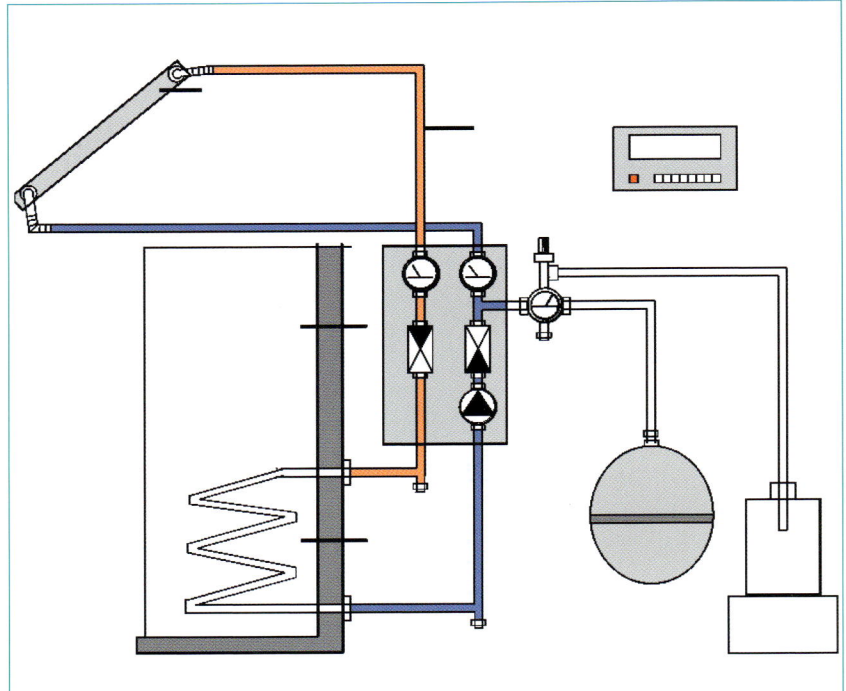

**Abb. 98** – Anschluss der vom Kollektor kommenden Rohrleitungen an die Solarstation. Zur Überprüfung: im Vorlauf ist die vom Kollektor kommende erhitzte Solarflüssigkeit. Diese geht an den oberen Anschluss des Wärmetauschers beim Solarspeicher. Der Rücklauf ist „kalt", kommt vom Speicher und geht über die Pumpe in der Solarstation zum Kollektor.

# 5.1 Übersicht der Arbeiten in zwölf Schritten

Zum Spülen und Befüllen des Solarkreislaufs mit Solarflüssigkeit braucht man eine geeignete Pumpe mit Spüleinrichtung und dem nötigen Druck von 5-6 bar.

Die Solarflüssigkeit muss vorher aus Wasser und Frostschutz im richtigen Verhältnis gemischt werden (siehe Solarflüssigkeit).

Am besten ist es, Sie leihen sich eine geeignete Pumpe aus oder lassen sich bei der Befüllung vom Fachmann helfen.

## Wichtiger Hinweis

Die Befüllung darf nur bei „kühlem" Kollektor (unter 40°C) durchgeführt werden. Dies bedeutet, entweder in Zeiten ohne Sonneneinstrahlung zu befüllen oder bei abgedecktem Kollektorfeld.

Abb. 99 – Befüllungspumpe im Einsatz.

**Spülen**

Die Befüllungspumpe wird an die Befüllungsstutzen der Solarstation angeschlossen. Zuerst mit Wasser/Frostschutzgemisch mindestens ½ Stunde lang gründlich spülen. Gute Befüllungspumpen haben einen eingebauten Filter, der die bei der Spülung ausgeschwemmten Teile herausfiltert. Die Spülung dient auch dazu, im Solarkreislauf befindliche Luft herauszuspülen. Nur mit Wasser zu spülen kann ich nicht empfehlen, da die einmal befüllten Kollektoren nicht mehr vollständig entleert werden können.

Die weiteren Ziffern bedeuten: 3 Solarstation, 20 Speichervorlauf, 21 Speicherrücklauf, 22 zum Ausgleichsbehälter, 23 Überlauf-Sicherheitsventil, 24 Behälter der Befüllungspumpe, 25 Befüllungspumpe, 26 Anschlussschlauch von Befüllungspumpe, 27 Solarflüssigkeit, bestehend aus Wasser und Frostschutz.

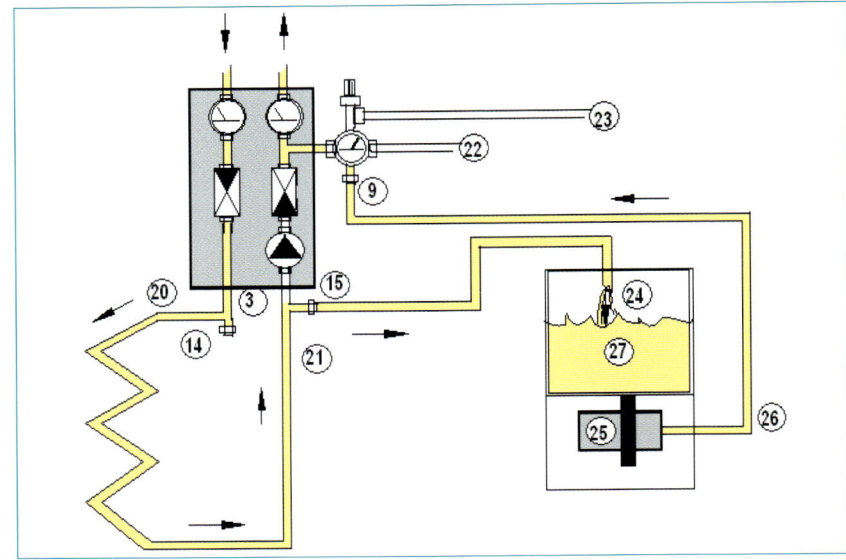

**Abb. 100 –** Der Anschluss der Befüllungspumpe (Druckseite) mit Wasserschlauch am Befüllungsstutzen (mit KFE-Hahn) Nr. 9 oben an der Pumpengruppe. Ein weiterer Schlauch wird am Stutzen mit KFE-Hahn Nr. 14 oder besser am Befüllungsstutzen mit KFE – Hahn Nr. 15 angeschlossen, dieser geht zurück in den Pumpenbehälter Nr. 24 (Umwälzung). Die Befüllungspumpe einschalten und beide KFE-Hähne öffnen. Eine halbe Stunde spülen.

**Befüllung**

Nach dem Spülen kann die Anlage befüllt werden. Die Schläuche bleiben nach dem Spülen verbunden. Es wird nur der KFE-Hahn Nr. 14 bzw. Nr. 15 geschlossen. Wichtig ist, ausreichend Solarflüssigkeit bei der Befüllung bereitzuhalten. Im Solarkreislauf alle Hähne öffnen. Druck auf die Anlage geben und eine zweite Person sollte jetzt alle Rohrverbindungen im Solarkreislauf auf Dichtigkeit prüfen, vor allem die des Kollektorfeldes. Mit zwei Rohrzangen „bewaffnet" können kleine Undichtigkeiten sofort mit vorsichtigem Nachziehen behoben werden. Für den Fall eines größeren Lecks: Befüllung sofort abbrechen, Druck ablassen und die Undichtigkeit beheben. Dann weiter mit der Befüllung fortfahren.

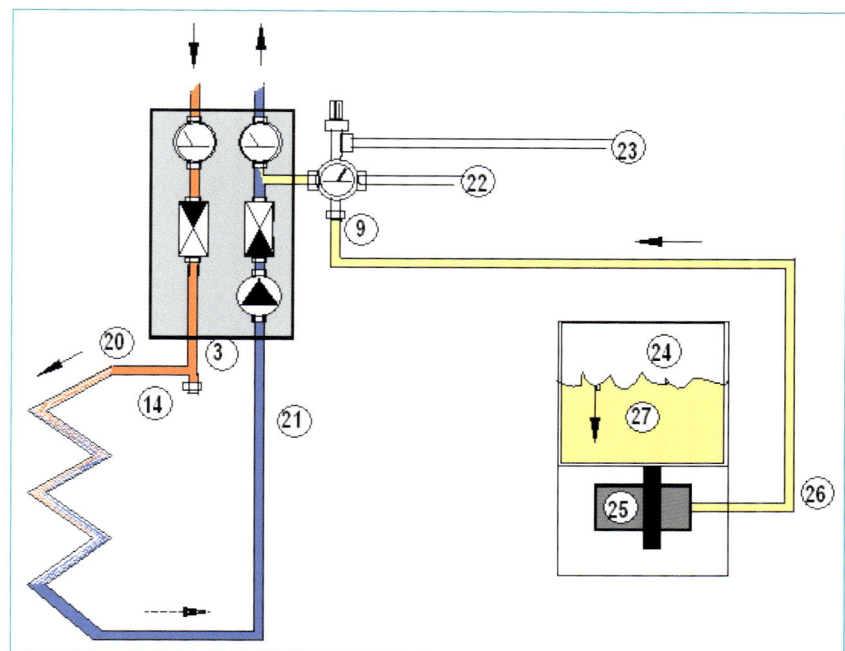

**Abb. 101** – Befüllung des Solarkreislaufes. Die Solarflüssigkeit Nr. 27 wird mit der Befüllungspumpe Nr. 25 über den Stutzen am KFE-Hahn Nr. 9 in den Solarkreislauf gefüllt. Genügend Solarflüssigkeit vorhalten, damit die Befüllungspumpe keine Luft zieht und diese in den Solarkreislauf pumpt. Solarkreis bis zum vorgeschriebenen Anlagendruck auffüllen (systembedingt). Dann KFE-Hahn Nr. 9 schließen und Schlauch Nr. 26 abklemmen.

**Abb. 102** – Solarstation während der Befüllung.

Der Anlagendruck kann am Manometer (in der Solarstation) überprüft werden und zur Dichtigkeitsprüfung vorsichtig auf 4-6 bar hochgefahren werden (systembedingt). Danach ist der vom Systemhersteller vorgeschriebene Druck einzustellen. In den Tagen nach der Befüllung ist es sinnvoll, die Druckanzeige immer wieder auf Druckabfall zu überprüfen.

Ist der Solarkreis befüllt, kann der Solarregler angeschlossen und die möglicherweise aufgelegte Abdeckung des Kollektorfelds entfernt werden. Die Solarpumpe sollte jetzt laufen (wenn die Kollektortemperatur höher

**Wichtiger Hinweis**

Die Pumpe der Solarstation nicht laufen lassen, bevor die Solaranlage befüllt ist. Die Pumpe könnte sonst trocken laufen!

ist als die des Speichers). Auf der Displayanzeige der Solarstation können jetzt die Temperaturen der einzelnen Messstellen abgelesen werden (systembedingt).

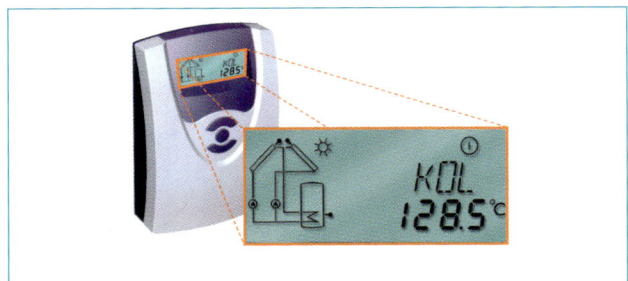

**Abb. 103** – Solarregler mit Anzeige der Temperaturwerte. Quelle (1)

**Mein Tipp**

Sind in der Pumpe der Solarstation gluckernde Geräusche wahrzunehmen, können Sie die große Schraube hinten an dem Pumpengehäuse vorsichtig lösen (Pumpe läuft) und die darin befindliche Luft herauslassen.

Das Display zeigt dann (meist) als erstes die Kollektortemperatur an. Mit den Up- und Down-Tasten können dann die Parameter abgefragt werden (systembedingt).

Möglicherweise müssen noch einige Einstellungen am Solarregler vorgenommen werden, um die Funktion der Solaranlage optimal an Ihre Bedingungen anzupassen.

# 6 Die Solaranlage steht still

*Hilfe … Die Solaranlage steht still, die Temperatur im Kollektor steigt, das Sicherheitsventil öffnet …. Was ist los, was kann ich tun?*

Solaranlagen sind sehr sicher und in aller Regel arbeiten diese wartungsarm und durch die ausgereifte Technik sehr zuverlässig. Trotzdem kann es Störungen geben oder es hat den Anschein, dass eine Betriebsstörung auftritt. Gerade für diesen Fall ist es sinnvoll, zuerst einmal die möglichen Ursachen zu verstehen. Auch dazu sollen und können diese Kapitel beitragen.

# 6.1 Störungen, Ursachen, Behebung

In der folgenden Tabelle finden Sie einfache Betriebstörungen und sichtbare Schäden an der Solaranlage aus den Erfahrungen des praktischen Betriebes. Sofern noch Garantieleistung besteht, sollten Sie zuerst mit dem Installateur bzw. dem Hersteller in Kontakt gehen, bevor Sie selbst Hand anlegen.

Bei modernen Solaranlagen ist es ähnlich wie bei Autos: Je moderner und komplexer die Solaranlagen werden, desto schwieriger wird es, die Ursachen eindeutig herauszufinden. Möglicherweise sind auch mehrere Ursachen für eine Störung verantwortlich. Im Zweifelsfall bitten Sie den Solarexperten um einen Servicetermin.

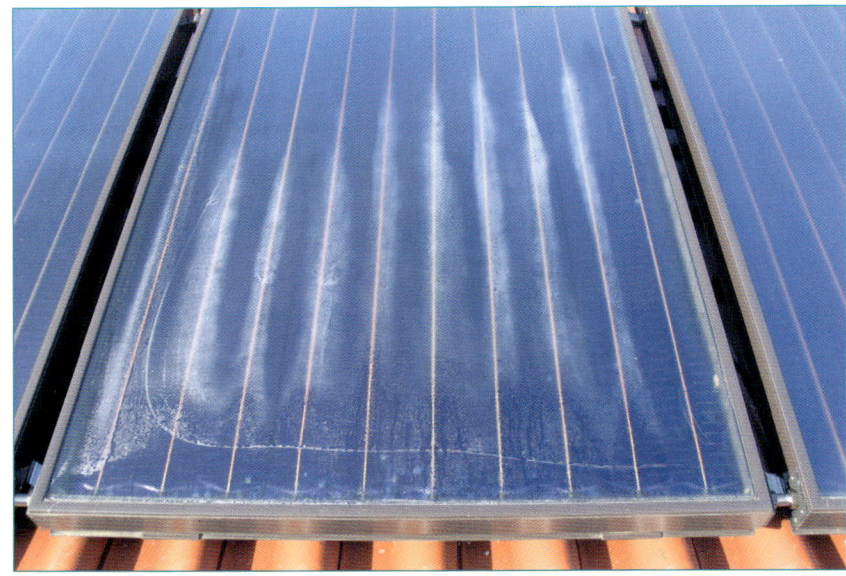

**Abb. 104 –** Schadhafter Kollektor, zu sehen ist die von innen beschlagene Glasscheibe.

**Abb. 105 –** Unter dem Dachhaken gebrochener Ziegel.

# 6.1 Störungen, Ursachen, Behebung

| Störung | Ursache | Behebung |
|---|---|---|
| Leistung ungenügend Vakuumkollektor, Kollektorglas ist von innen beschlagen | Kollektor ist undicht (Vakuum fehlt), z. B. bei Vakuumkollektoren der älteren Bauart | Kollektorröhre komplett austauschen |
| Leistung ungenügend Flachkollektor, Kollektorglas ist von innen beschlagen | Wasserdampf aus dem Inneren des Kollektors kann nicht austreten, Kollektor undicht | Dampföffnungen reinigen, Kollektor evtl. im Bereich des Glases/Rahmens abdichten, Kollektor komplett austauschen |
| Leistung ungenügend | Solaranlage wird beschattet | Wenn möglich, Schatten werfendes Objekt entfernen |
| Leistung ungenügend, Geräusche | Luft im System | entlüften |
| Überdruckventil lässt ständig Solarflüssigkeit ab | Ausgleichsbehälter zu klein oder kaputt | Ausgleichsbehälter austauschen |
| Pumpe läuft nicht | Sicherung oder Kabel der Pumpe oder des Solarreglers defekt | Nach Ursache der Unterbrechung (Kurzschluss) suchen, Sicherung austauschen |
| Pumpe läuft, gluckernde Geräusche Pumpe vorsichtig öffnen | Luft in der Pumpe | Hintere Stellschraube im Betrieb der |
| Pumpe läuft nicht | Pumpe festgefressen | Hintere Stellschraube aufschrauben, mit Schraubenzieher Welle in Bewegung bringen |
| Pumpe läuft nicht | Solarregler defekt | Solarregler überprüfen, ggf. austauschen |
| Pumpe schaltet nicht mehr ab | Fühler defekt, Solarregler defekt | Überprüfen, ggf. austauschen |
| Temperatur im Kollektor steigt, Pumpe läuft nicht | Die für den Speicher eingestellte Maximaltemperatur ist erreicht und dieser kann keine weitere Wärme mehr aufnehmen | Bei längerer Hitzeperiode nachts Speicher über Kollektor abkühlen lassen (Handbetrieb) |
| Anlagendruck im Solarkreislauf fällt ständig ab | Undichtigkeit im Solarkreislauf | Beim Solarkreislauf nach austretender Flüssigkeit suchen, abdichten |
| Speicher kühlt nachts extrem aus | Schwerkraftbremse fehlt oder ist defekt | Schwerkraftbremse einbauen bzw. austauschen |
| Wasser dringt ins Haus ein | Ziegel unvollständig gedeckt, Ziegel unter Kollektorhalter gebrochen | Bei Trockenheit mit Wasserkanne Schadstelle einkreisen. Zur Not Kollektor(en) abnehmen und Stelle abdichten |

## 6.2 Wartung der Solaranlage

Wie jede technische Anlage benötigt auch Ihre Solaranlage eine regelmäßige Wartung, die meisten einfachen Wartungsarbeiten können Sie auch selbst durchführen.

Sollte eine Fachfirma bei der Installation beteiligt gewesen sein, so ist es sinnvoll, dass der Hand-

| Nr. | Wartungsarbeiten | Hilfsmittel | Maßnahme | Zeitintervall, Jahre |
|-----|------------------|-------------|----------|----------------------|
| 1 | Solarkreis entlüften | Entlüftungsschlüssel | Entlüfterschraube öffnen | 4 Wochen nach Inbetriebnahme |
| 2 | Frostschutzmittel im Solarkreis auf | Mit Frostschutzprüfer auf mind. - 20°C prüfen | Bei Flachkollektoren Frostschutzanteil erhöhen. Bei Röhrenkollektoren durch systembedingtes Fertiggemisch austauschen | 2 Jahre |
| 3 | Korrosionsschutz Solarflüssigkeit | pH-Wert mit einem pH-Indikator (Papier) prüfen, Sollwert ca. pH 7,5 | Ist Wert weit unterschritten, Solarflüssigkeit tauschen | 10 Jahre |
| 4 | Anlagendruck | Manometer | Druck überprüfen | Regelmäßig |
|  | Sicherheitsventil |  | Durch am Knopf drehen, Funktion prüfen | 1 x pro Jahr |
| 5 | Funktion Solarregler |  | Auf das Display schauen | Regelmäßig |
| 6 | Funktion Umwälzpumpe | Durchflussprüfung | Laufgeräusch | Regelmäßig |
| 7 | Korrosionsschutz Speicher | Magnesium-Schutzanode, Spannung messen | Schutzanode austauschen | Alle 3-5 Jahre |
| 8 | Ausdehnungsgefäß |  | Sichtkontrolle auf Undichtigkeit. Alter? | 1 x pro Jahr |
| 9 | Kollektorfeld, Kollektor-befestigung | Scheiben beschlagen? Verschmutzung? Mechanische Schäden? Verschraubungen fest? | Sichtkontrolle | 1 x pro Jahr |
| 10 | Brauchwassermischer | Warmwassertemperatur an der Zapfstelle | Fühlprüfung | Im täglichen Gebrauch |

werker die Inbetriebnahmen der Anlage durchführt und ein dementsprechendes Betriebsprotokoll erstellt, in dem die Messwerte und die Funktion eingetragen werden. Auch steht Ihnen im Rahmen der Gewährleistung (BGB 5 Jahre) eine Mängelbehebung bzw. entsprechende Garantieleistungen zu.

Trotzdem ist es gut, wenn Sie kleinere Problemchen selbst beheben und die Wartung nach der Garantiezeit selbst übernehmen können. Läuft die Solaranlage erst einmal, gibt es normalerweise nicht mehr viel zu tun.

Weitere Empfehlungen zur Wartung finden Sie im Handbuch oder in den Wartungsunterlagen des Systemherstellers.

### Anlagendruck

Vor allem am Anfang, kurz nach dem Befüllen und der ersten Inbetriebnahme der Solaranlage, sollte der Betriebsdruck der Solaranlage öfters überprüft werden. Bei dem frisch gefüllten Solarsystem ist ein erstes Nachlassen des Drucks normal. Im System noch vorhandene Lufteinschlüsse müssen sich erst herausarbeiten und in dem Entlüfter sammeln. Starke Druckschwankungen weisen aber darauf hin, dass mit der Anlage etwas nicht in Ordnung ist.

Zusätzliche Geräusche, wie z. B. Gluckern beim Einschalten der Umwälzpumpe, zeigen an, dass sich noch Luft im System befindet.

Ein starker Druckabfall zeigt an, dass das System undicht ist. Druckschwankung von 1/10 bis 2/10 bar sind im Dauerbetrieb aber normal.

### Stromsparen mit thermischen Solaranlagen

Durch sinnvolle Nutzung der thermischen Solarenergie ist es zudem möglich, Strom zu sparen, so z. B., wenn die Waschmaschine und die Geschirrspülmaschine erwärmtes Wasser aus der Solaranlage beziehen. Waschmaschine und Geschirrspüler brauchen den meisten Strom für das Aufheizen des Wassers. Wird jedoch Solarenergie dafür eingesetzt, so kann ein 4-Personen-Haushalt Stromkosten in einer Größenordnung von etwa 50 Euro pro Jahr einsparen.

Für den Fall, dass Ihre Maschinen keinen Warmwasseranschluss haben, gibt es entsprechende Zusatzgeräte zum nachträglichen Anbau.

### Mein Tipp

Nicht alle Wasch- und Spülgänge dürfen mit Heißwasser durchgeführt werden, da sonst eiweißhaltige Flecken nicht entfernt werden können (Gerinnung).

# 7 Anhang

# 7.1 Förderung

Die Förderungen von Solaranlagen verändern sich ständig. Daher möchte ich Ihnen als Hilfe die entsprechenden Ansprechstellen zur Hand geben, bei denen Sie sich nach den aktuellen Möglichkeiten erkundigen können.

Des Weiteren erhalten Sie möglicherweise Informationen bei Ihrem Energieversorgungsunternehmen, bei Banken und Sparkassen, der kommunalen Baubehörde und auf dem Rathaus Ihrer Stadt oder Gemeinde.

Für ein Energiespardarlehen sollten folgende Unterlagen vorhanden sein (je nach Bundesland):

- Detaillierter Kostenvoranschlag/Angebot
- Aktuelle Grundbuchabschrift (unbeglaubigt)
- Planungsunterlagen des Gebäudes
- Einkommensnachweise
- Kopie Gebäudeversicherungspolice
- Fotos vom Gebäude
- Beschreibung der Anlage

| Institution | | | Internet |
|---|---|---|---|
| BAFA | Bundesförderungen: Solarthermie Biomasse | Bundesamt für Wirtschaft und Ausfuhrkontrolle | *www.bafa.de* |
| KFW Tel. 01801-335577 | | Kreditanstalt für Wiederaufbau | *www.kfw-foerderbank.de* |
| BSW Tel. 08000 12-333 | Bundesverband Solarwirtschaft | Energieeinsparprogramm Altbau Impulsprogramm Altbau | *www.impuls-programm-altbau.de* *www.Energiesparcheck.de* |
| L-Bank Karlsruhe | | | *www.energiespar@l-bank.de* |
| BINE | | Informationsdienst Förderungen | *www.energieförderung.info/* |
| **Solarfördervereine** | | | |
| Solarenergie Förderverein e.V. | | Informiert über Umwandlung und Förderung von Solarstrom | *www.sfv.de* |
| Stuttgart Solar e.V. | Gemeinnütziger wissenschaftlicher Verein | Verein für Sonnenenergie | *www.stuttgart-solar.de* |

# 7.2 Einstrahlungsscheibe

**Montageanleitung:**

1. Die Scheiben Nr. 1 und Nr. 2 aus Abb. 106 mit einer Schere oder scharfem Messer ausschneiden.
2. In der Scheibe Nr. 1 zusätzlich mit dem Messer das Sichtfenster ausschneiden.
3. Kleben Sie die Scheibe Nr. 2 auf eine alte CD
4. Unter die CD noch eine Unterlegscheibe aus Karton, Durchmesser ca. 3 cm.
5. Die drei Scheiben (Nr. 1 + Nr. 2 + Unterlegscheibe) jeweils in der Mitte durchstoßen.
6. Die Scheiben übereinander legen: Scheibe Nr. 1 oben, Scheibe Nr. 2 unten, darunter die CD und die zuletzt die Unterlegscheibe. Mit einer Postklammer oder einer Niete oder einer Schraube drehbar fixieren.
7. Im Sichtfenster lässt sich dann die solare Einstrahlung ablesen (passend zur Himmelsrichtung und zum Neigungswinkel).

Viel Erfolg!

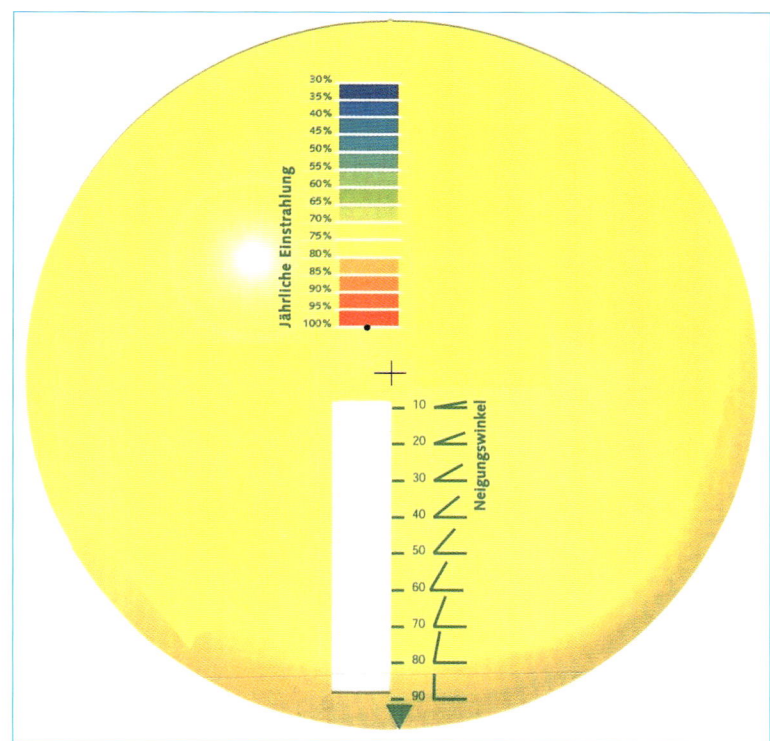

Abb. 106 – Scheibe Nr. 1 mit einem Durchmesser von 9,7 cm und Scheibe Nr. 2 auf der folgenden Seite mit einem Durchmesser von 12 cm

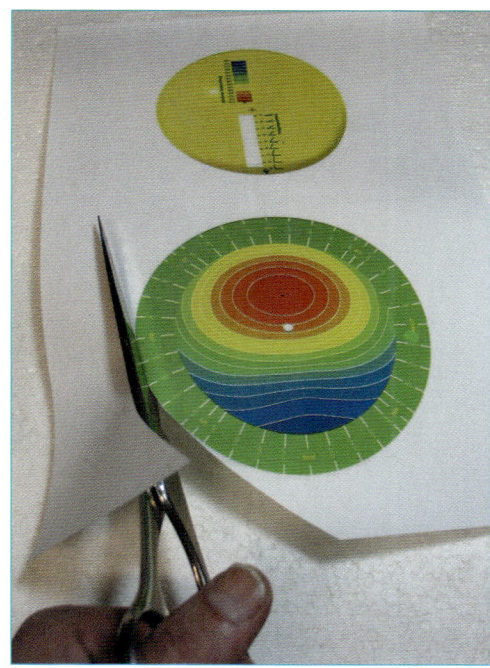

Abb. 107 – Ausschneiden der Scheiben mit der Schere.

## 7.2 Einstrahlungsscheibe

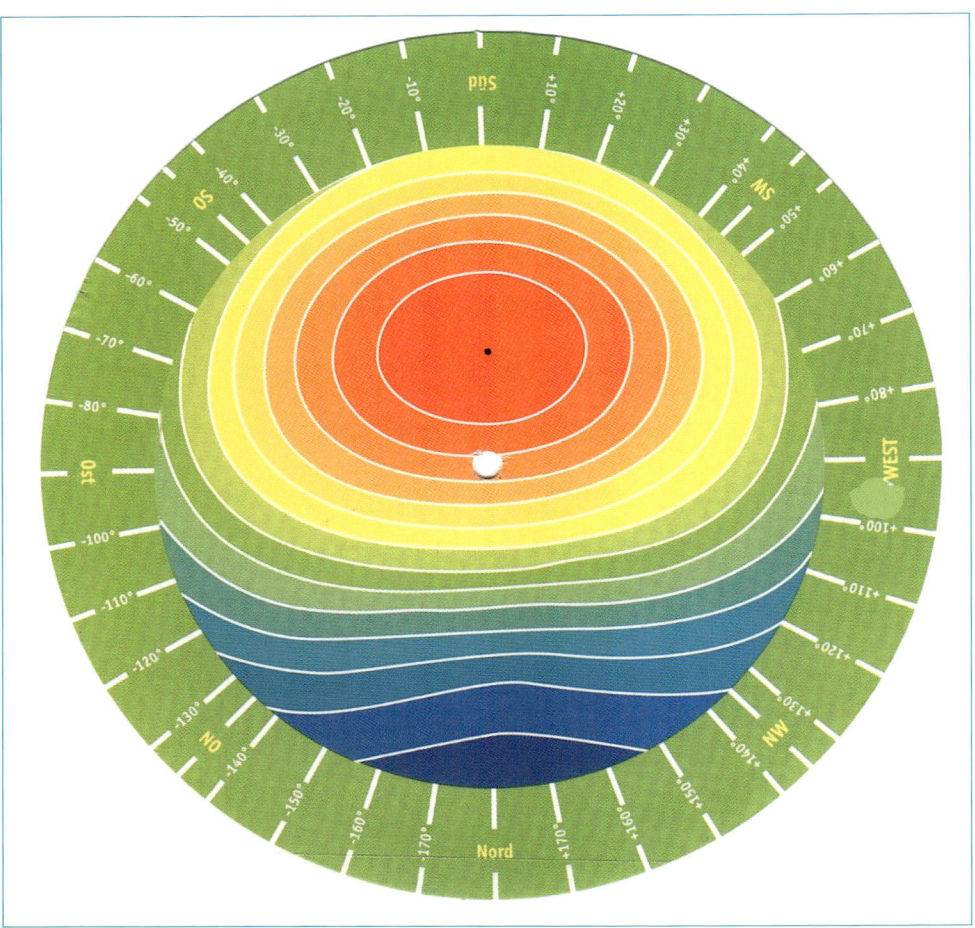

**Abb. 106a** – Scheibe Nr. 2 mit einem Durchmesser von 12 cm (evtl. Größe beim Kopieren anpassen).

# 7.3 Sonnendiagramme

Das Sonnendiagramm aus Abb. 109 einscannen und auf eine transparente Folie kopieren (z. B. Overheadfolie). Entsprechend Abb. 110 ein Holzbrettchen (ca. 20 mm dick) mit der Stichsäge aussägen. Auf dieses halbrunde Holzbrettchen die Folie mit Reißnägeln fixieren. Dann, wie auf dem Foto abgebildet, das Holzbrettchen waagrecht halten oder auf eine waagrechte Fläche auflegen und über die vordere Kante in Richtung der

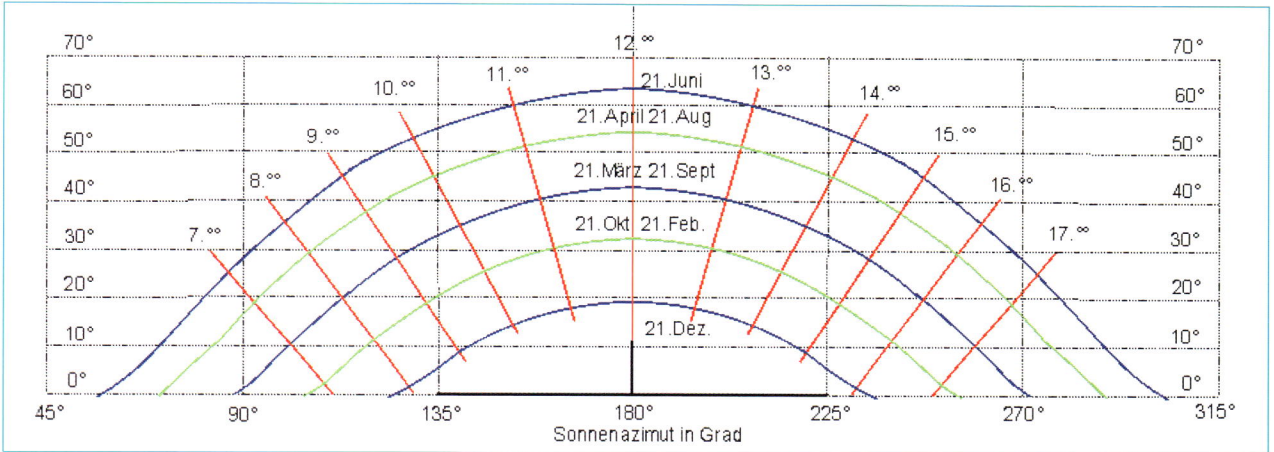

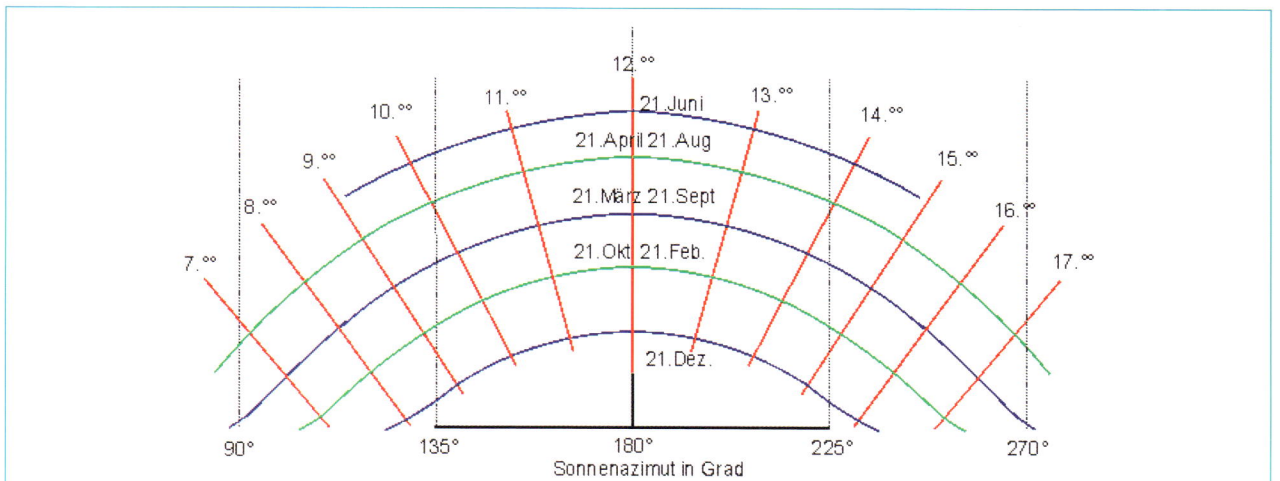

Abb. 108 – Das Diagramm ist für eine geographische Breite von 49° gemacht (Mitteldeutschland). Es sind die Sonnenbahnen aufgezeichnet. Der Höchststand ist am 21. Juni, 12 Uhr mittags, der Tiefststand am 21. Dezember. Die Kurve für April entspricht der Kurve für August, die vom März dem September und die vom Februar dem Oktober.

## 7.3 Sonnendiagramme

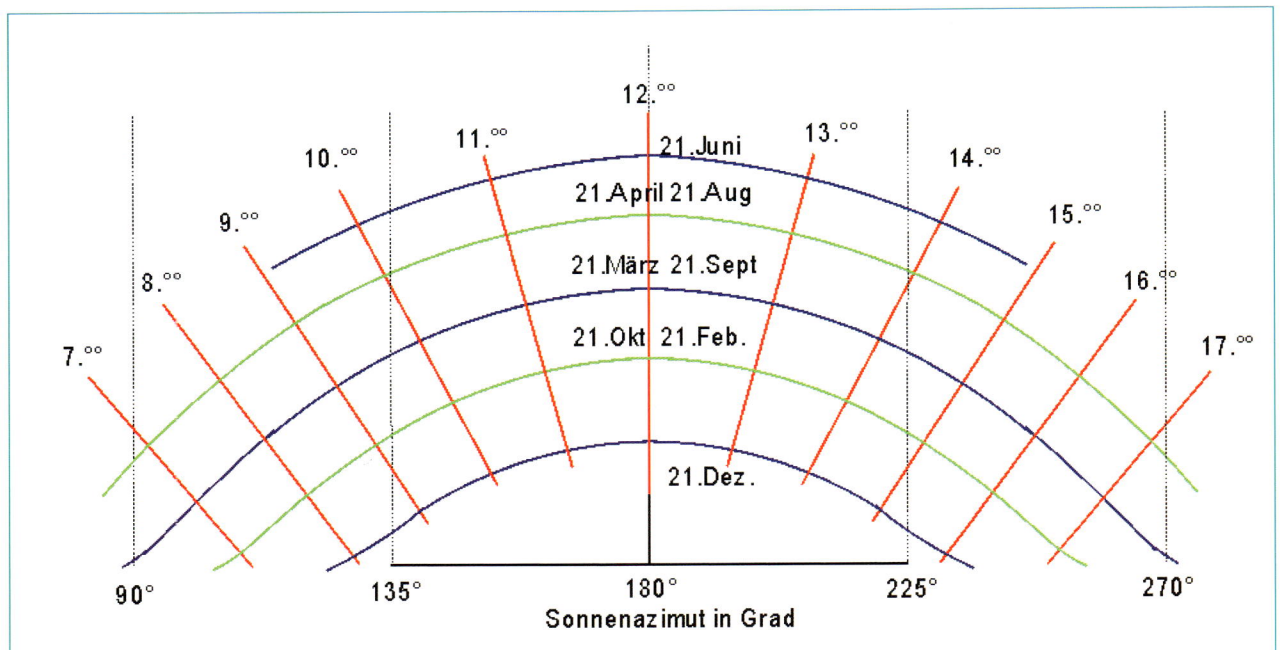

**Abb. 109** – Ein Ausschnitt des Sonnendiagrammes zum Kopieren auf eine durchsichtige Overheadfolie. Die Länge des Diagramms sollte ca. 24 cm von 90°-270° des Sonnenazimutes sein (Größe beim Kopieren anpassen mit dem Kopierer z. B. mit 150 % vergrößern).

Sonnenkurve (z. B. für 21. März) schauen. Die Markierung mit einem Kompass Richtung Süden ausrichten. Wenn Sie nun durch die Folie in Richtung Süden schauen, sehen Sie am Horizont die Schatten werfenden Hindernisse und im Vordergrund die Sonnenbahn, entsprechend der Jahreszeiten.

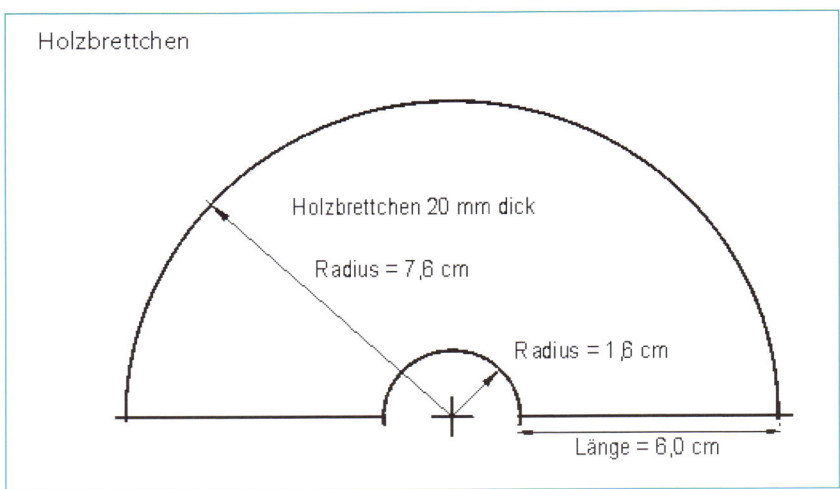

**Abb. 110** – Das halbrunde Holzbrettchen entsprechend der Zeichnung mit einer Stichsäge aussägen.

Das in Abb. 109 abgedruckte Diagramm ist für den 49sten Breitengrad (Mitteldeutschland) berechnet. Andere Breitengrade verändern das Diagramm geringfügig. Eine Möglichkeit über den Daumen ist: ist Ihr Standort südlicher, neigen Sie das Brettchen etwas nach vorne. Ist die Stadt nördlicher, heben Sie es etwas an.

Dicke Schattengeber werden so auf jeden Fall entlarvt und können mit einem Folienschreiber auf der Folie festgehalten werden!

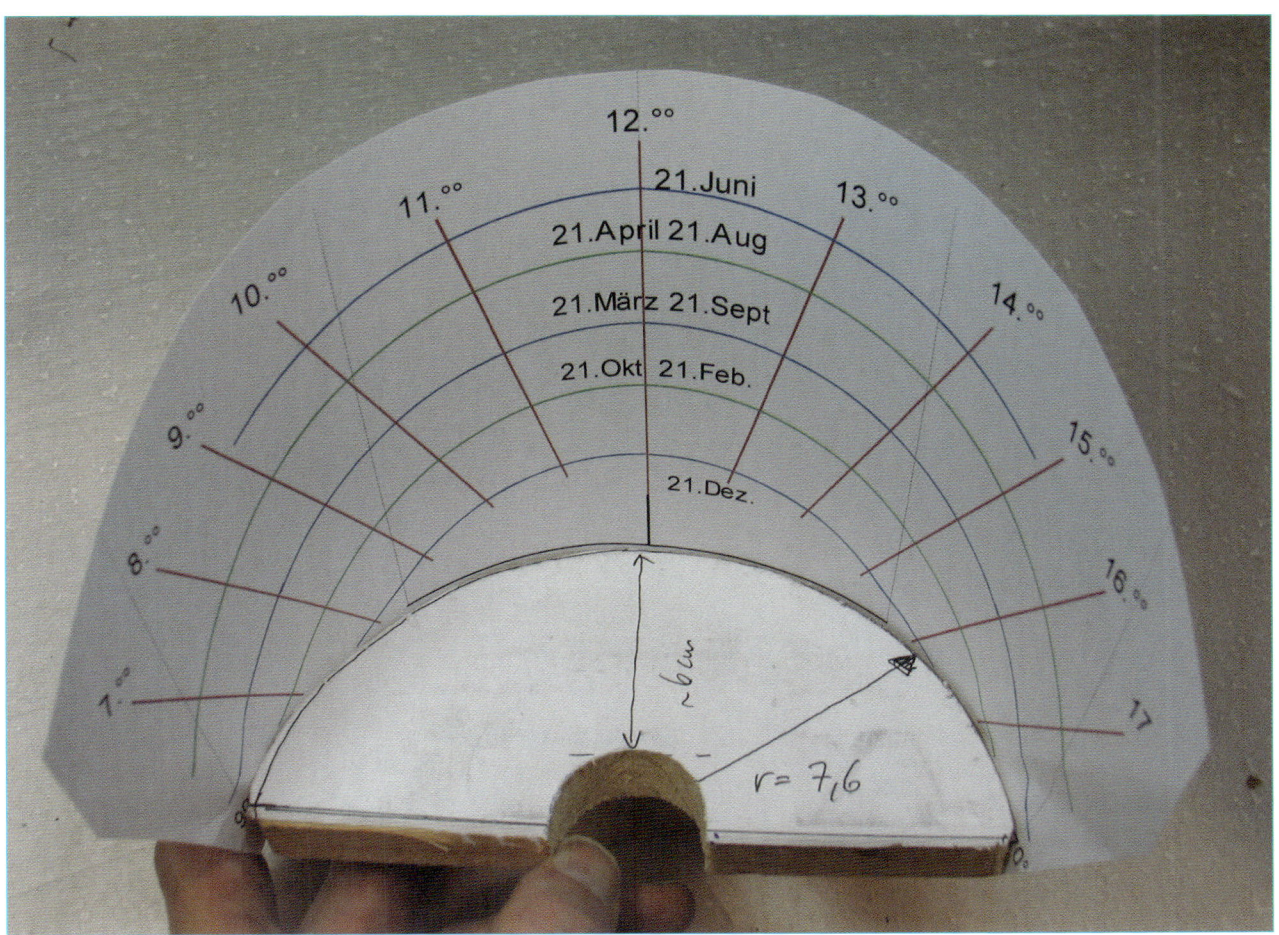

**Abb. 111** – Diagramm im Entwicklungsstadium auf dem halbrunde Holzbrettchen mit Reißnägeln befestigt.

## 7.3 Sonnendiagramme

**Abb. 112** – Sonnendiagramm in der Anwendung.

# Schemata-Übersicht

# Schemata-Übersicht

Die nachfolgenden Schemata sind Prinzippläne die zeigen, wie die Komponenten der thermischen Solaranlagen miteinander verbunden werden können. Um die Übersichtlichkeit zu erhalten sind nur die Hauptkomponenten und nicht alle Details, wie z. B. Absperrhähne, Sicherheitsarmaturen, Rückschlagventile, Entlüfter, Ablasshähne und Stutzen usw., dargestellt.

Deshalb möchte ich hier auf einige Grundsätze hinweisen:

- Eine Umwälz- oder Zirkulationspumpe sollte immer zwischen zwei Absperrhähnen installiert werden. Diese ermöglichen bei einem Defekt einen einfachen Austausch der Pumpe, ohne dass das Wasser der Anlage abgelassen werden muss.
- An allen Speicheranschlüssen (außer Kaltwasser) sollte eine Konvektions-Bremse (Fliessrichtung beachten) eingebaut sein, damit die Speicherwärme im Speicher bleibt.
- Ein Rückschlagventil im Bereich das Brauchwassermischers (**M**) soll verhindern, dass z. B. Badewasser in das Leitungsnetz zurückfließen kann.
- Die Sicherheitsarmaturen und das Ausdehnungsgefäß sind Pflicht. Warmes Wasser dehnt sich aus, deshalb braucht es in einem geschlossenen Leitungssystem ein Ausdehnungsgefäß. Bei Überdruck oder einem Defekt spricht das Sicherheitsventil an.
- Entleerungshähne sollte man in Kombination mit entsprechenden Stutzen und Dichtkappen an den tiefsten Stellen der Leitungen montieren.

- Im Gegensatz dazu sollten Entlüfter (im Solarkreislauf auf Temperaturbeständigkeit achten) an den höchsten Stellen der Leitungen installiert werden.
- Brauchwassermischer sind bei Solaranlagen grundsätzlich einzubauen, da die Warmwassertemperatur im Solarspeicher auf über 60°C ansteigen kann und man damit Gefahr läuft, sich beim Öffnen des Warmwasser-Hahns zu verbrühen. Durch den Mischer (manuell einstellbar) wird dem heißen Wasser aus dem Solarspeicher, kaltes Wasser zugemischt, sodass am Ausgang (Wasserzapfstelle) eine geregelte Wassertemperatur von 30°C bis 60°C zur Verfügung steht.
- Die Darstellung des Heizkörpers in den Schemata ist symbolisch gemeint und beinhaltet das komplette Raumheizsystem mit allen Komponenten wie Heizkörpern, Fußboden- und Wandheizung, Hähne, Entlüftungen, sowie Regel- und Sicherheitseinrichtungen.
- Holz- bzw. Pelletkessel sollten unbedingt mit einer Rücklaufanhebung versehen werden, da der Kesselwärmetauscher sonst vorzeitig korrodieren und versotten kann.

Je nach Systemanbieter gibt es eine große Anzahl möglicher Schemata. Die hier beispielhaft aufgeführten Schemata sollen Ihnen die Grundprinzipien näher bringen. Sie können für übliche, einfache Aufgaben verwendet werden. Im speziellen Fall kann es aber sinnvoll sein, auch andere hydraulische Kombinationen in Betracht zu ziehen.

## Schema 1: Solare Warmwasserbereitung (WWB)

Das Grundschema der thermischen Solaranlage finden Sie in Abb. 113. mit der solaren Warmwassererzeugung.

Damit der Solarkreislauf der Solaranlage bei Minustemperaturen nicht eingefriert, wird der Wärmeträgerflüssigkeit ein Frostschutzmittel zugesetzt. Demnach muss der Solarkreislauf von dem im Speicher befindlichen Wasser getrennt sein. Dies lässt sich am einfachsten durch einen im Speicher befindlichen Wärmetauscher gewährleisten.

Das Wasser im Speicher erwärmt sich, wenn der vom Kollektor kommende Wärmeträger ein höheres Temperaturniveau hat.

Für den Fall, dass die Erwärmung durch die Sonne nicht ausreicht, kann über die Elektro-Heizpatrone eine ergänzende Er-

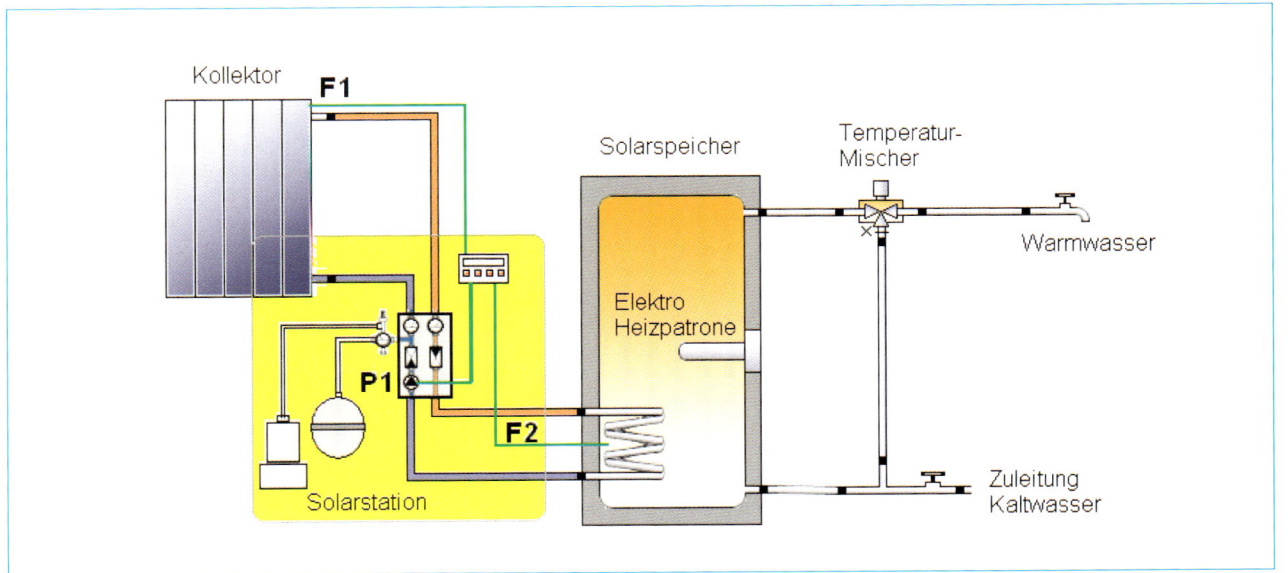

Abb. 113 – Thermische Solaranlage zur Warmwasserbereitung mit den Komponenten: Kollektor, Solarstation, Solarspeicher und Kaltwasserzuleitung sowie Abnahmestelle für das Warmwasser. Der Temperaturmischer ist unbedingt vorzusehen, da Sie sich sonst beim Öffnen des Warmwasserhahnes verbrühen könnten. Der Fühler **F1** am Kollektor und der Fühler **F2** am Solarspeicher werden durch den Solarregler überwacht und verglichen. Der Solarregler steuert die Pumpe **P1**. Die rote Leitung im Solarkreis ist der vom Kollektor kommende **Vorlauf** (heiß), die blaue Leitung die aus dem Speicher kommende, abgekühlte Leitung zum Kollektor ist der **Rücklauf**. Die in allen Schemata dargestellten grünen Leitungen sind die elektrischen Anschlüsse für die Fühler, Pumpen und Mischventile. Quelle (2)

# Schemata-Übersicht

wärmung durchgeführt werden. Da die elektrische Zuheizung nicht sehr wirtschaftlich und umweltfreundlich ist, sollte sie nur verwendet werden, wenn eine Erwärmung auf andere Weise nicht möglich ist. Es ist sinnvoll, die Heizpatrone so anzuschließen und so einzustellen, dass sie nur dann einschaltet, wenn zum einen die Solarpumpe nicht läuft und zum anderen keine Solarstrahlung zu erwarten ist.

Das Schema mit der elektrischen Heizpatrone kann auch dann zur Anwendung kommen, wenn Ihr Gebäude mit einer Heizung ausgestattet ist, die sich nicht ohne weiteres an die Solaranlage anbinden lässt, z. B. einem Kachelofen oder Fernwärmeanschluss.

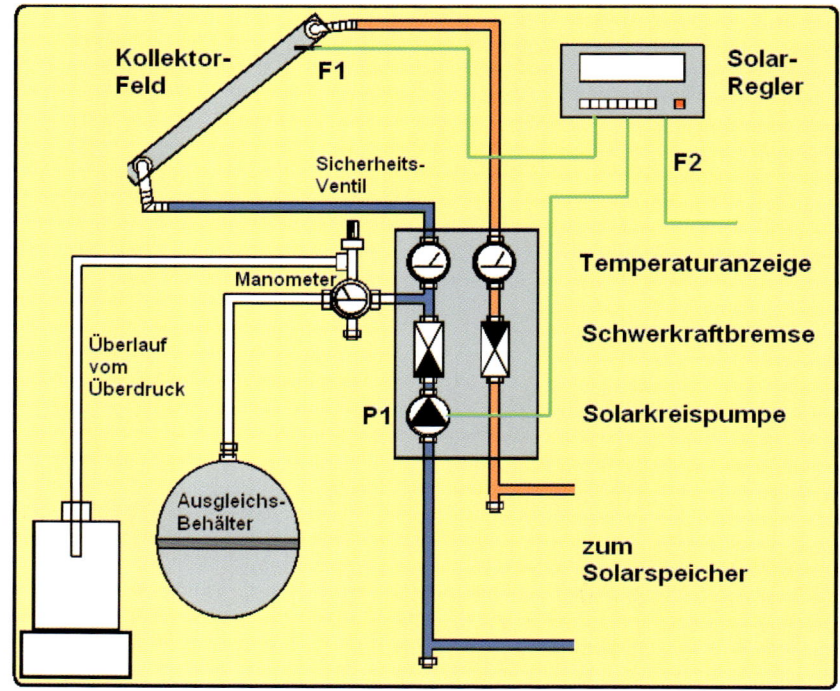

**Abb. 114 –** Die Solarstation mit den Sicherheitskomponenten ist in allen Schemata gelb hinterlegt. Die wesentlichen Bestandteile der Solarstation sind: Solarregler (Schalt- und Steuerzentrale), Instrumente zur Temperaturanzeige des Vorlaufs (vom Kollektor) und des Rücklaufes (zum Kollektor). Die Schwerkraftbremsen verhindern, dass z. B. nachts der warme Speicherinhalt über den Kollektor abgekühlt wird. Die Solarkreispumpe dient zur Umwälzung der Solarflüssigkeit. Die Sicherheitsarmaturen bestehen aus Überdruck- Sicherheitsventil, Manometer (Druckanzeige) und dem Ausgleichsbehälter für den Druckausgleich im Solarkreislauf.

**Schema 2:**

**Warmwasserbereitung mit Heizungsanbindung**
**(zum Nachheizen mit Heizkessel)**

Wenn eine Zentralheizung vorhanden (oder eine neue geplant) ist und eine thermische Solaranlage zusätzlich eingebaut werden soll, so ist es sinnvoll, die Solaranlage so an die Heizungsanlage anzubinden, dass im Bedarfsfall (z. B. im Winter) das Brauchwasser auch mit dem vorhandenen Heizkessel erwärmt werden kann.

Ist erst die hydraulische Anbindung an den Heizkessel erfolgt, so ist es mit (ein wenig mehr) Steuerelektronik möglich, den Wärmeüberschuss aus der Solaranlage für die Raumheizung zu nutzen.

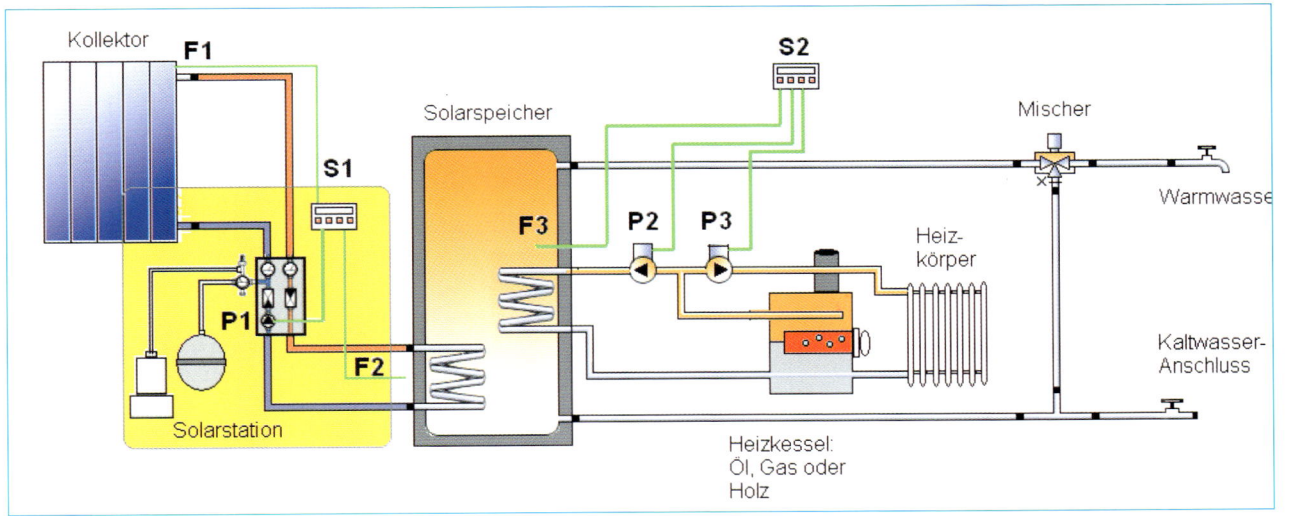

Abb. 115 – Thermische Solaranlage zur solaren Warmwasserbereitung mit Anbindung an eine Zentralheizung oder an einen Heizkessel. Der Heizkessel kann z. B. auch ein im Wohnzimmer stehender Pellet-Kaminofen sein (mit Wärmetauscher).

Der Solarspeicher braucht in diesem Schema zwei Wärmetauscher: einen für den Solarkreislauf, den zweiten für die Nachheizung (Nachheiz-Wärmetauscher). Die Steuerungen sind im Schema getrennt als Solarkreissteuerung S1 und Heizungssteuerung S2 dargestellt, was praktisch möglich ist.

Die Speicherladepumpe **P2** bringt das warme Wasser über den Wärmetauscher in den Speicher und erwärmt damit den Speicherinhalt. Die Heizkreispumpe **P3** versorgt die Raumheizung über die Heizkörper, Fußboden - oder Wandheizung. Kaltwasseranschluss, Brauchwassermischer und Warmwasserzapfstelle sind für die Warmwasserversorgung dargestellt. Quelle (2)

# Schemata-Übersicht

**Schema 3:**
**WWB und Raumheizung (RH) durch**
**solaren Wärmeüberschuss**

Eine gute thermische Solaranlage für die Warmwasserbereitung wird im Sommer und teilweise auch in den Übergangszeiten mehr Wärmeenergie bereitstellen, als für die Warmwasserherstellung benötigt wird. Der Gedanke liegt nahe, die Überschussenergie weiter zu nutzen.

Kühle Untergeschossräume und Badezimmer lassen sich mit dieser Überschussenergie heizen, ohne dass das Anlagenschema der Solaranlage grundsätzlich geändert werden muss. Gerade Fußbodenheizungen (Niedertemperatur), die meist in Sanitärräumen eingebaut sind, eignen sich dafür besonders gut.

Für Raumheizung, die durch Solarenergie unterstützt wird, eignet sich am besten eine Niedertemperaturheizung mit entsprechenden Niedertemperaturheizkörpern. Auch Fußbodenheizungen und großflächige Wandheizungen sind gut geeignet. Entscheidend ist dabei, dass das niedrige Temperaturniveau der Solaranlage ausgenutzt werden kann.

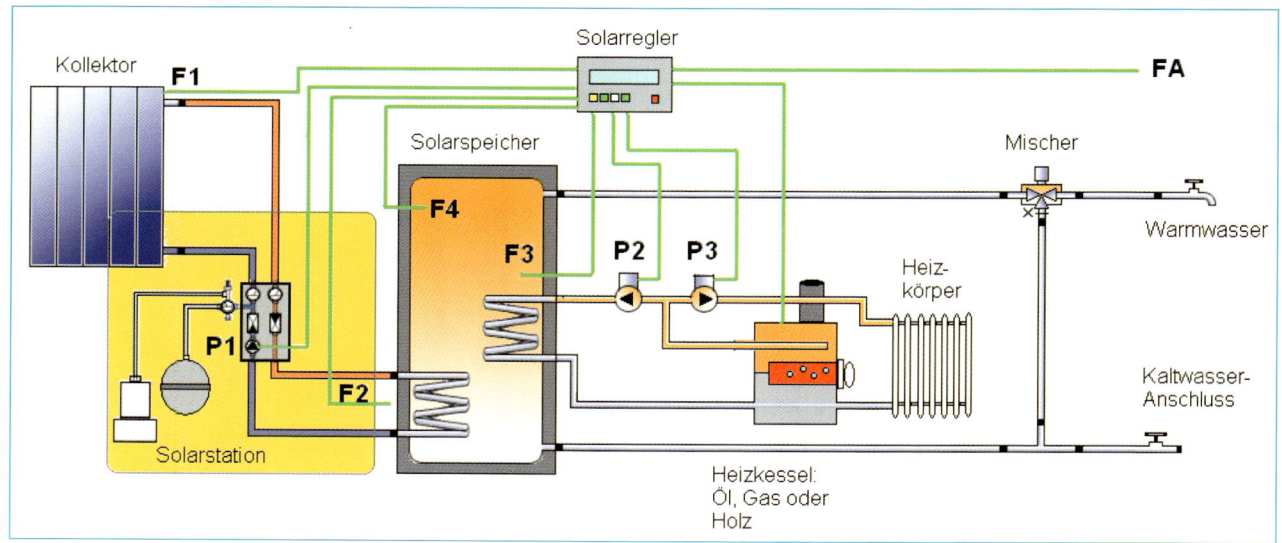

**Abb. 116** – Thermische Solaranlage zur solaren Wasserbereitung, die den Wärmeüberschuss für die Raumheizung nutzt.

Mit einem erweiterten Solarregler werden die Speicherladepumpe (**P2**) und die Heizkreispumpe (**P3**) angesteuert, wenn die Temperatur im Solarspeicher (**F4**) ein bestimmtes (einstellbares) Temperaturniveau (z. B. 60°C) erreicht hat. Dann wird durch den Nachheizwärmetauscher Wärme aus dem Solarspeicher entnommen und dem Heizkreis zugeführt. Für den Heizkreis gilt: Entweder sind nur die Heizkörper angestellt, die dann aus dem Solarspeicher versorgt werden sollen, oder es gibt zwei unabhängige Heizkreise, die z. B. durch ein automatisches Regelventil ausgewählt werden. Es gibt inzwischen zahlreiche Solarregler auf dem Markt, die durch entsprechende Programmwahl in der Lage sind die Pumpen und Umschaltventile der Heizungsanlage in diesem Sinne zu regeln. Quelle (2)

## Schema 4:
## Zwei Speicher kombinieren

Wenn zwei Speicher kombiniert werden sollen, ist folgendes zu beachten:

- Ungleiche Speicher können in Reihe (hintereinander) verbunden werden (siehe auch Abb. 117).

- Zwei identische Speicher lassen sich parallel verbinden. Dabei werden alle Anschlüsse auf gleicher Höhe (z. B. spiegelsymmetrisch) an beiden Speichern angeschlossen. Diese Lösung kann dann interessant werden, wenn ein größeres Speichervolumen benötigt wird, die Raumhöhe oder die Zugangstür aber nur eine kleinere Speichergröße zulassen.

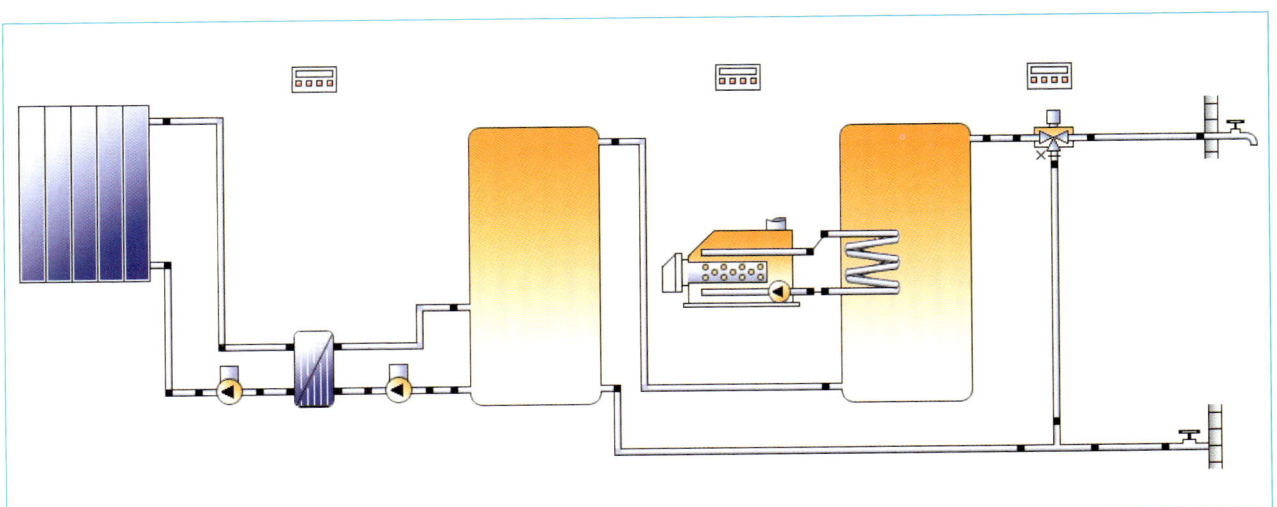

**Abb. 117 –** Schema, in dem zwei Speicher (hintereinander) verbunden sind. Der erste Speicher auf der linken Seite ist der Solarspeicher. Vom Kollektor, über den außen liegenden Wärmetauscher und die beiden Pumpen gelangt die „Sonnenwärme" in den Solarspeicher. Wird an der Warmwasserzapfstelle Wasser entnommen, fließt kaltes Wasser in den Solarspeicher (unten) ein und drückt das geschichtete warme Wasser in den zweiten Speicher (auf der rechten Seite). Im zweiten Speicher befindet sich ein Nachheiz-Wärmetauscher, der mit dem Heizkessel verbunden ist. Wenn die Heizungsregelung feststellt, dass die Wärme im zweiten Speicher unter einem vorgegebenen Wert ist (z. B. 40°C), springt der Heizkessel an und wärmt das Wasser weiter auf.

# Schemata-Übersicht

**Schema 5:**

**Einfache solare Raumheizung**

Die Solare Raumheizung kann, je nach technischem Aufwand, als unterstützendes System mit geringem solarem Deckungsanteil bis hin zu einem völlig autarken System realisiert werden. In Mitteleuropa ist die einfallende Globalstrahlung in der Regel im Sommer am höchsten und im Winter am geringsten. Ist die Solaranlage für den Winterbedarf ausgelegt, so steht im Sommer viel Wärmeenergie zur Verfügung, die normalerweise nicht gebraucht wird (Ausnahme Schwimmbad). Damit ist ein sinnvoller Kompromiss in der Anlagenauslegung erforderlich.

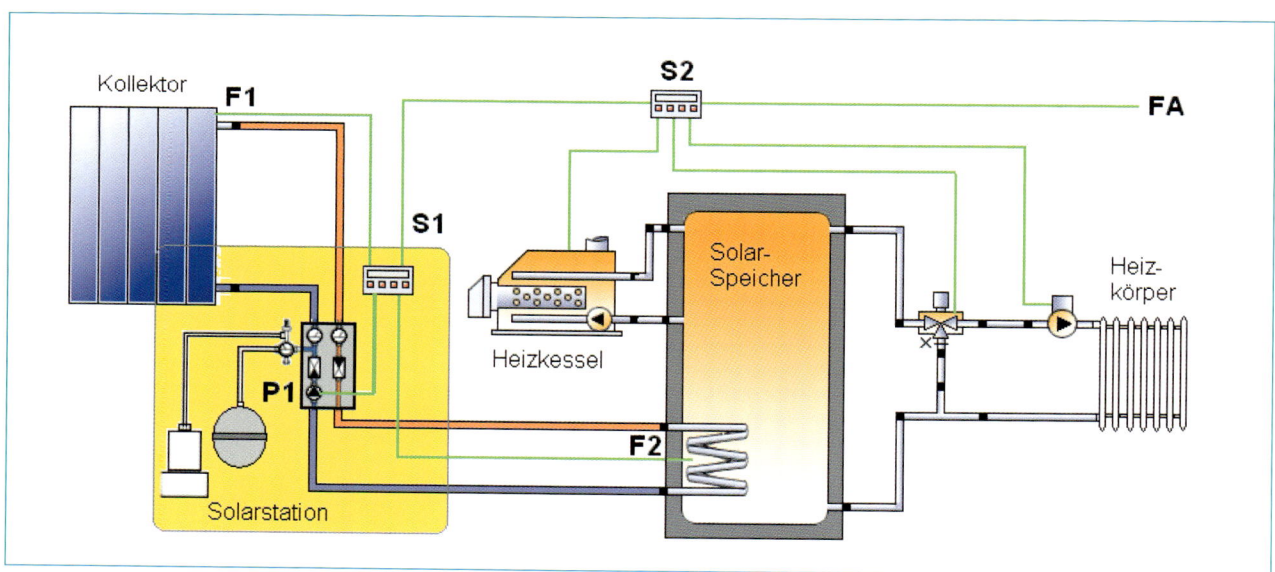

**Abb. 118** – Solar unterstützte Raumheizung, einfaches Schema. Mit einem einfachen Speicher mit nur einem innen liegenden Wärmetauscher ist die solare Raumheizung möglich. Allerdings ist es, wie im Schema dargestellt, noch nicht möglich, gleichzeitig Warmwasser zu erzeugen. Wird dies gewünscht könnte man in den Heizungskreislauf (auf der rechten Seite des Solarspeichers) einen Plattenwärmetauscher für die Warmwassererzeugung einzufügen. In diesem Schema gibt es zwei Regler (**S1** und **S2**), die aber bereits miteinander verknüpft sind. Moderne Solarregler sind meist in der Lage, auch die Heizungssteuerung komplett zu übernehmen. Quelle (2)

# Schemata-Übersicht

**Schema 6:**

**WWB und RH mit Kombispeicher**

Die einfachste Möglichkeit für Raumheizung und Bereitstellung von warmem Wasser ist die Kombispeicherlösung: Im großen Speicher befindet sich ein kleinerer Tank für die Warmwasserbereitung.

Gegenüber zwei separaten Speichern ergeben sich einige Vorteile, wie z. B. geringerer Wärmeverlust,

weniger Verrohrung, kleinerer Platzbedarf und geringere Kosten.

Es gibt verschiedene Bauarten wie Rohrwendel-Wärmetauscher und die Tank-in-Tank-Lösung sowie kombinierte Lösungen. Wichtig ist, dass einerseits die Wärmeschichtung in den Tanks funktioniert, andererseits in Menge und Geschwindigkeit ausreichend warmes Wasser entnommen werden kann.

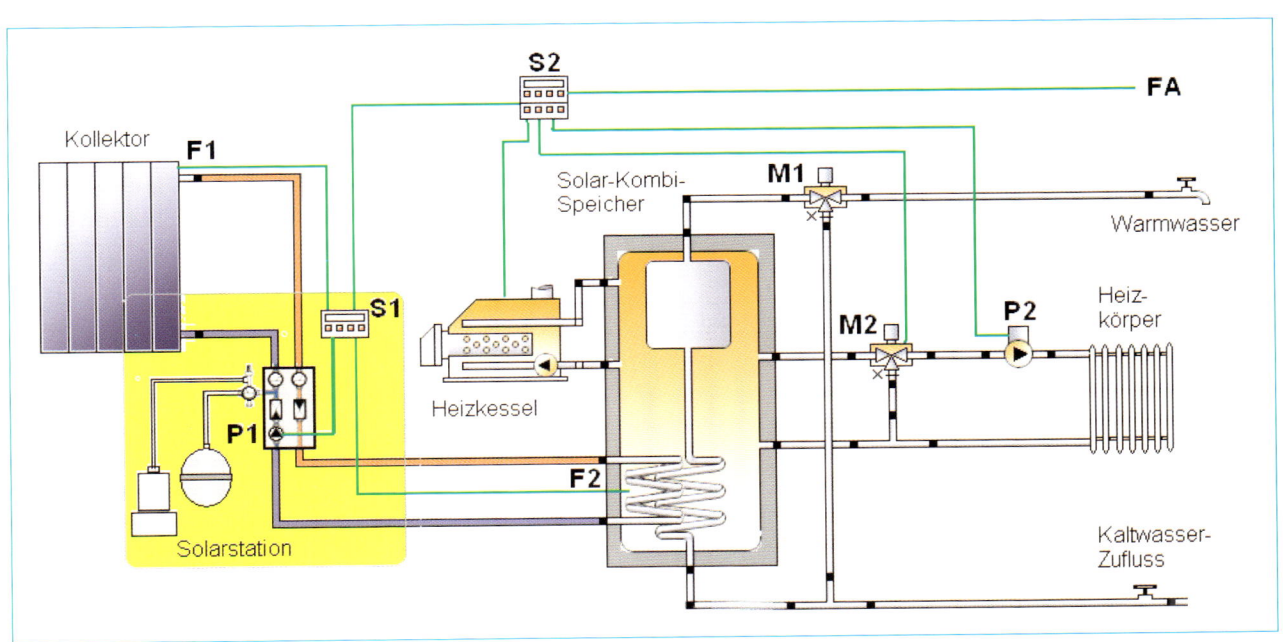

**Abb. 119** – Schema mit solarer Warmwasserbereitung und Heizungsunterstützung. Die vom Kollektor kommende „Sonnenwärme" wird über cie Solarstation und den innen liegenden Wärmetauscher in den Solar-Kombispeicher geladen. Der kleine Tank im Speicher ist für die Warmwasserversorgung zuständig. Das Speicherwasser des Hauptspeichers kann über den Heizkessel (ohne Wärmetauscher) nachgeheizt werden und für die Raumheizung (ohne Wärmetauscher) genutzt werden (in sich geschlossenes System). Speichervolumen z. B. Hauptspeicher 700 Liter, Warmwasserspeicher 300 Liter. Der Mischer **M2** wird durch den Regler **S2** für die Raumheizung gesteuert. Im Schema sind Solarregler **S1** und Heizungsregler **S2** getrennt dargestellt. Moderne Solarregler können jedoch beide Regelungen übernehmen. Quelle (2)

# Schemata-Übersicht

**Schema 7:**

**RH und WWB durch Wärmetauscher**

Platten-Wärmetauscher oder auch Gegenstrom-Wärmetauscher haben einige Vorteile: einen sehr schnellen und effektiven Wärmeaustausch und die Möglichkeit sie nachträglich als außen liegenden Wärmetauscher (für den Anschluss der Einspeisung in den Speicher) einzusetzen, wenn die inneren Wärmetauscher im Speicher fehlen. Das Prinzip ist Folgendes:

Das vom Kollektor kommende Wärmeträgermedium wird durch die Solarpumpe auf der einen Seite durchgepumpt. Die zu erwärmende Flüssigkeit (vom Speicher) wird mit einer weiteren Pumpe im Gegenstrom von der anderen Seite her durchgepumpt, ohne dass sich die Flüssigkeiten der beiden Kreise berühren. Der Plattenwärmetauscher besteht aus vielen dünnen Platten, die abwechselnd von der einen und der anderen Flüssigkeit durchströmt werden und dadurch die in der Flüssigkeit gespeicherte Wärme austauschen.

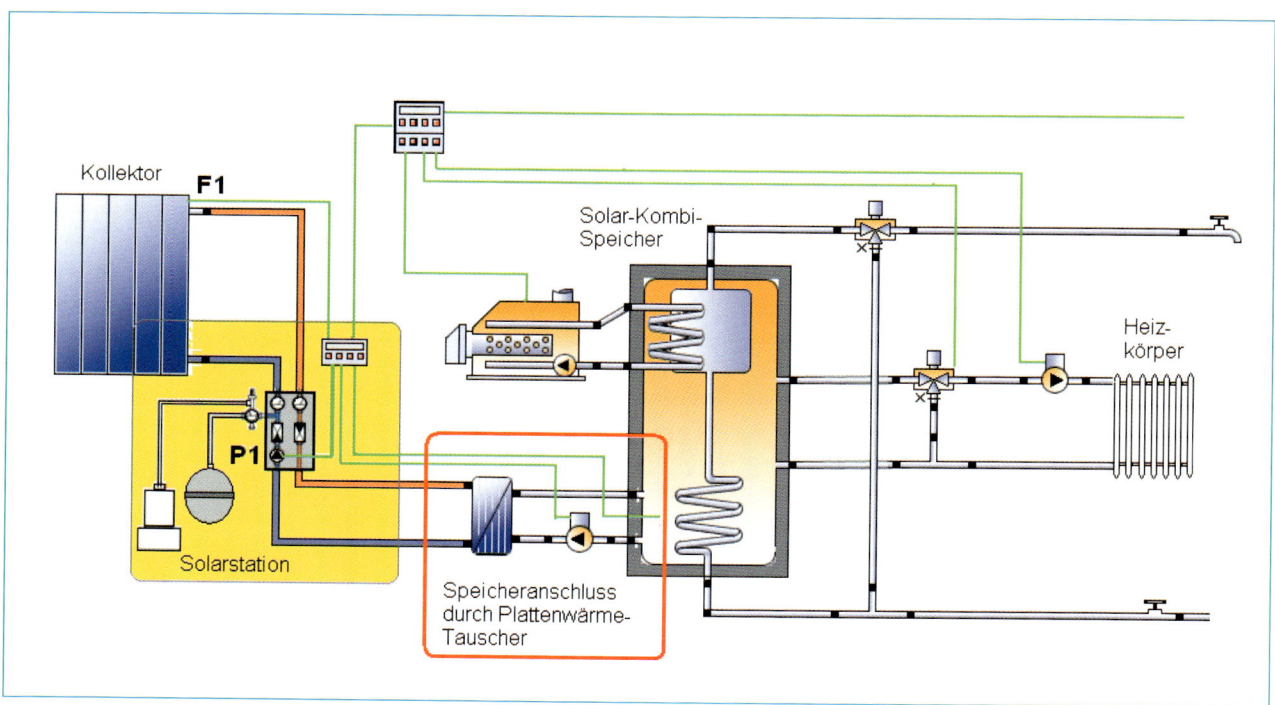

**Abb. 120 –** Schema wie in Abb. 119 dargestellt, nur mit dem Unterschied, dass der Solar-Kombispeicher für den Solarkreislauf keiner innen liegenden Wärmetauscher hat. Es soll damit verdeutlicht werden, dass Speicher mit fehlendem innerem Wärmetauscher auch nachträglich an eine Solaranlage angebunden werden können. Dazu wird der Solarkreislauf im Bereich des Speicheranschlusses (rot umrandet) mit einem zusätzlichen Gegenstromwärmetauscher (z. B. Plattenwärmetauscher) und einer zusätzlichen Pumpe versehen. Quelle (2)

**Schema 8:**

**WWB mit Schichtenspeicher**

Beim Schichtenspeicher wird das vom Solargenerator kommende Wärmemedium an der Stelle im Speicher eingespeist, an der die größte Temperaturdifferenz besteht. Es gibt unterschiedliche Bauarten der Einspeisung, von denen ein Hauptprinzip hier beschrieben wird:

● Das vom Kollektor kommende warme Medium wird über einen Gegenstromwärmetauscher in den Speicher eingespeist. Das erwärmte Wasser strömt in einer Aufströmschiene nach oben. Über spezielle Vorrichtungen entweicht es genau dort in den Speicherraum, wo das Speicherwasser eine geringfügig höhere Dichte und niedrigere Temperatur hat. Da-

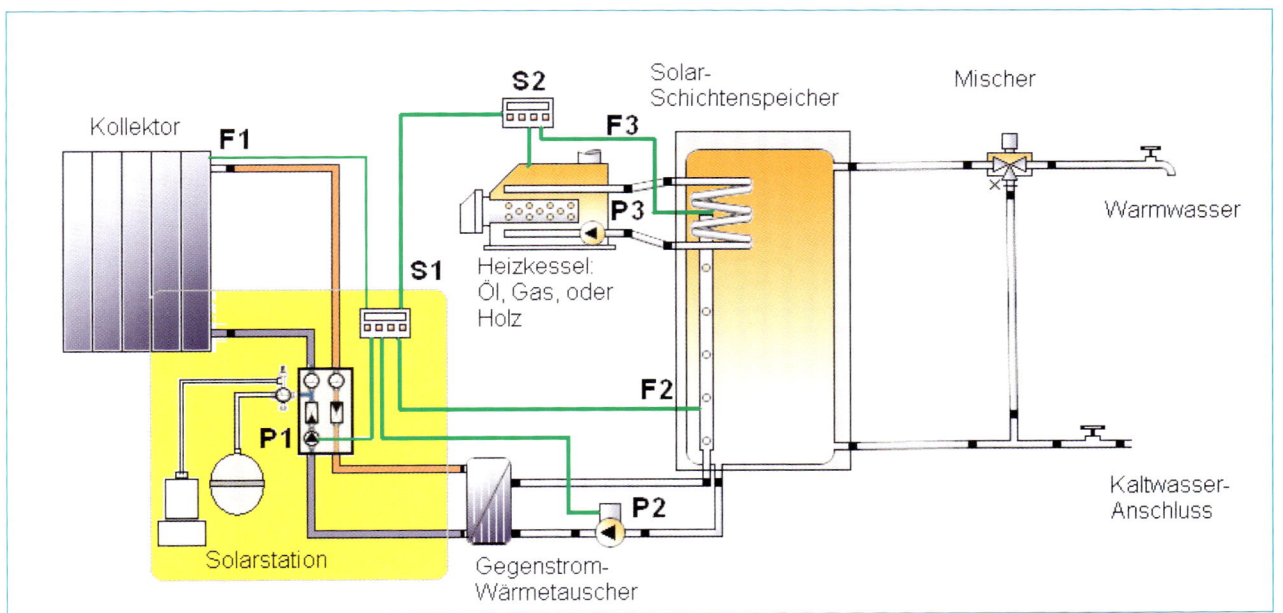

**Abb. 121** – Schema einer aufwendigen solaren Warmwasserbereitung mit einem Solar-Schichtenspeicher. Die Heizungsunterstützung ist im Schema nicht dargestellt, lässt sich aber mit einem außen liegenden Gegenstrom-Wärmetauscher oder mit einem zusätzlichen, innen liegenden Wärmetauscher realisieren.

Die vom Kollektor kommende „Sonnenwärme" geht über die Solarstation (Pumpe **P1**) in den Gegenstromwärmetauscher. Die Pumpe **P2** lädt im Gegenstrom die im Wärmetauscher aufgenommene Wärme in den Schichtenspeicher ein. Bei Bedarf (Fühler **F3**) kann mit dem Heizkessel und der Speicherladepumpe (P3) das Wasser im Speicher nachgeheizt werden. Quelle (2)

# Schemata-Übersicht

durch findet eine optimale Temperaturschichtung im Speicher statt und es können auch geringfügige Temperaturunterschiede (vom Kollektor kommend) in den Speicher eingeladen werden.

● Das Ergebnis des Mehrertrages im Vergleich zu „normalen ' Speichern, ist bei dem hohen technischen Aufwand jedoch unverhältnismäßig gering.

Der Schichtenspeicher kann auch in Kombination mit einem weiteren Speicher verwendet werden (siehe Abb. 122).

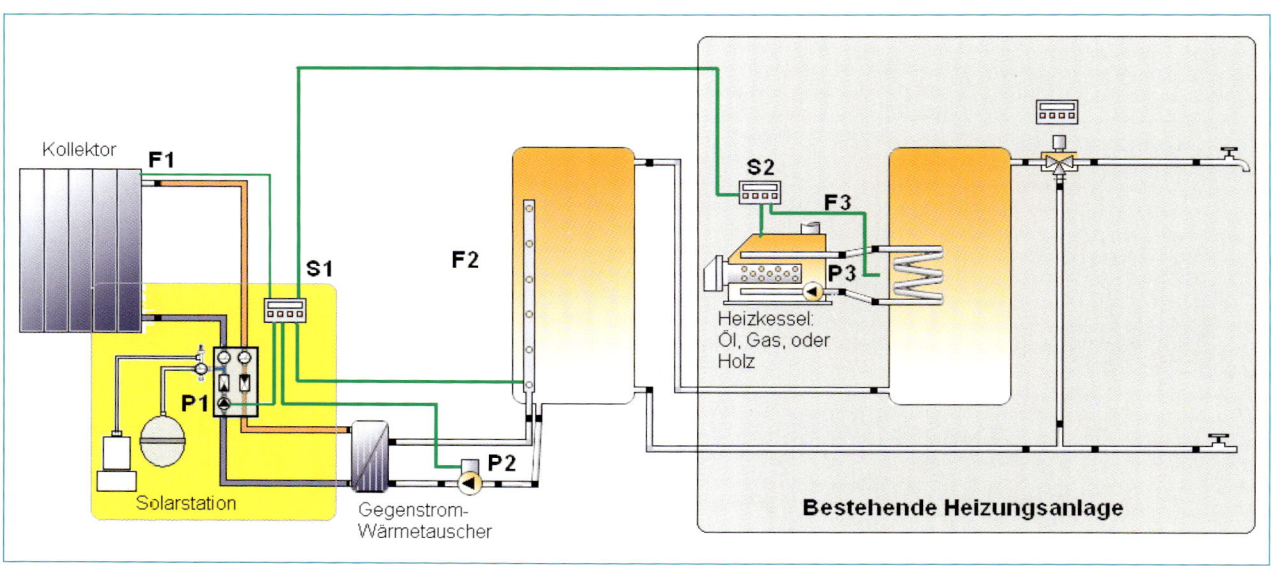

**Abb. 122** – Dieses Schema zeigt eine mögliche Anbindung des in Abb. 121 beschriebenen Schichtenspeichers auf, und zwar an eine bestehende Heizungsanlage mit einem bereits vorhandenen Speicher. Das im Solar-Schichtenspeicher solar erwärmte Wasser wird über den Kaltwasseranschluss des vorhandenen Speichers eingespeist. Die Anlagentechnik des vorhandenen Speichers einschließlich des Heizkessels kann somit unverändert bleiben Lediglich die Regelung **S2** muss an den Solarregler **S1** angebunden werden.

# Quellenverzeichnis

Mit freundlicher Genehmigung der angegebenen Firmen und Institutionen wurden die mit (..) versehenen Abbildungen zur Veröffentlichung in diesem Buch freigegeben und durch die Firmen zur Verfügung gestellt.

An dieser Stelle möchte ich mich ganz herzlich bei den Firmen und den zuständigen Mitarbeitern für die freundliche Unterstützung bedanken.

1. Fa Sonnenkraft GmbH www.sonnenkraft.com
2. Darstellungen mit Hilfe des Programms Polysun-4 Institut für Solartechnik SPF www.polysun.ch
3. Fa. Grammer-Solar GmbH www.grammer-solar.de
4. Fa. Vaillant Deutschland GmbH & Co KG www.vaillant.de
5. Deutscher Wetterdienst, Klima- und Umweltberatung Hamburg, www.dwd.de
6. Fa. Schletter Solar-Montagetechnik GmbH www.solar.schletter.de
7. Fa. Paradigma Energie- und Umwelttechnik GmbH & Co. KG www.paradigma.de
8. Quelle unbekannt

# Quellenverzeichnis

**Nützliche Adressen**

Phönix SonnenWärme AG
12435 Berlin
*www.sonnenwaermeag.de*
– Bausätze für Selbstmontage
– Vertrieb

Grammer Solar GmbH
D-92224 Amberg
*www.grammer-solar.de*
– Luftkollektoren, Solartechnik
– Vertrieb

Schletter Solar-Montagetechnik
GmbH
*http://solar.schletter.de*
– Untergestelle, Dachhaken für alle Anwendungen, Simulationsprogramme für statische Berechnungen
– Vertrieb
– Zahlreiche Profi-Konstruktionsprogramme

Fa. Sonnenkraft GmbH
D-93049 Regensburg
A-9300 St. Veit/Glan
I-37135 Verona
*www.sonnenkraft.com*
– Solarsysteme, Thermie, Photovoltaik
– Vertrieb

Institut für Solartechnik SPF
CH-8640 Rapperswil
*www.polysun.ch*
– Simulationsprogramme
– Vertrieb von Profiprogrammen und Testversionen

Vaillant Deutschland GmbH & Co
KG 42859 Remscheid
*www.vaillant.de*
– Thermische Solar- und Heizungssysteme
– Vertrieb

Paradigma, 76307 Karlsbad
*www.paradigma.de*
– Solarsysteme, Energie- und Umwelttechnik
– Vertrieb

Water Way Engineering GmbH
*www.waterwaygmbh.de*
– Flexible Edelstahl- Installationsrohre und Zubehör
– Vertrieb

Gesellschaft für Sonnenenergie
*www.dgs.de*
– Webseite der Deutschen Gesellschaft für Sonnenenergie
– Verein, Beratung, Hilfe

Solarförderung
*www.solarförderung.de*
– Online Förderberatung für Solarthermie und Photovoltaik
– Beratung
*www.thema-energie.de*
– Wissenskatalog Solarwärme
– Information
*www.solarserver.de*
– Internetportal zur Sonnenenergie
– Austausch

# Stichwortverzeichnis

**A**

Absorber 43
Absorberröhre 44
Amortisationszeit 11
Anlagendruck 96, 101
Ausdehnungsgefäß 50, 51
Außenhülle 20

**B**

Befüllstutzen 90
Beschattungselement 73
Betriebsprotokoll 101
Biegevorrichtung 58

**C**

Carport 33

**D**

Dachbahn 64
Dachdeckeraufzug 86
Dachdichtung 25, 26, 72
Dachhaken 32, 71, 82, 83, 85, 86
Dachstuhl 32, 73
Dämmputz 68
Dämmung 11, 43, 44, 47, 59, 61
Dampfbremse 64
Denkmalschutz 34
Druckabfall 96
Durchbruch 82
Durchflussmesser 50

**E**

Edelstahl 47, 70
Edelstahl-Rohr 58
Eigenleistungen 11, 36, 78, 79
Einkreisanlage 13

Einstrahlungsscheibe 23
Energiebilanz 11
Energieertrag 20, 22, 24
Energiepreise 10, 40
EnEV 76
Entlüfter 62
Entlüftertopf 50, 62
Ersatzziegel 80

**F**

Flexrohr 60
Förderung 11
Frostgefahr 13
Frostschutz 13, 14, 63, 93, 94
Fühler 45, 55

**G**

Garage 33
Gerüst 12, 72, 80
Geschirrspülmaschine 101
Glasfaservlies 26
Glykol 63

**H**

Heizpatrone 13
High Flow 52
Holzwurm 32

**K**

Kachelofen 16, 46
Kachelofen 76
KFE-Hahn 50, 92, 95
Klemmringverschraubung 58
Kombispeicher 47
Kompressor 92
Korrosionsschutz 46, 47
Kosteneinsparungen 12

K-Wert 11, 12

**L**

Legionellen 47
Leistungsbedarf 18
Leitungstrassen 64

**M**

Magnesiumsonde 47
Manometer 50, 92, 96
Membran 52, 53

**P**

Pellet-Heizung 11
Plattenwärmetauscher 47
Pressfittings 58
Pressluft 92

**R**

Regenfallrohr 66
Rücklauf 45, 50, 59, 92

**S**

Schadstoffe 11
Scheitholz 11
Scheune 17, 33
Schichtenspeicher 49
Schiefer 85
Schleppgauben 72
Schneefanggitter 80
Schwerkraftprinzip 13
Schwitzwasser 70
Sicherheitsarmaturen 90
Sicherheitsventil 50, 52, 54
Solarfassade 20, 39
Solarkreispumpe 50
Sommerhalbjahr 11

# Stichwortverzeichnis

Sonnenschutz 74
Sparren 32, 80, 82, 85
Speichervolumen 20, 76
Statische Eignung 32
Stauwärme 70
Stockschraube 85

**T**
Tegalit 85
Temperaturdifferenz 49, 55

**U**
UV-beständig 61, 70

**V**
Vordruck 53
Vorlauf 45, 59, 92
Vorlauftemperatur 15

**W**
Wandheizungen 15
Wanne 26

Wärmedämmung 12, 39, 47, 85
Warmwasserbedarf 18, 20
Waschmaschine 101
Weichkupfer 58
Winterhalbjahr 11, 22
Wirtschaftlichkeit 11, 40

**Z**
Zahnscheibe 74
Zentralheizung 76
Zweipunktregler 55